工程试验优化设计

唐　明　　陈　宁　著

中国计量出版社

图书在版编目（CIP）数据

工程试验优化设计/唐明，陈宁著.—北京：中国计量出版社，2009.3

ISBN 978-7-5026-3219-9

Ⅰ.工…　Ⅱ.①唐…　②陈…　Ⅲ.工程材料—材料试验—设计　Ⅳ.①TB302

中国版本图书馆CIP数据核字（2009）第205534号

内 容 提 要

本书从理论和实践两个方面系统地介绍了工程试验设计的基本思想方法和应用，对工程中正确地掌握和使用这些方法具有指导作用。主要内容包括工程试验设计基础、试验设计统计基础、简单试验设计、正交试验设计、回归分析、回归正交设计、回归旋转设计、D—最优设计、混料设计和均匀设计。对比较复杂的试验设计方法从工程实践的角度做了深入浅出的论述。

本书可作为高等院校有关专业本科生和研究生教材，亦可供相关工程技术人员、科研人员阅读参考。

中国计量出版社 出版

地　址　北京和平里西街甲2号（邮编100013）
电　话　（010）64275360
网　址　http：//www.zgjl.com.cn
发　行　新华书店北京发行所
印　刷　北京市密东印刷有限公司
开　本　787mm×1092mm　1/16
印　张　20.75
字　数　501千字
版　次　2009年11月第1版　2009年11月第1次印刷
印　数　1—3 000
定　价　49.00元

如有印装质量问题，请与本社联系调换

前言

• FOREWORD •

美国国家工程院在编著《20世纪最伟大的工程技术成就》一书中的第一句话是“20世纪的进步，工程的贡献大于其他任何因素”（Perhaps more than any other factor, engineering has been the impetus for change in the 20th centry）。工程在20世纪为改进人类生活质量起到了巨大的推动作用。

前宇航员美国国家工程院院士阿姆斯特朗（Neil A. Armustrong）说，小写希腊字母η时常出现在工程技术文献中，工程师花费了大量的精力提高η，因为η是效率的代表符号，即以较少的气力、较小的能量、较少的时间和较少的成本做完同一件工作或把工作做得更好。工程中我们在探求知识、查明事实或寻找解决方案时，可供选择的方法不止一二。这些方法根据其产生的效果，可以按照从最确切到最不确切的顺序进行排列，最顶端或第一层次是计量方法。但即使是最佳的计量方法也难免有细微的误差；第二层次是因果方法，是一种严格遵循自然规律的推论。比如遵循质量、能量和动量守恒定律，牛顿的力学原理，欧姆定律，查理定律以及它们之间的各种关系等。虽然这些方法并非永远正确，但确实可以引出可靠并经得起重复检验的结果；第三层次是相关分析方法。这些统计方法可以帮助我们得出大致的、合理的结论，但并非很精确。例如，你可能听到这样的结论：在每周吃20个或更多果仁冰激凌的人群中，有62%的人会发胖；第四层次是抽样调查法。这样得出的结论可能是有用的，但通常有出入，且不能重复使用；从第五到第八层次包括各种各样的方法，从专题研究到直觉知识、梦的解析，直至纯粹的猜想。随着工程技术的不断发展，现代工业的先进技术更多地用于产品的设计、生产和工程应用中，以适应现代工程的要求。工程离不开试验、离不开测试和评价。工程中如何安排试验最合理，如何分析评价数据最科学、最有价值，通过试验建立的模型如何寻找最优解，如何实现生产线的最优工艺组合条件，工程中如何从最经济、最优的试验中得到最多、最可靠的信息。现代科学技术在试验优化设计和数据分析方面为我们提供了方便，同时也提出了更高的要求。

1925年伦敦郊外的罗萨姆斯泰特农场试验所统计主任费歇尔（R. A. Fisher）为改良小麦品种，用统计的思想评价产量的差异，进行了栽培试验设计，可称之为试验设计的起源。1935年他出版了世界第一部试验设计的专著“The Design of Experiments”。从此，试验设计方法逐渐成为数理统计学的一个重要分支。近年来，试验设计应用和发展很快，各种各样的新方法被开发出来，目前，试验设计不仅单纯应用在工程质量管理领域，而且在自然科学和社会科学各领域中广泛应用，甚至在医疗卫生和市场调查领域中都得到了灵活应用。

日本玉川大学的佐佐木教授曾经用实例说明了在产业竞争中试验优化设计的意义。具有同样固有技术的A公司和B公司，同时进行一种新材料的开发，新材料的配比方法有3种，原料的预先处理有3种，第一阶段加工方法有2种，第二阶段加工方法有3种，最终阶段处理方法有3种，怎样组合才能得到性能最好的材料？这一问题本来是追求信息的方法问题，但它的好坏直接关系到公司在竞争中的胜负与存亡。如果进行全面试验的话，试验次数为3×3×2×3×3次，共162次，若一次试验周期为一天的话，要半年左右时间才能完成。若采用试验优化设计安排试验，最多只要27次试验就可以定量、科学地得出最优的结果。也就是说用1/6的试验次数就可以完成，无论从试验经费还是时间方面都很有意义。从试验周期来看是半年与一个月的关系。然而，企业竞争中的胜负与时间这一特定因素直接相关。

一般水平下的工作与最佳水平下工作的差异也是竞争中不可忽视的。例如，A公司是在经验的直观水平下工作，而B公司是在统计的基础上，从多方位探索后的合理的最佳水平下工作，其结果，A公司的效益是5.0，B公司的效益是5.1，乍一看差异不大，但在大量的工作中经长年累月的积累后最终评价，两公司效益之间的差别却是惊人的。

马克思曾经说过："一种科学只有在成功地运用数学时，才算达到了真正完善的地步"。数学是一切科学技术发展的得力助手和重要工具，现代工程技术都离不开数学，随着计算机技术高速发展和广泛应用，科学的试验优化设计和数据分析评价，不断被赋予新的内容。

美国国家工程院院长沃尔夫（Bill Wulf）先生曾经说过：科学是关于"是什么"的学问，工程学是关于"怎么做"的学问（Science is about what is, and engineering is about what can be）。工程是做出来的，其实践特征极强。本书与其他试验设计方法的专著不同，突出工程的实践性，也是著者近30年的工程现场试验经验以及工厂和大学教育中的经验总结而成，为满足工程实践的需要，具体的技法尽量深入浅出、通俗易懂，并注意写成工程实践中起作用的实务工具书。

本书具有以下特点：

(1)充分讲清基本的试验设计方法；

(2)尽量选择工程实践中有效的试验设计方法；

(3)不作为统计学的专著，本书只是尽量做到容易理解和灵活应用；

(4)不刻意追求公式的理论推导的严密，而更多地关心面向工程实践的使用方法，对工程实际品质的改善和提高有利；

(5)在有限的页数中尽量多一些实例，尤其是Excel软件应用实例；

(6)将以往的工程实际数据作为基础，变成例题；

(7)本书即使仅有中专或高中毕业学历的技术人员，也能够很容易地自学，并解决相关的问题；

(8)不仅面向工程技术人员，作为工科院校的本科生、研究生的教材同样是适用的。

本书在编写过程中特别感谢已故的著名统计学家陈希孺院士的理论指导和长期指导。我们的导师——原辽宁省科学技术协会副主席、东北大学博士生导师朱伟勇教授，多年来，从原理到新方法的计算机证明与构造，以及工程中灵活应用方面给予的具体指导，并提供了大量的有益资料。本书回归试验设计的最早的应用成果也是在朱伟勇教授指导下完成的，作者陈宁教授1987年在"热管换热器回归正交优化设计"研究中，在国内首次进行了8因子5个考核指标147组试验的回归正交设计，并以鞍钢第三号高炉的余热回收设计条件为例，进行了间接优化设计与直接优化设计的对比，与运行测得的数据相吻合，效果非常显著。在此向朱伟勇教授表示深切的谢意。

作为著书，从实践试验优化设计主题出发，本书结合了20年来作者百余项试验设计研究应用成果和几十篇论文，并在作者1991年《建材试验优化设计与数据分析》的本科生讲义，《建材试验设计》研究生讲义，以及1993年与著名统计学家朱伟勇教授合著的《最优设计在工业中的应用》基础上，为与工程实践更紧密地结合，本书查阅和部分引用了国内外工程中成功应用新的试验设计方法的优秀成果。随着现代工业的进一步发展，科学研究和工程技术开发的不断深入，试验优化设计方法将得到足够的重视。在这一过程中，希望本书能起到抛砖引玉的作用，为中国工程的发展做一些有益的贡献。

同时感谢中国混凝土协会原秘书长、《混凝土》杂志主编刘良季教授对本书的出版给予了热情的帮助，尤其是在用Excel分析数据方面对本书的启发和帮助很大。

限于水平，错误与不当之处在所难免，最后，敬请专家、读者给予批评指正，我们不胜感激。

唐　明

2009年5月于沈阳建筑大学

目 录

• CONTENTS •

第一章 工程试验设计基础

1.1 试验设计方法与试验准备

试验设计方法(design of experimental)是数理统计的应用方法之一。大多数数理统计方法主要用于分析和处理已经得到的试验数据,而试验设计却是主动地、科学地安排试验,避免盲目增加试验次数。用少量的有效试验,得到更多的可靠信息,简化数据分析处理过程,节省大量的人力、物力和时间。同时,可以迅速寻求最优参数,选择最佳工艺方案。

试验设计方法已经广泛应用于各个领域,如在建材工业中,为提高产品的产量、改善产品的质量、优化工艺参数等,经常要在调整原料配比和生产工艺条件方面进行各种试验。这些试验的共同特征是要探索诸因素对试验结果(特征值)的影响规律。仅以混凝土制品生产为例,其特征值的种类和因素如图1—1所示。

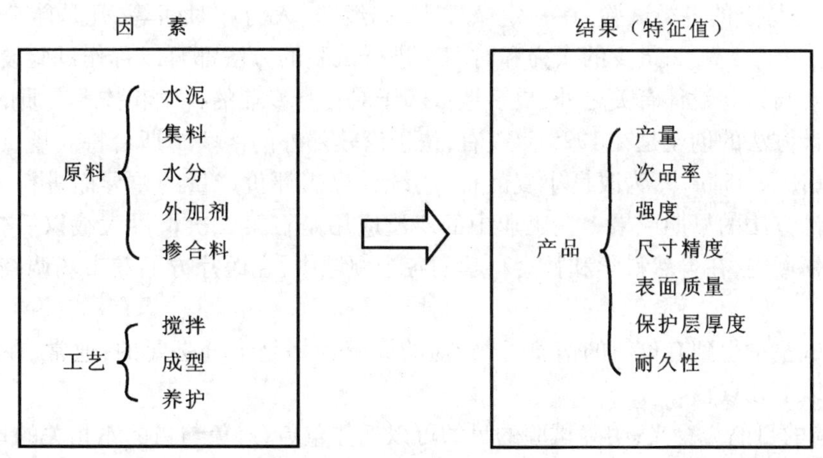

图1—1 特征值与因素

混凝土强度的影响因素可以列出几十个,甚至上百个,如图1—2所示列出了强度这一特征值的主要影响因素关系。

在材料科学研究和工程技术中,我们经常进行的试验,按其目的不同,大致可以分为以下3类:

(1)在固定条件下,对材料的某些特性量进行测试或重复测试,其目的是要通过测试了解材料的某些特性值。工程中即使在相同条件下,反复测试其特征值,其结果并不完全相同,允许有一定波动。

(2)从诸因素中有意识地选用几个主要因素作为处理条件,将试验条件有计划地改变,在不同的条件下对试验条件的某些特性量进行一次或多次重复测定,其目的就是要了解条件变化对材料特性的影响。

(3)在一定条件下,对两个或多个不同的特征量同时进行多次测定,目的是要了解材料特征量之间的相互关系。

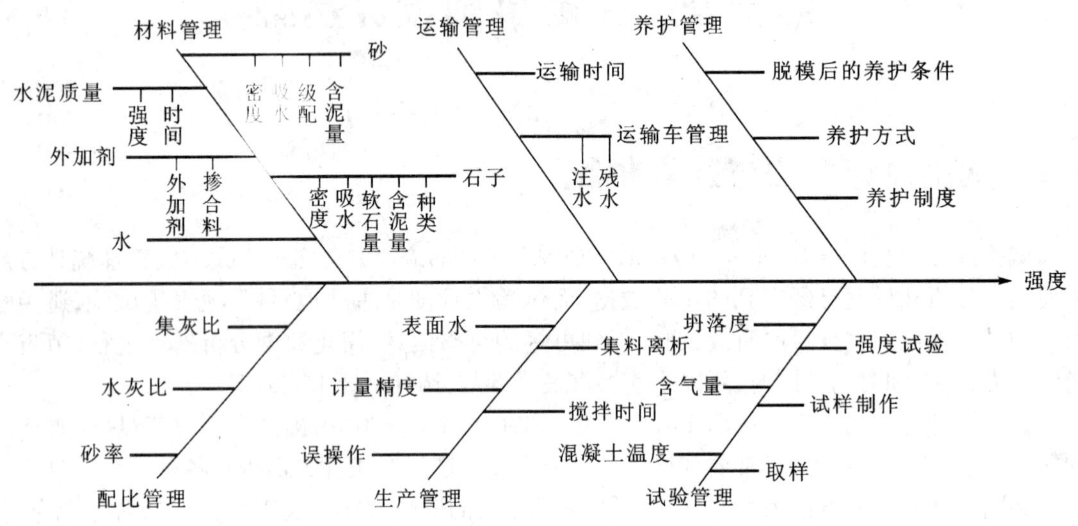

图1—2 强度的主要因素关系图

具备以上特点的各类试验,在一定条件下,如经费、人力和时间等,凡是能获得一定信息量,而用最低的试验费用,最少的人力和时间所进行试验的方法都可以称作试验设计方法。而信息质量除了与试验设计有关之外,更多地依赖于对自身专业的科学和技术实质的掌握。

试验设计方法的创立是在1925年左右,位于伦敦郊外的洛萨姆斯台特农场试验所的统计主任费歇尔(R. A. Fisher),为改良小麦品种,用统计思想评价产量的差异而进行的试验安排,这是试验设计方法的早期成果。在工业中的广泛应用是在第二次世界大战以后。目前,不仅在质量管理领域内,在自然科学和社会科学的各个领域中,在医疗方面和市场调查方面都得到了广泛应用。

为了从试验中得到有价值的信息,试验前的周密计划是十分必要的,通常,在制定试验计划时应考虑以下几点:

(1)试验的目的与意义;明确试验的目的可以抓住重点,避免与目的不相关的盲目试验,安排探索原目的最有效的试验。

(2)要达到试验目的需要哪些数据,应对哪些特征量进行测定;在完成这一工作时,除了要具备扎实的专业知识外,在正式进入试验研究之前,查阅大量文献资料是十分必要的。

(3)用什么样的测试方法测试特性量,需要什么样的仪器设备;这就需要熟悉国内外现行的标准和规范。

(4)如何确定试验的条件,哪些因素需要变化,如何变化;通常的试验都是在一定的约束条件下进行的,因而,要确定试验的条件,尤其是有意识地通过改变试验条件探索各因素与特性量之间的关系以及各因素之间的关系。

(5)试验数据如何整理与分析,通过分析能够得出什么样的结果。

在科学技术高度发达和计算机广泛应用的今天,仅有以上5个方面是不够的,还应该在第4条后面加上“如何应用各种最优设计理论和方法科学地安排试验”。在第5条后面应加上“能否用最优化方法找到最佳结果和结论”。

1.2 因素和水平的选取方法

1.2.1 几个基本概念

(1)因素(factor 或称因子) 一般认为有可能影响试验指标的条件称作因素,也可以定义为试验过程中能够变化的那些条件。例如,影响水泥强度的熟料矿物组成、矿渣的掺量、游离氧化钙的含量、水泥的细度等,这些条件统称为因素,尤其是在许多试验中,时间被看做是一个特殊的因素,如龄期等。

(2)水平(level) 能够影响试验指标的因素通常被人为地给予控制和分组,在统计学上,统称其为因素的水平。例如,外加剂的掺量、瓷砖的烧成温度、粉煤灰的超量系数等。

(3)指标(index) 在试验设计中,人们把判断试验好坏所采用的标准称为试验指标,简称指标。如材料的强度、弹性模量、软化系数等主要参量,统称为试验指标。

(4)单因素试验(single factor design) 若在整个试验过程中仅考虑一个因素的变化,则这样的试验称之为单因素试验。如混凝土的强度与灰水比的关系试验中,仅考虑灰水比一个因素的变化,因而,属于单因素试验。

(5)多因素试验(factorial design) 若在整个试验过程中同时考虑几个因素的变化,则称这样的试验为多因素试验。如掺粉煤灰混凝土的强度与灰水比、水泥取代率、粉煤灰超量系数等因素的关系试验就是一个多因素试验。工程中解决多因素的问题比单因素问题复杂得多,困难得多。目前,正交试验设计和回归正交试验设计在解决多因素多指标的优化问题上是非常有效的。

1.2.2 因素的选定

因素的确定必须从尽可能多的信息和知识中去粗取精,选出影响大的因素,工程中若把考虑到的因素全部试验,需要相当大的费用和时间,不可能实施。因此,合理选择因子本身就带有创造性研究的特点,通常可采用以下几种方法来选取因素:

(1)会议法 为了很好地选取因子,以往试验数据的有效利用是必要的,但是,在许多有经验的工程技术人员和专家们的头脑中,有着丰富的经验和专业理论知识,召集直接和间接的专家和技术人员,通过论证充分提出意见,对试验方案分析评价和因素的选取判断是十分有效的。

(2)现场观察法 没有以往的试验数据时,通过现场调查发现影响较大的因素也是一种有效的方法。卓越的技术人员采用视察的方法可以有意识地集中各种现象的记录,加以分析,也可以从技术角度通过思考加以确定。

选取因子时,通常选取对性能有固有的正影响的因子比较好,如灰水比作为混凝土强度有主要影响的因子。在实际工程中,环境条件有时也必须考虑,如考察弹性模量与强度的关系时,许多多孔的建筑材料受环境湿度影响,材料含水愈高,其弹性模量愈高,而强度愈低,含水量愈少,其强度愈高而弹性模量愈低。关于环境条件,选择适宜的条件尽管有时实际意义不大,但作为试验起步阶段,研究其影响常常很有价值。因此,确定因素时,除具有较高的专业技术水平之外,客观地选取较大范围的因素是必要的。否则,容易经验地陷入盲目性,通常材料研究过程中的因子可以列举以下几类：

(1)控制因子　控制因子往往反映了试验的主题，该因子通常设定许多水平，通过试验达到选取最佳水平的目的。例如，我们试验中经常选取的反应温度、处理时间、材料的种类、掺量、加工处理方法等。在试验中所选取的大部分因子是控制因子。

(2)标示因子　与控制因子一样，具有水平的再现性，可以设定其水平，但选择最佳水平无多大意义，标示因子常常是研究与其他控制因子交互作用为目的而确定的因子。例如，材料的使用条件、试验的条件、地区的差异、人和设备的差异等，常常被确定为标示因子。

(3)区段因子　在工程中为更好地提高试验精度，要考虑试验现场的区别，从而使用区段因子，该因子无水平再现性，因此，与控制因子的交互作用无意义。日期、操作者、地区、组群、批量等属于该类因子。

(4)误差因子　为得到试验误差、测试误差等效果所选取的因子为误差因子。有时，由试验的概率水平分别表示为一次误差、二次误差……几个阶段。

1.2.3　水平的选取

试验的因素确定以后，选取水平是非常重要的。例如，要优选多因素的最佳组合，其中某一重要因素的水平选定在较优区间之外的范围，无论多少组试验，也很难达到最佳组合。

工程中有些因素的水平常常是早就固定下来的。例如，某一建筑材料的生产是从 3 个公司购入原料，该因素的水平数只能取 3；如果比较 6 种添加剂的作用效果，就把水平数定为 6；如果评价 3 条生产线的差异，该因素的水平数也只能取 3。而工程中存在许多量化的因素，它们水平数的确定就灵活得多。如温度、外加剂掺量、反应时间等。

在水平选取方面通常有以下几种情况：

(1)试验中想尽可能多选取一些因素时，为了不使试验规模过大，应尽量减少因素的水平数。

(2)尽可能在原有状态下得出结论时，水平数少一些比较好，如正交试验时选 2 ~3 个水平比较好。

(3)因子在某种程度上不能严格控制时，水平之间的幅度应大一些。

(4)进行了初步研究，因子在哪个范围内有最佳点已有一定了解时，选取 2 ~3 个水平比较合适。

(5)量化因子进行多水平试验时，水平间等间隔进行比较好，这样便于后面的分析评价。当然，有些回归试验设计对间隔有具体要求，应按其要求选取水平。

(6)明确知道试验结果如何的水平的情况下，该水平的选取没必要，应从试验范围除去。例如，选取某一水平时，明知道几个因素与该因素的这一水平组合后将生产出次品，这时没必要选取这一水平。

1.3　费歇尔三原则——重复、随机化、局部管理

试验设计方法的创始人费歇尔(R. A. Fisher)提出，应遵照以下三原则管理“试验现场”。

(1)重复(replication)：目的在于控制试验误差；

(2)随机化(randomization)：其作用是将系统误差转变为偶然误差；

(3)局部管理(local control):消除系统误差。

1.3.1 试验的重复

减少试验次数在经济性方面是非常受欢迎的,但从另一个角度来看,如果试验次数少,试验的精度是靠不住的,无法得到充分信赖的结果。在方差分析时,比较 F 分布的值,若误差自由度为1,主要因素自由度也为1时,$\alpha=0.05$ 时的临界值在161.0,必须超过该值才具有显著性,若误差自由度为2,其临界值降到18.5,可见,误差自由度的影响非常大。

通常,误差自由度在5以上是必要的,但试验组数少的时候,就应该采取重复试验的方法,以弥补误差自由度的不足。

费歇尔三原则及其作用如图1—3所示。由图1—3可知,在讨论误差方面坚持"在相同条件下进行反复测量(重复)"这一原则是十分必要的。此外,在减少误差提高精度方面也是十分必要的。

从数学意义上讲,平均值的误差随重复次数增加而减少,但不是重复次数愈多愈好,在重复试验的过程中,配上局部管理,试验更为有效。

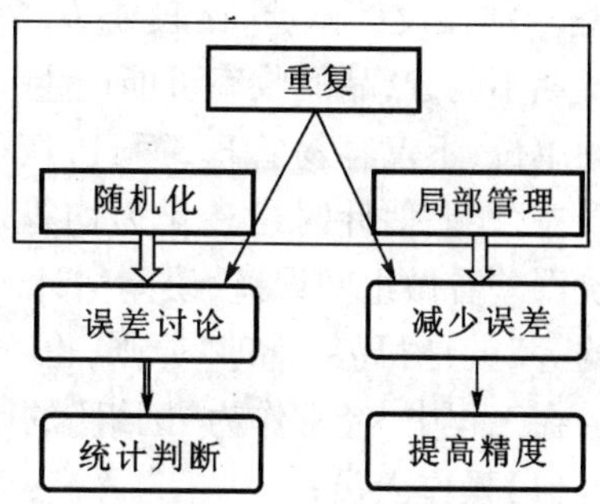

图1—3 费歇尔三原则及其作用

1.3.2 试验的随机化

试验确定了因素和水平以后,必须在各种条件下进行试验,如果试验自身比较难,按顺序进行试验,随着外部条件在试验中途发生变化后,其效果将与因素的效果交互到一起,影响试验结果的判断与评价。因此,采用随机化设计和安排试验可以将系统误差转化为偶然误差,试验安排可以根据随机数表、随机配制表进行。

例如,因素 A 取4水平,因素 B 也取4水平,采取随机化试验见表1—1、表1—2所列。

表1—1 水平的组合

因素	B_1	B_2	B_3	B_4
A_1	1	2	3	4
A_2	5	6	7	8
A_3	9	10	11	12
A_4	13	14	15	16

表1—2 试验顺序

因素	B_1	B_2	B_3	B_4
A_1	10	16	6	11
A_2	14	3	5	2
A_3	7	1	8	9
A_4	4	13	15	12

1.3.3 局部管理

局部管理在试验设计和现场管理中是一种有效地减少误差、提高精度的方法,尤其在消除系统误差方面作用更为明显。例如,工程中有3台混凝土空心砌块成型机,有2种配合比,通常成型机之间和成型机自身对试验结果都有很大影响。这时比较 A 和 B 两种配合比,一般用同样的成型机进行试验较好。3台成型机 C_1,C_2,C_3 对 A 和 B 两种配合比各做一次试验,试验安排见表1—3所列。试验顺序按随机方法确定,这样一来,问题就转化成在每台成型机上做 A 和 B 两组配合比的成对对比试验。因此,不管成型机之间有多大的差异,也不妨碍 A 和 B 两种配合比的比较，即成型机的个体差异这种较大的系统误差在估计试验误差时可以不必考虑。每一台成型机各进行了两次试验，两次试验条件从管理角度讲，就基本均等了，把这种方法称作局部管理。

表 1—3 试验安排

成型机	配合比	
C_1	A	B
C_2	B	A
C_3	B	A

工程中处理的对象有 A,B,C 3 个时，不能像上例看做成对，但可以将它们处理为 1 组进行局部管理。这里的组称作区组，假定某一工厂每天可以进行 3 次试验，可以像表 1—4那样设计试验，比较 A,B,C 3 个配合比的影响。因为日期不同，产品的收率可能产生一些变化，以每天作为区组的单位，不仅容易管理，而且，产生的系统误差转化为组间误差，误差估计时也转化为均等对待，这种“将部分大的系统误差看做组间误差，误差估计时，使各区组内尽可能做到均等”就是“局部管理”原则，也称作“区组构成原理”。

表 1—4 试验安排

区 组	配合比		
第 1 天	B	C	A
第 2 天	C	A	B
第 3 天	A	B	C

在工程中，经常作为“区组”的因素有以下几种：

(1)操作人员；

(2)设备或生产线；

(3)原材料批量；

(4)日期。

1.4 试验中的误差分析与评价

在工程中我们经常接触到各种各样的试验结果，即使是同一台仪器、同一种试验方法、由同一个测试人员对一个指标进行多次测定，所得到的测试结果并不一致。其误差值的大小取决于测试人员的能力和经验，也取决于环境因素的影响，试验结果有误差是不可避免的，使我们对客观规律的认识和评价受到影响。因此，在试验优化设计和科学地分析试验结果的过程中，必须分析产生误差的原因、性质及误差对试验结果的影响。并采取有效措施消除和减少误差，以提高试验结果的可靠性。

1.4.1 几个基本概念

(1)绝对误差

在任何一次测量中，测量值与真实值之间的差异称为绝对误差，即

$$\text{绝对误差} = \text{测量值} - \text{真实值} \tag{1—1}$$

所谓真实值是指在一定条件下，该物理量的实际值，是一个理想的概念，一般是未知的，为了使用上的需要，常采用相应的高一级精度的标准量值来近似地代替真实值。

在工程实际中，经常遇到修正值的概念。

$$\text{修正值} = \text{真实值} - \text{测量值} \tag{1—2}$$

$$\text{真实值} = \text{测量值} + \text{修正值} \tag{1—3}$$

由此可见，测量值加修正值后，可以消除绝对误差的影响。但修正值本身也有误差，因此，修正后也只能获得比测量值较为准确的结果而已。

(2)相对误差

绝对误差在误差评价中虽然重要,但是它并不能给出关于试验精确度的完整概念。而相对误差是试验精确度的客观特性。

误差与真实值的比值称为相对误差,工程中因测量值与真实值接近,故也可以近似地用误差与测量值的比值作为相对误差。即

$$\text{相对误差}=\frac{\text{绝对误差}}{\text{真实值}}\approx\frac{\text{绝对误差}}{\text{测量值}} \tag{1—4}$$

材料测试的仪器仪表的误差常用示值误差评价。用示值相对误差和引用误差来表示。即

$$\text{示值误差}=\text{指示值}-\text{标准计量值} \tag{1—5}$$

$$\text{示值相对误差}=\frac{\text{示值误差}}{\text{标准计量检定值}} \tag{1—6}$$

$$\text{引用误差}=\frac{\text{示值误差}}{\text{最大值误差}} \tag{1—7}$$

测试仪器仪表的等级通常用最大误差对最大指示值的百分数表示。

1.4.2 误差的来源和种类

在工程中的误差影响因素很多,按误差的来源,误差可分为以下几种:

(1)设备误差　主要来源于标准器误差、仪表误差或附件误差等。如电子秤不准、厚度控制器失调等。一般表现为:因制造工艺不当而引起的机构误差;指示仪表本身不准而引起的量值误差;设备调试没达到理想状态而引起的调整误差;设备在使用中变形而引起的变形误差等。

(2)环境误差　由于环境因素与要求的标准状态不一致而引起的误差。如石棉水泥制品、混凝土构件的养护温度、湿度等条件与要求的标准状态不一致,测试评价的指标将引起很大偏差。

(3)方法误差　研究方法不对所引起的误差。如不合理的简化,操作不合理等都会引起较大误差。

(4)人员误差　由于测量人员受分辨能力的限制,工作疲劳引起的视觉器官的生理变化,原有习惯引起的读数误差,一时疏忽而引起的误差等。

按误差性质及其产生的原因,误差可分为以下几种:

(1)系统误差　指测试中某种未确认或未发现的因素所引起的误差。其误差始终偏向一个方向(偏大或偏小),绝对值和符号在同条件下测量时不变,或在条件改变时,误差按一定规律变化。系统误差通常是由于仪器未经校准或先天不足,观测环境改变,测试人员的某种习惯等所造成的。

(2)过失误差　明显歪曲测量结果的误差。又称粗大误差。这是由于观测人员粗心大意或操作不正确所造成的显然与事实不符的误差,如读错仪表示值、记错原始结果、测错试件、计算错误等所造成的误差。

(3)偶然误差　单次测量时,误差的出现没有确定的规律性,但同条件下多次测量同一物理量,其误差平均值趋于零。误差总体具有统计规律性,此类误差称为偶然误差。偶然误差常常是由于很多暂时未能掌握或不便掌握的微小因素所构成,如设备部件配合的不稳定性、环境条件的波动、人员测试的不一致等所引起的误差。

(4)综合误差　综合误差是偶然误差与系统误差的合成。工程中综合误差是普遍存在的，科学地分析评价综合误差是非常有价值的。

工程中反映测量结果与真实值接近程度通常用精度这个量评价，精度可分为：

(1)准确度——反映系统误差的影响程度；

(2)精密度——反映偶然误差的影响程度；

(3)精确度——反映综合误差的影响程度。

在工程测试中，精密度高的测试结果准确度不一定高，只有精确度高的测试结果其精密度和准确度都高。

1.4.3　异常数据的剔除

在一组统计完全相同的重复试验中，有时出现某一试验值与其他试验值相差甚远的现象，这些混杂的异常数据若保留，则必然会歪曲试验结果。因此，必须按数理统计方法判别和剔除。另一方面，由于在特定条件下进行试验，测试本身具有随机波动性。如果人为的剔除一些误差较大的，但又不属于异常数据，这样会产生虚假的高精度，因此，异常数据的剔除由于方法不同，最终统计评价的结果也不同。

异常数据的剔除方法有以下几种：

(1)拉依达准则

若试验数据的总体 X 是正态分布的，那么，其剩余误差落在 $\pm 3\sigma$ 以外的概率只有 0.0027。因此，对于大于 $\mu+3\sigma$ 或小于 $\mu-3\sigma$ 的试验数据都可以认为它含有粗大误差，应予以剔除。如对试验数据 $x_1, x_2, \cdots, x_n$。先计算均值 $\bar{x}$

$$\bar{x} = \frac{1}{n}\sum_{i=1}^{n} x_i \tag{1—8}$$

再计算该数据的残差

$$v_i = x_i - \bar{x}\,(i=1,2,\cdots,n) \tag{1—9}$$

标准差

$$\sigma = \sqrt{\frac{1}{n-1}\sum_{i=1}^{n}(x_i - \bar{x})^2} \tag{1—10}$$

若该数据 x_d 的残差 v_d 满足下式：

$$|v_d| > 3\sigma \tag{1—11}$$

3σ 作为极限误差，则认为 x_d 是异常数据，应予以剔除。

(2)肖维勒准则

若某个测量值 x_d 的残差 $v_d(1 \leqslant d \leqslant n)$ 满足下式

$$|v_d| > \omega_n \sigma \tag{1—12}$$

则 x_d 被判定为异常数据，应予以剔除，式中的 ω_n 可以由表1—5查出。

(3)格拉布斯准则

设测试数据 $x_1, x_2, \cdots, x_n$ 服从正态分布，将试验数据按大小排成顺序统计量 $x_{(i)}$：

$$x_{(1)} \leqslant x_{(2)} \leqslant \cdots \leqslant x_{(n)} \tag{1—13}$$

格拉布斯导出了

$$t_{(n)} = \frac{x_{(n)} - \bar{x}}{\sigma} \qquad t_{(1)} = \frac{\bar{x} - x_{(n)}}{\sigma} \tag{1—14}$$

的分布，取置信度 α，可得 $t_0(n,\alpha)$，若

$$|v_d| > t_0(n,\alpha)\sigma \tag{1—15}$$

则认为 x_d 为异常数据，应予以剔除。

表 1—5　ω_n 值

n	ω_n	n	ω_n	n	ω_n
3	1.38	13	2.07	23	2.30
4	1.53	14	2.10	24	2.31
5	1.65	15	2.13	25	2.33
6	1.73	16	2.15	30	2.39
7	1.80	17	2.17	40	2.49
8	1.86	18	2.20	50	2.58
9	1.92	19	2.22	75	2.71
10	1.96	20	2.24	100	2.81
11	2.00	21	2.26	200	3.02
12	2.03	22	2.28	300	3.20

如对试验数据 $x_1, x_2, \cdots, x_n$，先计算 $\bar{x}$

$$\bar{x} = \frac{1}{n}\sum_{i=1}^{n} x_i \tag{1—16}$$

再计算 s

$$S = \sqrt{\frac{1}{n-1}\sum_{i=1}^{n}(x_i - \bar{x})^2} \tag{1—17}$$

查表 1—6 中对应的 n 及 α 的 $t_0(n,\alpha)$ 值，若计算的 $t_{(n)}$ 或 $t_{(1)}$ 大于 $t_0(n,\alpha)$，则所怀疑的数据是异常数据，否则，不能剔除该数据。

表 1—6　$t_0(n,\alpha)$ 值

n	α		n	α	
	0.05	0.01		0.05	0.01
3	1.15	1.16	17	2.48	2.78
4	1.46	1.49	18	2.50	2.82
5	1.67	1.75	19	2.53	2.85
6	1.82	1.94	20	2.56	2.88
7	1.94	2.10	21	2.58	2.91
8	2.03	2.22	22	2.60	2.94
9	2.11	2.32	23	2.62	2.96
10	2.18	2.41	24	2.64	2.99
11	2.23	2.48	25	2.66	3.01
12	2.28	2.55	30	2.74	3.10
13	2.33	2.61	35	2.81	3.18
14	2.37	2.66	40	2.87	3.24
15	2.41	2.70	50	2.96	3.34
16	2.44	2.75	100	3.17	3.59

(4)狄克逊准则

狄克逊准则是应用极差比的方法判定异常数据。为了使判断效率高,不同的试验测量次数应用不同的极差比进行计算。

将试验数据 $x_{(i)}$ 按大小排成顺序统计量

$$x_{(1)} \leqslant x_{(2)} \leqslant \cdots \leqslant x_{(n)} \tag{1—18}$$

则,在计算后可得到 f_0 值(参照表 1—7)若

$$f_0 > f(\alpha, n) \tag{1—19}$$

则,判定 $x_{(1)}$ 或 $x_{(n)}$ 是异常数据,应予以剔除。

表 1—7　狄克逊系数 $f(\alpha, n)$ 与 f_0 值计算公式表

n	$f(\alpha, n)$		f_0 计算公式	
	$\alpha = 0.05$	$\alpha = 0.01$	$x_{(1)}$ 可疑时	$x_{(n)}$ 可疑时
3	0.988	0.941	$\dfrac{x_{(2)} - x_{(1)}}{x_{(n)} - x_{(1)}}$	$\dfrac{x_{(n)} - x_{(n-1)}}{x_{(n)} - x_{(1)}}$
4	0.889	0.765		
5	0.780	0.642		
6	0.698	0.560		
7	0.637	0.507		
8	0.683	0.554	$\dfrac{x_{(2)} - x_{(1)}}{x_{(n-1)} - x_{(1)}}$	$\dfrac{x_{(n)} - x_{(n-1)}}{x_{(n)} - x_{(2)}}$
9	0.635	0.512		
10	0.597	0.477		
11	0.679	0.576	$\dfrac{x_{(3)} - x_{(1)}}{x_{(n-1)} - x_{(1)}}$	$\dfrac{x_{(n)} - x_{(n-2)}}{x_{(n)} - x_{(2)}}$
12	0.642	0.546		
13	0.615	0.521		
14	0.641	0.546	$\dfrac{x_{(3)} - x_{(1)}}{x_{(n-2)} - x_{(1)}}$	$\dfrac{x_{(n)} - x_{(n-2)}}{x_{(n)} - x_{(3)}}$
15	0.616	0.525		
16	0.595	0.507		
17	0.577	0.490		
18	0.561	0.475		
19	0.547	0.462		
20	0.535	0.450		
21	0.524	0.440		
22	0.514	0.430		
23	0.505	0.421		
24	0.497	0.413		
25	0.489	0.406		

【例 1.1】　对一批混凝土,取 15 组试件进行抗压强度试验,测试结果如下:

41.2, 43.1, 40.5, 41.0, 42.1, 41.2, 39.4, 34.0, 40.4, 43.0, 42.3, 41.0, 38.6, 39.2, 40.3

假设测量值已消除系统误差,试用几种方法分别判断 34.0 是否属于异常数据。

解:(1)用拉依达准则

$$n = 15,\quad \bar{x} = 40.49,\quad S = 2.23,\quad 3S = 6.69$$

计算　　$|v_S| = |34.0-40.49| = 6.49 < 3S = 6.69$

说明剩余误差在3S之内，不能剔除。

(2)用肖维勒准则

查表1—4，$n=15$时，$\omega_n = 2.13$

计算　　$|v_d| = |34.0-40.49| = 6.49 > 2.13 \times 2.23 = 4.75$

可以认为34.0这个数据为粗大误差，应予以剔除。

(3)用格拉布斯准则

计算
$$t_{(1)} = \frac{40.49-34.0}{2.23} = 2.91$$

查表1—5，$t_0(15, 0.01) = 2.70 < 2.91$

可以认为34.0这个数据为粗大误差，应予以剔除。

(4)用狄克逊准则

选出$x_{(3)} = 39.2$，$x_{(1)} = 34.0$，$x_{(15-2)} = 42.3$，

计算
$$\frac{x_{(3)} - x_{(1)}}{x_{(n-2)} - x_{(1)}} = \frac{39.2-34.0}{42.3-34.0} = 0.627$$

查表1—6，　$f(0.05, 15) = 0.616 < 0.627$

因此，可以认为34.0这个数据为粗大误差，应予以剔除。

由此可见，不同的方法对数据是否剔除，得到的结论是不同的。

1.5　试验数据的表示方法

试验数据是试验信息与结果的真实记录，要准确、简明、形象地表示出来，通常有3种方法，即列表、作图和经验公式。

1.5.1　列表法

列表法的优点在于简单易行、简明紧凑、便于比较。一般常用的有统计式、定性式、定量式及函数式，后两种用的较多。

根据数据列表时，应注意以下几个方面：

(1)表的名称与项目要简明，必要时可在表名下或表下加附注说明，必要时可在表名之前，表中的项目应包括名称及单位，一般应采用符号表示，表中主项代表自变量，副项代表因变量。

(2)数字的写法应注意整齐统一、正确。同一竖行的数字，小数点要上下对齐；数字为零时。要注意有效数字位数，如有效数字为小数点后两位，则应写为0.00；数字太大或太小时，为避免对有效数字位数发生误解，应乘数10^n表达小数点的位置。

(3)有效数字应取舍适当，在表达函数形式的表中，一般均假定自变量没有误差，所以应尽量取整，因变量的位数则取决于试验数据本身的精确度。

(4)列表时，自变量应取整数或其他较方便的数值，按递增或递减的顺序排列，间距的数值要选择适当，过小则繁琐，过大使用不方便，必须插值。

试验设计的方案及测试结果的列表时，第一列为试验号，中间每一列为因素安排，试验结果列在表格的右端，表1—8为Dn—最优设计及试验结果列表的实例。

表 1—8 Dn—最优设计及试验结果

No.	设计谱点			试验结果		
	x_1	x_2	x_3	坍落度/mm	离析指数	强度/MPa
1	0.050	0.050	0.900	197.5	13.22	17.8
2	0.050	0.900	0.050	192.5	10.01	31.7
3	0.900	0.050	0.050	170.0	2.74	28.5
4	0.050	0.475	0.475	190.0	12.51	26.2
5	0.475	0.050	0.475	205.0	9.85	15.6
6	0.475	0.475	0.050	192.5	6.88	25.1
7	0.140	0.140	0.720	192.5	12.12	24.2
8	0.140	0.720	0.140	180.0	9.38	30.5
9	0.720	0.140	0.140	167.5	2.89	24.0
10	0.130	0.050	0.820	212.5	12.98	21.4

注:表中设计谱点为三分量二次倒数项混料试验设计。

1.5.2 作图法

作图法反映试验结果具有形象、直观、简明等优点。

作图法的坐标有直角坐标、三角坐标、单对数坐标、双对数坐标、极坐标及立体坐标等,最常用的是直角坐标。

以直角坐标作图时,应注意以下几点:

(1)坐标分度　一般横轴(x 轴)代表自变量,纵轴(y 轴)代表因变量,分度一般应采取 1,2,4 或 5 比较方便,应避免使用 3,6,7 和 9。

坐标分度的起点不一定为零,以使图形占满整个坐标空间为宜;

坐标的最小分格对应于试验数据的精确度。可能时,应尽量将变量加以变换,使图形成为直线或近似直线,便于使用;

坐标轴所代表的项目名称、符号和单位应分别标出,通常变量的符号为斜体,单位的符号为正体。坐标轴的分度也应适当地标明。

(2)将试验数据在已有分度的坐标上描点时,应能表示出试验数据的误差范围。

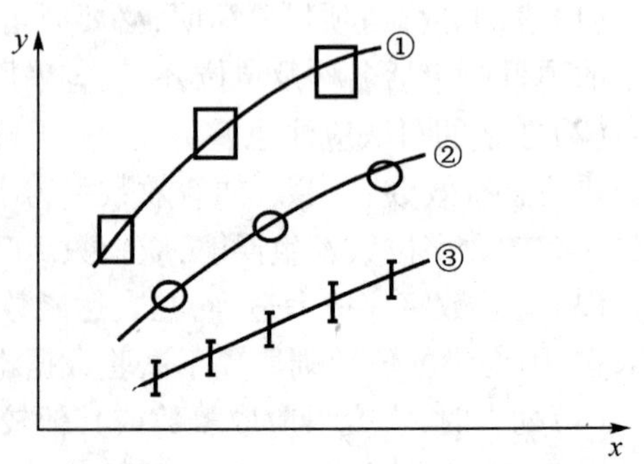

图 1—4　能表示试验误差范围的曲线

图 1—4 中曲线①各矩形的边长分别代表自变量和因变量的误差范围,其中心则为测量数据的平均值;

图 1—4 中曲线②表明自变量与因变量的误差范围相同。其半径代表测量误差的范围,中心为测量数据的平均值;

图 1—4 中曲线③表明自变量无误差,或误差可以忽略不计,只有因变量有误差,线段长度表示因变量的误差范围。

同一个图中描绘几条曲线时,不同曲线的描点应用不同画法加以区别。如实心圆、空心圆、半空心圆、三角形、正方形、实线、虚线、点划线等。

(3)根据各描点作曲线时，如数据过少，不足以确定两变量之间的关系时，最好将各点用直线连接。如试验点足够多，可以描出光滑连续曲线，不必通过图上所有点，尤其是两端的描点，但是，应该使曲线尽可能与所有各点相接近，并使两边的点数及点与曲线间距离乘积的总和接近于相等。许多情况下，计算机可自动生成相应的曲线，但当数据较少时，即使计算机拟合出曲线，也应该取消，恢复直线连接的折线。

(4)多指标在同一图中表示时，除注明各指标的名称和单位之外，还应在图中以不同画法加以区别。如图1—5所示为掺高效减水剂的混凝土的坍落度与流变学参数 τ_0 和 η_l 之间的关系。

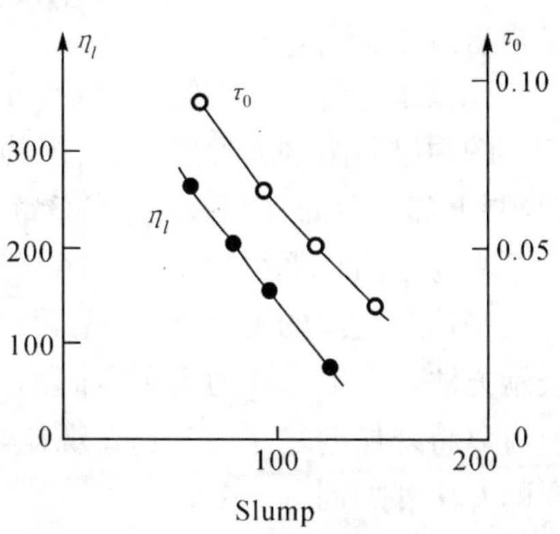

图1—5 坍落度与 τ_0 和 η_l

采用立体坐标可以清楚地表现两个因素与考核指标的关系，如图1—6所示为混凝土断裂面复型重构再现后的立体坐标图片。

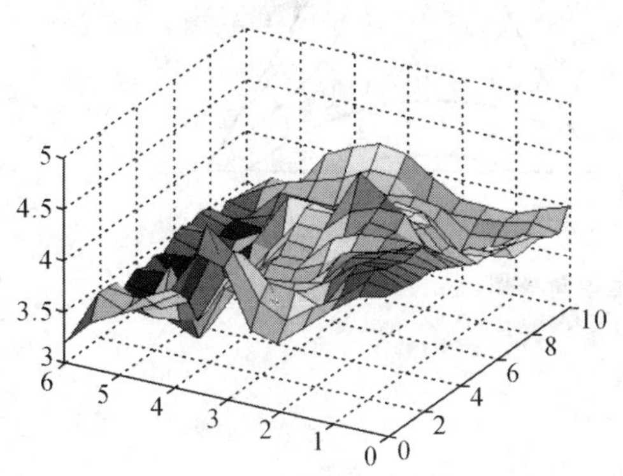

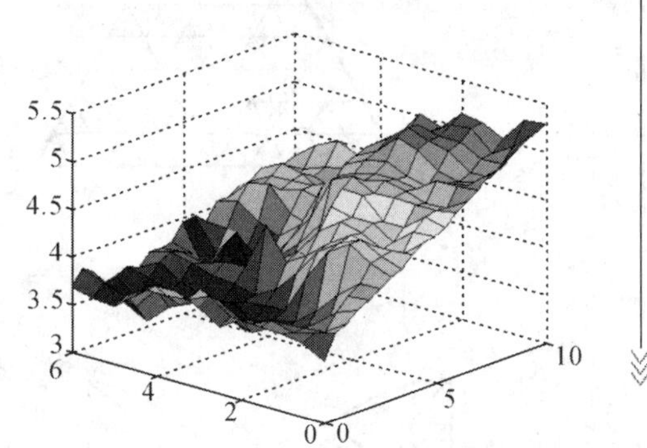

图1—6 凝凝土断裂面复型重构再现的立体坐标图

如图1—7所示为砂浆在水中重量 G 与砂浆的水灰比 W/C 和灰砂比 C/S 之间的关系图。通常立体图的另一个自变量的轴可以转一个角度，有时可以将两个自变量的轴分别旋转一个角度，作图时先绘制好底面的网格，考核指标的变化可根据实测结果，在相应的节点上向上量出并标在图中，最后连接图中各点。

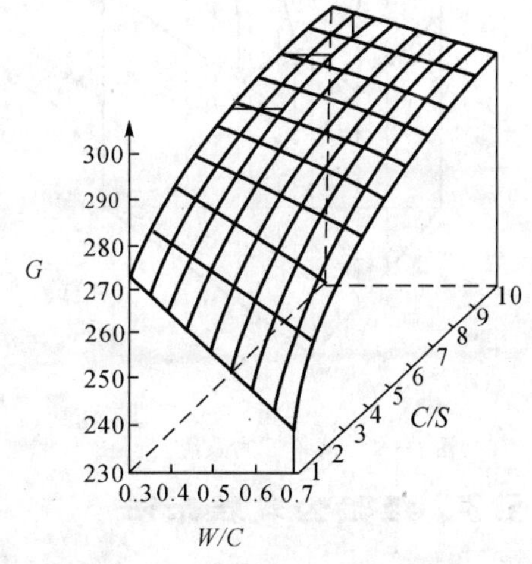

图1—7 G 与 W/C 和 C/S

三角坐标在建材工业中的三元系统混料优化设计的等值线图绘制方面用途很广。在硅酸盐物理化学中的三元系统相图的绘制方面应用更为广泛。图1—8(a)反映了三角坐标中的点所代表的 A,B,C 三组分的各自含量；图1—8(b)反映了相对于各组分含量下的考核指标的等高线图，如等强度曲线、等温度曲线、等弹性模量曲线等。解决了平面直角坐标无法实现的三元系统内在规律的表现。在混料设计过程中，A,B,C 三组分之和等于 1。在水泥及陶瓷材料的三元系统相图中，三角坐标是非常有效的工具。

三元系统也可以用空间图表示，如图 1—9 所示为物理化学中陶瓷材料的三元系统空间图实例。图中纵向高度为温度坐标，图的绘制过程也是先将底图的网格画好，根据一一对应的位置，绘制上部的曲面，图 1—9 中的 3 个曲面是三元系统的液相面，液相面上部是液相空间，而液相面本身是两相平衡面。图的底部三角形平面实际上是三元系统空间图的垂直投影图。

在描述多指标的测试结果，尤其是工程中多种材料性能比较时，可以采取如图 1—10 所示的表示方法。图 1—10 为 3 种不同的高效减水剂的性能综合比较，考核指标共有 5 个，在一张图上可以将外加剂之间的差别直观地表现出来，便于综合分析评价，也可以根据需求选出工程需要的专用外加剂。

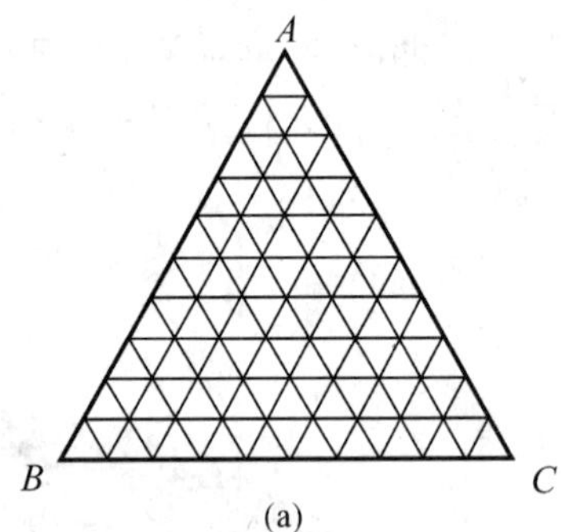

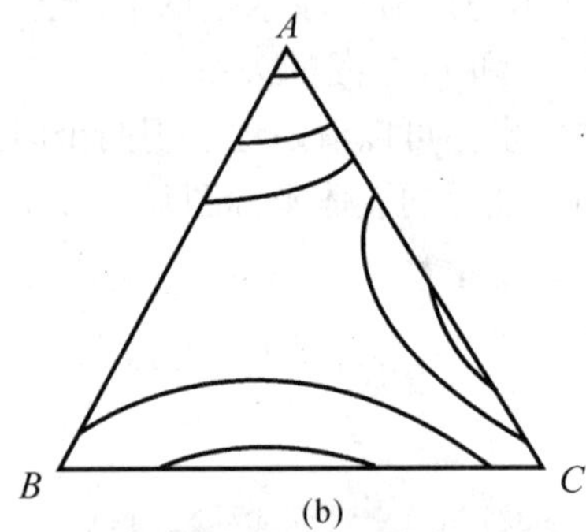

图 1—8　三角坐标及三元等高线图

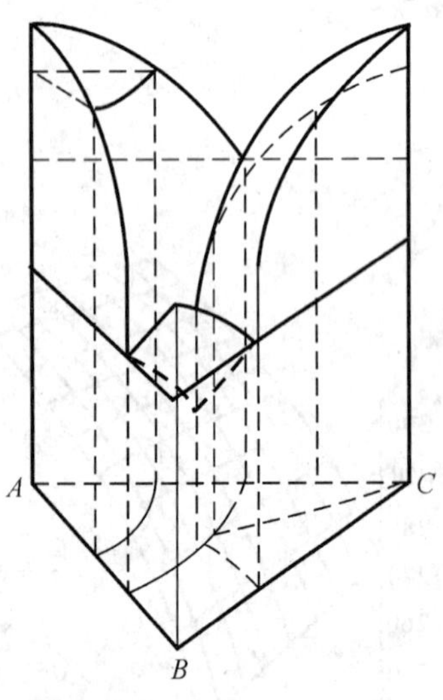

图 1—9　简单三元系统空间图

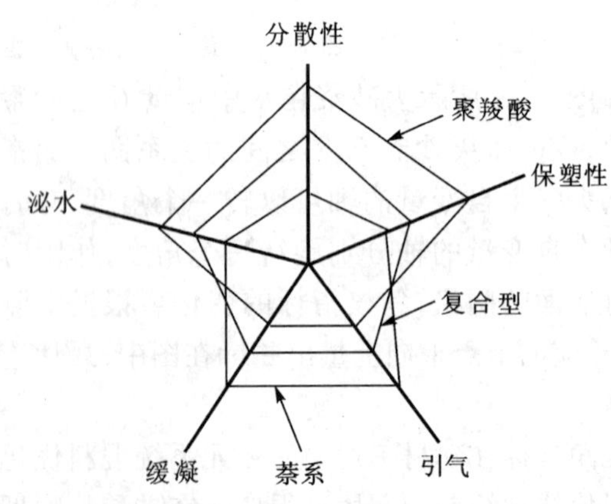

图 1—10　不同减水剂与混凝土物性

1.5.3　经验公式表示法

经试验测试出大量数据，当我们把测试数据在图中绘成曲线后，根据曲线形状，大多数的曲线可以进一步用一个方程式(或称经验公式)来表示或评价,对于多元分析中无法绘制成曲线的情况下,可以选择多种优化方法建立数学模型,从而科学地评价考核指标与因素之间的内在规律。下面介绍一些常见的经验公式及其选择,以及其中常数的求法等。

(1)经验公式的选择:一般没有简便的方法可以获得一个理想的公式。通常是根据解析几何原理和经验来推测公式应有的形式,曲线类型详见回归分析一章。

(2)经验公式中常数的求法:经验公式中常数的求法有图解法、最小二乘法、选点法、平均法等很多种,最常见的是图解法,图解法操作简单容易实现,但精确度差,一般只适用于直线方程式;最小二乘法是工程中应用最多的求解公式中待定系数的方法,其精确度远远高于图解法。

第二章　试验设计的统计方法基础

在工业化生产过程中，运用数理统计方法可以确定与生产线水平相适应的技术经济指标，提出科学的抽样方法，并根据检验结果控制或评价产品的质量。因此，统计方法是控制生产线产品质量的有效方法，也是保证质量、降低成本的重要手段。

在工程试验过程中，根据事实进行判断是非常重要的，不能仅仅依赖于过去的技术和经验，在以试验事实为根据，客观地加以判定评价的过程中，统计的方法是不可缺少的。通常试验得到的数据中均含有波动。同等试验条件下，无法控制的种种变化因素带来试验结果的必然波动，得到的数据常常不一定反映出原来的面目，因此，在试验设计中统计的检验和推断是不可分割的重要内容。

2.1　术语与统计特征值

2.1.1　总体、个体和样本

(1)总体与个体

总体又称母体，是研究对象的全体所组成的集合，而集合中的每一个元素为个体。在研究大坝块体混凝土的强度过程中，组成大坝的千万组试件的强度是一个总体，而一组标准混凝土试件的强度就是一个个体。又如陶瓷地砖生产线，每一批地砖是一个总体，而每块地砖就是个体。在工程中，我们关心的是产品的质量是否合格，即研究对象的性能指标，如瓷砖的抗折强度、吸水率、抗冻性和尺寸规格等。指标 X 常常随着抽取的个体不同发生变化，因而是一个随机变量。在统计学中又称随机变量 X 所有可能值的全体为总体，每一个可能值为个体。称 X 概率分布为总体分布。

在工程中，人们关心的研究对象常常有多个考核指标，如研究一批陶瓷墙地砖时，需要考虑抗折强度和抗冻性，这个总体 (X,Y) 称为二维总体，类似地可以定义多维总体。

(2)样本

在统计学中，总体是未知的或部分未知的。统计学的目的就是要对未知的总体进行推断。为此，一般总是从总体中按一定法则，抽取若干个体进行观察，以获得关于总体的信息。这一抽取过程称为抽样。从总体中随机抽取一部分个体称为样本。样本中所含个体的数量称为样本的大小或样本容量，通常用 n 表示。样本有大样本和小样本之分，一般认为 $n>50$ 属于大样本，$n<30$ 属于小样本，二者没有严格的界限。样本容量越大，越能反映总体的性质。在工程中，研究的目的不是样本，但在试验中所能得到的是样本而不是总体，样本只是未知总体的一部分或一小部分，通过这一部分样本对总体的某些特征进行分析、估计和推断是非常有意义的。样本与总体的关系如图 2—1 所示。

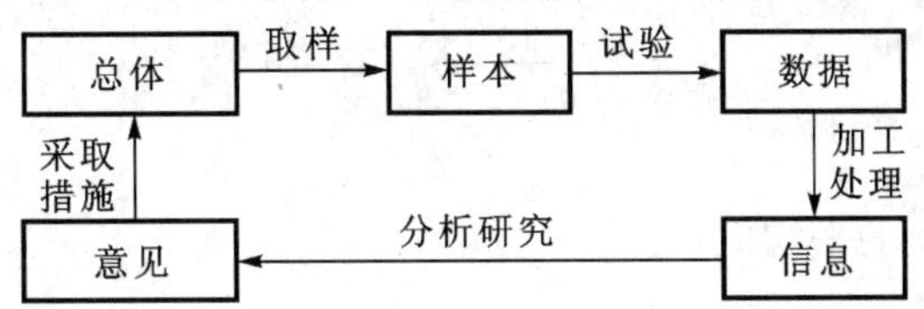

图 2—1　样本与总体的关系

从总体中抽取样本称为抽样。抽样按方式分为随机抽样和定时抽样。在生产的一批产品中,使所有产品都能以相等机会被抽到,这种抽样称之为随机抽样。随机抽样能反映总体的真实情况,若根据抽样者主观选择出来的样本来推断评价总体,将会得到不真实的,甚至是错误的结论,失去了用统计方法分析评价的意义。在生产过程中,按工艺程序,每隔一定时间,连续抽取若干产品为样本,这种抽样方式常被称之为定时定量抽样,而定时定量抽样只能代表一定时间的质量水平,不能代表整个生产线的产品质量状况。工程中随机抽样多用于产品的验收检查;定时定量抽样多用于生产的质量管理。

2.1.2　统计特征数

统计特征数一般分为两类,一类是表现数据的集中性质或集中程度,常用平均值、中位数表示;另一类是表示数据的离散程度或离散性质,常用平方和、均方、极差、标准离差、变异系数等表示。

(1)平均值

无穷多个试验数据的平均值,就是被测总体的真值。平均值是表示数据集中位置最有效的代数值,通常用样本的算术平均值来代表总体的平均水平,是检验总体真值和估计总体真值的统计量,以 $\bar{x}$ 表示,按(2—1)式计算。

$$\bar{x} = \frac{1}{n}\sum_{i=1}^{n} x_i \tag{2—1}$$

式中:$\bar{x}$——全部单次试验的平均值;

x_i——单次试验值;

n——试验的总次数。

(2)中位数

在一组数据 $x_1, x_2, \cdots, x_n$ 中,按其大小顺序排列,以排在正中间的一个数表示总体的平均水平,称之为中位数。n 为奇数时,正中间的数只有一个,当 n 为偶数时,正中间的数有两个,此时取这两个数的算术平均值作为中位数。

(3)极差

极差是数据中最大值与最小值之差,记作 R,它表示数据的离散范围。极差用(2—2)式表示。

$$R = \max\{x_1, x_2, \cdots, x_n\} - \min\{x_1, x_2, \cdots, x_n\} \tag{2—2}$$

(4)标准离差

标准离差能充分利用试验数据所提供的信息,较好地反映数据的离散程度。样本的标准离差用(2—3)式表示。

$$S = \sqrt{\frac{1}{n-1}\sum_{i=1}^{n}(x_i - \bar{x})^2} \tag{2—3}$$

式中：S——样本标准离差；

$\bar{x}$——全部单次试验的平均值；

x_i——单次试验值。

(5)变异系数

极差和标准离差仅仅反映了试验数据绝对波动的大小，在工程中常常强度高的材料，数据波动的绝对值较大，强度低的材料，数据波动的绝对值一般较小，为了更客观地评价数据的离散特征，把波动的绝对值与测试数据的平均值结合起来，评价其相对波动的大小，变异系数正是反映了相对波动的特征，以(2—4)式表示。

$$C_v = \frac{S}{\bar{x}} \times 100\% \tag{2—4}$$

【例 2.1】 经实验测得某批混凝土抗压强度，数据列于表 2—1。试求 50 组试件强度的平均值、中位数、极差、标准离差及变异系数。

表 2—1 混凝土实测 28d 抗压强度值 (MPa)

40.7	40.0	41.5	36.9	38.7	38.7	40.7	40.9	41.6	40.6
41.7	41.4	47.1	42.8	42.1	47.1	39.5	47.3	49.0	43.5
44.5	43.7	47.5	43.8	44.1	36.1	36.0	39.0	34.0	43.9
39.4	45.6	45.9	41.0	38.9	41.5	37.2	38.0	38.4	39.6
45.2	40.3	40.8	41.0	41.3	42.0	43.1	42.5	42.7	44.1

解：

(1)平均值按(2—1)式计算

$$\bar{x} = \frac{1}{n}\sum_{i=1}^{n}x_i = \frac{1}{50}\sum_{i=1}^{50}x_i = \frac{1}{50}(40.7 + 40.0 + \cdots + 44.1) = 41.7(\text{MPa})$$

(2)由于该组数据为 50 组，中位数有两个，即 41.4，41.5，平均值为 41.45。

(3)该组数据的最大值为 49.0，最小值为 34.0，极差为 15.0。

(4)标准离差按(2—3)式计算

$$S = \sqrt{\frac{1}{n-1}\sum_{i=1}^{n}(x_i - \bar{x})^2} = \sqrt{\frac{1}{50-1}\sum_{i=1}^{50}(x_i - 41.7)^2} = 3.23(\text{MPa})$$

(5)变异系数按(2—4)式计算

$$C_v = \frac{S}{\bar{x}} \times 100\% = \frac{3.23}{41.7} \times 100\% = 7.7\%$$

2.2 频数直方图与正态分布

2.2.1 频数直方图

为了分析评价考核指标的分布规律，通常将测试的大量数据分组，用选举唱票的办法求出各组中数据的个数(频数)，频数是分布在各组中考核指标出现的数目。它反映了某一范围指标出现机会的多少。然后以各组指标值为横坐标，以频数为纵坐标绘制直方图，这种频数直方图反映了考核指标的分布情况。

将表2—1中的混凝土实测强度值经过归纳整理，可找出数据的分布规律，见表2—2所列。频数直方图如图2—2所示。

表2—2 混凝土强度的频数分布

No.	分 组	n
1	33.95~35.95	1
2	35.95~37.95	4
3	37.95~39.95	9
4	39.95~41.95	15
5	41.95~43.95	10
6	43.95~45.95	5
7	45.95~47.95	5
8	47.95~49.95	1

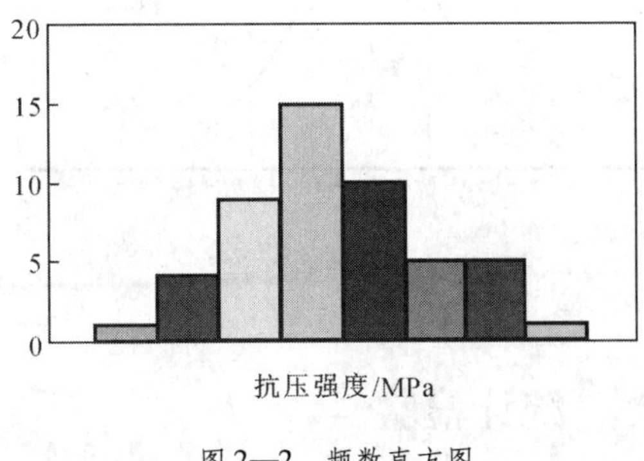

图2—2 频数直方图

通常频数直方图的绘制都是组距相等的，直方图的起点由数据中最小值确定；分组数量由样本容量n的大小确定，一般取5~20组，通常n小于50时，分5~6组，n在50~100之间时，分6~10组，n在110~250之间时，分7~12组，通常n大于250时，分10~20组。

2.2.2 正态分布

在工程中，大量的试验资料表明，测量的随机误差是服从正态分布的。例如，钢材的抗拉强度、水泥的强度、瓷砖的抗折强度、防水卷材的断裂伸长率等，都是服从正态分布的。正态分布也称高斯分布，它是以总体平均值μ为中心，以中间高、两侧低、左右对称为特点。正态分布有两个参数，均值μ和方差σ^2。正态分布曲线是单峰对称曲线，曲线的峰值在$x=\mu$处，在正负一倍标准差处曲线各有一个拐点。σ越小，曲线越瘦，数据越集中；σ越大，曲线越胖，数据越分散。

正态分布曲线的概率密度函数为

$$f(x)=\frac{1}{\sigma\sqrt{2\pi}}e^{-\frac{(x-\mu)^2}{2\sigma^2}} \tag{2—5}$$

正态分布为指导生产，尤其是现场管理带来很大好处。工程中样本值x落在区间(a,b)的概率$P(a<x<b)$是明确的。它等于$x_1=a,x_2=b$时，横坐标和曲线$f(x)$所夹的面积，可用以下分布函数表示

$$P(a<x<b)=\frac{1}{\sigma\sqrt{2\pi}}\int_a^b e^{-\frac{(x-\mu)^2}{2\sigma^2}}\mathrm{d}x \tag{2—6}$$

根据(2—6)式可以求出：

落在$(\mu-\sigma,\mu+\sigma)$的概率是68.3%；

落在$(\mu-2\sigma,\mu+2\sigma)$的概率是95.4%；

落在$(\mu-3\sigma,\mu+3\sigma)$的概率是99.7%。

在混凝土工程中，正态分布在配合比设计、质量验收和计量值管理图等方面被广泛应用。

例如，混凝土配合比设计中的强度保证率，$P=95\%$，此时，$R_{保}=R_{标}+1.645\sigma$。

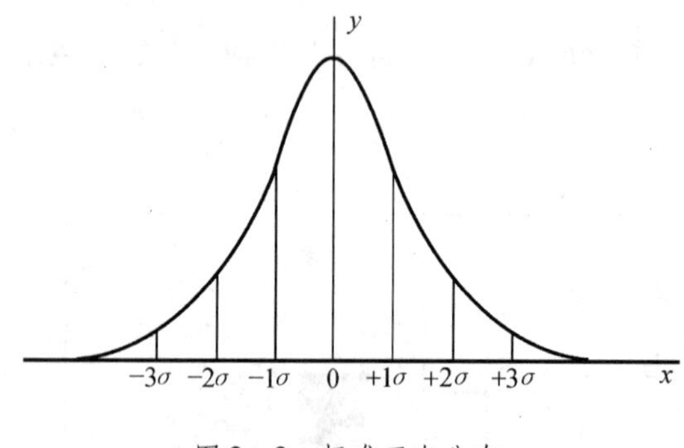

图 2—3 标准正态分布

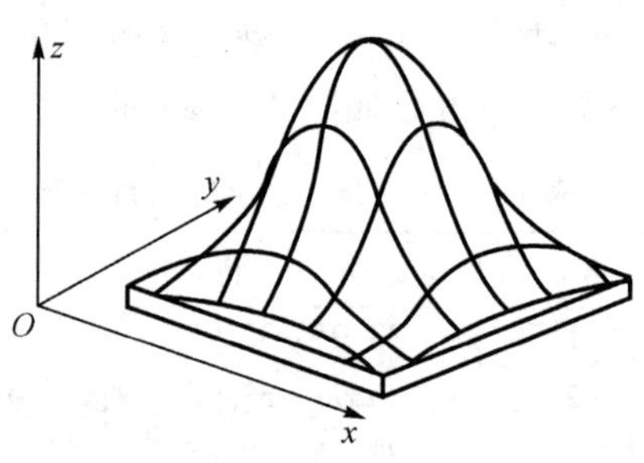

图 2—4 二维正态分布

2.3 统计检验

在工程中，测试数据总是有波动的，为科学评价和解决实际问题，人们常常对未知总体有一些设想，希望通过试验信息来验证它或否定它。在解决实际问题的过程中，对未知总体提出某种假设，然后抽取样本，利用样本所提供的关于总体的信息，对假设的正确性做出判断。在统计学中，这一类统计推断问题称为假设检验。下面以实际例子加以说明。

【例 2.2】 某商品混凝土公司在一定配合比和工艺条件下，生产 C20 强度等级的混凝土平均抗压强度 $\mu_0=26.0$ MPa，根据多年大量生产数据统计计算出的标准离差 $\sigma_0=3.5$ MPa，采用新工艺后，新工艺生产的混凝土中随机抽取 25 组试件，测得平均强度 $\bar{x}=28.6$ MPa，$\bar{x}$ 与 μ_0 的差异是偶然波动，还是反映了工艺条件改变的影响，即是随机误差造成的，还是条件误差造成的。

在处理这一问题时，首先假设"即使工艺改变，混凝土的强度也不变"，即假设工艺条件的改变对强度没有影响，也就是说，不存在条件误差，$\bar{x}$ 与 μ_0 的差异是随机误差。现在的问题是要判断样本的可能性，即判断是接受还是舍弃这一假设。我们称"即使工艺改变，混凝土的强度也不变"这种假设为虚拟假设，记作 H_0，$\bar{x}$ 与 μ_0 的差异多大才算有显著性差异呢？在工程中常采用 $1.96\sigma_{\bar{x}}$ 作为界限，即

$$|\bar{x}-\mu_0|>1.96\sigma_{\bar{x}}=1.96\sigma_0/\sqrt{n} \tag{2—7}$$

由正态分布的特征可知，$\bar{x}$ 落在这个区间外的概率为 5%，也称 5% 这个概率为显著性水平。所求得的统计量落入舍弃域，则舍弃 H_0；反之，则接受 H_0。

例 2.2 中

$$|\bar{x}-\mu_0|=|28.6-26.0|=2.6$$

$$1.96\sigma_0/\sqrt{n}=1.96\times3.5/\sqrt{25}=1.372<2.6$$

由上述计算结果可知，虚拟假设被否定，即可以判定由于工艺改变，混凝土强度显著地提高了。

2.3.1 平均值的检验

2.3.1.1 一个总体平均值的检验 $H_0:\mu=\mu_0$

(1)总体方差 σ_0^2 已知的情况

例2.2就是总体方差 σ_0^2 已知的一个总体平均值的检验问题,所采用的统计量为

$$\mu_0 = \frac{\bar{x} - \mu_0}{\sigma_0/\sqrt{n}} \tag{2—8}$$

式中:n——样本容量;

$\bar{x}$——n 个数据的平均值;

μ_0——已知总体的平均值;

σ_0——已知总体的标准离差。

当 $|u_0| \geqslant u(\alpha)$ 时,则舍弃 H_0,$u(\alpha)$ 从正态分布表中查出,这种检验方法也称作正态检验或 u 检验。

(2)总体方差 σ_0^2 未知的情况

检验虚拟假设 $H_0: \mu = \mu_0$,所采用的统计量为

$$t_0 = \frac{\bar{x} - \mu_0}{S/\sqrt{n}} \tag{2—9}$$

式中:S——样本的标准离差。

该统计量按自由度 $f = n - 1$ 的 t 分布进行检验,因此,也称作 t 检验。当统计量 $|t_0| \geqslant t_\alpha(f)$ 时,则否定 H_0,此时,α 为显著性水平,$t_\alpha(f)$ 可以从 t 分布表中查出,这种检验方法也称作 t 检验。

【例2.3】 某加气混凝土厂的加气混凝土抗压强度为 $\mu_0 = 3.3$ MPa,生产工艺调整后,在配料相同的条件下,抽样取得加气混凝土的抗压强度数据如下:3.5,3.6,3.7,3.3,3.3,3.5,3.1,3.0,3.4,3.6 MPa,问显著性水平为5%时,总体平均强度是否发生了显著变化?

解:虚拟假设 $H_0: \mu = \mu_0$

计算统计量

$n = 10, \mu_0 = 3.3(\text{MPa}), \bar{x} = \frac{1}{10}\sum_{i=1}^{10} x_i = 3.4(\text{MPa}), S = \sqrt{\frac{1}{n-1}\sum_{i=1}^{n}(x_i - \bar{x})^2} = 0.223(\text{MPa})$

$$t_0 = \left|\frac{\bar{x} - \mu_0}{S/\sqrt{n}}\right| = \left|\frac{3.4 - 3.3}{0.223/\sqrt{10}}\right| = 1.418$$

自由度 $f = 10 - 1 = 9$,$\alpha = 0.05$,查 t 分布表,$t_{0.05}(9) = 2.26 > 1.418$,故接受 H_0。结论为生产工艺调整后,加气混凝土的强度没有显著性变化。

2.3.1.2 两个总体平均值的检验 $H_0: \mu_1 = \mu_2$

(1)总体方差 σ_1^2, σ_2^2 已知的情况

从两个正态总体 $N(\mu_1, \sigma_1^2)$ 及 $N(\mu_2, \sigma_2^2)$ 中随机抽取容量分别为 n_1 和 n_2 的样本,其平均值分别为 $\bar{x}_1$ 和 $\bar{x}_2$。检验虚拟假设 $H_0: \mu_1 = \mu_2$ 的统计量为

$$u_0 = \frac{\bar{x}_1 - \bar{x}_2}{\sqrt{\frac{\sigma_1^2}{n_1} + \frac{\sigma_2^2}{n_2}}} \tag{2—10}$$

若 $\sigma_1 = \sigma_2 = \sigma_0$,则式(2—10)就变为

$$u_0 = \frac{\bar{x}_1 - \bar{x}_2}{\sigma_0 \sqrt{\frac{1}{n_1} + \frac{1}{n_2}}} \tag{2—11}$$

当$|u_0| \geqslant u(\alpha)$时，则舍弃 H_0。

【例 2.4】 某工程有甲、乙两个商品混凝土搅拌站供应配合比相同的 C20 强度等级的泵送混凝土，现从甲搅拌站抽取 25 组试件，平均抗压强度为 $\bar{x}_1 = 25.9$ MPa，从乙搅拌站抽取 21 组试件，平均抗压强度为 $\bar{x}_2 = 23.8$ MPa，已知两个搅拌站生产该强度等级的混凝土的总体的标准离差 $\sigma_0 = 3.5$ MPa，问显著水平为 5% 时，两个搅拌站生产的混凝土的强度总体平均值是否相等?

解：虚拟假设 $H_0: \mu_1 = \mu_2$

计算统计量

$$u_0 = \frac{\bar{x}_1 - \bar{x}_2}{\sigma_0 \sqrt{\frac{1}{n_1} + \frac{1}{n_2}}} = \frac{25.9 - 23.8}{3.5 \sqrt{\frac{1}{25} + \frac{1}{21}}} = 2.03$$

由正态分布表可以查出 $\alpha = 0.05$ 时，$u(0.05) = 1.96$，因$|u_0| > u(\alpha)$，故舍弃假设 H_0。由此可得出结论，两个搅拌站生产的 C20 商品混凝土，其强度总体平均值不相等，即有显著的变化。

(2)总体方差 ${\sigma_1}^2, {\sigma_2}^2$ 未知的情况

在这里我们只介绍 ${\sigma_1}^2 = {\sigma_2}^2$ 的情况。

两个总体的方差 ${\sigma_1}^2$ 和 ${\sigma_2}^2$ 是否相等，需要进行统计判断，即进行 $H_0: {\sigma_1}^2 = {\sigma_2}^2$ 的假设检验，如果检验结果表明 ${\sigma_1}^2$ 与 ${\sigma_2}^2$ 之间没有显著性差异，就认为 ${\sigma_1}^2 = {\sigma_2}^2 = {\sigma_0}^2$，然后进行平均值的检验。检验方法如下：

当 ${\sigma_1}^2 = {\sigma_2}^2$，但它们是未知的，可以用样本的方差 S^2 代替总体方差 ${\sigma_0}^2$，共同方差 S^2 计算如式(2—12)。

$$S^2 = \frac{S_1 + S_2}{(n_1 - 1) + (n_2 - 1)} \tag{2—12}$$

式中：n_1 和 n_2——两个样本的容量；

S_1 和 S_2——样本的平方和。

检验虚拟假设 $H_0: \mu_1 = \mu_2$，所采用的统计量

$$t = \frac{\bar{x}_1 - \bar{x}_2}{S \sqrt{\frac{1}{n_1} + \frac{1}{n_2}}} \tag{2—13}$$

是按自由度 $f = n_1 + n_2 - 2$ 的 t 分布。

当$|t_0| \geqslant t_\alpha(f)$时，则舍弃 H_0。

【例 2.5】 测试 15 组 28d 龄期的混凝土抗压弹性模量 E_c 和抗拉弹性模量 E_p 的成对数据，详见表 2—3 所列。

问 E_c 和 E_p 的总体平均值在显著性水平为 5% 时，有无显著性差异?

解：等方差检验参见 2.3.2 中的例 2.7。

计算几个参数

$$n_1 = 15,\quad \bar{x}_1 = 26.75,\quad S_1 = 125.92$$
$$n_2 = 15,\quad \bar{x}_2 = 26.19,\quad S_2 = 193.46$$

设立虚拟假设 $H_0：\mu_1 = \mu_2$

计算统计量

表 2—3　E_c 和 E_p 的实测值

No.	$E_c(\sigma = 0.3R_c)$	$E_p(\sigma = 0.5R_c)$	No.	$E_c(\sigma = 0.3R_c)$	$E_p(\sigma = 0.5R_c)$
1	29.3	24.0	9	25.7	28.8
2	29.2	22.6	10	22.5	22.8
3	31.3	31.4	11	19.8	31.7
4	27.4	27.1	12	25.2	23.1
5	27.7	30.0	13	26.2	22.9
6	28.8	30.6	14	26.6	24.9
7	29.0	27.8	15	23.9	19.9
8	28.7	25.2			

$$S^2 = \frac{S_1 + S_2}{(n_1 - 1) + (n_2 - 1)} = \frac{125.92 + 193.46}{14 + 14} = 11.41 \qquad S = 3.38$$

$$t = \frac{\bar{x}_1 - \bar{x}_2}{S\sqrt{\frac{1}{n_1} + \frac{1}{n_2}}} = \frac{26.75 - 26.19}{3.38\sqrt{\frac{1}{15} + \frac{1}{15}}} = 0.45$$

$$f = n_1 + n_2 - 2 = 15 + 15 - 2 = 28$$

查 t 分布表，$t_{0.05}(28) = 2.05 > 0.45$。

由此可得出结论假设 $H_0：\mu_1 = \mu_2$ 成立，在相应的极限强度的某一范围内，抗压弹性模量与抗拉弹性模量相等，即没有显著的变化。

2.3.2　方差的检验

方差反映了试验结果的波动特征，在工业生产中是生产状态是否稳定的一个重要指标。在科学研究和工程试验中，方差的检验具有重要的意义。

2.3.2.1　一个总体方差的检验 $H_0：\sigma^2 = \sigma_0^{\ 2}$

从平均值为 μ_0，方差为 $\sigma_0^{\ 2}$ 的正态总体 $N(\mu_0,\ \sigma_0^{\ 2})$ 中随机抽取容量为 $x_1, x_2, \cdots, x_n$ 的样本，求出它们的偏差平方和 $S = \sum_{i=1}^{n}(x_i - \bar{x})^2$，则 χ^2 的计算可由式(2—14)给出

$$\chi^2 = \frac{S}{\sigma^2} \tag{2—14}$$

它是按自由度 $\psi = n - 1$ 的 χ^2 分布，把 χ^2 的计算值与从 χ^2 分布表中查出的 $\chi_\alpha^{\ 2}$ 临界值进行比较，落在接受域则接受 H_0，否则，舍弃 H_0。

【例 2.6】　某工程使用人工砂配制混凝土，原未经脱水时，含水率波动较大，混凝土强度均匀性较差，其强度分布为 $N(21.0,\ 3.7^2)$。为了提高混凝土的均匀性，待含水量稳定后再使用。从已脱水的人工砂配制的混凝土中抽取 10 组试件，其抗压强度分别为：

17.3，18.5，20.4，20.8，21.0，21.4，22.0，22.1，22.5，24.0 MPa

问人工砂脱水后是否改善了混凝土的均匀性？取显著性水平 $\alpha = 0.05$。

解：虚拟假设 $H_0: \sigma^2 = {\sigma_0}^2$

计算统计量 χ^2

$$S = \sum_{i=1}^{n}(x_i - \bar{x})^2 = \sum_{i=1}^{10}(x_i - \bar{x})^2 = 33.96$$

已知 $\sigma_0 = 3.7$

$$\chi^2 = \frac{S}{\sigma^2} = \frac{\sum_{i=1}^{10}(x_i - \bar{x})^2}{{\sigma_0}^2} = \frac{33.96}{3.7^2} = 2.48$$

查 χ^2 分布表，确定临界值

$$f = n - 1 = 9$$

$$\chi^2(f, 1 - \frac{\alpha}{2}) = \chi^2(9, 0.975) = 2.70$$

$$\chi^2(f, \frac{\alpha}{2}) = \chi^2(9, 0.025) = 19.02$$

因 $\chi^2 = 2.48 < \chi^2(9, 0.975) = 2.70$，即不在(2.70, 19.02)接受域内，故否定 $H_0: \sigma^2 = {\sigma_0}^2$，说明人工砂脱水后，混凝土均匀性较脱水前有了显著的改善。

2.3.2.2　两个总体方差的检验 $H_0: {\sigma_1}^2 = {\sigma_2}^2$

从两个正态总体 $N(\mu_1, {\sigma_1}^2)$ 及 $N(\mu_2, {\sigma_2}^2)$ 中随机抽取容量分别为 n_1 和 n_2 的样本，其方差分别为 ${S_1}^2$ 和 ${S_2}^2$。计算统计量

$$F_0 = \frac{{S_1}^2}{{S_2}^2} \tag{2—15}$$

按自由度 $f_1 = n_1 - 1$ 和 $f_2 = n_2 - 1$ 查 F 分布表，如果 $F_0 > F_{\frac{\alpha}{2}}(f_1, f_2)$，则否定 H_0。

【例 2.7】　如例 2.5 所示，15 组 28d 龄期的混凝土抗压弹性模量 E_c 和抗拉弹性模量 E_p 的成对数据见表 2—3 所列。检验混凝土抗压弹性模量 E_c 和抗拉弹性模量 E_p 的均匀性是否有显著性的差异。

解：设立虚拟假设 $H_0: {\sigma_1}^2 = {\sigma_2}^2$，备择假设 $H_1: {\sigma_1}^2 \neq {\sigma_2}^2$

计算统计量　　$n_p = 15, S_p = 193.46,\quad S_p^2 = \frac{S_p}{n_p - 1} = \frac{193.46}{14} = 13.82$

$$n_c = 15, S_c = 125.92,\quad S_c^2 = \frac{S_c}{n_c - 1} = \frac{125.92}{14} = 8.99$$

$$F_0 = \frac{S_1^2}{S_2^2} = \frac{13.82}{8.99} = 1.54$$

查 F 分布表，$F_{0.025}(14, 14) = 2.98$。

因 $F_0 = 1.54 < F_{0.025}(14, 14) = 2.98$，故接受 $H_0: {\sigma_1}^2 = {\sigma_2}^2$，即抗压弹性模量 E_c 和抗拉弹性模量 E_p 的总体方差没有显著性的差异。

2.4　方差分析

在工程中，人们常常发现，对于某一特性量经过多次试验所得到的结果彼此都存在着差

异，这些差异反映了试验时各种条件的影响，其中，这些影响因素有可控因素，也有无法控制的因素，方差分析的主要用途在于，根据试验数据来分析评价造成数据之间差异的原因，从而判断试验各有关因素对试验结果的影响程度。

造成测试数据差异的原因有两种，即试验误差和条件变差，方差分析主要从以下 3 个方面解决问题。

(1)从数据的总变差中分出试验误差和条件变差，并分别赋予数量表示；

(2)在一定显著性水平下对条件变差和试验误差进行比较，如两者相差不大，说明条件变差对考核指标影响不大；如条件变差比试验误差大得多，说明条件的变化对指标的影响很大；

(3)方差分析评价出重要因素，并且能给出影响大小的顺序，为选择较好的工艺条件或确定进一步试验的方向提供了可靠的依据。

以一元方差分析为例看方差分析的主要步骤。

(1)若测试数据过大或过小，可以先对数据作适当的变换：

$$(x_{ij}-x_0)h \rightarrow x_{ij}$$

(2)计算总变差、条件变差和试验误差的平方和、自由度

$$W=\sum_{i=1}^{p}\sum_{j=1}^{r}x_{ij}^2 \tag{2—16}$$

$$P=\frac{1}{pr}\left(\sum_{i=1}^{p}\sum_{j=1}^{r}x_{ij}\right)^2 \tag{2—17}$$

总变差：$S_T=W-P$（反映了全体试验结果之间的差异）

$$Q=\frac{1}{r}\sum_{i=1}^{p}\left(\sum_{j=1}^{r}x_{ij}\right)^2 \tag{2—18}$$

条件变差：$S_A=Q-P$（反映了 A 因素各水平的差异）

误差：$S_E=W-Q=S_T-S_A$（反映了同一水平内的差异）

总自由度：$f_T=pr-1=n-1$

条件变差的自由度：$f_A=p-1$

误差的自由度：$f_E=f_T-f_A=n-p$

(3)计算均方和

$$V_A=S_A/f_A \tag{2—19}$$

$$V_E=S_E/f_E \tag{2—20}$$

(4)计算 F_0 值，并将它与 $F_\alpha(f_A,f_E)$ 进行比较，以判断因素 A 的各水平是否对试验结果有显著影响。

$$F_0=\frac{V_A}{V_E} \tag{2—21}$$

将计算结果列入方差分析表并分析评价（见表 2—4 所列）。

表 2—4　方差分析表

方差来源	平方和	自由度	均方	F 值	临界值
组　间	S_A	$f_A=P-1$	$V_A=S_A/f_A$	$F_0=V_A/V_E$	$F_\alpha(f_A,f_E)$
组　内	S_E	$f_E=n-p$	$V_E=S_E/f_E$		
总　和	S_T	$f_T=n-1$			

F 值与临界值比较时共分 4 种情况：

(1) $F > F_{0.01}(f_A, f_E)$，表示因素 A 影响非常显著，记作“＊＊”；

(2) $F_{0.01}(f_A, f_E) \geqslant F \geqslant F_{0.05}(f_A, f_E)$，表示因素 A 对考核指标影响显著，记作“＊”；

(3) $F_{0.05}(f_A, f_E) \geqslant F \geqslant F_{0.10}(f_A, f_E)$，表示因素有一定影响，记作“(＊)”；

(4) $F < F_{0.10}(f_A, f_E)$，表示看不出因素 A 有影响。

【例 2.8】 某工程需考察某种减水剂不同掺量对混凝土抗压强度的影响(其他条件均相同)，试验中选择了 4 种掺量，每个水平下重复试验 4 次(即 $p=4, r=4$)，试验结果见表 2—5 所列。试分析减水剂掺量对混凝土强度有无显著影响。

表 2—5 不同掺量下 1d 抗压强度 (MPa)

No.	P_1	P_2	P_3	P_4
1	18.5	17.3	15.4	14.5
2	16.4	14.8	14.0	14.0
3	19.2	18.0	16.9	15.8
4	20.0	17.4	17.0	16.8
$\sum$	74.1	67.5	63.3	61.1

解：

$$W = \sum_{i=1}^{p}\sum_{j=1}^{r} x_{ij}^2 = 18.5^2 + 16.4^2 + \cdots + 16.8^2 = 4470.84$$

$$P = \frac{1}{pr}\left(\sum_{i=1}^{p}\sum_{j=1}^{r} x_{ij}\right)^2 = \frac{1}{4\times 4}(18.5 + 16.4 + \cdots + 16.8)^2 = 4422.25$$

$$Q = \frac{1}{p}\sum_{j=1}^{r}\left(\sum_{i=1}^{p} x_{ij}\right)^2 = \frac{1}{4}(74.1^2 + 67.5^2 + 63.3^2 + 61.1^2) = 4446.79$$

$$S_T = W - P = 4470.84 - 4422.25 = 48.59$$

$$S_A = Q_A - P = 4446.79 - 4422.25 = 24.54$$

$$S_E = W - Q_A = S_T - S_A = 48.59 - 24.54 = 24.05$$

$$f_T = pr - 1 = n - 1 = 16 - 1 = 15$$

$$f_A = r - 1 = 4 - 1 = 3$$

$$f_E = f_T - f_A = 15 - 3 = 12$$

计算结果列入方差分析表(见表 2—6 所列)。

表 2—6 方差分析表

方差来源	平方和	自由度	均 方	F 值	临界值
掺 量	24.54	3	8.18	4.09*	$F_{0.05}(3,12) = 3.49$
误 差	24.05	12	2.00		$F_{0.01}(3,12) = 5.95$
总 和	48.59	15			

根据方差分析可以得出结论，该减水剂的不同掺量对混凝土的抗压强度有显著影响。

多因素方差分析只是在 Q 的计算上麻烦一些，方差分析的步骤与一元方差分析一致。本章暂且不讨论多因素方差分析，在试验设计过程中通过实例加以说明。

第三章 简单试验设计

3.1 单因素试验

在整个试验过程中仅考虑一个因素的变化，这类试验称作单因素试验，在工程中，经常遇到为探索主要因素对重要考核指标的影响规律，而将多因素、多指标的生产工艺优化问题简化为单因素试验。许多单因素试验设计对评价材料的性能及其与重要因素之间的内在规律是十分必要的。

3.1.1 单因素试验的解析

单因素试验的测试数据可以进行以下分解：

$$x_{ij}=\mu+a_i+e_{ij} \tag{3—1}$$

式中：x_{ij}——该因素第 i 组第 j 次测试结果；

μ——总体平均值；

a_i——第 i 组的效应值；

e_{ij}——误差。

根据(3—1)结构式，可以从数据中将计算的总体平方和 S_T 分解为 S_E 和 S_A。

$$\begin{aligned} S_T &= \sum_{i=1}^{p}\sum_{j=1}^{r}(x_{ij}-\overline{T})^2 \\ &= \sum_{i=1}^{p}\sum_{j=1}^{r}[(x_{ij}-\overline{A}_i)+(\overline{A}_i-\overline{T})]^2 = S_E+S_A \end{aligned} \tag{3—2}$$

在分析评价试验结果时，可以根据这一特征进行单因素试验的方差分析。

【例 3.1】 为搞清某生产厂的 4 条生产线上产品的尺寸是否有偏差，以生产线作为因素，将生产线制出的产品随机抽出 5 个，测试其尺寸，见表 3—1 所列。通过方差分析评价 4 条生产线之间有无产品尺寸偏差。

表 3—1 尺寸测试结果 (mm)

No.	A_1	A_2	A_3	A_4
1	4.87	4.93	4.86	4.85
2	4.86	4.90	4.85	4.86
3	4.90	4.89	4.85	4.84
4	4.87	4.91	4.81	4.86
5	4.85	4.92	4.83	4.89
$\sum$	24.35	24.55	24.20	24.30

解：(1)方差分析

求数据总和，计算修正项 P

$$W=\sum_{i=1}^{p}\sum_{j=1}^{r}x_{ij}^2=(4.87^2+4.86^2+\cdots+4.89^2)=474.3564$$

$$P = \frac{1}{pr}(\sum_{i=1}^{p}\sum_{j=1}^{r}x_{ij})^2 = \frac{1}{4\times5}(4.87+4.86+\cdots+4.89)^2 = 474.3380$$

$$Q = \frac{1}{r}\sum_{i=1}^{p}(\sum_{j=1}^{r}x_{ij})^2 = \frac{1}{5}(24.35^2+24.55^2+24.20^2+24.30^2) = 474.3510$$

式中:p——试验组数($p=4$);

r——每组重复的次数($r=5$)。

计算各平方和 S

$$S_T = W - P = 474.3564 - 474.3380 = 0.0184$$

$$S_A = Q_A - P = 474.3510 - 474.3380 = 0.0130$$

$$S_E = W - Q_A = S_T - S_A = 0.0184 - 0.0130 = 0.0054$$

计算各平方和的自由度

$$f_T = pr - 1 = n - 1 = 20 - 1 = 19$$

$$f_A = p - 1 = 4 - 1 = 3$$

$$f_E = f_T - f_A = 19 - 3 = 16$$

计算 V_A,V_E 和 F 值

$$V_A = \frac{S_A}{f_A} = \frac{0.0130}{3} = 0.004\ 33$$

$$V_E = \frac{S_E}{f_E} = \frac{0.0054}{16} = 0.000\ 34$$

$$F = \frac{V_A}{V_E} = \frac{0.004\ 33}{0.000\ 34} = 12.74$$

编制方差分析表。

将计算结果列入方差分析表(见表3—2所列),并从 F 分布表中查出临界值。

表3—2　方差分析表

方差来源	平方和	自由度	均 方	F 值	临界值
生产线间 A	0.0130	3	0.004 33	12.74**	$F_{0.01}(3,16)=5.29$
误 差 E	0.0054	16	0.000 34		
总 和 T	0.0184	19			

根据方差分析可以确认,4条生产线之间产品的尺寸有非常显著的差异。

(2)母体平均的估计

各水平的母体平均值 $\bar{A}_i$ 的估计

$$\bar{A}_i = \frac{x_{i\cdot}}{r}$$

$$\bar{A}_1 = \frac{24.35}{5} = 4.87$$

$$\bar{A}_2 = \frac{24.55}{5} = 4.91$$

$$\bar{A}_3 = \frac{24.20}{5} = 4.84$$

$$\bar{A}_4 = \frac{24.30}{5} = 4.86$$

母体平均置信区间的幅度计算可以由(3—3)式得出(可信度95%)

$$t(f_E, 0.05)\sqrt{\frac{V_E}{r}} \tag{3—3}$$

因各水平的 $r=5$,置信区间的幅度对各水平都是一样的。

$$t(16, 0.05)\sqrt{\frac{0.00034}{5}} = 2.120 \times \sqrt{\frac{0.00034}{5}} = 0.017$$

根据计算得出,可信度95%的母体平均的置信区间如下:

A_1: 4.87 ±0.017 mm

A_2: 4.91 ±0.017 mm

A_3: 4.84 ±0.017 mm

A_4: 4.86 ±0.017 mm

由计算结果可知,A_2 生产线的产品尺寸最大,A_3 生产线的产品尺寸最小。

3.1.2　单因素试验的优化

常用的单因素试验优化设计的方法有平分法、0.618法、分数法、抛物线法,这些方法既可以作为直接优化的试验设计方法,又可以作为解最优化问题中的直线搜索方法。

(1)平分法

平分法在工程中适用于每次测试结果可以确定下一次试验方向的情况,如某些外加剂掺量的优选,少掺达不到改性效果,超掺将带来性能的劣化。

平分法总是在试验范围的中点安排试验,中点公式为

$$c = \frac{a+b}{2} \tag{3—4}$$

在中点进行试验后,根据试验结果所确定的方向划去另一半试验范围,在余下的范围内重复试验,直到得出满意的实验结果或试验范围足够小为止。

【例3.2】　油脂乳化时需要加碱加热。碱加多了将发生皂化反应,适当地增加碱的掺量可以有效地缩短乳化时间。加碱量优选范围定为1% ~4.4%,第一次试验加碱量为(0.01 + 0.044)/2≈0.027,试验结果发现有皂化反应,说明碱加多了,因此,划去0.027以上的试验范围。第二次试验加碱量为(0.01 +0.027)/2≈0.0185,试验结果乳化良好,为进一步减少乳化时间,将0.0185以下的试验范围划去。第三次试验加碱量为(0.0185 +0.027/2≈0.0228,试验结果乳化仍良好,经三次试验,乳化时间已由原来的4 h减少到1 h,结果是令人满意的,可以结束试验。

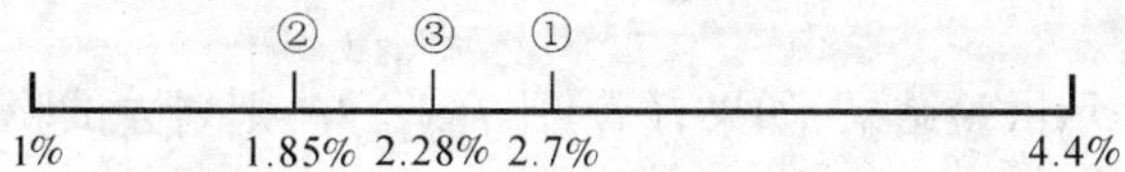

图3—1　平分法试验点

平分法在解最优化问题的具体算法如下:

①确定初始搜索区间(a,b),要求$f(a)<0$, $f(b)>0$;

②计算(a,b)的中点 $c=0.5(a+b)$；

③若$f(c)<0$,则 $a=c$,转④；

若$f(c)>0$,则 $b=c$,转④；

若$f(c)=0$,则 $t=c$,转⑤；

④若$|b-a|<R$,则 $t=0.5(a+b)$,转⑤,否则转②；

⑤打印 $t,f(t)$,停机。

计算机框图如图 3—2 所示。

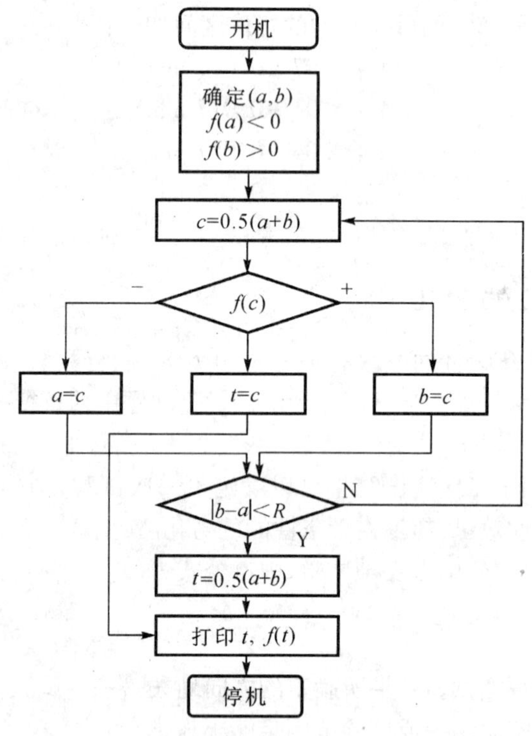

图 3—2　平分法计算机框图

(2)0.618 法

在工程中我们经常遇到生产工艺中的最优化问题,其中,最优点具有单峰函数特征,距离该点越远,试验效果越差。采用 0.618 法进行该种条件下的单因素试验设计较好。

0.618 法的实施如下:第一个试验点 x_1 设在试验范围(a,b)的 0.618 位置上,第二个试验点 x_2 取 x_1 对称点,即

$$x_1=a+0.618(b-a) \tag{3—5}$$

$$x_2=a+b-x_1 \tag{3—6}$$

用$f(x_1)$和$f(x_2)$表示试验结果,如果$f(x_1)$比$f(x_2)$好,则划去试验范围(a,x_2),如果$f(x_2)$比$f(x_1)$好,则划去试验范围(x_1,b),下一次试验在余下试验范围内找对称点继续进行试验加以比较,对称点的计算可以直接用新试验范围的坐标之和减去已有点的坐标,一直进行下去,直至找到满意的试验结果为止。

【例 3.3】　混凝土细集料砂子吸水后表面会形成一层水膜,引起体积膨胀,影响体积计量

的精度，为找出某批砂子的最大湿胀体积，从砂子含水率0～30%进行试验评价。

试验的每点坐标如图3—3所示。

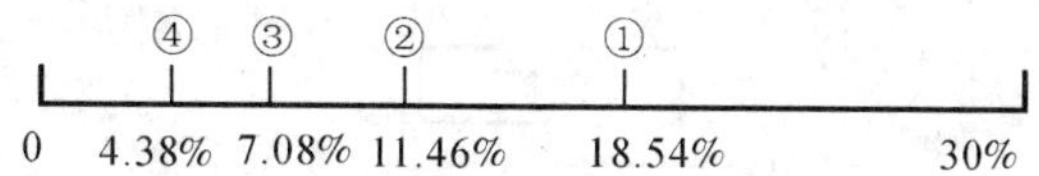

图3—3 0.618法的试验点

第1点：含水率控制在0.618(30% - 0) = 18.54%，测试结果体积膨胀了11.0%。

第2点：含水率控制在30% - 18.54% = 11.46%，测试结果体积膨胀了18.3%。

比较试验结果，第2点的$f(x_2)$比第1点的$f(x_1)$好，划去试验范围(x_1, b)，即划去右端试验范围；在下一个点进行试验。

第3点：含水率控制在18.54% - 11.46% = 7.08%，测试结果体积膨胀了22.0%。

比较试验结果，新的$f(x_2)$(第3点)比新的$f(x_1)$(第2点)好，划去试验范围(x_1, b)，即继续划去右端试验范围(即划去11.46以上的试验范围)，在下一个点进行试验。

第4点：含水率控制在11.46% - 7.08% = 4.38%，测试结果体积膨胀了19.0%。

可以认为，含水率为7.08%时，砂子湿胀最大(本批砂子)，体积膨胀了22.0%。当然，还可以继续试验至精度更高为止，但工程中的最优点通常是相对的，精度过高难以控制，加上其他因素带来的误差干扰，也不可能过于精确。从试验方便角度出发，采用0.618法时，有时试验点取整数值，更加便于工程操作和控制。

0.618法在解最优化问题中也是直线搜索的一种常用的有效方法，具体做法如下：

已知：$f(t)$，终止限R，寻找最大值点。

①确定$f(t)$的初始搜索区间(a, b)，计算$k = \frac{\sqrt{5}-1}{2}$；

②计算$t_2 = a + k(b - a)$，$Y_2 = f(t_2)$；

③计算$t_1 = a + b - t_2$，$Y_1 = f(t_1)$；

④若$|t_1 - t_2| < R$，则打印$t_3 = 0.5(t_1 + t_2)$，$Y_3 = f(t_3)$，停机，否则转⑤；

⑤若$Y_1 \geqslant Y_2$，$t_2 = t_1$，则$b = t_2$，$t_2 = t_1$，$Y_2 = Y_1$，转③，否则$a = t_1$，$t_1 = t_2$，$Y_1 = Y_2$，$t_2 = a + k(b - a)$，$Y_2 = f(t_2)$，转向④。

计算机框图如图3—4所示。

(3)分数法

分数法和0.618法一样，也是适用于单峰函数的方法。它和0.618法的不同之处在于要求预先给出试验总数，或者知道试验范围和精确度，这时试验总数可以计算。

分数法设计试验时需要用菲波那契数，当$F_0 = F_1 = F_2$确定后，菲波那契数就完全确定了，

1，1，2，3，5，8，13，21，34，55，89，144，…。

它们满足递推关系：

$$F_n = F_{n-1} + F_{n-2} \quad (n \geqslant 2) \tag{3—7}$$

用分数法安排试验时有两种情况：

①全面试验总数正好等于$F_n - 1$；

②全面试验总数大于$F_n - 1$；小于$F_{n+1} - 1$。

对于第二种情况，可以在试验范围之外虚设几个试验点，凑成 $F_{n+1}-1$ 个全面试验总数。虚设点并不进行试验。

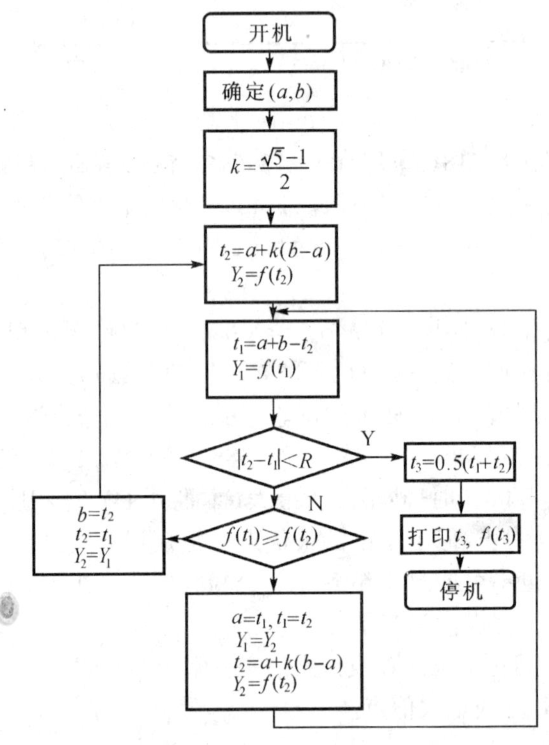

图 3—4　0.618 法计算机框图

分数法安排试验点时，前两个试验设计在 F_{n-1} 和 F_{n-2} 点，根据试验结果的比较，如同 0.618 方法，逐步缩小试验范围。下一次试验安排在 F_{n-3} 点上，逐步试验，直到试验结果满意为止。

【例 3.4】　在水灰比为 0.27 ~ 0.48 范围内，优选轻骨料大孔混凝土最合理的水灰比。

解：试验点的划分如图 3—5 所示。

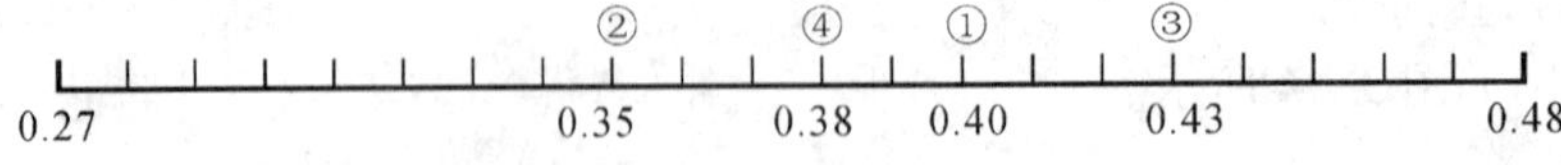

图 3—5　分数法设计的试验点

前两个试验点在 13 和 8 处（水灰比为 0.40 和 0.35 处）。将测试结果综合分析比较，第 1 点效果好，划去小于 0.35 水灰比以下的试验范围，重新编组后定第 3 个试验点为水灰比 0.43 处，试验结果还是第 1 点好，划去 0.43 水灰比以上的试验范围，重新编组后找到第 4 点为水灰比 0.38 处，试验结果第 4 点最好。仅用 4 次试验就找到了令人满意的结果，而全面试验需要 21 次。

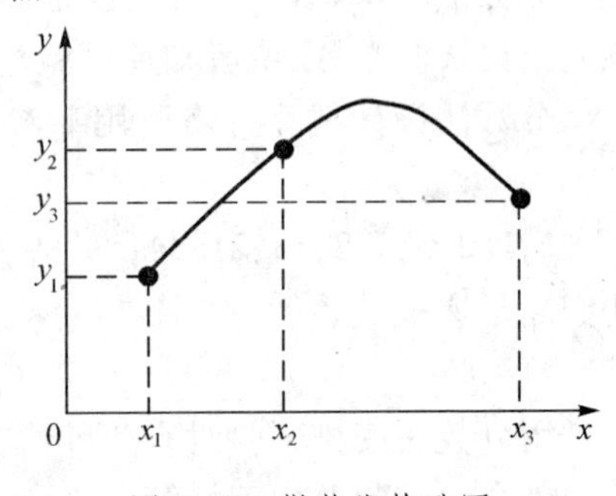

图 3—6　抛物线构造图

(4)抛物线法

抛物线法适用于工程中试验结果可以定量处理,并且其最优点具有单峰函数特征。该方法不仅可以辨别试验结果的好坏程度,而且也可以对最优点的位置进行准确的估计。

抛物线法的具体步骤如下:

设 x_1, x_2, x_3 3 点的试验结果分别为 Y_1, Y_2, Y_3,通过 XY 平面上的 3 点 (x_1, y_1),(x_2, y_2),(x_3, y_3) 作二次抛物线,其方程见公式(3—8),用 Y 近似目标函数 $f(x)$

$$Y = \frac{(x-x_2)(x-x_3)}{(x_1-x_2)(x_1-x_3)}y_1 + \frac{(x-x_1)(x-x_3)}{(x_2-x_1)(x_2-x_3)}y_2 + \frac{(x-x_1)(x-x_2)}{(x_3-x_1)(x_3-x_2)}y_3 \tag{3—8}$$

用抛物线的最大值点 x_0 近似目标函数的最优点,见式(3—9)

$$x_0 = \frac{1}{2} \times \frac{y_1(x_2^2 - x_3^2) + y_2(x_3^2 - x_1^2) + y_3(x_1^2 - x_2^2)}{y_1(x_2 - x_3) + y_2(x_3 - x_1) + y_3(x_1 - x_2)} \tag{3—9}$$

下一个试验点在 x_0 处,该点的试验结果记为 y_0,再用 (x_0, y_0) 和与它保持中间高两头低且相近的两点构造新的二次抛物线,用最大值点近似最优点。

【例 3.5】 用抛物线优选方法寻找蒸养 C40 混凝土屋面板出窑强度高的最佳硫酸钠早强剂掺量,掺量范围为水泥用量的 0 ~ 2%。

在 $x_1 = 0$, $x_2 = 1\%$, $x_3 = 2\%$ 3 个点上做试验,得到 3 组出窑强度的数据 $y_1 = 25.3$ MPa,$y_2 = 37.3$ MPa,$y_3 = 35.7$ MPa。过三点作抛物线,用抛物线的最大值点 x_0 近似目标函数的最优点,计算结果为

$$x_0 = \frac{1}{2} \times \frac{25.3(0.01^2 - 0.02^2) + 37.3(0.02^2 - 0) + 35.7(0 - 0.01^2)}{25.3(0.01 - 0.02) + 37.3(0.02 - 0) + 35.7(0 - 0.01)} = 0.0138$$

测试 x_0 点(即硫酸钠掺量为 1.38% 时),C40 混凝土屋面板的出窑强度为 38.3 MPa,可以认为该掺量为 C40 混凝土屋面板出窑强度的最佳掺量。

抛物线法在解最优化问题中也是直线搜索的一种常用方法,通常被称作抛物线插值法。

3.2 两因素试验

在工程中,两因素试验经常遇到,虽然两因素试验比单因素试验只差了一个字,但分析评价和优化设计却复杂得多。

以下列出几个两因素试验的实例。

(1)为提高某产品的合格率,加工温度 A 选 3 个水平:$A_1 = 200℃$, $A_2 = 210℃$, $A_3 = 220℃$;添加剂的比例 B 选 4 个水平:$B_1 = 5\%$, $B_2 = 6\%$, $B_3 = 7\%$, $B_4 = 8\%$。试验结果列入表 3—3,通过试验可以得到合格率最高的工艺条件。

表 3—3 两因素试验的配置

因素	B_1	B_2	B_3	B_4
A_1	x_{11}	x_{12}	x_{13}	x_{14}
A_2	x_{21}	x_{22}	x_{23}	x_{24}
A_3	x_{31}	x_{32}	x_{33}	x_{34}

(2)为研究橡胶材料的拉伸强度的影响,辅助剂的掺量 A 选 4 个水平:A_1,A_2,A_3,A_4,加硫时间 B 选 5 个水平:B_1,B_2,B_3,B_4,B_5,每组进行一次试验共有 20 组试验,结果可以像表 3—3 那样列入表中,用方差分析解析。

(3)某烧成工艺,材质 A 选 4 个水平:A_1,A_2,A_3,A_4,烧成温度 B 选 4 个水平:B_1,B_2,B_3,B_4。共 16 个工艺条件,每个工艺条件进行一次试验,数据列入表中,确定最佳烧成工艺条件。

3.2.1 两因素试验的解析

两因素试验有两种情况,即无重复试验和有重复试验,其分析评价方法也有所不同。

两因素试验的测试数据可以进行以下分解

$$x_{ij}=\mu+a_i+b_j+e_{ij} \tag{3—10}$$

式中:x_{ij}——A 因素第 i 水平,B 因素第 j 水平时的试验数据;

a_i——A 因素第 i 水平的效应值;

b_j——B 因素第 j 水平的效应值;

e_{ij}——误差。

μ 是总体平均值,式(3—10)是其条件。S_T 可以分解 S_A,S_B 和 S_E,计算总体平方和 S_T 如下

$$S_T=S_A+S_B+S_E \tag{3—11}$$

【例 3.6】 某淬火工程为增大硬度,材质 A 选 4 个水平:A_1,A_2,A_3,A_4,淬火温度 B 选 3 个水平:B_1,B_2,B_3。12 个处理工艺条件各进行一组试验,其硬度测试结果见表 3—4 所列。

表 3—4　硬度数据

因素	B_1	B_2	B_3	$\sum$
A_1	44	40	39	123
A_2	42	41	37	120
A_3	43	41	42	126
A_4	47	44	44	135
$\sum$	176	166	162	504

解:(1)方差分析

求数据总和,计算修正项 P

$$W=\sum_{i=1}^{p}\sum_{j=1}^{r}x_{ij}^2=(44^2+40^2+\cdots+44^2)=21\ 246$$

$$P=\frac{1}{pr}(\sum_{i=1}^{p}\sum_{j=1}^{r}x_{ij})^2=\frac{1}{4\times 3}(44+40+\cdots+44)^2=21\ 168$$

$$Q_A=\frac{1}{r}\sum_{i=1}^{p}(\sum_{j=1}^{r}x_{ij})^2=\frac{1}{3}(123^2+120^2+126^2+135^2)=21\ 210$$

$$Q_B=\frac{1}{p}\sum_{j=1}^{r}(\sum_{i=1}^{p}x_{ij})^2=\frac{1}{4}(176^2+166^2+162^2)=21\ 194$$

式中:p——A 因素的水平数($p=4$);

r——B 因素的水平数($r=3$)。

计算各平方和 S

$$S_T=W-P=21\ 246-21\ 168=78$$

$$S_A = Q_A - P = 21\ 210 - 21\ 168 = 42$$
$$S_B = Q_B - P = 21\ 192 - 21\ 168 = 26$$
$$S_E = S_T - (S_A + S_B) = 78 - (42 + 46) = 10$$

计算各平方和的自由度

$$f_T = pr - 1 = 12 - 1 = 11$$
$$f_A = p - 1 = 4 - 1 = 3$$
$$f_B = r - 1 = 3 - 1 = 2$$
$$f_E = f_T - (f_A + f_B) = 11 - (3 + 2) = 6$$

计算 V_A, V_B, V_E 和 F 值

$$V_A = \frac{S_A}{f_A} = \frac{42}{3} = 14.00$$
$$V_B = \frac{S_B}{f_B} = \frac{26}{2} = 13.00$$
$$V_E = \frac{S_E}{f_E} = \frac{10}{6} = 1.67$$
$$A: F_0 = \frac{V_A}{V_E} = \frac{14.00}{1.67} = 8.38$$
$$B: F_0 = \frac{V_B}{V_E} = \frac{13.00}{1.67} = 7.78$$

制作方差分析表。

将计算结果列入方差分析表(见表3—5所列),由表3—5可知材质 A 和淬火温度 B 对硬度数据的影响都是显著的。

表3—5　方差分析表

方差来源	平方和	自由度	均 方	F 值	临界值
材 质 A	42	3	14	8.38*	$F_{0.05}(3,6) = 4.76$
淬火温度 B	26	2	13	7.78*	$F_{0.05}(2,6) = 5.14$
误 差 E	10	6	1.67		
总和 T	78	11			

(2)显著因素的效果估计

对显著的因素各水平的母体平均值进行估计,首先进行各水平的母体平均值的点估计。

$$\bar{A}_i = \frac{x_{i\cdot}}{r} \qquad \bar{B}_j = \frac{x_{\cdot j}}{p}$$
$$\bar{A}_1 = \frac{123}{3} = 41.0 \qquad \bar{B}_1 = \frac{176}{4} = 44.0$$
$$\bar{A}_2 = \frac{120}{3} = 40.0 \qquad \bar{B}_2 = \frac{166}{4} = 41.5$$
$$\bar{A}_3 = \frac{126}{3} = 42.0 \qquad \bar{B}_3 = \frac{162}{4} = 40.5$$
$$\bar{A}_4 = \frac{135}{3} = 45.0$$

接下来计算母体平均值置信区间的幅度(可信度为95%),分别计算A,B两因素。

$$A: t(f_E,0.05)\sqrt{\frac{V_E}{r}}=t(6,0.05)\sqrt{\frac{1.67}{3}}=2.447\sqrt{\frac{1.67}{3}}=1.83$$

$$B: t(f_E,0.05)\sqrt{\frac{V_E}{p}}=t(6,0.05)\sqrt{\frac{1.67}{4}}=2.447\sqrt{\frac{1.67}{4}}=1.58$$

根据计算得出,可信度95%的母体平均值的置信区间如下:

A_1: 41.0 ±1.83　　B_1: 44.0 ±1.58

A_2: 40.0 ±1.83　　B_2: 41.5 ±1.58

A_3: 42.0 ±1.83　　B_3: 40.5 ±1.58

A_4: 45.0 ±1.83

(3)最佳条件的确定

从分析试验结果可知最佳淬火条件是A_4 B_1 的组合。

计算几个关键参数:

$$\mu=\frac{504}{12}=42.0$$

$$a_4=45.0-42.0=3.0$$

$$b_1=44.0-42.0=2.0$$

$$\hat{\mu}=\mu+a_4+b_1=42.0+3.0+2.0=47$$

为计算推测的偏差幅度,需要计算n_E和统计量$t(f_E,0.05)\sqrt{\frac{V_E}{n_E}}$。

$$n_E=\frac{\text{总数据数}}{1+\text{推定用显著因素自由度之和}}=\frac{pr}{1+(p-1)+(r-1)}=\frac{12}{6}=2$$

$$t(f_E,0.05)\sqrt{\frac{V_E}{n_E}}=t(6,0.05)\sqrt{\frac{1.67}{2}}=2.447\sqrt{\frac{1.67}{2}}=2.24$$

由计算可知,最佳条件下可信度95%的工程平均值的置信区间为47.0 ±2.24。

从以上分析可知,材质A、淬火温度B的水平不同对硬度的影响是显著的,而且可以知道硬度最大的最佳淬火条件是A_4B_1的组合,该条件下今后制造过程中的平均硬度预测值在47.0 ±2.24。

3.2.2 交互作用

两个或两个以上因素同时存在时,经常发生共同作用或相互抵消作用,即因素之间相互影响,并且同时对试验结果起作用,这种作用称之为交互作用。

A和B两个因素存在交互作用时,其交互作用可以看做一个新的因素记作$A\times B$,同样,若A,B,C 3个因素之间存在交互作用时,新的因素记作$A\times B\times C$。工程中3个因素以上的交互作用意义不大的情况比较多,因此,工程中常常忽略它的作用。具体作用以数值实例加以说明。

泵送混凝土经常要使用多种外加剂,为检验两种外加剂的综合效果,A种外加剂选两个水平:A_1和A_2,B种外加剂也选两个水平:B_1和B_2,试验结果可能出现5种情况,分别列入表3—6~表3—10。测试结果1的现象表明,A和B两种外加剂均无效果;测试结果2表明,A和B两种外加剂只有A外加剂有效果;测试结果3表明,A和B两种外加剂均有效果;测试结果4

表明,A 和 B 两种外加剂有增强的交互作用;测试结果 5 表明,A 和 B 两种外加剂有相互抵消的交互作用。

表 3—6　测试结果 1

因素	B_1	B_2
A_1	40	40
A_2	40	40

表 3—7　测试结果 2

因素	B_1	B_2
A_1	40	40
A_2	45	45

表 3—8　测试结果 3

因素	B_1	B_2
A_1	40	50
A_2	45	55

表 3—9　测试结果 4

因素	B_1	B_2
A_1	40	50
A_2	45	65

表 3—10　测试结果 5

因素	B_1	B_2
A_1	40	50
A_2	50	45

【例 3.7】　为增加某材料烧成加工后的强度,材料 A 选 3 个水平,烧成温度 B 选 4 个水平,各水平之间的组合重复二次试验,共计 24 组试验,其强度的测试结果见表 3—11 所列。通过方差分析,求得强度最高的工艺条件。

表 3—11　强度测试数据

因素	B_1	B_2	B_3	B_4
A_1	22.5 21.3	21.8 21.8	22.0 20.2	20.5 24.3
A_2	15.8 16.8	24.7 24.2	21.7 20.8	18.5 19.1
A_3	19.2 19.6	20.0 20.4	21.0 20.3	20.8 19.5

解:对试验数据进行方差分析

为处理方便,合计重复试验数据,制作辅助表 3—12。

表 3—12　辅助计算表

因素		B_1	B_2	B_3	B_4	计 $x_{i..}$
$x_{ij.}$	A_1	43.8	43.6	42.2	44.8	174.4
	A_2	32.6	48.9	42.5	37.6	161.6
	A_3	38.8	40.4	41.3	40.3	160.8
计 $x_{.j.}$		115.2	132.9	126.0	122.7	496.8

求数据总和,计算修正项 P

$$W = \sum_{i=1}^{p}\sum_{j=1}^{r}\sum_{k=1}^{q} x_{ijk}^2 = (22.5^2 + 21.3^2 + \cdots + 19.5^2) = 10\,386.34$$

$$P = \frac{1}{prq}\left(\sum_{i=1}^{p}\sum_{j=1}^{r}\sum_{k=1}^{q} x_{ijk}\right)^2 = \frac{1}{3 \times 4 \times 2}(22.5 + 21.3 + \cdots + 19.5)^2 = 10\,283.76$$

$$Q_A = \frac{1}{r \times q}\sum_{i=1}^{p} x_{i\cdot\cdot}^2 = \frac{1}{4 \times 2}(174.4^2 + 161.6^2 + 160.8^2) = 10\ 298.32$$

$$Q_B = \frac{1}{p \times q}\sum_{j=1}^{r} x_{\cdot j\cdot}^2 = \frac{1}{3 \times 2}(115.2^2 + 132.9^2 + 126.0^2 + 122.7^2) = 10\ 310.79$$

$$Q_{AB} = \frac{1}{q}\sum_{i=1}^{p}\sum_{j=1}^{r} x_{ij\cdot}^2 = \frac{1}{2}(43.8^2 + 32.6^2 + \cdots + 40.3^2) = 10\ 374.32$$

式中:p——A 因素的水平数($p=3$);

r——B 因素的水平数($r=4$);

q——重复试验次数($q=2$)。

计算各平方和 S

$$S_T = W - P = 10\ 386.34 - 10\ 283.76 = 102.58$$
$$S_A = Q_A - P = 10\ 298.32 - 10\ 283.76 = 14.56$$
$$S_B = Q_B - P = 10\ 310.79 - 10\ 283.76 = 27.03$$
$$S_{AB} = Q_{AB} - P = 10\ 374.32 - 10\ 283.76 = 90.56$$
$$S_{A\times B} = S_{AB} - (S_A + S_B) = 90.56 - (14.56 + 27.03) = 48.97$$
$$S_E = S_T - (S_A + S_B + S_{A\times B}) = 102.58 - (14.56 + 27.03 + 48.96) = 12.02$$

计算各平方和的自由度 f

$$f_T = prq - 1 = 24 - 1 = 23$$
$$f_A = p - 1 = 3 - 1 = 2$$
$$f_B = r - 1 = 4 - 1 = 3$$
$$f_{A\times B} = f_A \cdot f_B = (3-1)(4-1) = 6$$
$$f_E = f_T - (f_A + f_B + f_{A\times B}) = 23 - (2+3+6) = 12$$

计算 V 值和 F 值

$$V_A = \frac{S_A}{f_A} = \frac{14.56}{2} = 7.28$$

$$V_B = \frac{S_B}{f_B} = \frac{27.03}{3} = 9.01$$

$$V_{A\times B} = \frac{S_{A\times B}}{f_{A\times B}} = \frac{48.97}{6} = 8.16$$

$$V_E = \frac{S_E}{f_E} = \frac{12.02}{12} = 1.00$$

$$A: F_0 = \frac{V_A}{V_E} = \frac{7.28}{1.00} = 7.28$$

$$B: F_0 = \frac{V_B}{V_E} = \frac{9.01}{1.00} = 9.01$$

$$A \times B: F_0 = \frac{V_{A\times B}}{V_E} = \frac{8.16}{1.00} = 8.16$$

将计算结果列入方差分析表(见表 3—13 所列)。

由方差分析可知,材料 A 和烧成温度 B 对强度的影响都是非常显著的,A 和 B 两个因素的交互作用也是非常显著的。

表 3—13　方差分析表

方差来源	平方和	自由度	均 方	F 值	临界值
材料 A	14.56	2	7.28	7.28**	$F_{0.01}(2,12)=6.93$
烧成温度 B	27.03	3	9.01	9.01**	$F_{0.01}(3,12)=5.95$
交互作用 $A\times B$	48.97	6	8.16	8.16**	$F_{0.01}(6,12)=4.82$
误差 E_e	12.02	12	1.00		
总和 T	102.58	23			

3.2.3　两因素试验的优化

两因素试验的优化设计方法也可以用于多因素，许多方法也可以用于已有数学模型的多因素、多指标工程优化问题的解析。本节简单回顾一下传统优选方法的基本内容。

(1)纵横对折法

纵横对折法的基本思想类似于直线搜索中的平分法(如图 3—7 所示)。

假设试验范围为长方形：

$$a_1 \leqslant x_1 \leqslant b_1,\quad a_2 \leqslant x_2 \leqslant b_2$$

在长方形的纵横两条中线

$$x_1 = \frac{1}{2}(a_1 + b_1),\quad x_2 = \frac{1}{2}(a_2 + b_2)$$

上用单因素优选方法找到最优点

$$A_1 = (x_{11}, \frac{a_2 + b_2}{2}),\quad B_1 = (\frac{a_1 + b_1}{2}, x_{21})$$

比较 A_1 和 B_1 的试验结果，若 A_1 好则划去长方形左边的一半区间，在右边继续优化；若 B_1 好，则划去长方形下边的一半区域，在上边继续用此方法寻找最优点，一直继续下去，试验范围不断缩小，直至达到满意结果为止。

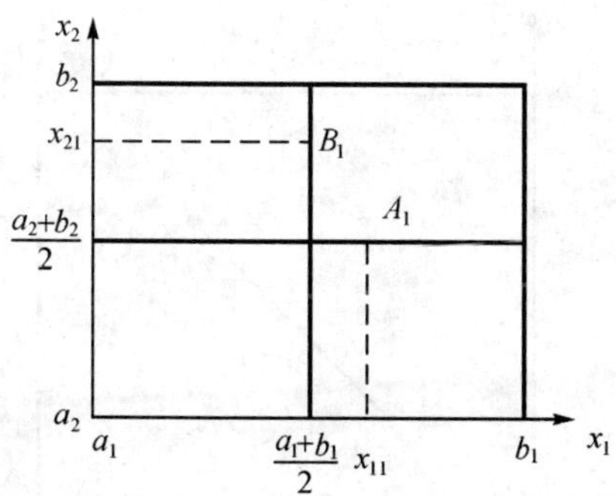

图 3—7　纵横对折法示意图

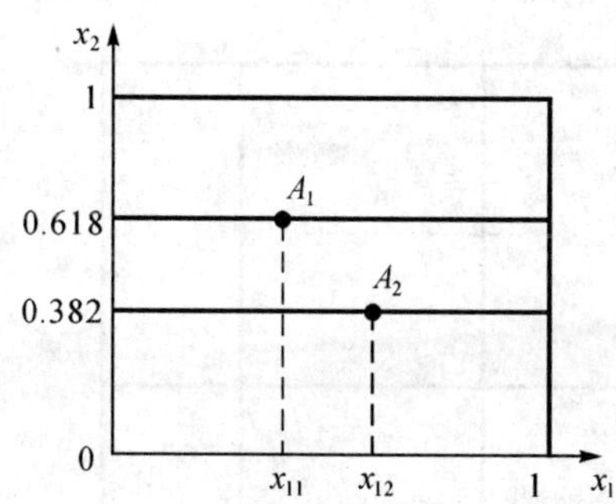

图 3—8　平行线法示意图

(2)平行线法

工程中遇到一个因素容易调整，另一个因素不易调整，这时采用平行线法比较方便，如图 3—8 所示。

假设试验范围是一个单位正方形，即

$$0\leqslant x_1\leqslant 1,\quad 0\leqslant x_2\leqslant 1$$

试验范围为 $a_i\leqslant x_i\leqslant b_i$ 时可以转化为 $0\leqslant x'_i\leqslant 1$，又设 x_1 为较难调整的因素。平行线法的具体操作步骤如下：

首先将 x_2 固定在0.618处，对 x_1 进行单因素优选，得到 $x_2=0.618$ 时的最优点 $A_1=(x_{11},0.618)$。

将因素 x_2 固定在0.382处，对 x_1 进行单因素优选，得到最优点 $A_2=(x_{12},0.382)$。

比较 A_1 和 A_2 的试验结果，若 A_1 好则划去 $x_2<0.382$ 的区间，在右边继续优化；若 A_2 好，则划去 $x_2>0.618$ 的区域。

在剩下的试验范围内继续用平行线法试验，不断缩小试验范围，直到得到最优点或结果满意为止。

由于这种方法始终在一系列相互平行的直线上进行，因此，称之为平行线法。

(3)坐标轮换法

坐标轮换法在工程中应用非常广泛(如图3—9所示)。其具体操作步骤如下：

$$a_1\leqslant x_1\leqslant b_1,a_2\leqslant x_2\leqslant b_2$$

先将因素 x_1 固定在 x_{11} 处，可取 $x_{11}=a_1+0.382(b_1-a_1)$ 或原生产水平。用单因素方法优选 x_2，得到最优点 $A_1=(x_{11},x_{21})$。

先将因素 x_2 固定在 x_{21} 处，用单因素方法优选 x_1，得到最优点 $A_2=(x_{12},x_{21})$。经两次优选后试验范围剩下 $x_{11}\leqslant x_1\leqslant b_1,a_2\leqslant x_2\leqslant b_2$。

将 x_1 固定在 x_{12} 处，对 x_2 优选，得到 $A_3=(x_{12},x_{22})$，划去 A_2 底下的试验范围，剩下 $x_{11}\leqslant x_1\leqslant b_1,x_{21}\leqslant x_2\leqslant b_2$。

将因素 x_2 固定在 x_{22} 处，对因素 x_1 优选，依此方法继续进行，直到结果满意为止。

(4)陡度法

陡度法是利用已得的试验结果，算出各点之间的陡度，然后沿陡度最大的方向取点做试验(如图3—10所示)。

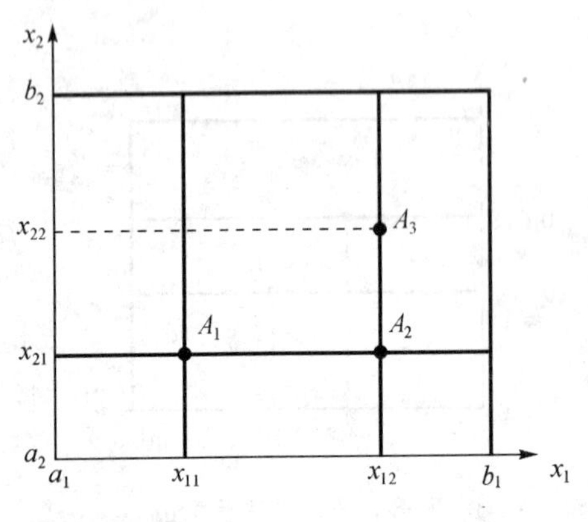

图3—9　坐标轮换法示意图

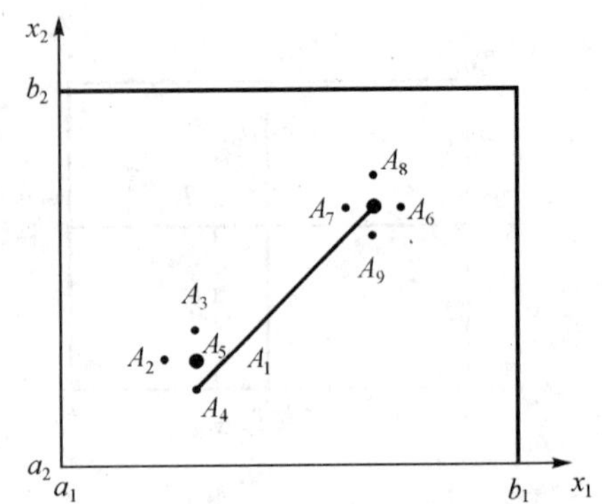

图3—10　陡度法示意图

设 $A_1=(x_{11},x_{21}),A_2=(x_{12},x_{22})$ 是试验范围内的两个试验点，A_1 和 A_2 的试验结果分别为 Y_1 和 Y_2，两点间的距离为

$$\overline{A_1A_2}=\sqrt{(x_{11}-x_{12})^2+(x_{21}-x_{22})^2}\tag{3—12}$$

若 $Y_1 < Y_2$，则称$\frac{Y_2 - Y_1}{A_1A_2}$为由点 A_1 上升到点 A_2 的陡度。

陡度法设计试验的具体步骤如下：

在试验范围内任取一点 A（有时以当前生产的水平或试验范围的中心为起点），在 A 点的上下左右各取 4 点 A_1，A_2，A_3，A_4，在这些点上进行试验，并分别计算所有方向的陡度，若 A_4 到 A_1 的陡度最大，则在 A_4A_1 的两点的直线上用单因素方法求最优点，设该点为 A_5，在 A_5 的上下左右各取一点 A_6，A_7，A_8，A_9，在这 4 点上做试验，然后计算所有方向的陡度，沿陡度最大的方向继续用单因素方法寻找最优点，反复进行下去，直到得出满意结果为止。

（5）转轴法

转轴法是坐标轮换法和陡度法结合而产生的。

首先如图 3—11 所示，沿 A_1 的横线用单因素方法寻找最优点 A_2，然后再过 A_2 的竖线上用单因素方法寻找最优点 A_3。然后在通过 A_1A_3 的直线上用单因素方法寻找最优点 A_4，再通过垂直于 A_3A_4 并过 A_4 点的直线寻找最优点 A_5，连接 A_3A_5 直线，并沿该直线寻找最佳点 A_6，然后再过 A_6 且与 A_5A_6 连线垂直的直线上寻找最佳点 A_7，继续进行下去，能很快找到最优点。

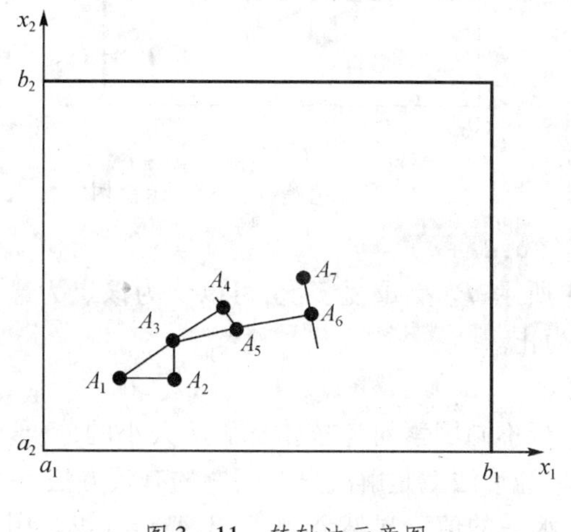

图 3—11　转轴法示意图

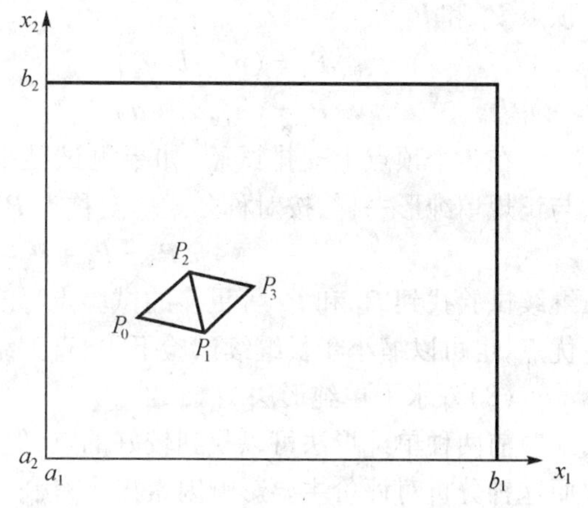

图 3—12　正规单纯形法示意图

（6）正规单纯形法

正规单纯形法是已有数学模型进行优化求解的好方法，但是，它也是试验设计的一种方法。它属于模式法的一种，即按照事先规定的一些模式探索寻优。其优点是操作简单，便于贮存。

平面上的正规单纯形是正三角形。试验从某个起始点 P_0 开始（如图 3—12 所示），该点可以是推测效果较好的一点，也可以是原生产的正常工艺参数。$P_0 = (a_1, a_2)$，由 P_0 出发，构造一个边长为 a 的正三角形，三角形的另外两个顶点 P_1 和 P_2 取值如下：

$$P_1 = (a_1 + p, a_2 + q)$$

$$P_2 = (a_1 + q, a_2 + p)$$

其中

$$p = \frac{\sqrt{3} + 1}{2\sqrt{2}} a = 0.966a$$

$$q = \frac{\sqrt{3}-1}{2\sqrt{2}}a = 0.259a$$

在 P_0，P_1，P_2三点上分别安排试验，比较测试结果，将其中最差点去掉，用其对称点作为新的试验点，若 P_0 最差，则取对称点 P_3 作为新试验点，新点应满足对称公式，即新点的坐标等于留下两点的坐标之和减去除掉那点的坐标。

$$P_3 = P_1 + P_2 - P_0 = (a_1 + p + q, a_2 + p + q)$$

继续试验，并加以比较，不断去掉坏点找新的对称点进行试验。若某一点总是被保留下来，下一步将采取重复、停止或缩短步长的方法，直至找到满意的结果为止。

(7)直角单纯形法

在工程中经常遇到量纲不同的因素，对于这类问题的处理不一定要求单纯形是正规的，即顶点间的距离可以不相等，直角单纯形法就是其中的一种方法(如图3—13所示)。

从某一点 $P_0 = (a_1, a_2)$ 开始，取单纯形另外两个顶点 P_1 和 P_2。

$$P_1 = (a_1 + b, a_2)$$
$$P_2 = (a_1, a_2 + a)$$

在3个顶点上安排试验，如果测试结果 P_0 最差，与正规单纯形一样，按对称公式取对称点 P_3。

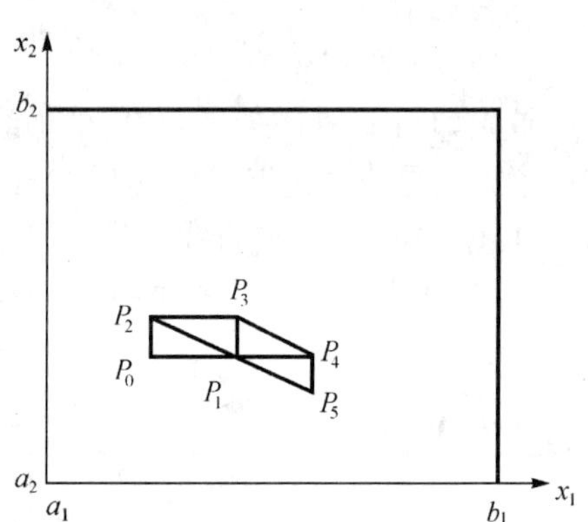

图3—13 直角单纯形法示意图

$$P_3 = P_1 + P_2 - P_0 = (a_1 + b, a_2 + a)$$

继续试验找到 P_4 和 P_5 等更多的试验点，如图3—13所示，P_1 点重复多次，可以认为该点为最优点，也可以缩小步长继续试验下去，直到结果满意为止。

(8)双水平单纯形法

前两种单纯形法可以找到较好的点，但是无法进行不同因素对考核指标影响大小的分析。而这种分析对评价主要影响因素极为有利。双水平单纯形法就是解决这一问题的有效方法。

以4个因素为例，用 x_{ij} 表示第 i 个因素取第 j 个水平的值。显然 $i=1,2,3,4$；$j=1,2$。用 $\frac{x_{i1}+x_{i2}}{2}$，$i=1,2,3,4$；表示第 i 个因素的平均水平。构造一个四维单纯形，5个顶点如下：

$$P_0 = (x_{11}, x_{21}, x_{31}, x_{41})$$
$$P_1 = (x_{12}, x_{21}, x_{31}, x_{41})$$
$$P_2 = (\bar{x}_1, x_{22}, x_{31}, x_{41})$$
$$P_3 = (\bar{x}_1, \bar{x}_2, x_{32}, x_{41})$$
$$P_4 = (\bar{x}_1, \bar{x}_2, \bar{x}_3, x_{42})$$

在 P_0，P_1，P_2三点上分别安排试验，从顶点的构造规律，我们可以推广到更多因素，利用双水平单纯形设计试验不仅可以调向最优点，而且可以估计各因素对试验结果的影响大小。

【例3.8】 考虑蒸汽养护主要因素对混凝土构件出窑强度的影响，因素水平见表3—14所列，其中 A 为养护温度(恒温温度)，B 为恒温养护时间，C 为升温速度。构造一个三维单纯性，有4个顶点，为计算方便，把它们与相应顶点的试验结果(目标值为出窑强度)一起列入表3—15。

表 3—14 因素水平表

因 素	A/℃	B/h	C/(℃/h)
水平 1	70	8	30
水平 2	90	12	45

表 3—15 试验结果

因 素	A/℃	B/h	C/(℃/h)	R/MPa
P_0	70	8	30	20.0
P_1	90	8	30	26.0
P_2	80	12	30	25.4
P_3	80	10	45	14.0

计算因素 A,B,C 的效应见表 3—16 所列。

表 3—16 试验结果

因 素	A/℃	B/h	C/(℃/h)	R/MPa
P_1-P_0	20	0	0	6.0
P_2-P_0	10	4	0	5.4
$P_3—P_0$	10	2	15	-6.0
效应 A	1	0	0	0.3
效应 B	0	1	0	0.6
效应 C	0	0	1	-0.68

从 3 个效应值来看,因素 C 的影响最大,降低升温速度对构件出窑强度有利,因素 B 影响次之,A 影响较小,说明提高恒温温度,延长养护时间对构件出窑强度有利。

(9)矩形调优法

在现有生产条件附近或者相当于 0.618 和 0.382 处将每个因素选两个水平,x_1 的水平为 x_{11} 和 x_{12},x_2 的水平为 x_{21} 和 x_{22}。它们组合成矩形,其顶点如下

$$A_1=(x_{11},x_{21})$$
$$A_2=(x_{11},x_{22})$$
$$A_3=(x_{12},x_{21})$$
$$A_4=(x_{12},x_{22})$$

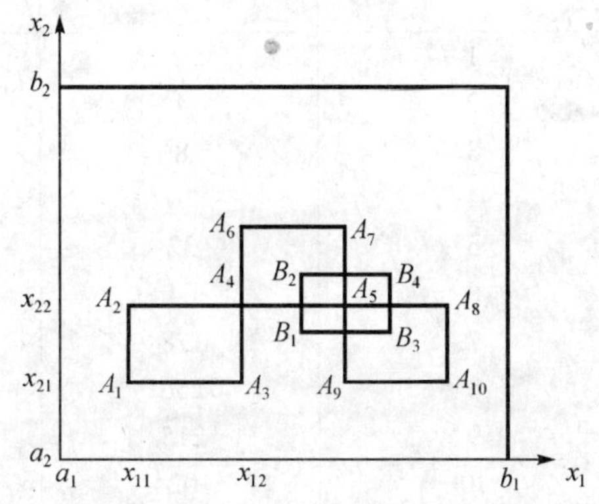

图 3—14 矩形调优法示意图

在 A_1,A_2,A_3,A_4 4 个顶点上做试验,比较试验结果,选取最好的一个点。例如,A_4 为最佳,则以 A_4 为顶点,构造新矩形 $A_4A_5A_6A_7$,根据实际需要选择对应的边长。在顶点 A_5,A_6,A_7 上进行试验,比较试验结果,若 A_5 最佳,就在新矩形 $A_5A_8A_9A_{10}$上试验,并比较试验结果,若 A_5 效果仍比 A_8,

A_9,A_{10}好,参照图3—14,继续构造新矩形,以A_5为中心,前一个矩形的边长为边长,构造新矩形$B_1B_2B_3B_4$,比较B_1,B_2,B_3,B_4的试验结果,若其中一点比A_5好,则用前面的方法继续调优,若A_5仍为最优点,仍以A_5为中心,缩小矩形边长,继续试验,直至结果满意为止。矩形调优方法在建材工业中许多大型连续生产线上进行工艺参数的优化调整十分有效,作为已有数学模型的最优解求解也是有效的。

3.3 全面试验法

全面试验法就是把全部因子和所有水平一一搭配起来进行试验,全面试验法在工程中对事物内部规律性的剖析非常有效,可以全面反映其内在规律,对于因素少、水平变化较少的试验比较适用,随着因素的增多和水平数的增加,试验次数多得惊人,不仅费工费时,有时甚至是不能实现的。

三因素三水平的全面试验共有27次,其全面组合条件如下:

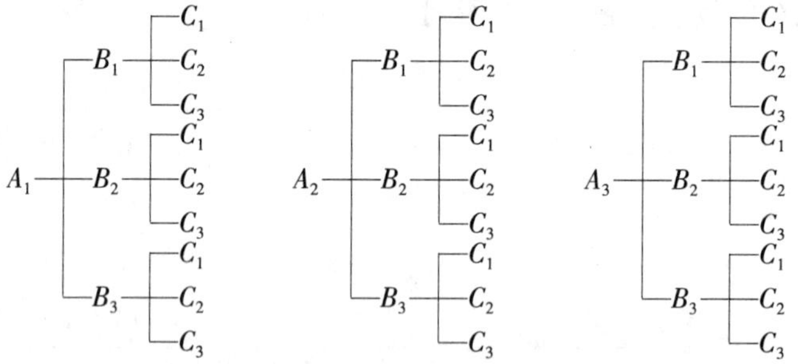

- A_1
  - B_1 — C_1, C_2, C_3
  - B_2 — C_1, C_2, C_3
  - B_3 — C_1, C_2, C_3
- A_2
  - B_1 — C_1, C_2, C_3
  - B_2 — C_1, C_2, C_3
  - B_3 — C_1, C_2, C_3
- A_3
  - B_1 — C_1, C_2, C_3
  - B_2 — C_1, C_2, C_3
  - B_3 — C_1, C_2, C_3

如果因素增加一个,变成四因素三水平试验,全面试验的次数为$3^4=81$次,一般来说,m个因素n个水平的全面试验需要n^m次试验,表3—17列出了全面试验法设计试验时的试验次数。由该表可知,多因素多水平的全面试验在实际工程中往往无法实施。

表3—17　全面试验法的试验次数

因子数	水平数			
	2	3	4	5
1	2	3	4	5
2	4	9	16	25
3	8	27	64	125
4	16	81	256	625
5	32	243	1024	3125
6	64	729	4096	15625
7	128	2187	16384	78125
8	256	6561	65536	390625
9	215	9683	262144	1953125
10	1024	59049	1048576	9765625

【例3.9】　为了考察水泥组分、水泥温度、拌合物初始温度和水灰比对混凝土抗压强度的影响,科研人员进行了81组全面试验,试验中的因素与水平见表3—18所列,水泥组成见表3—19所列,81组试验结果见表3—20所列。

表 3—18　因素水平表

因素	A. 水泥组分	B. 水泥温度	C. 拌合物初温	D. 水灰比
水平 1	1	71℃	26.6℃	0.40
水平 2	9	83℃	35.0℃	0.47
水平 3	7	93℃	43.3℃	0.54

表 3—19　水泥组成表　　(%)

水泥组成	C_3A	C_4AF	C_3S	C_2S	$CaSO_4$	比表面积/(m^2/kg)
1	8.1	8.8	44.7	0.40	3.9	283.0
9	4.7	14.9	57.7	0.47	5.4	374.0
7	11.1	10.6	58.2	0.54	4.2	366.0

表 3—20　81 组试验结果

因素		D_1			D_2			D_3		
		B_1	B_2	B_3	B_1	B_2	B_3	B_1	B_2	B_3
C_1	A_1	70.0	68.3	68.5	56.1	56.8	61.7	48.3	45.4	49.0
	A_2	64.7	63.0	62.4	52.7	54.0	53.9	40.6	44.1	43.2
	A_3	69.7	68.9	70.4	61.2	58.8	59.5	51.9	50.1	51.1
C_2	A_1	65.6	70.2	62.1	58.4	59.8	58.1	44.4	59.8	47.5
	A_2	66.2	69.8	58.7	56.2	53.9	49.6	42.0	46.0	41.1
	A_3	70.5	68.1	70.5	60.7	58.6	62.7	50.7	49.6	52.9
C_3	A_1	69.5	68.1	61.1	58.7	61.5	56.1	47.9	50.6	48.2
	A_2	64.0	62.1	60.4	54.2	51.6	52.0	42.1	40.8	44.1
	A_3	64.1	63.3	68.4	52.4	59.4	62.0	49.7	50.8	51.1

注:原数据单位为 kg/cm^2,每组为 3 个试件的平均值。

全面试验法的试验结果可以用方差分析进行评价。具体计算如下:

求数据总和,计算修正项 P。

全面计算各因素各水平对应值的总和。

$$A_1 = 1571.7,\quad B_1 = 1532.5,\quad C_1 = 1544.3,\quad D_1 = 1788.6$$

$$A_2 = 1433.4,\quad B_2 = 1553.4,\quad C_2 = 1553.7,\quad D_2 = 1540.6$$

$$A_3 = 1607.1,\quad B_3 = 1526.3,\quad C_3 = 1514.2,\quad D_3 = 1283.0$$

$$W = \sum_{i=1}^{9}\sum_{j=1}^{9} x_{ij}^2 = 70.0^2 + 68.3^2 + \cdots + 51.1^2 = 268\,577.66$$

$$P = \frac{1}{9\times 9}\left(\sum_{i=1}^{9}\sum_{j=1}^{9} x_{ij}\right)^2 = \frac{1}{9\times 9}(70.0 + 68.3 + \cdots + 51.1)^2 = 262\,622.08$$

$$S_T = W - P = 268\,577.66 - 262\,622.08 = 5955.58$$

$$Q_A = \frac{1}{27}(1571.7^2 + 1433.4^2 + 1607.1^2) = 263\,246.18$$

$$S_A = Q_A - P = 263\,246.18 - 262\,622.08 = 624.10$$

$$Q_B = \frac{1}{27}(1532.5^2 + 1553.4^2 + 1526.3^2) = 262\,637.02$$

$$S_B = Q_B - P = 262\ 637.02 - 262\ 622.08 = 14.94$$

$$Q_C = \frac{1}{27}(1544.3^2 + 1553.7^2 + 1514.3^2) = 262\ 653.62$$

$$S_C = Q_C - P = 262\ 653.62 - 262\ 622.08 = 31.54$$

$$Q_D = \frac{1}{27}(1788.6^2 + 1540.6^2 + 1283.0^2) = 267\ 356.57$$

$$S_D = Q_D - P = 267\ 356.57 - 262\ 622.08 = 4734.49$$

$$S_E = S_T - (S_A + S_B + S_C + S_D) = 550.51$$

计算各平方和的自由度

$$f_T = n - 1 = 81 - 1 = 80$$

$$f_A = f_B = f_C = f_D = 3 - 1 = 2$$

$$f_E = f_T - (f_A + f_B + f_C + f_D) = 80 - 8 = 72$$

计算 V_A, V_B, V_C, V_D, V_E 和 F 值,并直接列入方差分析表(见表3—21所列),并从 F 分布表中查出临界值。根据方差分析可以确认,水灰比因素影响非常显著,水泥组分的影响也是非常显著的,水泥温度和拌合物初温对混凝土28d抗压强度无影响。在全面试验的81组数据中,最高强度为70.5 MPa和70.0 MPa,其组合条件为 $A_3B_3C_2D_1$ 和 $A_1B_1C_1D_1$。

表3—21　方差分析表

方差来源	平方和	自由度	均 方	F 值	临界值
水泥组分 A	624.10	2	312.05	40.79**	$F_{0.01}(2,72) = 4.92$
水泥温度 B	14.94	2	7.47	0.98	
拌合物初温 C	31.54	2	15.77	2.06	
水灰比 D	4734.49	2	2367.24	309.44**	
误差 E	550.51	72	7.65		
总和 T	5955.58	80			

3.4　完全随机化试验

按照试验设计方法创始人费歇尔(R. A. Fisher)的试验现场管理的三原则:重复、随机化和局部管理。在试验设计中,重复和随机化两个条件都得到满足的设计,称作完全随机化法。这种设计的整个试验现场处于管理状态。

完全随机化试验是一种最基本的试验设计。

【例3.10】　比较两种热处理温度对材料性能影响的差异,要进行单因素两水平的试验。若对 A 处理重复11次,对 B 处理重复10次,试验分配是完全随机化的,完成试验后,对两个样本所代表的两个总体的平均数进行差异显著性检验,测试数据见表3—22所列。

$$\bar{X}_A = \frac{1}{11}(221 + 244 + \cdots + 200) = 238.7$$

$$\bar{X}_B = \frac{1}{10}(147 + 141 + \cdots + 235) = 193.6$$

$$S_A^2 = \frac{1}{n_1}\left[\sum_{i=1}^{n_1} x_{A_i}^2 - \frac{1}{n_1}\left(\sum_{i=1}^{n_1} x_{A_i}\right)^2\right] = \frac{1}{11}\left(633\ 444 - \frac{6\ 895\ 876}{11}\right) = 595.107$$

$$S_B^2 = \frac{1}{n_2}[\sum_{i=1}^{n_2} x_{B_i}^2 - \frac{1}{n_2}(\sum_{i=1}^{n_2} x_{B_i})^2] = \frac{1}{10}(383\ 814 - \frac{3\ 748\ 096}{10}) = 900.44$$

表 3—22　测试结果

No.	A	B	No.	A	B
1	221	147	7	210	180
2	244	141	8	285	179
3	243	208	9	245	207
4	288	230	10	264	235
5	233	203	11	200	
6	200	206			

计算 t 检验值

$$t = \frac{\bar{X}_A - \bar{X}_B}{\sqrt{\frac{n_1 S_A^2 + n_2 S_B^2}{n_1 + n_2 - 2}(\frac{1}{n_1} + \frac{1}{n_2})}} = \frac{238.7 - 193.6}{\sqrt{\frac{6546.18 + 9004.4}{11 + 10 - 2}(\frac{1}{11} + \frac{1}{10})}} = 3.6$$

查 t 分布表，$t_{0.05}(19) = 2.09 < 3.6$

可见，两个样本所代表的两个总体的平均数有显著差异，即不同热处理温度对材料性能有显著影响。

通常规定，a 个处理各重复 n 次的试验要按完全随机化方法进行试验。

【例 3.11】　以某种化工建材产品的生产过程中的调优为例，原材料配方有 5 种 A_1，A_2，A_3，A_4，A_5，寻找最佳配比，试验以批料为单位，每种配方各分 4 批，试验共有 20 批。为避免试验中因时效变化引起偏差，用以下 20 个随机数随机地确定试验次序，以随机数表中查出 20 个随机数，列入表 3—23，试验按表中顺序进行。

表 3—23　试验顺序的随机数

A_1	A_2	A_3	A_4	A_5
41(9)	29(13)	33(11)	37(10)	09(18)
67(6)	16(15)	02(19)	74(2)	88(1)
00(20)	73(3)	63(8)	66(7)	14(16)
27(14)	72(4)	69(5)	11(17)	31(12)

注：括号中的数字是以大的数字开始排列的。

无论试验顺序如何，得到的试验数据按相应的水平整理见表 3—24 所列。

表 3—24　测试结果

水　平	A_1	A_2	A_3	A_4	A_5
x_{ij}	18.3	17.1	17.3	15.1	16.7
	18.8	18.3	18.1	15.9	16.9
	19.8	19.2	17.2	17.8	16.5
	18.3	18.2	17.0	16.0	17.5
$\sum$	75.2	72.8	69.6	64.8	67.6

方差分析如下：

求数据总和，计算修正项 P

$$W = \sum_{i=1}^{p}\sum_{j=1}^{r} x_{ij}^2 = (18.3^2 + 17.1^2 + \cdots + 17.5^2) = 6150.84$$

$$P = \frac{1}{pr}\left(\sum_{i=1}^{p}\sum_{j=1}^{r} x_{ij}\right)^2 = \frac{1}{4 \times 5}(18.3 + 17.1 + \cdots + 17.5)^2 = 6125.00$$

$$Q_A = \frac{1}{4}(75.2^2 + 72.8^2 + 69.6^2 + 64.8^2 + 67.6^2) = 6141.96$$

计算各平方和 S

$$S_T = W - P = 6150.84 - 6125.00 = 25.84$$

$$S_A = Q_A - P = 6141.96 - 6125.00 = 16.96$$

$$S_E = W - Q_A = S_T - S_A = 25.84 - 16.96 = 8.88$$

计算各平方和的自由度

$$f_T = pr - 1 = n - 1 = 20 - 1 = 19$$

$$f_A = p - 1 = 5 - 1 = 4$$

$$f_E = f_T - f_A = 19 - 4 = 15$$

计算 V_A，V_E 和 F 值

$$V_A = \frac{S_A}{f_A} = \frac{16.96}{4} = 4.24$$

$$V_E = \frac{S_E}{f_E} = \frac{8.88}{15} = 0.0592$$

$$F = \frac{V_A}{V_E} = \frac{4.24}{0.592} = 7.61$$

制方差分析表。

将计算结果列入方差分析表(见表 3—25 所列)，并从 F 分布表中查出临界值。

表 3—25　方差分析表

方差来源	平方和	自由度	均 方	F 值	临界值
配 方 A	16.96	4	4.24	7.61**	$F_{0.01}(4,15) = 4.89$
误 差 E	8.88	15	0.592		
总 和 T	25.84	19			

结果表明 5 个配方之间存在着非常显著的差异。A_1 值最高，A_4 最低。

3.5　简单对比法

简单对比法也称孤立因素法，是将因子中只变化一个，其余的固定在一个水平上，然后逐个因子调优。如三因子三水平的试验设计如下，先使因子 A 和 B 固定在 A_1 和 B_1 水平上，然后变化 C，即

$$A_1B_1 \begin{cases} C_1 \\ C_2 \\ C_3 \end{cases}$$

比较试验结果，若 C_2 好，则 A 仍固定在 A_1 水平上，C 固定在 C_2，变化 B，即

$$A_1C_2 \begin{cases} B_1 \\ B_2 \\ B_3 \end{cases}$$

比较试验结果，若 B_1 好，最后变化 A，即

$$B_1C_2 \begin{cases} A_1 \\ A_2 \\ A_3 \end{cases}$$

试验总结果是 $A_2B_1C_2$ 方案最好。这种方法一般也能得到一定的效果，而且比全面试验的次数少，但也有缺点，就是对待每个因子和水平是不均等的，如 A_1 参加了 3 次试验，而 A_2 只参加了一次试验，并且，先固定哪些因子，后变化哪些因子，都会影响试验结果，因此，最后的结果是不是最好的，还不能充分肯定。

【例 3.12】　为考察粉煤灰混凝土的质量，控制生产，考虑了水灰比、水泥取代率和粉煤灰超量系数 3 个因子，考核指标是工作性、强度的综合评分。

首先将水灰比固定在 0.50，水泥取代率固定在 10%，看超量系数分别在 1.0，1.2，1.4 时的试验结果，选出超量系数为 1.4 时分数最高，固定水灰比在 0.50，超量系数为 1.4，对水泥取代率为 6%，10%，14% 3 个水平上进行试验，结果水泥取代率在 10% 时较好，固定水泥取代率为 10%，超量系数为 1.4，对水灰比分别在 0.45，0.50，0.55 3 个水平上进行试验，结果水灰比为 0.50 时最好。三因素三水平优选结果为水灰比 0.50，水泥取代率 10%，超量系数 1.4。

3.6　随机区试验法

随机区组试验设计方法是配合单因子方差分析而设计的。与完全随机化方法不同，该方法除满足费歇尔（R. A. Fisher）的重复和随机化两个条件之外，也能使局部管理条件得到满足。为实现局部管理，采用了区组因素。

【例 3.13】　有 4 种材质的试件，分别在 5 个热处理炉中进行处理后，得到的性能数据见表 3—26 所列。

表 3—26　区组及试验结果

1	2	3	4	5
D 29.3	B 33.0	D 29.8	B 36.8	D 28.8
B 33.3	A 34.0	A 34.3	A 35.0	C 35.8
C 30.8	C 34.3	B 36.3	D 28.0	B 34.5
A 32.3	D 26.0	C 35.3	C 32.3	A 36.5

注：每个区组试验的顺序是随机的。

数据整理后列入表 3—27，并整理求和。方差分析如下：

表 3—27 测试结果整理求和

材质	1	2	3	4	5	$\sum$
A	32.3	34.0	34.3	35.0	36.5	172.1
B	33.3	33.0	36.3	36.8	34.5	173.9
C	30.8	34.0	35.3	32.3	35.8	168.5
D	29.3	26.0	29.8	28.0	28.8	141.9
$\sum$	125.7	127.3	135.7	132.1	135.6	656.4

求数据总和,计算修正项 P

$$W = \sum_{i=1}^{p}\sum_{j=1}^{r} x_{ij}^2 = (32.3^2 + 34.0^2 + \cdots + 28.8^2) = 21\ 725.22$$

$$P = \frac{1}{pr}(\sum_{i=1}^{p}\sum_{j=1}^{r} x_{ij})^2 = \frac{1}{4\times 5}(32.3 + 34.0 + \cdots + 28.8)^2 = 21\ 543.05$$

$$Q_A = \frac{1}{r}\sum_{i=1}^{p}(\sum_{j=1}^{r} x_{ij})^2 = \frac{1}{4}(125.7^2 + 127.3^2 + 135.7^2 + 132.1^2 + 135.6^2) = 21\ 564.51$$

$$Q_B = \frac{1}{p}\sum_{j=1}^{r}(\sum_{i=1}^{p} x_{ij})^2 = \frac{1}{5}(172.1^2 + 173.9^2 + 168.5^2 + 141.9^2) = 21\ 677.50$$

式中:p——区组的水平数($p=5$);

r——材质的水平数($r=4$)。

计算各平方和 S

$$S_T = W - P = 21\ 725.22 - 21\ 543.05 = 182.17$$

$$S_A = Q_A - P = 21\ 564.51 - 21\ 543.05 = 21.46$$

$$S_B = Q_B - P = 21\ 677.50 - 21\ 543.05 = 134.45$$

$$S_E = S_T - (S_A + S_B) = 182.17 - (21.46 + 134.45) = 26.26$$

计算各平方和的自由度

$$f_T = pr - 1 = 20 - 1 = 19$$

$$f_A = p - 1 = 5 - 1 = 4$$

$$f_B = r - 1 = 4 - 1 = 3$$

$$f_E = f_T - (f_A + f_B) = 19 - (4 + 3) = 12$$

计算 V_A, V_B, V_E 和 F 值

$$V_A = \frac{S_A}{f_A} = \frac{21.46}{4} = 5.36$$

$$V_B = \frac{S_B}{f_B} = \frac{134.45}{3} = 44.82$$

$$V_E = \frac{S_E}{f_E} = \frac{26.26}{12} = 2.19$$

$$A: F_0 = \frac{V_A}{V_E} = \frac{5.36}{2.19} = 2.44$$

$$B: F_0 = \frac{V_B}{V_E} = \frac{44.82}{2.19} = 20.5$$

将计算结果列入方差分析表(见表 3—28 所列),通过随机区组试验和方差分析可知,材质

的差异是非常显著的，区组之间的差异不显著。

表 3—28　方差分析表

方差来源	平方和	自由度	均 方	F 值	临界值
区 组 A	21.46	4	5.36	2.44	$F_{0.10}(4,12)=2.48$
材 质 B	134.45	3	44.82	20.5**	$F_{0.01}(3,12)=5.95$
误 差 E	26.26	12	2.19		
总 和 T	182.17	19			

3.7　拉丁方试验设计

拉丁方的名称来自于希腊时代的数学游戏。这种游戏是把拉丁文字母排成正方形，每一个字母在各行各列都出现一次而且只出现一次，这样的方格成为拉丁方。

3×3 拉丁方

A	*B*	*C*
B	*C*	*A*
C	*A*	*B*

4×4 拉丁方

A	*B*	*C*	*D*
B	*A*	*D*	*C*
C	*D*	*A*	*B*
D	*C*	*B*	*A*

5×5 拉丁方

A	*D*	*B*	*C*	*E*
E	*C*	*A*	*B*	*D*
C	*A*	*D*	*E*	*B*
D	*B*	*E*	*A*	*C*
B	*E*	*C*	*D*	*A*

与因素的主效应相比较，当因素之间的交互作用效应可以忽略不计时，用拉丁方安排试验比较好，其优点是不仅能减少试验次数，因素之间搭配均匀，试验数据处理简单，而且还能给出试验误差估计。拉丁方设计的主要目的是研究各因素不同水平对试验结果的影响。拉丁方设计有以下几个特点：

(1) 列数与行数相等；

(2) 每个数字出现在行和列只有一次；

(3) 拉丁方设计不考虑因素之间的交互作用。

表 3—29 使用随机区组法安排试验的方案，它虽然能把处理间的差异与区组间的差异分解开，但每个段落各种处理的出现并不均匀，除非能确切知道段落的差异并不存在，否则这个方案还是不理想的。表 3—30 的方案就解决了这个问题。可见，拉丁方设计具有很多优势。

拉丁方设计可以用随机法安排试验，另外，拉丁方设计与正交设计非常相近，素数的正交拉丁方可以构造出正交表，许多拉丁方试验设计的方案可以排在对应的正交表中，因此，工程中许多问题既可以用拉丁方试验设计解决，也可以用正交设计解决。

表 3—29　随机区组法

区组	1	2	3	4
Ⅰ	*B*	*C*	*A*	*D*
Ⅱ	*D*	*B*	*A*	*C*
Ⅲ	*C*	*B*	*D*	*A*
Ⅳ	*A*	*D*	*B*	*C*

表 3—30 拉丁方设计

区组	1	2	3	4
Ⅰ	B	C	A	D
Ⅱ	D	B	C	A
Ⅲ	C	A	D	B
Ⅳ	A	D	B	C

【例 3.14】 研究 pH 对某物质在五种不同的活性炭上的吸收与溶液中含碳量的关系，pH 的变化为 4.0，5.0，6.0，7.0，8.0，含碳量的变化为 0.05%，0.10%，0.20%，0.40%，0.80%，测试结果见表 3—31 所列。

表 3—31 测试结果整理求和

pH	含碳量/%					$\sum$
	0.05	0.10	0.20	0.40	0.80	
4.0	A 17	D 39	B 65	C 19	E 12	152
5.0	E 32	C 33	A 61	B 71	D 94	291
6.0	C 56	A 49	D 84	E 90	B 100	379
7.0	D 76	B 81	E 97	A 98	C 100	452
8.0	B 93	E 90	C 97	D 100	A 100	480
$\sum$	274	292	404	378	406	1754
活性炭种类	A	B	C	D	E	
$\sum$	125.7	127.3	135.7	132.1	135.6	

方差分析计算如下：

$$W = \sum_{i=1}^{5}\sum_{j=1}^{5} x_{ij}^2 = 17^2 + 39^2 + \cdots + 100^2 = 144\ 452$$

$$P = \frac{1}{5\times 5}\left(\sum_{i=1}^{5}\sum_{j=1}^{5} x_{ij}\right)^2 = \frac{1}{5\times 5}(17 + 39 + \cdots + 100)^2 = 123\ 060.64$$

$$S_T = W - P = 144\ 452 - 123\ 060.64 = 21\ 391.36$$

$$Q_A = \frac{1}{5}(152^2 + 291^2 + 379^2 + 452^2 + 480^2) = 137\ 226.0$$

$$S_A = Q_A - P = 137\ 226.0 - 123\ 060.64 = 14\ 165.36$$

$$Q_B = \frac{1}{5}(274^2 + 292^2 + 404^2 + 378^2 + 406^2) = 126\ 255.2$$

$$S_B = Q_B - P = 126\ 255.2 - 123\ 060.64 = 3194.56$$

$$Q_C = \frac{1}{5}(325^2 + 410^2 + 305^2 + 393^2 + 321^2) = 124\ 848$$

$$S_C = Q_C - P = 124\ 848 - 123\ 060.64 = 1787.36$$

$$S_E = S_T - (S_A + S_B + S_C) = 2244.08$$

计算各平方和的自由度

$$f_T = n - 1 = 25 - 1 = 24$$

$$f_A = f_B = f_C = 5 - 1 = 4$$

$$f_E = f_T - (f_A + f_B + f_C) = 24 - 12 = 12$$

计算 V_A, V_B, V_C, V_E 和 F 值,并直接列入方差分析表(见表3—32 所列),并从 F 分布表中查出临界值。

表3—32 方差分析表

方差来源	平方和	自由度	均 方	F 值	临界值
pHA	14 165.36	4	3541.34	18.94**	$F_{0.01}(4,12) = 5.41$
含碳量 B	3 194.56	4	798.64	4.27*	$F_{0.05}(4,12) = 3.26$
活性炭种类 C	1 787.36	4	446.84	2.39	$F_{0.10}(4,12) = 2.48$
误差 E	2 244.08	12	187.01		
总和 T	21 391.36	24			

根据方差分析可以确认,pH 的影响是非常显著的,含碳量的影响也是显著的。

由于拉丁方试验设计要求因素必须是等水平的,当工程中无法满足时,可以采用拟水平的方法加以解决。

3.8 用 Excel 计算的实例

3.8.1 用 Excel 计算单因素试验的方差分析

用 Excel 直接计算单因素试验的方差分析比较方便,以例 3.1 为例,说明整个计算过程。

(1)输入原始数据 启动 Excel 文件,出现 Excel 界面后,按表 3—1 所列,依次键入"A1:F1"及"A2:E6"单元格各项内容。并为"A1:E6"加上边框。依次在"A7:A 11"单元格中键入相关的符号。

(2)用 SUM 命令完成"B7"的计算,然后,用拖拉的方式输入 C7:E7 单元格的内容,即计算 $\sum_{i=1}^{5} x_{ij}$。用"=SUM(B7:E7)"完成"F7"单元格的计算的数据,即计算 $\sum_{j=1}^{4}\sum_{i=1}^{5} x_{ij}$,用 SUMSQ 命令完成"B8"的计算,然后,用拖拉的方式输入 C8:E8 单元格的内容。即计算 $\sum_{i=1}^{5} x_{ij}^2$,用"=SUM(B8:E8)"完成"F8"单元格的计算,即计算 $\sum_{j=1}^{4}\sum_{i=1}^{5} x_{ij}^2$。

(3)计算 W 在单元格"B9"中输入"F8"。

(4)计算 P 在单元格"B10"中输入"=F7 * F7/20"完成计算。

(5)计算 Q 在单元格"B11"中输入"=SUMSQ(B7:E7)/5"完成计算。

(6)计算并列出方差分析表 在单元格"B16"中输入"=B9-B10","B14"中输入"=B11-B10;"B15"中输入"=B16-B14;在单元格"C16"中输入"=20-1";"C14"中输入"=4-1";"C15"中输入"=C16-C14";在单元格"D14"中输入"=B14/C14","D15"中输入"=B15/C15";在单元格"E14"中输入"=D14/D15",完成计算。在单元格"G14"中输入临界值 $F_{0.01}(3,16) = 5.29$,进行显著性比较,在单元格"F14"中输入"**"。

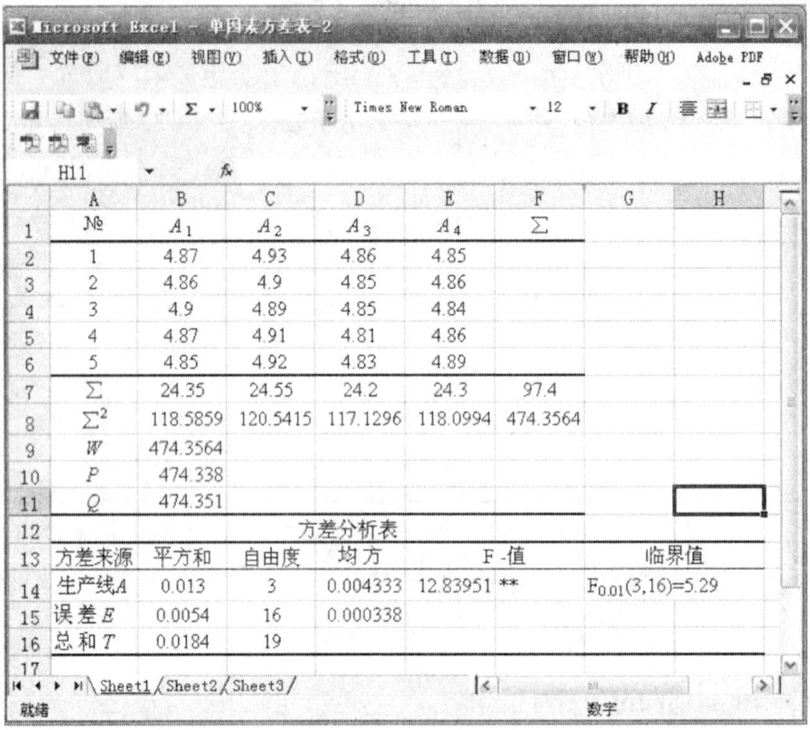

Microsoft Excel - 单因素方差表-2

文件(F) 编辑(E) 视图(V) 插入(I) 格式(O) 工具(T) 数据(D) 窗口(W) 帮助(H) Adobe PDF

H11

	A	B	C	D	E	F	G	H
1	№	A_1	A_2	A_3	A_4	$\sum$		
2	1	4.87	4.93	4.86	4.85			
3	2	4.86	4.9	4.85	4.86			
4	3	4.9	4.89	4.85	4.84			
5	4	4.87	4.91	4.81	4.86			
6	5	4.85	4.92	4.83	4.89			
7	$\sum$	24.35	24.55	24.2	24.3	97.4		
8	$\sum^2$	118.5859	120.5415	117.1296	118.0994	474.3564		
9	W	474.3564						
10	P	474.338						
11	Q	474.351						
12			方差分析表					
13	方差来源	平方和	自由度	均方	F-值		临界值	
14	生产线A	0.013	3	0.004333	12.83951	**	$F_{0.01}(3,16)=5.29$	
15	误差E	0.0054	16	0.000338				
16	总和T	0.0184	19					
17								

Sheet1 / Sheet2 / Sheet3

就绪 数字

图 3—15 单因素试验方差分析 Excel 计算示意图

3.8.2 用 Excel 计算双因素试验的方差分析

用 Excel 直接计算两因素试验的方差分析，以例 3.6 为例，说明整个计算过程。

(1)输入原始数据 启动 Excel 文件，出现 Excel 界面后，按表 3—4 所列，依次键入"A1：E1"及"A2：D5"单元格各项内容。并为"A1：E5"加上边框。依次在"A6：A10"单元格中键入相关的符号。

(2)用 SUM 命令完成"B6"的计算，然后，用拖拉的方式输入 C6：D6 单元格的内容，即计算 $\sum_{i=1}^{4} x_{ij}$。用 SUM 命令完成"E2"的计算，然后，用拖拉的方式输入 E2：E5 单元格的内容，即计算 $\sum_{j=1}^{3} x_{ij}$。用"=SUM（B6：D6）"完成"E6"单元格的计算的数据，即计算 $\sum_{j=1}^{3}\sum_{i=1}^{4} x_{ij}$，用 SUMSQ 命令完成"B7"的计算，然后，用拖拉的方式输入 C7：D7 单元格的内容。即计算 $\sum_{i=1}^{4} x_{ij}^2$，用"=SUM（B7：D7）"完成"E7"单元格的计算，即计算 $\sum_{j=1}^{3}\sum_{i=1}^{4} x_{ij}^2$。

(3)计算 W 在单元格"B8"中输入"=E7"。

(4)计算 P 在单元格"B9"中输入"=E6 * E6/12"完成计算。

(5)计算 Q_A 在单元格"B10"中输入"=SUMSQ(E2：E5)/3"完成计算。

(6)计算 Q_B 在单元格"B10"中输入"=SUMSQ(B6：D6)/4"完成计算。

计算并列出方差分析表 在单元格"B17"中输入"=B8 - B9"，"B14"中输入"=B10 - B9"；"B15"中输入"=B11 - B9"，"B16"中输入"=B17 - B14 - B15"；在单元格"C17"中输入

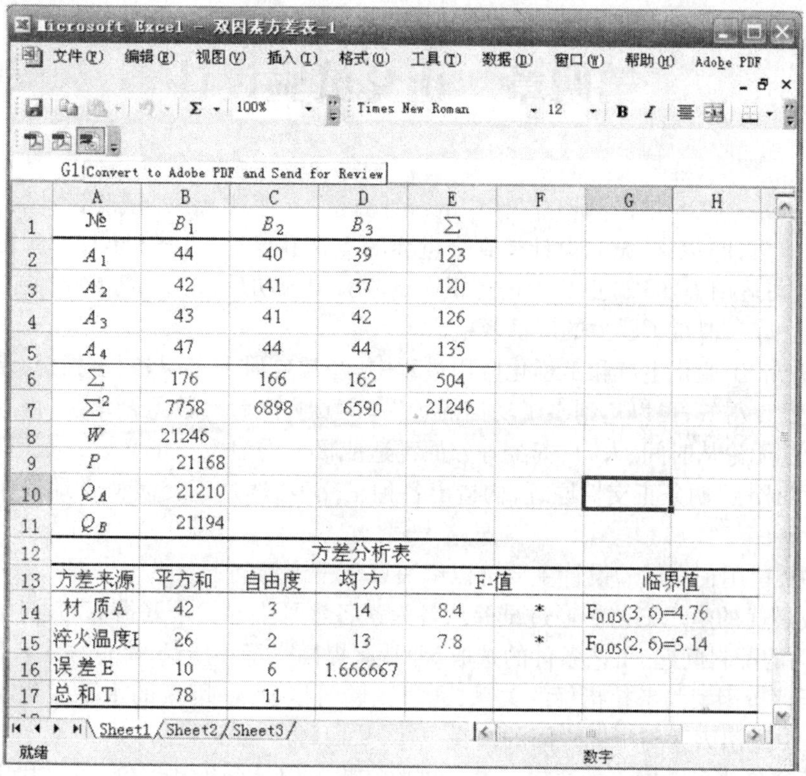

	A	B	C	D	E	F	G	H
1	№	B_1	B_2	B_3	Σ			
2	A_1	44	40	39	123			
3	A_2	42	41	37	120			
4	A_3	43	41	42	126			
5	A_4	47	44	44	135			
6	Σ	176	166	162	504			
7	Σ^2	7758	6898	6590	21246			
8	W	21246						
9	P	21168						
10	Q_A	21210						
11	Q_B	21194						
12				方差分析表				
13	方差来源	平方和	自由度	均方	F-值		临界值	
14	材 质A	42	3	14	8.4	*	$F_{0.05}(3, 6)$=4.76	
15	淬火温度B	26	2	13	7.8	*	$F_{0.05}(2, 6)$=5.14	
16	误差E	10	6	1.666667				
17	总和T	78	11					

图 3—16 双因素试验方差分析 Excel 计算示意图

“=12-1”;“C14”中输入“=4-1”,“C15”中输入“=3-1”;“C16”中输入“=C17-C14-C15”; 在单元格“D14”中输入“=B14/C14”,“D15”中输入“=B15/C15”,“D16”中输入“=B16/C16”;在单元格“E14”中输入“=D14/D16”,在单元格“E15”中输入“=D15/D16”,完成计算。在单元格“G14”中输入临界值 $F_{0.05}(3, 6)=4.76$,在单元格“G15”中输入临界值 $F_{0.05}(2, 6)=5.14$,进行显著性比较,在单元格“F14”和“F15”中分别输入“*”。

第四章　正交试验设计

自 R. A. Fisher 1925 年在《研究工作中的统计方法》一书中提出“试验设计”，又在 1935 年出版专著《试验设计》以来，试验设计受到全世界的重视和推广。1952 年日本的田口玄一在日本东海电报公司运用 $L_{27}(3^{18})$ 正交表进行正交试验获得成功后，正交试验设计在日本的工业生产中得到迅速推广，取得了巨大的经济效益。

在科学研究、工业化生产和工程化应用过程中，经常要遇到多因素、多指标、多水平试验问题，试验方案设计得好，可以达到事半功倍的效果。否则，试验次数急剧增加，而且试验结果仍不能令人满意，无论从时间、人力、资金等方面都造成极大的浪费。正交设计是运用“均衡分散性”和“整齐可比性”两条正交性原理，构造出各种正交表，通过正交表科学地安排多因素试验的一种方法。

在工程中，运用正交试验设计主要可以解决以下三方面问题：

(1) 寻找最优的生产工艺。通过试验从各因素各水平中寻找最好指标的最佳组合，解决生产中急需解决的配料问题、工艺条件的选取等问题，提高产量和质量，降低成本和能耗。

(2) 分析评价因素与考核指标的关系，通过试验可以发现，因素的水平变化时考核指标的相应变化，从中找出因素与指标之间的内在规律，从而科学地指导生产。

(3) 分析评价诸影响因素的主次。通过试验结果的统计分析和评价，可以找出哪个因素是影响考核指标的主要因素，哪些因素是次要因素，最终解决生产中的关键问题。

4.1　正交表的构造

4.1.1　以素数(3,5,7,11 等)为水平数的正交表

凡是素数(3,5,7,11 等)都可以用拉丁方构造正交拉丁方，由正交拉丁方可以构造正交表。如果把素数 n 作为水平数，则以 n 为水平数的拉丁方有 $n-1$ 个。将 $n-1$ 个拉丁方的相对应的元素组合在一起，便构成了正交拉丁方。

例如：以素数 3 作为水平数，3 水平的拉丁方有 $3-1=2$ 个(见表 4—1 所列)。

表 4—1　拉丁方表

1	2	3
2	3	1
3	1	2

1	2	3
3	1	2
2	3	1

由这两个拉丁方对应元素组合在一起，便构成了正交拉丁方(见表 4—2 所列)。

表 4—2　正交拉丁方表

11	22	33
23	31	12
32	13	21

把正交拉丁方中的前列作为因素 C,把后列作为因素 D,然后用因素 A 和因素 B 与因素 C 和因素 D 均匀搭配(见表 4—3 所列),便构成了四因素三水平九组试验(即四列九行三水平)的正交表(见表 4—4 所列)。

表 4—3　正交表的构造元

C,D \ B \ A	1	2	3
1	11	22	33
2	23	31	12
3	32	13	21

表 4—4　$L_9(3^4)$ 正交表

No.	因素			
	A	B	C	D
1	1	1	1	1
2	1	2	2	2
3	1	3	3	3
4	2	1	2	3
5	2	2	3	1
6	2	3	1	2
7	3	1	3	2
8	3	2	1	3
9	3	3	2	1

$L_9(3^4)$

- 4 →正交表有 4 列,每一列可排一个因素,最多可排 4 个因素。
- 3 →每个因素有 3 个水平。
- 9 →正交表有 9 行,每一行即为一组试验,共 9 组试验。
- L →正交表的开头字母。

由此可知,素数 5 有(5 - 1)个拉丁方,素数 7 有(7 - 1)个拉丁方,…。由上述方法可以构造出以素数为水平数的正交表 $L_{25}(5^6)$,$L_{49}(7^8)$,…。

4.1.2　二水平正交表

将 Hadamard 矩阵($\boldsymbol{H}_2$)用直积方法,便可得到二水平的正交表。方法如下:

$$\boldsymbol{H}_2=\begin{bmatrix}1 & 1\\ 1 & -1\end{bmatrix}$$

将 H_2 与 H_2 进行直积运算

$$\boldsymbol{H}_2\otimes\boldsymbol{H}_2=\begin{bmatrix}1 & 1\\ 1 & -1\end{bmatrix}\otimes\begin{bmatrix}1 & 1\\ 1 & -1\end{bmatrix}$$

$$=\begin{bmatrix}1\otimes\begin{bmatrix}1 & 1\\ 1 & -1\end{bmatrix} & 1\otimes\begin{bmatrix}1 & 1\\ 1 & -1\end{bmatrix}\\ 1\otimes\begin{bmatrix}1 & 1\\ 1 & -1\end{bmatrix} & -1\otimes\begin{bmatrix}1 & 1\\ 1 & -1\end{bmatrix}\end{bmatrix}$$

$$
=\begin{bmatrix}1 & 1 & 1 & 1\\1 & -1 & 1 & -1\\1 & 1 & -1 & -1\\1 & -1 & -1 & 1\end{bmatrix}
$$

$\boldsymbol{H}_2$ 与 $\boldsymbol{H}_2$ 直积运算后得出的矩阵记为 $\boldsymbol{H}_4$，将 $\boldsymbol{H}_4$ 的第一列去掉，第二列与第一列交换，将 1 作为水平 1，-1 作为水平 2，便得到正交表 $L_4(2^3)$（见表 4—5 所列）。

表 4—5　$L_4(2^3)$ 正交表

No.	1	2	3
1	1	1	1
2	1	2	2
3	2	1	2
4	2	2	1

将 H_2 与 H_4 进行直积运算得出矩阵 H_8

$$
\boldsymbol{H}_2 \otimes \boldsymbol{H}_4=\begin{bmatrix}1 & 1\\1 & -1\end{bmatrix}\otimes\begin{bmatrix}1 & 1 & 1 & 1\\1 & -1 & 1 & -1\\1 & 1 & -1 & -1\\1 & -1 & -1 & 1\end{bmatrix}
$$

$$
=\begin{bmatrix}1\otimes\begin{bmatrix}1 & 1 & 1 & 1\\1 & -1 & 1 & -1\\1 & 1 & -1 & -1\\1 & -1 & -1 & 1\end{bmatrix} & 1\otimes\begin{bmatrix}1 & 1 & 1 & 1\\1 & -1 & 1 & -1\\1 & 1 & -1 & -1\\1 & -1 & -1 & 1\end{bmatrix}\\1\otimes\begin{bmatrix}1 & 1 & 1 & 1\\1 & -1 & 1 & -1\\1 & 1 & -1 & -1\\1 & -1 & -1 & 1\end{bmatrix} & -1\otimes\begin{bmatrix}1 & 1 & 1 & 1\\1 & -1 & 1 & -1\\1 & 1 & -1 & -1\\1 & -1 & -1 & 1\end{bmatrix}\end{bmatrix}
$$

$$
=\begin{bmatrix}1 & 1 & 1 & 1 & 1 & 1 & 1 & 1\\1 & -1 & 1 & -1 & 1 & -1 & 1 & -1\\1 & 1 & -1 & -1 & 1 & 1 & -1 & -1\\1 & -1 & -1 & 1 & 1 & -1 & -1 & 1\\1 & 1 & 1 & 1 & -1 & -1 & -1 & -1\\1 & -1 & 1 & -1 & -1 & 1 & -1 & 1\\1 & 1 & -1 & -1 & -1 & -1 & 1 & 1\\1 & -1 & -1 & 1 & -1 & 1 & 1 & -1\end{bmatrix}
$$

将矩阵 H_8 的第一列去掉，经整理后，得到正交表 $L_8(2^7)$（见表 4—6 所列）。

由此类推，将 H_2 与 H_8 直积、H_2 与 H_{16} 直积、…求直积，将其得到的矩阵第一列去掉，经整理便可得到正交表 $L_{16}(2^{15})$，$L_{32}(2^{31})$，…。在二水平的正交表中通常都是将矩阵里的 1 作为水平 1，-1 作为水平 2。

表 4—6 $L_8(2^7)$正交表

No.	1	2	3	4	5	6	7
1	1	1	1	1	1	1	1
2	1	1	1	2	2	2	2
3	1	2	2	1	1	2	2
4	1	2	2	2	2	1	1
5	2	1	2	1	2	1	2
6	2	1	2	2	1	2	1
7	2	2	1	1	2	2	1
8	2	2	1	2	1	1	2

4.1.3 拟水平正交表

在工程中经常遇到因素的水平数已经固定，少于正交表中给出的水平数，如正交表中的水平数为3，而生产线上同类设备只有两套，有时，激发剂只有两种可供选择，这样的因素称之为拟水平因素。

在正交表 $L_9(3^4)$中放入一个拟水平因素，其水平数为 2。如果把拟水平因素放在正交表 $L_9(3^4)$的第三列上，可根据以下方法重新安排：

(1)原正交表中水平 1 与水平 2 的位置上均放入拟水平因素的水平数 1；

(2)原正交表中水平 3 的位置上均放入拟水平因素的水平数 2。

这样便得到了新的正交表 $L_9(2\times3^3)$(见表 4—7 所列)。

表 4—7 $L_9(2\times3^3)$正交表

No.	A	B	C	D
1	1	1	1	1
2	1	2	1	2
3	1	3	2	3
4	2	1	1	3
5	2	2	2	1
6	2	3	1	2
7	3	1	2	2
8	3	2	1	3
9	3	3	1	1

由上述方法同样可以构造出正交表 $L_9(2^2\times3^2)$ 正交表 $L_9(2^3\times3)$。

4.1.4 拟因子正交表

在参加试验的因素中，有的因素的水平数大于正交表中给出的水平数，如正交表给出的水平数为2，而考察的某一因素是 3 条生产线，或是 4 种外加剂，这样的因素称作拟因子。

4.1.4.1 拟因子为三水平的正交表

在二水平正交表 $L_{16}(2^{15})$（见表 4—8 所列）中安排拟因子，拟因子的水平数为 3。其安排

过程中选择正交表 $L_{16}(2^{15})$ 的两列，如果两列满足：

(1)各自的水平数为(1,1)，则可存放拟因子的水平数1；

(2)各自的水平数为(2,2)，则可存放拟因子的水平数2；

(3)各自的水平数为(1,2)，则可存放拟因子的水平数2；

(4)各自的水平数为(2,1)，则可存放拟因子的水平数3。

在正交表中安排三水平的拟因子时，第一列不能与其他列合并为拟因子列，它是赋闲列。

表4—8　$L_{16}(2^{15})$ 正交表

No.	1	2	3	4	5	6	7	8	9	10	11	12	13	14	15
1	1	1	1	1	1	1	1	1	1	1	1	1	1	1	1
2	1	1	1	1	1	1	1	2	2	2	2	2	2	2	2
3	1	1	1	2	2	2	2	1	1	1	1	2	2	2	2
4	1	1	1	2	2	2	2	2	2	2	2	1	1	1	1
5	1	2	2	1	1	2	2	1	1	2	2	1	1	2	2
6	1	2	2	1	1	2	2	2	2	1	1	2	2	1	1
7	1	2	2	2	2	1	1	1	1	2	2	2	2	1	1
8	1	2	2	2	2	1	1	2	2	1	1	1	1	2	2
9	2	1	2	1	2	1	2	1	2	1	2	1	2	1	2
10	2	1	2	1	2	1	2	2	1	2	1	2	1	2	1
11	2	1	2	2	1	2	1	1	2	1	2	2	1	2	1
12	2	1	2	2	1	2	1	2	1	2	1	1	2	1	2
13	2	2	1	1	2	2	1	1	2	2	1	1	2	2	1
14	2	2	1	1	2	2	1	2	1	1	2	2	1	1	2
15	2	2	1	2	1	1	2	1	2	2	1	2	1	1	2
16	2	2	1	2	1	1	2	2	1	1	2	1	2	2	1

表4—9　$L_{16}(3^2\times2^{11})$ 正交表

No.	1	2	3	4	5	6	7	8	9	10	11	12	13
1	1	1	1	1	1	1	1	1	1	1	1	1	1
2	1	1	1	1	1	2	2	2	2	2	2	2	2
3	1	1	2	2	2	1	1	1	1	2	2	2	2
4	1	1	2	2	2	2	2	2	2	1	1	1	1
5	1	2	1	2	2	1	1	2	2	1	1	2	2
6	1	2	1	2	2	2	2	1	1	2	2	1	1
7	1	2	2	1	1	1	1	2	2	2	2	1	1
8	1	2	2	1	1	2	2	1	1	1	1	2	2
9	2	2	2	1	2	1	2	1	2	1	2	1	2
10	2	2	2	1	2	2	1	2	1	2	1	2	1
11	2	2	3	2	1	1	2	1	2	2	1	2	1
12	2	2	3	2	1	2	1	2	1	1	2	1	2
13	2	3	2	2	1	1	2	2	1	1	2	2	1
14	2	3	2	2	1	2	1	1	2	2	1	1	2
15	2	3	3	1	2	1	2	2	1	2	1	1	2
16	2	3	3	1	2	2	1	1	2	1	2	2	1

在正交表 $L_{16}(2^{15})$ 中安排一个三水平的拟因子，选择 2 列和 3 列合并，便可以得到新的正交表 $L_{16}(3\times2^{13})$。如果继续将 4 列与 5 列，8 列与 9 列，14 列与 15 列合并，便可以分别构造出正交表 $L_{16}(3^2\times2^{11})$，$L_{16}(3^3\times2^9)$，$L_{16}(3^4\times2^7)$。表 4—9 为 $L_{16}(3^2\times2^{11})$ 正交表。

4.1.4.2　拟因子为四水平的正交表

在二水平正交表 $L_{16}(2^{15})$（见表 4—8 所列）中安排拟因子，拟因子的水平数为 4。其安排过程中选择正交表 $L_{16}(2^{15})$ 的三列进行合并，如果三列满足：

(1) 各自的水平数为(1,1,1)，则可存放拟因子的水平数 1；

(2) 各自的水平数为(1,2,2)，则可存放拟因子的水平数 2；

(3) 各自的水平数为(2,1,2)，则可存放拟因子的水平数 3；

(4) 各自的水平数为(2,2,1)，则可存放拟因子的水平数 4。

在正交表 $L_{16}(2^{15})$ 中安排一个四水平的拟因子，选择 1 列、2 列、3 列合并，便可以得到新的正交表 $L_{16}(4\times2^{12})$。如果继续将 4 列、8 列、12 列合并，5 列、10 列、15 列合并，7 列、9 列、14 列合并，6 列、11 列、12 列合并，便可以分别构造出正交表 $L_{16}(4^2\times2^9)$，$L_{16}(4^3\times2^6)$，$L_{16}(4^4\times2^3)$。表 4—10 为 $L_{16}(4^4\times2^3)$ 正交表。

用这种方法也可以构造出其他拟因子的正交表。

表 4—10　$L_{16}(4^4\times2^3)$ 正交表

No.	1	2	3	4	5	6	7
1	1	1	1	1	1	1	1
2	1	2	2	2	1	2	2
3	1	3	3	3	2	1	2
4	1	4	4	4	2	2	1
5	2	1	2	4	2	1	2
6	2	2	1	3	2	2	1
7	2	3	4	2	1	1	1
8	2	4	3	1	1	2	2
9	3	1	3	2	2	2	1
10	3	2	4	1	2	1	2
11	3	3	1	4	1	2	2
12	3	4	2	3	1	1	1
13	4	1	4	3	1	2	2
14	4	2	3	4	1	1	1
15	4	3	2	1	2	2	1
16	4	4	1	2	2	1	2

4.2　正交设计的基本原理及特点

在正交表的构造一节中，我们提到了正交表是利用均衡分散性和整齐可比性两条正交性原理，构造出的有规律排列的表格。也就是说，正交设计考虑了所有因子和水平在试验中均匀分配，搭配均匀合理，有规律地变化。如图 4—1 所示为孤立变量法与正交设计的试验点分布。

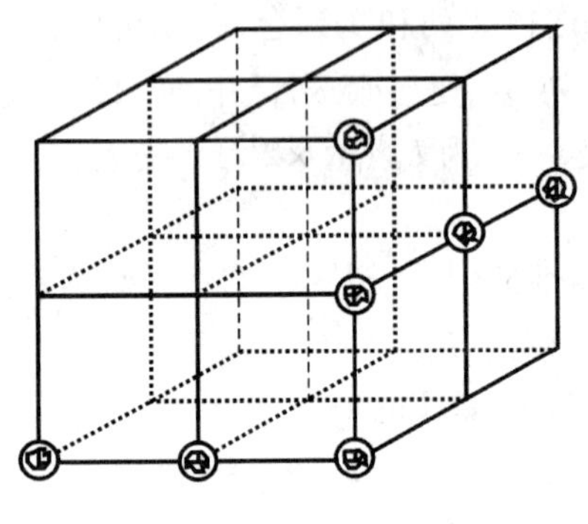
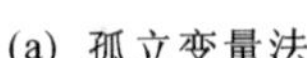

(a) 孤立变量法

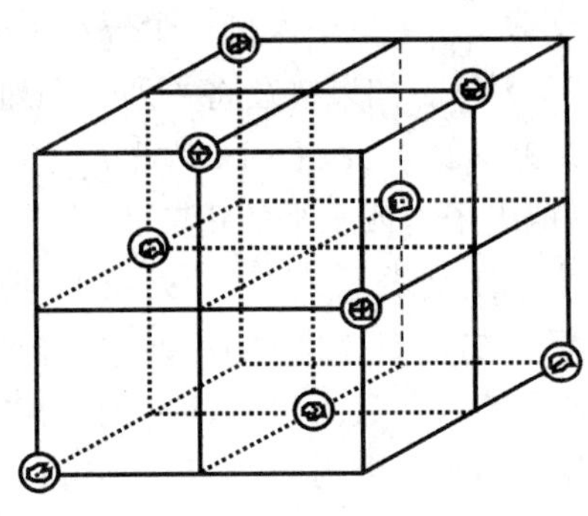

(b) 正交设计法

图 4—1　正交设计与孤立变量法的试验点分布

由图 4—1 可知，采用孤立变量法的试验点为 $A_1B_1C_1$，$A_2B_1C_1$，$A_3B_1C_1$，$A_3B_1C_1$，$A_3B_2C_1$，$A_3B_3C_1$，$A_3B_2C_1$，$A_3B_2C_2$，$A_3B_2C_3$，在这 9 个试验点中，A_3 水平和 C_1 水平出现了 6 次，而 A_1，A_2，C_2，C_3 和 B_3 水平只出现了一次，试验点的布局不合理，前面的右面上各出现 6 组试验。而顶面、左面等 5 个平面上只安排了 1 组试验。由于布点不均匀，试验结果的代表性就减弱了，甚至会把最优组合漏掉。正交试验的布点分别为 $A_1B_1C_1$，$A_1B_2C_2$，$A_1B_3C_3$，$A_2B_1C_2$，$A_2B_2C_3$，$A_2B_3C_1$，$A_3B_1C_3$，$A_3B_2C_1$，$A_3B_3C_2$，每个因素的每个水平均出现了 3 次，图 4—1 形象地把正交试验设计的均衡分散性体现出来了。在立方体的上、中、下 3 个平面上均有 3 个试验点；在立方体的左、中、右 3 个平面上也均有 3 个试验点；在立方体的前、中、后 3 个平面上也各安排了 3 个试验点；这样优选出来的9个试验点的试验方案，其测试结果所得到的信息，比较好地代表

表 4—11　因素水平表

因 素	A. 水泥组分	B. 水泥温度	C. 拌合物初温	D. 水灰比
水平 1	1	71℃	26.6℃	0.40
水平 2	9	83℃	35.0℃	0.47
水平 3	7	93℃	43.3℃	0.54

表 4—12　$L_9(3^4)$ 试验方案及试验结果

No.	因素				R_{28}/MPa
	A	B	C	D	
1	1	1	1	1	70.0
2	1	2	2	2	59.8
3	1	3	3	3	48.2
4	2	1	2	3	42.0
5	2	2	3	1	62.1
6	2	3	1	2	53.9
7	3	1	3	2	52.4
8	3	2	1	3	50.1
9	3	3	2	1	70.5

了 27 组试验的情况。在正交表 $L_9(3^4)$ 中排满因子后，9 组试验可代表 $3^4=81$ 次试验的结果，虽然 81 次试验的空间图形无法绘出，正交设计的均衡分散性和整齐可比性是存在的。

在第三章的 3.3 节中，我们列举了全面试验法的一个实例（见表 3—17 所列）。该试验的因素水平重新列入表 4—11。用 $L_9(3^4)$ 正交表安排试验。所选出的试验结果见表 4—12 所列。

从表 4—12 对直接试验结果可以选出最高强度 70.0 MPa 和 70.5 MPa，与 81 组全面试验结果中的最高强度一致，而试验次数仅为原方案的 1/9。正交设计的优越性是显而易见的。

4.3　正交设计的分析

4.3.1　正交试验方案的设计

为了便于理解正交设计在工程中应用的全过程，以我国较早的专业实例介绍正交试验的方案设计和数据分析的方法。

【例 4.1】　在试制高强混凝土时，复合掺用矿渣、石膏和铁粉以提高混凝土的强度，每个因素取 3 个水平。采用正交试验设计确定试验方案如下。

(1)明确试验目的

试验目的：通过试验考察复合使用矿渣、石膏和铁粉的掺量对混凝土强度的影响规律，从而选择各因素的最佳组合。

(2)确定考核指标

考核指标：混凝土 28d 抗压强度。

(3)挑因素、选水平、制定因素水平表

因素定为矿渣掺量 A，变化范围为 10% ~20%；石膏掺量 B，变化范围为 2% ~5%；铁粉掺量 C，变化范围为 3% ~9%。每个因素均选 3 个水平，因素水平表见表 4—13 所列。

表 4—13　因素水平表

因　　素	A. 矿渣掺量/%	B. 石膏掺量/%	C. 铁粉掺量/%
水平 1	10	2	3
水平 2	15	3.5	6
水平 3	20	5	9

注：表中各因素的掺量为占水泥重量的百分比。

(4)确定试验方案进行试验

根据因素水平表，选择合适的正交表安排试验，本次试验选择 $L_9(3^4)$ 正交表，试验方案见表 4—14 所列。试验方案确定后，关键的工作是严格按照试验条件进行试验，因素外的试验条件应该固定，以保证试验结果的可靠性，并且具有可比性，同时，注意随机化问题。测试结果见表 4—14 所列。每组试验也可以重复多次。

表 4—14　试验方案及试验结果

No.	因素				R_{28}/MPa
	A	B	C	空列	
1	1(10%)	1(2.0%)	1(3%)	1	76.5
2	1(10%)	2(3.5%)	2(6%)	2	81.0
3	1(10%)	3(5.0%)	3(9%)	3	75.8
4	2(15%)	1(2.0%)	2(6%)	3	85.7
5	2(15%)	2(3.5%)	3(9%)	1	89.1
6	2(15%)	3(5.0%)	1(3%)	2	76.5
7	3(20%)	1(2.0%)	3(9%)	2	90.7
8	3(20%)	2(3.5%)	1(3%)	3	86.7
9	3(20%)	3(5.0%)	2(6%)	1	86.0

4.3.2　直观分析

正交试验设计的试验结果经整理可以列成表 4—15 的计算表格。

表 4—15　试验结果的计算

No.	因素				R_{28}/MPa
	A	B	C	空列	
1	1(10%)	1(2.0%)	1(3%)	1	76.5
2	1(10%)	2(3.5%)	2(6%)	2	81.0
3	1(10%)	3(5.0%)	3(9%)	3	75.8
4	2(15%)	1(2.0%)	2(6%)	3	85.7
5	2(15%)	2(3.5%)	3(9%)	1	89.1
6	2(15%)	3(5.0%)	1(3%)	2	76.5
7	3(20%)	1(2.0%)	3(9%)	2	90.7
8	3(20%)	2(3.5%)	1(3%)	3	86.7
9	3(20%)	3(5.0%)	2(6%)	1	86.0
K_{1j}	233.3	252.9	239.7	251.6	
K_{2j}	251.3	256.8	252.7	248.2	
K_{3j}	263.4	238.3	255.6	248.2	
$\bar{K}_{1j}$	77.8	84.3	79.9	83.9	
$\bar{K}_{2j}$	83.8	85.6	84.2	82.7	
$\bar{K}_{3j}$	87.8	79.4	85.2	82.7	
R_j	10	6.2	5.3	1.2	
$\hat{\omega}_{1j}$	-5.3	1.2	-3.2	0.8	
$\hat{\omega}_{2j}$	0.7	2.5	1.1	-0.4	
$\hat{\omega}_{3j}$	4.7	-3.7	2.1	-0.4	

从直接最优化的角度分析，第 7 组的强度最高，达到了 90.7 MPa，其工艺组合条件为 $A_3B_1C_3$。即矿渣掺量为 20%，石膏掺量为 2%，铁粉掺量为 9%。

通过进一步计算可以实现以下几个目标：

（1）进一步分析因素与考核指标的关系，确认最佳组合，尤其是准确地给出最佳组合的统计结论，即某些组合是最优的，但并未直接进行试验；

（2）分析因素对考核指标影响的主次顺序，确认哪个是主要因素，哪个是次要因素；

（3）通过绘制各因素的趋势图，为进一步试验指出方向；

（4）通过空列或不显著项，可以估计试验误差的大小。

在表4—15中，K_{ij}为第j个因素第i水平所对应的数据之和，例如：

$K_{11}=76.5+81.0+75.8=233.3$（第1,2,3号试验强度之和）

$K_{21}=85.7+89.1+76.5=251.3$（第4,5,6号试验强度之和）

$K_{31}=90.7+86.7+86.0=263.4$（第7,8,9号试验强度之和）

$\overline{K}_{ij}$为第j个因素第i水平所对应的数据之和的平均值，例如：

$\overline{K}_{11}=\frac{K_{11}}{3}=\frac{233.3}{3}=77.8$，$\overline{K}_{21}=\frac{K_{21}}{3}=\frac{251.3}{3}=83.8$，$\overline{K}_{31}=\frac{K_{31}}{3}=\frac{263.4}{3}=87.8$

其他各列计算方法与第一列相同。

R_j 为第j个因素各水平的综合平均值的极差。其中

$$R_j=\max\{\overline{K}_{1j},\overline{K}_{2j},\overline{K}_{3j}\}-\min\{\overline{K}_{1j},\overline{K}_{2j},\overline{K}_{3j}\} \quad j=1,\cdots,4 \tag{4—1}$$

例如：

$$R_1=87.8-77.8=10.0$$

$\hat{\omega}_{ij}$为第j个因素第i水平的效应，它们分别计算如下

$$\hat{\omega}_{1j}=\overline{K}_{1j}-\bar{x} \tag{4—2}$$

$$\hat{\omega}_{2j}=\overline{K}_{2j}-\bar{x} \quad j=1,2,3,4 \tag{4—3}$$

$$\hat{\omega}_{3j}=\overline{K}_{3j}-\bar{x} \tag{4—4}$$

这里的$\bar{x}$为总平均值

$$\bar{x}=\frac{1}{n}\sum_{i=1}^{n}x_i \tag{4—5}$$

计算后按前面所说的目标给出评价结果。

（1）进一步分析因素与考核指标的关系，确认最佳组合，经计算最优组合为$A_3B_2C_3$，即该最佳组合是统计结论，并未直接进行试验。

（2）分析因素对考核指标影响的主次顺序，根据极差分析，因素影响的大小顺序为$A \to B \to C$，即矿渣掺量是影响强度的主要因素，石膏掺量是次要因素，而铁粉影响较小。

（3）以每个因素的水平为横坐标，以考核指标的平均值为纵坐标，绘制各因素的趋势图，如图4—2所示。

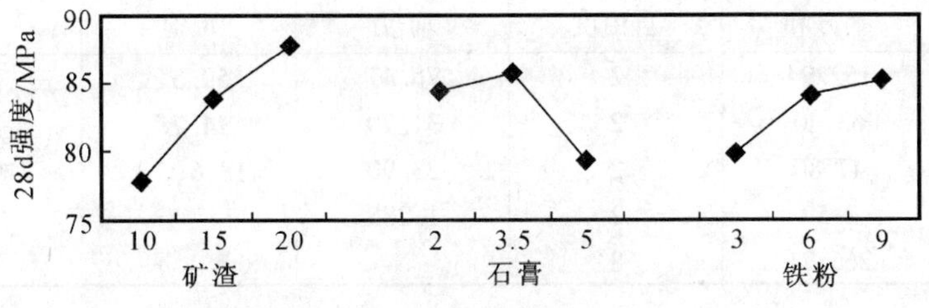

图4—2 各因素与考核指标的关系

(4)通过空列或不显著项,估计试验误差的大小。详见下一节正交设计的方差分析。

4.3.3 方差分析

方差分析原理在前面已经讲过介绍,本节以实例计算为主。

$$W = \sum_{i=1}^{n} x_i^2 = (76.5^2 + 81.0^2 + \cdots + 86.0^2) = 62\,433.82$$

$$P = \frac{1}{n}(\sum_{i=1}^{n} x_i)^2 = \frac{1}{9}(76.5 + 81.0 + \cdots + 86.0)^2 = 62\,167.11$$

$$Q_A = \frac{1}{r_a}\sum_{i=1}^{r_a}(K_{i1})^2 = \frac{1}{3}(233.3^2 + 251.3^2 + 263.4^2) = 62\,320.05$$

$$Q_B = \frac{1}{r_b}\sum_{i=1}^{r_b}(K_{i2})^2 = \frac{1}{3}(252.9^2 + 256.8^2 + 238.3^2) = 62\,230.51$$

$$Q_C = \frac{1}{r_c}\sum_{i=1}^{r_c}(K_{i3})^2 = \frac{1}{3}(239.7^2 + 252.7^2 + 255.6^2) = 62\,214.91$$

式中:n——试验总次数;

r_a, r_b, r_c——3个因素每个水平的试验重复的次数。

计算各平方和 S

$$S_T = W - P = 62\,433.82 - 62\,167.11 = 266.71$$

$$S_A = Q_A - P = 62\,320.05 - 62\,167.11 = 152.94$$

$$S_B = Q_B - P = 62\,230.51 - 62\,167.11 = 63.40$$

$$S_C = Q_C - P = 62\,214.91 - 62\,167.11 = 47.80$$

$$S_E = S_T - (S_A + S_B + S_C) = 266.71 - (152.94 + 63.40 + 47.80) = 2.57$$

计算各平方和的自由度

$$f_T = n - 1 = 9 - 1 = 8$$

$$f_A = f_B = f_C = p - 1 = 3 - 1 = 2$$

$$f_E = f_T - (f_A + f_B + f_C) = 8 - 6 = 2$$

计算 V_A, V_B, V_C, V_E 和 F 值,并直接列入方差分析表(见表4—16所列),并从 F 分布表中查出临界值。

由方差分析可知:

(1)各因素影响的主次与极差分析一致,即 $A \to B \to C$;

(2)矿渣掺量和石膏掺量对28d抗压强度有显著影响,而铁粉掺量对强度有一定影响;

表4—16 方差分析表

方差来源	平方和	自由度	均方	F 值	临界值
矿渣掺量 A	152.94	2	76.47	59.5*	$F_{0.01}(2, 2) = 99.0$
石膏掺量 B	63.40	2	31.70	24.7*	$F_{0.05}(2, 2) = 19.0$
铁粉掺量 C	47.80	2	23.90	18.6(*)	$F_{0.10}(2, 2) = 9.0$
误　差 E	2.57	2	1.285		
总　和 T	266.71	8			

4.3.4 区间估计

区间估计的实质是,在可信度 $\alpha(\alpha=0.01, \alpha=0.05, \alpha=0.10$ 等)下,求出一个正数 δ,使实际工程平均值落在区间$(\hat{\mu}-\delta,\hat{\mu}+\delta)$内的概率为$(1-\alpha)$。

$\hat{\mu}$ 为一般平均值 $\bar{x}$ 与显著因素效应估计值之和。若考核指标愈大愈好,则取显著因素的效应估计值的最大值,若考核指标愈小愈好,则取显著因素的效应估计值的最小值。

区间估计半径可用公式(4—6)计算

$$\delta=\sqrt{\frac{F_{\alpha}(1,\tilde{f}_e)\tilde{S}_e}{n_e\tilde{f}_e}} \tag{4—6}$$

可信度 α 可以取值:$\alpha=0.01$, $\alpha=0.05$, $\alpha=0.10$

$$\tilde{S}_e=S_e+\text{不显著因素偏差平方和之和} \tag{4—7}$$

$$\tilde{f}_e=f_e+\text{不显著因素自由度之和} \tag{4—8}$$

$$n_e=\frac{\text{试验总次数}}{1+\text{显著因素自由度之和}} \tag{4—9}$$

例 4.1 中因铁粉含量的 F 值 18.6 与 $F_{0.05}(2, 2)=19.0$ 十分接近。为计算方便,将 $\tilde{S}_e$ 值取为 2.57,$\tilde{f}_e$ 值取 2,查 F 分布表,$F_{0.05}(1, 2)=18.5$,n_e 值计算如下:

$$n_e=\frac{9}{1+6}=1.286$$

区间估计半径

$$\delta=\sqrt{\frac{F_{\alpha}(1,\tilde{f}_e)\tilde{S}_e}{n_e\tilde{f}_e}}=\sqrt{\frac{18.5\times2.57}{1.286\times2}}=4.3$$

4.3.5 最优生产条件的确定

在确认最优生产条件之前,我们先分析一下正交设计的数据结构。

在工程中常常把遇到的比较重要因素加以控制,而将次要因素不加控制(有时也难以控制),在理论上试验结果自然分为两部分,一部分为各种被控制因素对考核指标影响的总和,另一部分看做是误差项。试验数据自然表示为

$$x=m+\varepsilon \tag{4—10}$$

正交设计的数据结构是有一定规律的,以例 4.1 所选的正交表 $L_9(3^4)$安排 3 个因素为例,9 次试验的数据可表示为

$$\begin{aligned}
x_1&=\mu+a_1+b_1+c_1+\varepsilon_1\\
x_2&=\mu+a_1+b_2+c_2+\varepsilon_2\\
x_3&=\mu+a_1+b_3+c_3+\varepsilon_3\\
x_4&=\mu+a_2+b_1+c_2+\varepsilon_4\\
x_5&=\mu+a_2+b_2+c_3+\varepsilon_5\\
x_6&=\mu+a_2+b_3+c_1+\varepsilon_6\\
x_7&=\mu+a_3+b_1+c_3+\varepsilon_7\\
x_8&=\mu+a_3+b_2+c_1+\varepsilon_8\\
x_9&=\mu+a_3+b_3+c_2+\varepsilon_9
\end{aligned}$$

最优工艺的平均估计值为

$$\hat{m}_i=\mu+\text{显著因素的好水平的估计值}$$

在前面我们计算了所有第 j 个因素第 i 水平的效应 $\hat{\omega}_{ij}$。对于 A,B,C 3 个因素来说，

$\hat{a}_i = A_i$ 水平下试验数据的平均值 $-\bar{x}$

$\hat{b}_i = B_i$ 水平下试验数据的平均值 $-\bar{x}$

$\hat{c}_i = C_i$ 水平下试验数据的平均值 $-\bar{x}$

直观分析和方差分析确认的最佳组合为 $A_3B_2C_3$，最优工艺的平均估计值计算如下：

$$\hat{m} = \mu + \hat{a}_3 + \hat{b}_2 + \hat{c}_3 = 83.1 + 4.7 + 2.5 + 2.1 = 92.4$$

最终确认的最优生产条件：$A_3B_2C_3$；

最优工艺的平均估计值：$\hat{m} = 92.4$ MPa；

区间估计值：(88.1,96.7)。

4.4 正交设计的典型实例

4.4.1 有重复试验的正交设计

4.4.1.1 复合胶凝材料的优化设计

【例 4.2】 为配制优质的复合胶凝材料，通过试验考察复合掺合料占胶凝材料的比例、粉煤灰占复合掺合料的比例和水泥品种对混凝土强度的影响规律，从而选择各因素的最佳组合。

确定考核指标为胶砂 3d，28d 抗压强度和抗折强度。所选的因素和水平表见表 4—17 所列。

表 4—17 因素水平表

因　素	*A*. 复合掺合料占胶凝材料的比例/%	*B*. 粉煤灰占复合掺合料的比例/%	*C*. 水泥品种
水平 1	30	40	小野田
水平 2	40	50	嘉　新
水平 3	50	60	海　螺

选择 $L_9(3^4)$ 正交表进行试验，仅以 28d 抗压强度为例，介绍方差分析的具体计算。试验结果见表 4—18 所列。

表 4—18 试验方案及试验结果

No.	因　素				R_{28}/MPa		
	A	*B*	*C*	空列	1	2	3
1	1(30%)	1(40%)	1(小野田)	1	62.8	66.1	69.4
2	1(30%)	2(50%)	2(嘉　新)	2	50.4	53.1	55.8
3	1(30%)	3(60%)	3(海　螺)	3	36.6	38.5	40.4
4	2(40%)	1(40%)	2(嘉　新)	3	43.5	45.8	48.1
5	2(40%)	2(50%)	3(海　螺)	1	30.8	32.4	34.0
6	2(40%)	3(60%)	1(小野田)	2	47.9	50.4	52.9
7	3(50%)	1(40%)	3(海　螺)	2	29.9	31.5	33.1
8	3(50%)	2(50%)	1(小野田)	3	42.0	44.2	46.4
9	3(50%)	3(60%)	2(嘉　新)	1	34.5	36.3	38.1
K_{1j}	473.1	430.2	482.1	404.4			
K_{2j}	385.8	389.1	405.6	405.0			
K_{3j}	336.0	375.6	307.2	385.5			

续表

No.	因素				R_{28}/MPa		
	A	B	C	空列	1	2	3
$\overline{K}_{1j}$ $\overline{K}_{2j}$ $\overline{K}_{3j}$	52.6 42.9 37.3	47.8 43.2 41.7	53.6 45.1 34.1	44.9 45.0 42.8			
R_j	15.3	6.1	19.5	2.2			
$\hat{\omega}_{1j}$ $\hat{\omega}_{2j}$ $\hat{\omega}_{3j}$	8.3 −1.4 −7.0	3.6 −1.1 −2.5	9.3 0.9 −10.2	0.7 0.8 −1.5			

辅助计算见表4—18所列的下半部分。

$$W = \sum_{i=1}^{9}\sum_{j=1}^{3} x_{ij}^2 = (62.8^2 + 66.1^2 + \cdots + 38.1^2) = 55\,959.69$$

$$P = \frac{1}{9\times 3}(\sum_{i=1}^{9}\sum_{j=1}^{3} x_{ij})^2 = \frac{1}{9\times 3}(62.8 + 66.1 + \cdots + 38.1)^2 = 52\,880.96$$

$$Q_A = \frac{1}{9}\sum_{i=1}^{3}(K_{i1})^2 = \frac{1}{9}(473.1^2 + 385.8^2 + 336.0^2) = 53\,951.25$$

$$Q_B = \frac{1}{9}\sum_{i=1}^{3}(K_{i2})^2 = \frac{1}{9}(430.2^2 + 389.1^2 + 375.6^2) = 53\,060.69$$

$$Q_C = \frac{1}{9}\sum_{i=1}^{3}(K_{i3})^2 = \frac{1}{9}(482.1^2 + 405.6^2 + 307.2^2) = 54\,589.29$$

计算各平方和 S

$$S_T = W - P = 55\,959.69 - 52\,880.96 = 3078.73$$
$$S_A = Q_A - P = 53\,951.25 - 52\,880.96 = 1070.29$$
$$S_B = Q_B - P = 53\,060.69 - 52\,880.96 = 179.73$$
$$S_C = Q_C - P = 54\,589.29 - 52\,880.96 = 1708.33$$
$$S_E = S_T - (S_A + S_B + S_C) = 3078.73 - (1070.29 + 179.73 + 1708.33) = 120.38$$

计算各平方和的自由度

$$f_T = n - 1 = 27 - 1 = 26$$
$$f_A = f_B = f_C = p - 1 = 3 - 1 = 2$$
$$f_E = f_T - (f_A + f_B + f_C) = 26 - 6 = 20$$

计算 V_A，V_B，V_C，V_E 和 F 值，并直接列入方差分析表（见表4—19所列），并从 F 分布表中查出临界值。

由方差分析和极差分析可知：

(1)各因素影响的主次为 $C\to A\to B$；最优组合是 $A_1B_1C_1$；

(2)复合掺合料占胶凝材料的比例、粉煤灰占复合掺合料的比例和水泥品种对胶砂28d强度的影响都是非常显著的。

最优工艺的平均估计值计算如下：

$$\hat{m} = \mu + \hat{a}_1 + \hat{b}_1 + \hat{c}_1 = 44.3 + 8.3 + 3.6 + 9.3 = 65.5$$

表4—19 方差分析表

方差来源	平方和	自由度	均 方	F 值	临界值
A	1070.29	2	535.14	82.85**	$F_{0.01}(2,20)=5.9$
B	179.73	2	89.86	13.91**	
C	1708.33	2	854.16	132.23**	
误 差 E	120.38	20	6.02		
总 和 T	3078.73	26			

将 $\tilde{S}_e$ 值取为120.38，$\tilde{f}_e$ 值取20，查 F 分布表，$F_{0.05}(1,20)=4.4$，n_e 值计算如下：

$$n_e=\frac{27}{1+6}=3.857$$

区间估计半径

$$\delta=\sqrt{\frac{F_\alpha(1,\tilde{f}_e)\tilde{S}_e}{n_e\tilde{f}_e}}=\sqrt{\frac{4.4\times120.38}{3.857\times20}}=2.6$$

最终确认的最优生产条件：$A_1B_1C_1$；

最优工艺的平均估计值：$\hat{m}=65.5$MPa；

区间估计值：(62.9，68.1)。

4.4.1.2 C100高性能混凝土的优化配制

【例4.3】 为配制C100高性能混凝土，按表4—20的因素水平搭配进行试验，通过试验考察水胶比、复合掺合料的掺量和砂率对混凝土28d抗压强度、坍落度、扩展度、工作性综合指标的影响规律，从而选择各因素的最佳组合。

表4—20 因素水平表

因 素	A. 水胶比	B. 复合掺合料掺量/%	C. 砂率/%
水平1	0.30	15	36
水平2	0.28	20	38
水平3	0.26	25	40

选择 $L_9(3^4)$ 正交表进行试验，仅以28d抗压强度为例，具体计算方差分析。试验及计算结果见表4—21所列。

表4—21 试验方案及试验结果

No.	因素				R_{28}/MPa		
	A	B	C	空列	1	2	3
1	1(0.30)	1(15%)	1(36%)	1	88.8	87.5	89.2
2	1(0.30)	2(20%)	2(38%)	2	94.2	96.4	94.4
3	1(0.30)	3(25%)	3(40%)	3	95.4	94.9	95.6
4	2(0.28)	1(15%)	2(38%)	3	108.1	107.5	109.4
5	2(0.28)	2(20%)	3(40%)	1	115.3	114.9	115.6
6	2(0.28)	3(25%)	1(36%)	2	116.6	116.7	117.3
7	3(0.26)	1(15%)	3(40%)	2	119.8	119.6	119.9
8	3(0.26)	2(20%)	1(36%)	3	118.2	117.8	118.6
9	3(0.26)	3(25%)	2(38%)	1	124.2	124.5	124.1

续表

No.	因素				R_{28}/MPa		
	A	B	C	空列	1	2	3
K_{1j} K_{2j} K_{3j}	836.4 1021.4 1086.7	949.8 985.4 1009.3	970.7 982.8 991.0	984.1 994.9 965.5			
$\overline{K}_{1j}$ $\overline{K}_{2j}$ $\overline{K}_{3j}$	92.9 113.5 120.7	105.5 109.5 112.1	107.8 109.2 110.1	109.3 110.5 107.3			
R_j	27.8	6.6	2.3	3.3			
$\hat{\omega}_{1j}$ $\hat{\omega}_{2j}$ $\hat{\omega}_{3j}$	-16.1 4.4 11.7	-3.5 0.4 3.1	-1.2 0.1 1.1	0.3 1.5 -1.8			

辅助计算见表4—18所列的下半部分。

$$W = \sum_{i=1}^{9}\sum_{j=1}^{3} x_{ij}^2 = (88.8^2 + 87.5^2 + \cdots + 124.1^2) = 325\ 139.20$$

$$P = \frac{1}{9\times 3}(\sum_{i=1}^{9}\sum_{j=1}^{3} x_{ij})^2 = \frac{1}{9\times 3}(88.8 + 87.5 + \cdots + 124.1)^2 = 321\ 114.08$$

$$Q_A = \frac{1}{9}\sum_{i=1}^{3}(K_{i1})^2 = \frac{1}{9}(836.4^2 + 1021.4^2 + 1086.7^2) = 324\ 859.98$$

$$Q_B = \frac{1}{9}\sum_{i=1}^{3}(K_{i2})^2 = \frac{1}{9}(949.8^2 + 985.4^2 + 1009.3^2) = 199.22$$

$$Q_C = \frac{1}{9}\sum_{i=1}^{3}(K_{i3})^2 = \frac{1}{9}(970.7^2 + 982.8^2 + 991.0^2) = 321\ 137.26$$

计算各平方和 S

$$S_T = W - P = 325\ 139.20 - 321\ 114.08 = 4025.12$$
$$S_A = Q_A - P = 324\ 859.98 - 321\ 114.08 = 3745.90$$
$$S_B = Q_B - P = 321\ 313.30 - 321\ 114.08 = 199.22$$
$$S_C = Q_C - P = 321\ 137.26 - 321\ 114.08 = 23.18$$
$$S_E = S_T - (S_A + S_B + S_C) = 4025.12 - (3745.90 + 199.22 + 23.18) = 56.82$$

计算各平方和的自由度

$$f_T = n - 1 = 27 - 1 = 26$$
$$f_A = f_B = f_C = p - 1 = 3 - 1 = 2$$
$$f_E = f_T - (f_A + f_B + f_C) = 26 - 6 = 20$$

计算 V_A, V_B, V_C, V_E 和 F 值,并直接列入方差分析表(见表4—22所列),并从 F 分布表中查出临界值。

由方差分析和极差分析可知:

(1)各因素影响的主次为 $A\rightarrow B\rightarrow C$;最优组合是 $A_3B_3C_3$;

(2)水胶比、复合掺合料的掺量对混凝土28d抗压强度的影响都是非常显著的。砂率对混凝土28d抗压强度的影响是显著的。

表 4—22　方差分析表

方差来源	平方和	自由度	均 方	F 值	临界值
A	3745.90	2	1872.95	659.49**	$F_{0.01}(2, 20) = 5.9$
B	199.22	2	99.61	35.07**	$F_{0.05}(2, 20) = 3.5$
C	23.18	2	11.59	4.08*	
误　差 E	56.82	20	2.84		
总　和 T	4025.12	26			

最优工艺的平均估计值计算如下：

$$\hat{m} = \mu + \hat{a}_3 + \hat{b}_3 + \hat{c}_3 = 109.0 + 11.6 + 3.0 + 1.0 = 124.6$$

将 $\tilde{S}_e$ 值取为 56.82，$\tilde{f}_e$ 值取 20，查 F 分布表，$F_{0.05}(1,20) = 4.4$，n_e 值计算如下：

$$n_e = \frac{27}{1+6} = 3.857$$

区间估计半径

$$\delta = \sqrt{\frac{F_\alpha(1,\tilde{f}_e)\tilde{S}_e}{n_a\tilde{f}_e}} = \sqrt{\frac{4.4 \times 56.82}{3.857 \times 20}} = 1.8$$

最终确认的最优生产条件：$A_3B_3C_3$；

最优工艺的平均估计值：$\hat{m} = 124.6$ MPa；

区间估计值：(122.8，126.4)。

4.4.2　无空列、无重复试验的方差分析

4.4.2.1　预乳化半连续种子乳液聚合制备的优化设计

【例 4.4】　为制备性能优异的聚合物水泥防水涂料，用预乳化种子乳液聚合工艺和引入功能性单体、活性交联单体和耐水性单体，制备出高弹性、高稳定性、高防水性的丙烯酸酯乳液，以提高聚合物水泥防水涂料的性能。

在工艺优化过程中，选择了 5 个因素，即乳化剂用量、单体滴加时间、预乳化温度、搅拌器转速、搅拌时间，考核指标为预乳化液稳定性。具体因素水平见表 4—23 所列。试验结果及计算见表 4—24 所列。

表 4—23　因素水平表

因　素	A. 乳化剂量 /%	B. 单体滴加时间 /min	C. 预乳化温度 /℃	D. 搅拌器转速 /(r/min)	E. 搅拌时间 /min
水平 1	1.0	30	30	400	45
水平 2	2.0	35	35	450	50
水平 3	3.0	40	40	500	55
水平 4	4.0	45	45	550	60

因该设计为饱和设计，无法直接进行方差分析，但从表 4—24 的极差分析可以直接看出，B，C，E 3 个因素的极差非常小。因此，可作为误差列进行方差分析。具体计算如下：

$$W = \sum_{i=1}^{16} x_i^2 = (40.52^2 + 84.65^2 + \cdots + 85.83^2) = 78\,361.93$$

$$P=\frac{1}{16}(\sum_{i=1}^{16}x_i)^2=\frac{1}{16}(40.52+84.65+\cdots+85.83)^2=71\ 821.32$$

$$Q_A=\frac{1}{4}\sum_{i=1}^{4}(K_{i1})^2=\frac{1}{4}(160.02^2+230.28^2+319.05^2+362.63^2)=77\ 982.17$$

$$Q_D=\frac{1}{4}\sum_{i=1}^{4}(K_{i4})^2=\frac{1}{4}(260.83^2+275.40^2+293.07^2+242.68^2)=72\ 165.26$$

计算各平方和 S

$$S_T=W-P=78\ 361.93-71\ 821.32=6540.61$$

$$S_A=Q_A-P=77\ 982.17-71\ 821.32=6160.85$$

表 4—24　$L_{16}(4^5)$ 正交试验方案及结果计算

No.	A	B	C	D	E	乳化液的稳定性/%
1	1(1.0)	2(35)	3(40)	2(450)	3(55)	40.52
2	3(3.0)	4(45)	1(30)	2(450)	2(50)	84.65
3	2(2.0)	4(45)	3(40)	3(500)	4(60)	64.85
4	4(4.0)	2(35)	1(30)	3(500)	1(45)	95.74
5	1(1.0)	3(40)	1(30)	4(550)	4(60)	35.62
6	3(3.0)	1(30)	3(40)	4(550)	1(45)	70.51
7	2(2.0)	1(30)	1(30)	1(400)	3(55)	55.96
8	4(4.0)	3(40)	3(40)	1(400)	2(50)	89.58
9	1(1.0)	1(30)	4(45)	3(500)	2(50)	45.12
10	3(3.0)	3(40)	2(35)	3(500)	3(55)	87.36
11	2(2.0)	3(40)	4(45)	2(450)	1(45)	58.75
12	4(4.0)	1(30)	2(35)	2(450)	4(60)	91.48
13	1(1.0)	4(45)	2(35)	1(400)	1(45)	38.76
14	3(3.0)	2(35)	4(45)	1(400)	4(60)	76.53
15	2(2.0)	2(35)	2(35)	4(550)	2(50)	50.72
16	4(4.0)	4(45)	4(45)	4(550)	3(55)	85.83
K_{1j}	160.02	263.07	271.97	260.83	263.76	
K_{2j}	230.28	263.51	268.32	275.40	270.07	
K_{3j}	319.05	271.31	265.46	293.07	269.67	
K_{4j}	362.63	274.09	266.23	242.68	268.48	
$\overline{K}_{1j}$	40.00	65.77	67.99	65.21	65.94	
$\overline{K}_{2j}$	57.57	65.88	67.08	68.85	67.52	
$\overline{K}_{3j}$	79.76	67.83	66.36	73.27	67.42	
$\overline{K}_{4j}$	90.66	68.52	66.56	60.67	67.12	
R_j	50.66	2.68	1.63	12.60	1.48	

$S_D=Q_D-P=72\ 165.26-71\ 821.32=343.94$

$S_E=S_T-(S_A+S_D)=6540.61-(6160.85+343.94)=35.82$

计算各平方和的自由度

$$f_T=n-1=16-1=15$$

$$f_A=f_D=p-1=4-1=3$$

$$f_E=f_T-(f_A+f_D)=15-6=9$$

计算 V_A, V_D, V_E 和 F 值，并直接列入方差分析表（见表 4—25 所列），并从 F 分布表中查出临界值。

表 4—25　方差分析表

方差来源	平方和	自由度	均 方	F 值	临界值
乳化剂量 A	6160.85	3	2053.62	515.98**	$F_{0.01}(3,9)=7.0$
搅拌器转速 D	343.94	3	114.65	28.81**	
误　差 E	35.82	9	3.98		
总　和 T	6540.61	15			

方差分析表明，乳化剂用量和搅拌器转速对预乳化液稳定性影响是非常显著的。

最优工艺的平均估计值计算如下：

$$\hat{m}=\mu+\hat{a}_4+\hat{d}_3=67.06+22.60+6.21=95.87$$

将 $\tilde{S}_e$ 值取为 35.82，$\tilde{f}_e$ 值取 9，查 F 分布表，$F_{0.05}(1,9)=5.1$，n_e 值计算如下：

$$n_e=\frac{16}{1+6}=2.286$$

区间估计半径

$$\delta=\sqrt{\frac{F_\alpha(1,f_e)\tilde{S}_e}{n_e f_e}}=\sqrt{\frac{5.1\times35.82}{2.286\times9}}=2.98$$

最终确认的最优生产条件：A_4D_3；

最优工艺的平均估计值：$\hat{m}=95.87$ MPa；

区间估计值：(92.89，98.85)。

4.4.2.2　BX 混凝土减水剂合成工艺的优化

【例 4.5】　利用炼焦工业副产物——Ⅰ#油为主要原料合成混凝土高效减水剂，为制备出性能优异的产品，以混凝土 28d 抗压强度为考核指标，合成工艺中的硫酸用量、磺化温度、甲醛用量和缩合时间作为因素，对工艺参数进行了优化。具体因素水平见表 4—26 所列。试验结果及计算见表 4—27 所列。

表 4—26　因素水平表

因　素	A. 硫酸用量/g	B. 磺化温度/℃	C. 甲醛用量/ml	D. 缩合时间/h
水平 1	220	90	25	2.0
水平 2	240	105	30	2.5
水平 3	250	120	40	3.0

表 4—27　$L_9(3^4)$ 正交试验方案及结果计算

No.	A	B	C	D	28d 抗压强度/MPa
1	1(220)	1(90)	1(25)	1(2.0)	27.76
2	1(220)	2(105)	2(30)	2(2.5)	25.95
3	1(220)	3(120)	3(40)	3(3.0)	30.41
4	2(240)	1(90)	2(30)	3(3.0)	28.09
5	2(240)	2(105)	3(40)	1(2.0)	29.37
6	2(240)	3(120)	1(25)	2(2.5)	31.46
7	3(250)	1(90)	3(40)	2(2.5)	31.13

续表

No.	A	B	C	D	28d 抗压强度/MPa
8	3(250)	2(105)	1(25)	3(3.0)	29.30
9	3(250)	3(120)	2(30)	1(2.0)	30.61
K_{1j}	84.12	86.95	88.52	87.74	
K_{2j}	88.92	84.62	84.65	88.54	
K_{3j}	91.04	92.48	90.91	87.80	
$\overline{K}_{1j}$	28.04	28.98	29.51	29.25	
$\overline{K}_{2j}$	29.64	28.21	28.22	29.51	
$\overline{K}_{3j}$	30.35	30.83	30.30	29.27	
R_j	2.31	2.62	2.08	0.26	

该设计为饱和设计，无法直接进行方差分析，但从表4—24的极差分析可以直接看出，D 因素的极差非常小。因此，可作为误差列进行方差分析。具体计算如下：

$$W = \sum_{i=1}^{9} x_i^2 = (27.76^2 + 25.95^2 + \cdots + 30.61^2) = 7774.70$$

$$P = \frac{1}{9}(\sum_{i=1}^{9} x_i)^2 = \frac{1}{9}(27.76 + 25.95 + \cdots + 30.61)^2 = 7748.69$$

$$Q_A = \frac{1}{3}\sum_{i=1}^{3}(K_{i1})^2 = \frac{1}{3}(84.12^2 + 88.92^2 + 91.04^2) = 7757.07$$

$$Q_B = \frac{1}{3}\sum_{i=1}^{3}(K_{i2})^2 = \frac{1}{3}(86.98^2 + 84.62^2 + 92.48^2) = 7759.54$$

$$Q_C = \frac{1}{3}\sum_{i=1}^{3}(K_{i3})^2 = \frac{1}{3}(88.52^2 + 84.65^2 + 293.07^2 + 90.91^2) = 7755.35$$

计算各平方和 S

$$S_T = W - P = 7774.70 - 7748.69 = 26.01$$
$$S_A = Q_A - P = 7757.07 - 7748.69 = 8.38$$
$$S_B = Q_B - P = 7759.54 - 7748.69 = 10.85$$
$$S_C = Q_C - P = 7755.35 - 7748.69 = 6.66$$
$$S_E = S_T - (S_A + S_B + S_C) = 26.01 - (8.38 + 10.85 + 6.66) = 0.12$$

计算各平方和的自由度

$$f_T = n - 1 = 9 - 1 = 8$$
$$f_A = f_B = f_C = p - 1 = 3 - 1 = 2$$
$$f_E = f_T - (f_A + f_B + f_C) = 8 - 6 = 2$$

计算 V_A, V_B, V_C, V_E 和 F 值，并直接列入方差分析表（见表4—28所列），并从 F 分布表中查出临界值。

表4—28　方差分析表

方差来源	平方和	自由度	均方	F 值	临界值
A	8.38	2	4.19	69.83*	$F_{0.01}(2,2) = 99.0$
B	10.85	2	5.42	90.33*	$F_{0.05}(2,2) = 19.0$
C	6.66	2	3.33	55.50*	

续表

方差来源	平方和	自由度	均 方	F 值	临界值
误　差 E	0.12	2	0.06		
总　和 T	26.01	8			

方差分析表明,合成工艺中的硫酸用量、磺化温度、甲醛用量对混凝土 28d 抗压强度的影响是显著的。

4.4.2.3　正交设计结果的多重比较

在方差分析中,我们用 F 检验判断了因素的影响是否显著。在工程中,当因素是显著时,并不意味着所有水平之间都是显著的。评价水平之间差异的显著性具有重要的实际意义。实现这一目标的方法是多重比较,常用的是 T 法。

多重比较过程中常常要用以下几个参数:

m——要比较的水平个数;

r——表示同水平的试验重复数;

$\bar{S}_e$——表示试验误差的均方;

f_e——试验误差的自由度;

用 T 比较法时,要用到 q 表来判断。q 表上有两个参数 m 和 f_e。比较任意两种掺量平均抗压强度时,判别的尺度为:

$$d_T = q_{0.05}(m, f_e)\sqrt{\frac{\bar{S}_e}{r}} \tag{4—11}$$

例 4.5 中多重比较的结果见表 4—29 所列。

表 4—29　多重比较(T 法)

判别尺度	$d_T = q_{0.05}(3,2)\sqrt{\frac{0.06}{3}} = 8.33 \times 0.141 = 1.174$
A	$d_{12} = \left\lvert \frac{84.12 - 88.92}{3} \right\rvert = 1.60$
	$d_{13} = \left\lvert \frac{84.12 - 91.04}{3} \right\rvert = 2.31$
	$d_{23} = \left\lvert \frac{84.12 - 88.92}{3} \right\rvert = 1.60$
B	$d_{12} = \left\lvert \frac{86.98 - 84.62}{3} \right\rvert = 0.79$
	$d_{13} = \left\lvert \frac{86.98 - 92.48}{3} \right\rvert = 1.83$
	$d_{23} = \left\lvert \frac{84.62 - 92.48}{3} \right\rvert = 2.62$
C	$d_{12} = \left\lvert \frac{88.52 - 84.65}{3} \right\rvert = 1.29$
	$d_{13} = \left\lvert \frac{88.52 - 90.91}{3} \right\rvert = 0.80$
	$d_{23} = \left\lvert \frac{84.65 - 90.91}{3} \right\rvert = 2.09$

由上述分析可以得到如下结论：$A_2B_3C_3D_1$ 为较优的生产方案。经平行对比试验证明，该方案是最优方案。

4.4.2.4 复合矿渣掺合料及多因素对混凝土强度的影响

【例 4.6】 将粉煤灰和磨细矿渣按不同比例复合，通过大量的试验和对水泥与外加剂相容性的改善研究，确定了两种掺合料的最佳比例，制备出了复合矿渣掺合料。本次试验考虑水胶比、复合矿渣掺合料掺量、不同的水泥品种和外加剂对混凝土的影响。考核指标有 3d，7d，28d 抗压强度，本例仅列举 28d 抗压强度的计算结果。

因素水平见表 4—30 所列。测试及直观分析结果见表 4—31 所列。

表 4—30 因素水平表

因 素	A. 水胶比	B. 复合料掺量/%	C. 水泥品种	D. 外加剂品种
水平 1	0.65	90	京都牌 P. O52.5	DFS-2
水平 2	0.50	105	太行山牌 P. O52.5R	AS
水平 3	0.35	120	云冈牌 P. O42.5	HDN-9

表 4—31 $L_9(3^4)$ 正交试验方案及结果计算

No.	A	B	C	D	28d 抗压强度/MPa
1	1	1	1	1	33.9
2	1	2	2	2	31.5
3	1	3	3	3	24.5
4	2	1	2	3	44.9
5	2	2	3	1	40.7
6	2	3	1	2	31.8
7	3	1	3	2	62.5
8	3	2	1	3	61.4
9	3	3	2	1	56.6
K_{1j}	89.9	141.3	127.1	131.2	
K_{2j}	117.4	133.6	133.0	125.8	
K_{3j}	180.5	112.9	127.7	130.8	
$\overline{K}_{1j}$	30.0	47.1	42.4	43.7	
$\overline{K}_{2j}$	39.1	44.5	44.3	41.9	
$\overline{K}_{3j}$	60.2	37.6	42.6	43.6	
R_j	30.2	9.5	1.9	1.8	

通过极差分析可知，影响因素大小的顺序为：$A \to B \to C \to D$；最优组合是 $A_3B_1C_2D_3$。

该设计为饱和设计，无法直接进行方差分析，但从表 4—31 的极差分析可以直接看出，C，D 的两个因素的极差非常小。因此，可作为误差列进行方差分析。具体计算如下：

$$W = \sum_{i=1}^{9} x_i^2 = (33.9^2 + 31.5^2 + \cdots + 56.6^2) = 18\ 305.22$$

$$P = \frac{1}{9}\left(\sum_{i=1}^{9} x_i\right)^2 = \frac{1}{9}(33.9 + 31.5 + \cdots + 56.6)^2 = 16\ 709.87$$

$$Q_A = \frac{1}{3}\sum_{i=1}^{3}(K_{i1})^2 = \frac{1}{3}(89.9^2 + 117.4^2 + 180.5^2) = 18\ 148.34$$

$$Q_B = \frac{1}{3}\sum_{i=1}^{3}(K_{i2})^2 = \frac{1}{3}(141.3^2 + 133.6^2 + 112.9^2) = 16\ 853.69$$

计算各平方和 S

$$S_T = W - P = 18\ 305.22 - 16\ 709.87 = 1595.35$$

$$S_A = Q_A - P = 18\ 148.34 - 16\ 709.87 = 1438.47$$

$$S_B = Q_B - P = 16\ 853.69 - 16\ 709.87 = 143.82$$

$$S_E = S_T - (S_A + S_B) = 1595.35 - (1438.47 + 143.82) = 13.06$$

计算各平方和的自由度

$$f_T = n - 1 = 9 - 1 = 8$$

$$f_A = f_B = p - 1 = 3 - 1 = 2$$

$$f_E = f_T - (f_A + f_B) = 8 - 4 = 4$$

计算 V_A, V_B, V_E 和 F 值,并直接列入方差分析表(见表4—32 所列),从 F 分布表中查出临界值。

表 4—32　方差分析表

方差来源	平方和	自由度	均 方	F 值	临界值
A	1438.47	2	719.24	220.63**	$F_{0.01}(2, 4) = 18.0$
B	143.82	2	71.91	22.06**	
误　差 E	13.06	4	3.26		
总　和 T	1595.35	8			

方差分析表明,水胶比和复合矿渣掺合料的掺量对混凝土 28d 抗压强度的影响是非常显著的。

4.4.3　多指标的正交设计

4.4.3.1　大体积混凝土优化设计的四功能准则

【例 4.7】　根据价值功能原理提出基于大体积混凝土绝热温升控制的绿色高性能混凝土优化设计的四准则,用正交设计和方差分析找出所有因素之间的合理匹配关系。在多指标的优化设计中将 Cl^{-1} 渗透系数、绝热温升、工作性、28d 抗压强度四项功能为考核指标,为解决多因素多指标的优化问题,将四项功能的指标归一化处理后,以总功效系数为考核指标,总功效系数最大者为最优配合比。总功效系数用式(4—12)计算

$$d = \sqrt[4]{d_1 \cdot d_2 \cdot d_3 \cdot d_4} \tag{4—12}$$

式中:　　　d——总功效系数;

d_1, d_2, d_3, d_4——各指标归一化处理后的分功效系数。

表 4—33　因素水平表

因　素	A. 水胶比	B. 水泥用量 /(kg/m³)	C. 减水剂掺量 /%	D. 粉煤灰掺量 /%	E. 粗骨料类型	F. 水泥种类
水平 1	0.36	360	3.1	24	碎石	Y1
水平 2	0.38	365	2.9	22	卵石	H1
水平 3	0.40	370	2.7	20		
水平 4	0.42	375	2.5	18		

因素水平见表4—33所列。测试结果见表4—34所列。试验结果的直观分析计算见表4—35所列。

表4—34　$L_{16}(4^4 \times 2^3)$正交试验方案及测试结果

No.	A	B	C	D	空列	E	F	考核指标				
								渗透系数	绝热温升	28d抗压强度	工作性	功效系数
1	1	2	3	2	2	1	2	0.6123	0.9604	0.9168	0.6783	0.7777
2	3	4	1	2	1	2	2	0.4986	0.9348	0.8044	0.7396	0.7257
3	2	4	3	3	2	2	1	1.0000	0.9474	0.8511	0.7917	0.8939
4	4	2	1	3	1	1	1	0.4076	0.9738	0.7387	0.8990	0.7165
5	1	3	1	4	2	2	1	0.5840	0.9723	0.8774	0.5386	0.7197
6	3	1	3	4	1	1	1	0.4654	1.0000	0.8277	0.8234	0.7505
7	2	1	1	1	2	1	2	0.8345	0.9619	0.8891	0.7845	0.8650
8	4	3	3	1	1	2	2	0.4576	0.9362	0.7270	1.0000	0.7470
9	1	1	4	3	1	2	2	0.5481	0.9875	0.8482	0.7608	0.7688
10	3	3	2	3	2	1	2	0.4651	0.9604	0.8642	0.7857	0.7421
11	2	3	4	2	1	1	1	0.9684	0.9474	0.9241	0.8579	0.9235
12	4	1	2	2	2	2	1	0.4382	0.9738	0.6759	0.9686	0.7270
13	1	4	2	1	1	1	1	0.6276	0.9239	1.0000	0.6101	0.7712
14	3	2	4	1	2	2	1	0.4722	0.9489	0.7810	0.9362	0.5766
15	2	2	2	4	1	2	2	0.8238	0.9859	0.7577	0.7820	0.8329
16	4	4	4	4	2	1	2	0.4700	0.9604	0.7650	0.9986	0.7663

表4—35　试验结果的计算

考核指标	No.	A	B	C	D	空列	E	F
渗透系数	K_{1j}	2.3720	2.2863	2.3247	2.3919	4.7971	4.8510	4.9635
	K_{2j}	3.6268	2.3160	2.3547	2.5176	4.8764	4.8225	4.7100
	K_{3j}	1.9013	2.4750	2.5353	2.4208			
	K_{4j}	1.7734	2.5962	2.4589	2.3432			
	R_j	0.4633	0.0701	0.0775	0.0436	0.0099	0.0036	0.0317
绝热温升	K_{1j}	3.8440	3.9231	3.8427	3.7708	7.6895	7.6882	7.6874
	K_{2j}	3.8427	3.8690	3.8440	3.8165	7.6855	7.6868	7.6876
	K_{3j}	3.8441	3.8163	3.8441	3.8691			
	K_{4j}	3.8442	3.7666	3.8442	3.9186			
	R_j	0.0004	0.0391	0.0004	0.0369	0.0010	0.0004	0.0000
28d强度	K_{1j}	3.6423	3.2409	3.3095	3.3971	6.6277	6.9255	6.6759
	K_{2j}	3.4219	3.1942	3.2978	3.3212	6.6204	6.3226	6.5723
	K_{3j}	3.2774	3.3927	3.3226	3.3022			
	K_{4j}	2.9066	3.4204	3.3182	3.2277			
	R_j	0.0920	0.0566	0.0062	0.0423	0.0009	0.0754	0.0130
工作性	K_{1j}	2.5819	3.3374	2.9617	3.3308	6.4729	6.4375	6.4257
	K_{2j}	3.2161	3.2956	3.1465	3.2445	6.4822	6.5177	6.5295
	K_{3j}	3.2850	3.1822	3.2935	3.2372			
	K_{4j}	3.8662	3.1400	3.5535	3.1427			
	R_j	0.3196	0.0493	0.1480	0.0470	0.0012	0.0100	0.0130

续表

考核指标	No.	A	B	C	D	空列	E	F
总功效系数	K_{1j}	3.0373	3.1113	3.0269	3.1398	6.2361	6.3128	6.2589
	K_{2j}	2.5153	3.0837	3.0733	3.1539	6.2483	6.1715	6.2254
	K_{3j}	2.9748	3.1324	3.1690	3.1213			
	K_{4j}	2.9569	3.1570	3.2152	3.0694			
	R_j	0.1396	0.0183	0.0114	0.0211	0.0015	0.0177	0.0042

从工作性的极差可以看出 E,F 的极差远小于其他列的极差,可以将 E,F 列作为误差列。从 28d 抗压强度的极差可以看出 C 的极差远小于其他列的极差,可以将 C 列作为误差列。从 Cl^{-1} 渗透系数的极差和初步计算,可以将 C,D,E,F 列作为误差列。从绝热温升的极差可以看出 A,C,E,F 的极差均小于空列的极差,可以将 A,C,E,F 列作为误差列。方差分析的结果见表 4—36 所列。

表 4—36　方差分析表

考核指标	方差来源	平方和	自由度	均 方	F 值	临界值
工作性	A	0.2050	3	0.0683	184.59**	$F_{0.01}(3, 3)=29.5$
	B	0.0065	3	0.0022	5.94(*)	$F_{0.05}(3, 3)=9.28$
	C	0.0468	3	0.0156	42.16**	$F_{0.10}(3, 3)=5.39$
	D	0.0044	3	0.0015	4.05	
	误 差	0.0011	3	0.00037		
	总 和	0.2638	15			
28d 强度	A	0.0717	3	0.0239	956.00**	$F_{0.01}(3, 4)=16.69$
	B	0.0093	3	0.0031	124.00**	$F_{0.05}(1, 4)=21.20$
	D	0.0036	3	0.0012	48.00**	
	E	0.0227	1	0.0227	908.00**	
	F	0.0007	1	0.0007	28.00**	
	误 差	0.0001	4	0.000 025		
	总 和	0.1081	8			
渗透系数	A	0.536 42	3	0.178 807	103.54**	$F_{0.01}(3, 9)=6.99$
	B	0.015 69	3	0.005 230	3.03 (*)	$F_{0.05}(3, 9)=3.86$
	误 差	0.015 54	9	0.001 727		$F_{0.10}(3, 9)=2.81$
	总 和	0.567 65	15			
绝热温升	B	0.003 413	3	0.001 137 67	5124.64**	$F_{0.01}(3, 9)=6.99$
	D	0.003 078	3	0.001 026 00	4621.62**	
	误 差	0.000 002	9	0.000 000 222		
	总 和	0.006 493	15			
总功效系数	A	0.052 690	3	0.017 563	76.69**	$F_{0.01}(3, 8)=7.59$
	C	0.005 578	3	0.001 859	8.12**	$F_{0.01}(1, 8)=11.26$
	E	0.001 247	1	0.001 247	5.44*	$F_{0.05}(1, 8)=5.32$
	误 差	0.001832	8	0.000 229		
	总 和	0.061 347	15			

该实例通过正交试验设计和方差分析，找出了所有因素之间的各种合理匹配关系。

4.4.3.2　PVA 纤维混凝土弯折性能试验研究

【例 4.8】　为了解 PVA 纤维混凝土的弯折性能，掌握 PVA 纤维的最佳掺量范围，同时，探求其早期性能，采用四点弯折试验，将纤维掺量和龄期为因素，初裂荷载、弯折抗拉强度、初裂挠度、极限荷载、极限抗拉强度和极限挠度为考核指标。

试验的因素水平见表 4—37 所列。测试结果见表 4—38 所列。试验结果的直观分析计算见表 4—39 所列。

表 4—37　因素水平表

因　素	*A*. 纤维掺量/%	*B*. 龄期/d
水平 1	0.00	3
水平 2	0.05	7
水平 3	0.15	14
水平 4	0.30	
水平 5	0.50	
水平 6	1.00	

表 4—38　$L_{18}(6\times3^6)$ 正交试验方案及测试结果

No.	*A*	*B*	*C*	*D*	*E*	*F*	*G*	初裂荷载 /kN	弯折抗拉 /MPa	初裂挠度 /mm	极限荷载 /kN	极限抗拉 /MPa	极限挠度 /mm
1	1	1	3	2	2	1	2	20.400	2.720	0.327	26.000	3.467	0.437
2	1	2	1	1	1	2	1	24.025	3.203	0.191	25.235	3.365	0.213
3	1	3	2	3	3	3	3	20.835	2.778	0.123	27.140	3.619	0.176
4	2	1	2	1	2	3	1	20.600	2.747	0.373	20.600	2.747	0.373
5	2	2	3	3	1	1	3	27.800	3.707	0.431	30.200	4.027	0.469
6	2	3	1	2	3	2	2	23.839	3.179	0.138	24.701	3.293	0.170
7	3	1	1	3	1	3	2	23.200	3.093	0.424	22.000	2.933	0.378
8	3	2	2	2	3	1	1	24.400	3.253	0.417	24.800	3.307	0.430
9	3	3	3	1	2	2	3	20.800	2.773	0.290	21.600	2.880	0.314
10	4	1	1	1	3	1	3	19.690	2.625	0.211	25.880	3.451	0.265
11	4	2	2	3	2	2	2	21.800	2.907	0.415	22.400	2.987	0.440
12	4	3	3	2	1	3	1	18.400	2.453	0.529	20.400	2.720	0.573
13	5	1	3	3	3	2	1	24.932	3.324	0.165	26.888	3.585	0.185
14	5	2	1	2	2	3	3	31.144	4.153	0.254	32.945	4.393	0.273
15	5	3	2	1	1	1	2	30.732	4.098	0.162	33.766	4.502	0.188
16	6	1	2	2	1	2	3	30.336	4.045	0.614	32.194	4.293	0.462
17	6	2	3	1	3	3	2	34.187	4.558	0.236	36.897	4.920	0.263
18	6	3	1	3	2	1	1	30.856	4.114	0.218	32.971	4.396	0.266

表 4—39 试验结果的计算(1)

考核指标	No.	A	B	空列				
				C	D	E	F	G
初裂荷载	K_{1j}	65.260	139.158	152.754	150.034	154.493	153.878	143.213
	K_{2j}	72.239	163.356	148.703	148.519	145.600	145.732	154.158
	K_{3j}	68.400	145.462	146.519	149.423	147.883	148.366	150.605
	K_{4j}	59.890						
	K_{5j}	86.808						
	K_{6j}	95.379						
	R_j	11.830	4.033	1.039	0.253	1.482	1.358	1.824
弯折抗拉	K_{1j}	8.701	18.554	20.367	20.004	20.599	20.517	19.094
	K_{2j}	9.633	21.781	19.828	19.803	19.414	19.431	20.555
	K_{3j}	9.119	19.395	19.535	19.923	19.717	19.782	20.081
	K_{4j}	7.985						
	K_{5j}	11.575						
	K_{6j}	12.717						
	R_j	1.577	0.538	0.139	0.036	0.0198	0.181	0.244
初裂挠度	K_{1j}	0.641	2.114	1.436	1.463	2.351	1.766	1.893
	K_{2j}	0.942	1.944	2.104	2.279	1.877	1.813	1.702
	K_{3j}	1.131	1.460	1.978	1.776	1.290	1.939	1.923
	K_{4j}	1.155						
	K_{5j}	0.581						
	K_{6j}	1.068						
	R_j	0.171	0.109	0.111	0.136	0.177	0.029	0.037

表 4—39 试验结果的计算(2)

考核指标	No.	A	B	空列				
				C	D	E	F	G
极限荷载	K_{1j}	78.375	153.562	163.732	163.978	163.795	173.617	150.894
	K_{2j}	75.501	172.477	160.900	161.040	156.516	153.018	165.764
	K_{3j}	68.400	160.578	161.985	161.599	166.306	159.982	169.959
	K_{4j}	68.680						
	K_{5j}	93.599						
	K_{6j}	102.062						
	R_j	11.221	3.153	0.472	0.490	1.632	3.433	3.176
极限抗拉	K_{1j}	10.451	20.476	21.831	21.865	21.840	23.150	20.120
	K_{2j}	10.067	22.999	21.455	21.473	20.870	20.403	22.102
	K_{3j}	9.120	21.410	21.599	21.547	22.175	21.332	22.663
	K_{4j}	9.158						
	K_{5j}	12.480						
	K_{6j}	13.609						
	R_j	1.496	0.420	0.063	0.065	0.218	0.458	0.424
极限挠度	K_{1j}	0.826	2.100	1.565	1.616	2.283	2.055	2.040
	K_{2j}	1.012	2.088	2.069	2.345	2.103	1.784	1.876
	K_{3j}	1.122	1.687	2.241	1.914	1.489	2.036	1.959
	K_{4j}	1.278						
	K_{5j}	0.646						
	K_{6j}	0.991						
	R_j	0.211	0.069	0.113	0.122	0.132	0.005	0.273

方差分析的结果见表4—40所列。计算中初裂挠度和极限挠度不显著，在表4—40中不列出。极限荷载和极限抗拉方差分析过程中。B因素被误差淹没了，故作为误差列处理。

表4—40　方差分析表

考核指标	方差来源	平方和	自由度	均方	F值	临界值
初裂荷载	A	309.4709	5	61.8942	23.1012**	$F_{0.01}(5,10)=5.64$
	B	52.5266	2	26.2633	9.8024**	$F_{0.01}(2,10)=8.02$
	误差	26.7926	10	2.6792		
	总和	388.7901	17			
弯折抗拉	A	5.5030	5	1.1006	23.0893**	$F_{0.01}(5,10)=5.64$
	B	0.9341	2	0.4671	9.7981**	$F_{0.01}(2,10)=8.02$
	误差	0.4767	10	0.0477		
	总和	6.9138	17			
极限荷载	A	316.6504	5	63.3301	6.8689**	$F_{0.01}(5,12)=5.06$
	误差	110.6385	12	9.2199		
	总和	427.2889	17			
极限抗拉	A	5.6298	5	1.1260	6.8665**	$F_{0.01}(5,12)=5.06$
	误差	1.9677	10	0.1640		
	总和	7.5975	17			

该实例通过正交试验设计和方差分析，充分证实了PVA纤维对多指标的显著效应。

4.4.3.3　高铝煤矸石—矿渣—水玻璃系的聚合物材料优化试验

【例4.9】　为制备高铝煤矸石—矿渣—水玻璃的聚合物材料，选用的950℃高温煅烧140 min的高铝煤矸石，颗粒细度<0.075mm，分别采用3种液态水玻璃作为激发剂，水玻璃的模数由液态水玻璃与氢氧化钠调制而成，见表4—41所列。选用鞍山钢铁公司的矿渣，根据基础试验，高铝煤矸石和矿渣的质量比为6∶4。

表4—41　液态水玻璃的调制与模数

水玻璃种类	水玻璃:氢氧化钠	模　数
水玻璃①	17∶3	1.049
水玻璃②	17∶2	1.245
水玻璃③	17∶1	1.706

选取水玻璃种类、激发剂掺量（占高铝煤矸石和矿渣总质量的百分比）、液胶比3个因素。各因素分别选取3个水平。因素水平见表4—42所列。选择$L_9(3^4)$正交表安排试验方案，以3d，7d，28d抗压强度为考核指标，同时考虑功效系数。将三项指标归一化处理后，以总功效系数评价三指标的总结果。总功效系数用式（4—13）计算

$$d=\sqrt[3]{d_1\cdot d_2\cdot d_3} \tag{4—13}$$

式中：　d——总功效系数；

d_1，d_2，d_3——各指标归一化处理后的分功效系数。

测试结果见表4—43所列。

表 4—42　试验因素水平表

因　素	A:(水玻璃种类)	B:(激发剂掺量)	C:(液胶比)
水平 1	水玻璃②	18%	0.35
水平 2	水玻璃①	20%	0.375
水平 3	水玻璃③	22%	0.40

表 4—43　试验方案及试验结果

No.	A	B	C	空白	抗压强度/MPa			功效系数			总功效系数
	水玻璃	激发剂	液胶比		3d	7d	28d	3d	7d	28d	
1	1	1	1	1	5.70	4.65	13.90	0.487	0.242	0.333	0.340
2	1	2	2	2	7.50	5.55	15.00	0.641	0.289	0.360	0.406
3	1	3	3	3	9.15	8.25	19.95	0.782	0.430	0.478	0.544
4	2	1	2	3	6.70	10.10	27.20	0.572	0.526	0.652	0.581
5	2	2	3	1	8.35	15.55	31.00	0.713	0.810	0.743	0.754
6	2	3	1	2	11.70	19.20	41.70	1.000	1.000	1.000	1.000
7	3	1	3	2	4.35	3.30	5.70	0.372	0.172	0.137	0.206
8	3	2	1	3	4.95	6.25	16.40	0.423	0.326	0.393	0.378
9	3	3	2	1	5.85	7.45	16.90	0.500	0.388	0.405	0.428

正交设计试验结果计算详见表 4—44 所列。最佳工艺条件是 $A_2B_3C_1$。由极差分析可知，考核指标 3d,7d,28d 强度和总功效系数的因素影响大小的顺序为 A→B→C。从极差的大小来看，C 因素对 7d 强度影响的极差小于误差列，方差分析时可作为误差列考虑；C 因素对 28d 强度影响的极差近于误差列，方差分析时也可作为误差列考虑。

表 4—44　正交设计的计算结果

考核指标	因素列	A	B	C	空列
		水玻璃	激发剂	液胶比	
3d 强度	K_{1j}	48.85	46.80	72.00	61.80
	K_{2j}	99.90	62.40	59.10	62.40
	K_{3j}	39.00	78.55	56.65	63.55
	$\overline{K_{1j}}$	16.28	15.60	24.00	20.60
	$\overline{K_{2j}}$	33.30	20.80	19.10	20.80
	$\overline{K_{3j}}$	13.00	26.18	18.88	21.18
	R_j	20.30	10.58	5.12	0.58
7d 强度	K_{1j}	22.35	16.75	22.35	19.90
	K_{2j}	26.75	20.80	20.05	23.55
	K_{3j}	15.15	26.70	21.85	20.80
	$\overline{K_{1j}}$	7.45	5.58	7.45	6.63
	$\overline{K_{2j}}$	8.92	6.93	6.68	7.85
	$\overline{K_{3j}}$	5.05	8.90	7.28	6.93
	R_j	3.87	3.32	0.77	1.22

续表

考核指标	因素列	A 水玻璃	B 激发剂	C 液胶比	空列
28d 强度	K_{1j}	18.45	18.05	30.10	27.65
	K_{2j}	44.85	27.35	23.10	28.05
	K_{3j}	17.00	34.90	27.10	24.60
	$\overline{K_{1j}}$	6.15	6.02	10.33	9.22
	$\overline{K_{2j}}$	14.95	9.08	7.67	9.35
	$\overline{K_{3j}}$	5.67	11.60	9.03	8.20
	R_j	9.28	5.58	2.66	1.15
总功效系数	K_{1j}	1.290	1.127	1.718	1.522
	K_{2j}	2.335	1.538	1.415	1.612
	K_{3j}	1.012	1.972	1.504	1.503
	$\overline{K_{1j}}$	0.430	0.376	0.573	0.507
	$\overline{K_{2j}}$	0.778	0.513	0.472	0.537
	$\overline{K_{3j}}$	0.334	0.657	0.501	0.501
	R_j	0.444	0.281	0.101	0.036

由表4—44的数据计算方差分析，结果见表4—45所列。由方差分析可知，水玻璃的模数和激发剂的掺量对3d,7d,28d抗压强度的影响都是非常显著的，其中，水玻璃模数的影响最为显著，液胶比对28d抗压强度的影响是显著的。从总功效系数分析，水玻璃模数的影响是非常显著的，激发剂掺量的影响是显著的。

表4—45　方差分析表

考核指标	方差来源	平方和	自由度	均 方	F 值	临界值
3d 强度	A	22.86	2	11.43	13.61*	$F_{0.01}(2,4)=18.0$
	B	16.69	2	8.35	9.94*	$F_{0.05}(2,4)=6.94$
	误 差	3.38	4	0.84		
	总 和	42.93	8			
7d 强度	A	163.95	2	81.98	31.29*	$F_{0.01}(2,4)=18.0$
	B	47.49	2	23.75	9.06*	$F_{0.05}(2,4)=6.94$
	误 差	10.50	4	2.62		
	总 和	221.94	8			
28d 强度	A	712.44	2	356.22	1370.08**	$F_{0.01}(2,2)=99.0$
	B	168.03	2	84.01	323.12**	$F_{0.05}(2,2)=19.0$
	C	45.34	2	22.67	87.19*	
	误 差	0.52	2	0.26		
	总 和	926.33	8			
总功效系数	A	0.324	2	0.162	26.13**	$F_{0.01}(2,4)=18.0$
	B	0.119	2	0.060	9.68*	$F_{0.05}(2,4)=6.94$
	误 差	0.025	4	0.0062		
	总 和	0.468	8			

4.4.3.4 可再分散胶粉在彩色混凝土中的应用

【例4.10】 为制备高性能彩色混凝土,水泥选用辽宁省桓仁白水泥厂生产的南极雪牌32.5级白水泥,白度为87。可再分散胶粉选用国民淀粉化学(上海)有限公司生产的TITAN8100丙烯酸系可再分散胶粉。硅灰石粉为吉林省梨树县大顶山硅灰石矿生产,细度为800目。颜料为上海杨柳青氧化铁红。减水剂为强石混凝土技术开发有限公司生产的型号为QSN-01A的萘系高效减水剂。测量其3d,7d,28d的抗压、抗折强度及氯离子扩散系数。仅以抗压强度为例,进行方差分析。水灰比定为0.35,选取胶粉掺量、高效减水剂掺量、硅灰石粉掺量3个因素。各因素分别选取3个水平,因素水平见表4—46所列,选择$L_9(3^4)$正交表安排试验方案,试验方案及测试结果见表4—47所列。

以3d,7d,28d抗压强度为考核指标,同时考虑功效系数。将三项指标归一化处理后,以总功效系数评价三指标的总结果。总功效系数用式(4—14)计算

$$d = \sqrt[3]{d_1 \cdot d_2 \cdot d_3} \tag{4—14}$$

式中: d——总功效系数;

d_1, d_2, d_3——各指标归一化处理后的分功效系数。

表4—46 试验因素水平表

因 素	A:(胶粉掺量/%)	B:(高效减水剂掺量/%)	C:(硅灰石粉掺量/%)
水平1	1	1.0	5
水平2	3	1.2	10
水平3	5	1.4	15

表4—47 试验方案及试验结果

No.	A	B	C	空白	抗压强度/MPa			功效系数			总功效系数
	胶粉	减水剂	硅灰石		3d	7d	28d	3d	7d	28d	
1	1	1	1	1	28.4	33.6	47.4	1.000	1.000	1.000	1.000
2	1	2	2	2	27.2	32.0	46.1	0.958	0.952	0.973	0.961
3	1	3	3	3	24.5	25.1	35.0	0.863	0.747	0.738	0.781
4	2	1	2	3	25.4	31.8	39.6	0.894	0.946	0.835	0.891
5	2	2	3	1	22.0	21.8	32.1	0.775	0.649	0.677	0.698
6	2	3	1	2	16.2	16.7	28.7	0.570	0.497	0.605	0.556
7	3	1	3	2	18.8	18.7	26.2	0.662	0.556	0.553	0.588
8	3	2	1	3	15.4	18.1	27.0	0.542	0.539	0.570	0.550
9	3	3	2	1	14.1	16.0	27.5	0.496	0.476	0.58	0.515

正交设计试验结果计算详见表4—48所列。最佳工艺条件是$A_1B_1C_2$。由极差分析可知,考核指标3d,7d,28d强度和总功效系数的因素影响大小的顺序为$A \to B \to C$。

方差分析结果见表4—49所列。由方差分析可知,胶粉掺量对3d,7d,28d抗压强度的影响都是显著的,总功效系数分析中是非常显著的;高效减水剂掺量对3d抗压强度的影响是显著的,对7d,28d抗压强度有影响,总功效系数分析中也是显著的;硅灰石粉掺量对28d抗压强度有影响,在总功效系数分析中,该因素也是有影响。

表 4—48　正交设计的计算结果

考核指标	因素列	A	B	C	空列
		水玻璃	激发剂	液胶比	
3d 强度	K_{1j}	80.1	72.6	60	64.5
	K_{2j}	63.6	64.6	66.7	62.2
	K_{3j}	48.3	54.8	65.3	65.3
	$\overline{K_{1j}}$	26.7	24.2	20.0	21.5
	$\overline{K_{2j}}$	21.2	21.5	22.2	20.7
	$\overline{K_{3j}}$	16.1	18.3	21.8	21.8
	R_j	10.6	5.9	2.2	1.1
7d 强度	K_{1j}	90.7	84.1	68.4	71.4
	K_{2j}	70.3	71.9	79.8	67.4
	K_{3j}	52.8	57.8	65.6	75.0
	$\overline{K_{1j}}$	30.2	28.0	22.8	23.8
	$\overline{K_{2j}}$	23.4	24.0	26.6	22.5
	$\overline{K_{3j}}$	17.6	19.3	21.9	25.0
	R_j	12.6	8.7	4.7	2.5
28d 强度	K_{1j}	128.5	113.2	103.1	107.0
	K_{2j}	100.4	105.2	113.2	101.0
	K_{3j}	80.7	91.2	93.3	101.6
	$\overline{K_{1j}}$	42.8	37.7	34.4	35.7
	$\overline{K_{2j}}$	33.5	35.1	37.7	33.7
	$\overline{K_{3j}}$	26.9	30.4	31.1	33.9
	R_j	15.9	7.3	6.6	2.0
总功效系数	K_{1j}	2.742	2.479	2.106	2.213
	K_{2j}	2.145	2.209	2.367	2.105
	K_{3j}	1.653	1.852	2.067	2.222
	$\overline{K_{1j}}$	0.914	0.826	0.702	0.738
	$\overline{K_{2j}}$	0.762	0.736	0.789	0.702
	$\overline{K_{3j}}$	0.551	0.617	0.689	0.741
	R_j	0.363	0.209	0.100	0.039

表 4—49　方差分析表

考核指标	方差来源	平方和	自由度	均 方	F 值	临界值
3d 强度	A	168.62	2	84.31	61.99*	$F_{0.01}(2, 2)=99.0$
	B	52.99	2	26.50	19.48*	$F_{0.05}(2,2)=19.0$
	C	8.33	2	4.16	3.06	$F_{0.10}(2, 2)=9.0$
	误 差	2.72	2	1.36		
	总 和	231.66	8			

续表

考核指标	方差来源	平方和	自由度	均 方	F 值	临界值
7d 强度	A	239.87	2	119.94	26.65*	$F_{0.01}(2,2)=99.0$
	B	115.48	2	57.74	12.83(*)	$F_{0.05}(2,2)=19.0$
	C	37.71	2	18.86	4.19	$F_{0.10}(2,2)=9.0$
	误 差	9.00	2	4.50		
	总 和	402.06	8			
28d 强度	A	384.73	2	192.36	52.99*	$F_{0.01}(2,2)=99.0$
	B	82.67	2	41.33	11.39(*)	$F_{0.05}(2,2)=19.0$
	C	66.01	2	33.00	9.09(*)	$F_{0.10}(2,2)=9.0$
	误 差	7.27	2	3.63		
	总 和	540.68	8			
总功效系数	A	0.199	2	0.099	99.00**	$F_{0.01}(2,2)=99.0$
	B	0.066	2	0.033	33.00*	$F_{0.05}(2,2)=19.0$
	C	0.018	2	0.009	9.00(*)	$F_{0.10}(2,2)=9.0$
	误 差	0.002	2	0.001		
	总 和	0.285	8			

4.4.4 有交互作用的正交设计

4.4.4.1 交互作用在正交表中的排列

工程中经常遇到两个因素对考核指标的共同影响，在正交设计中，可以把交互作用看做一个特殊的因素。仅以二水平的正交表为例。暂且不去讨论交互作用列的设计原理，从实践角度出发，只要判断任意两列出现的数对在哪一列满足下列情况，该列即可作为交互作用列，即(1,1)为1，(1,2)和(2,1)为2，(2,2)为1，如 $L_4(2^3)$ 正交表，第1列为 A 因素，第2列为 B 因素，第3列刚好满足上述规则，因此，第3列可以作为交互作用列，写作 A×B（见表4—50所列）。若不考虑交互作用，第3列可以安排 C 因素。

表4—50 $L_4(2^3)$ 正交表

No.	1	2	3
	A	B	A×B
1	1	1	(1,1)→1
2	1	2	(1,2)→2
3	2	1	(2,1)→2
4	2	2	(2,2)→1

同理，$L_8(2^7)$ 正交表，交互作用可按表4—51中的要求排列。作为 A×B×C 的交互作用列，可以看 A×B 与 C 列，也可以看 A 与 B×C 列。实际工程中可以根据因素的情况灵活确定。表4—52为 $L_8(2^7)$ 正交表的交互作用列表。

表 4—51　$L_8(2^7)$ 正交表

No.	1	2	3	4	5	6	7
	A	B	$A\times B$	C	$A\times C$	$B\times C$	$A\times B\times C$
1	1	1	(1,1)→1	1	(1,1)→1	(1,1)→1	(1,1)→1
2	1	1	(1,1)→1	2	(1,2)→2	(1,2)→2	(1,2)→2
3	1	2	(1,2)→2	1	(1,1)→1	(2,1)→2	(2,1)→2
4	1	2	(1,2)→2	2	(1,2)→2	(2,2)→1	(2,2)→1
5	2	1	(2,1)→2	1	(2,1)→2	(1,1)→1	(2,1)→2
6	2	1	(2,1)→2	2	(2,2)→1	(1,2)→2	(2,2)→1
7	2	2	(2,2)→1	1	(2,1)→2	(2,1)→2	(1,1)→1
8	2	2	(2,2)→1	2	(2,2)→1	(2,2)→1	(1,2)→2

表 4—52　$L_8(2^7)$ 的交互作用列表

列号	列　号						
	1	2	3	4	5	6	7
1	(1)	3	2	5	4	7	6
2		(2)	1	6	7	4	5
3			(3)	7	6	5	4
4				(4)	1	2	3
5					(5)	3	2
6						(6)	1

4.4.4.2　煤气软管的优化设计

【例 4.11】　通常煤气软管用金属丝补强，日本某公司为降低成本，考虑使用两种新材料，表 4—53 为因素水平的选取情况。对软管寿命进行比较试验。根据以往研究，其交互作用考虑 $B\times C$，$B\times D$，每组试验重复一次，以软管片发生不良现象的时间作为考核指标。试验结果见表 4—54 所列。

表 4—53　试验因素水平表

因　素	A：(软管制造商)	B：(条紧固扭矩)	C：(接头外径)	D：(油的涂法)
水平 1	甲公司	1.0	ϕ12.0	仅涂于接头管
水平 2	乙公司	1.4	ϕ12.5	接头管与管内侧

表 4—54　$L_8(2^7)$ 试验方案与测试结果

No.	B	C	$B\times C$	D	$B\times D$	A	e	T/h	
	1	2	3	4	5	6	7	1	2
1	1	1	1	1	1	1	1	408	423
2	1	1	1	2	2	2	2	368	357
3	1	2	2	1	1	2	2	310	298
4	1	2	2	2	2	1	1	398	385
5	2	1	2	1	2	1	2	304	298

续表

No.	B	C	B×C	D	B×D	A	e	T/h	
	1	2	3	4	5	6	7	1	2
6	2	1	2	2	1	2	1	382	293
7	2	2	1	1	2	2	1	247	232
8	2	2	1	2	1	1	2	299	318

正交设计的计算结果见表4—55所列。

表4—55　正交设计的计算结果

No.	B	C	B×C	D	B×D	A	e
	1	2	3	4	5	6	7
K_{1j}	2947	2733	2652	2520	2631	2833	2668
K_{2j}	2273	2487	2568	2700	2589	2387	2552
$\overline{K_{1j}}$	368	342	332	315	329	354	334
$\overline{K_{2j}}$	284	311	321	338	324	299	319
R_j	84	31	11	23	5	44	15

方差分析计算如下：

$$W = \sum_{i=1}^{8}\sum_{j=1}^{2} x_{ij}^2 = (408^2 + 423^2 + \cdots + 318^2) = 1\ 751\ 750.00$$

$$P = \frac{1}{8\times 2}(\sum_{i=1}^{8}\sum_{j=1}^{2} x_{ij})^2 = \frac{1}{8\times 2}(408 + 423 + \cdots + 318)^2 = 1\ 703\ 025.00$$

$$Q_B = \frac{1}{8}\sum_{i=1}^{2}(K_{i1})^2 = \frac{1}{8}(2947^2 + 2273^2) = 1\ 731\ 417.00$$

$$Q_C = \frac{1}{8}\sum_{i=1}^{2}(K_{i2})^2 = \frac{1}{8}(2733^2 + 2487^2) = 1\ 706\ 807.00$$

$$Q_{B\times C} = \frac{1}{8}\sum_{i=1}^{2}(K_{i3})^2 = \frac{1}{8}(2652^2 + 2568^2) = 1\ 703\ 466.00$$

$$Q_D = \frac{1}{8}\sum_{i=1}^{2}(K_{i4})^2 = \frac{1}{8}(2520^2 + 2700^2) = 1\ 705\ 050.00$$

$$Q_{B\times D} = \frac{1}{8}\sum_{i=1}^{2}(K_{i5})^2 = \frac{1}{8}(2631^2 + 2589^2) = 1\ 703\ 135.00$$

$$Q_A = \frac{1}{8}\sum_{i=1}^{2}(K_{i6})^2 = \frac{1}{8}(2833^2 + 2387^2) = 1\ 715\ 457.00$$

计算各平方和 S

$$S_T = W - P = 1\ 751\ 750.00 - 1\ 703\ 025.00 = 48\ 725.00$$

$$S_B = Q_B - P = 1\ 731\ 417.00 - 1703\ 025.00 = 28\ 392.25$$

$$S_C = Q_C - P = 1\ 706\ 807.00 - 1\ 703\ 025.00 = 3872.25$$

$$S_{B\times C} = Q_{B\times C} - P = 1\ 703\ 466.00 - 1\ 703\ 025.00 = 441.00$$

$$S_D = Q_D - P = 1\ 705\ 050.00 - 1\ 703\ 025.00 = 2025.00$$

$$S_{B\times D} = Q_{B\times D} - P = 1\ 703\ 135.00 - 1\ 703\ 025.00 = 110.25$$

$$S_A = Q_A - P = 1\ 715\ 457.00 - 1\ 703\ 025.00 = 12432.25$$

$$S_E = S_T - (S_B + S_C + S_{B\times C} + S_D + + S_{B\times D} + S_A) = 452.00$$

计算各平方和的自由度

$$f_T = n - 1 = 16 - 1 = 15$$

$$f_B = f_C = f_{B\times C} = f_D = f_{B\times D} = f_A = 1$$

$$f_E = f_T - (f_B + f_C + f_{B\times C} + f_D + f_{B\times D} + f_{AC}) = 15 - 6 = 9$$

计算 V_B, V_C, $V_{B\times C}$, V_D, $V_{B\times D}$, V_A 和 F 值,并直接列入方差分析表(见表 4—56 所列),并从 F 分布表中查出临界值。

由方差分析和极差分析可知:

(1)各因素影响的主次为 $B\to A\to C\to D$;最优组合是 $A_1B_1C_1D_1$;

(2)软管制造商、条紧固扭矩、接头外径和油的涂法的影响都是非常显著的。

表 4—56　方差分析表

方差来源	平方和	自由度	均 方	F 值	临界值
B	28 392.25	1	28 392.25	165.72**	$F_{0.01}(1,9) = 10.56$
C	3782.25	1	3782.25	22.08**	$F_{0.05}(1,9) = 5.12$
$B\times C$	441.00	1	441.00	2.57	$F_{0.10}(1,9) = 3.36$
D	2025.00	1	2025.00	11.82**	
$B\times D$	110.25	1	110.25	0.64	
A	12 432.25	1	12 432.25	72.56**	
误 差 E	1542.00	9	171.33		
总 和 T	48 725.00	15			

4.4.4.3　焊接强度的优化

【例 4.12】　为减少焊接强度不足引起的不良事故,日本某公司确定了如表 4—57 的因素水平条件下的试验,考核指标为焊接强度。考虑的交互作用有 $A\times B$,$A\times C$,$A\times E$,$B\times C$,$B\times D$,$D\times E$,优选焊接强度最高的组合。试验结果见表 4—58 所列。

表 4—57　试验因素水平表

因　素	A:加压	B:X 材料形状	C:Y 材料形状	D:通电时间	E:阻力	F:夹紧方式
水平 1	现状	现状	ϕ12.0	3c/s	7	1.5mm
水平 2	增强	端部研磨	ϕ12.5	4c/s	8	2.0mm

正交表的直观分析计算结果见表 4—59 所列,由该表可以看出 $B\times D$ 的交互作用和因素 F 极差很小,可以作为误差列考虑。

表 4—58　试验方案与测试结果

No.	A	B	$A\times B$	C	$A\times C$	$B\times C$	$D\times E$	D	e	$B\times D$	e	e	F	$A\times E$	E	焊接强度
	1	2	3	4	5	6	7	8	9	10	11	12	13	14	15	
1	1	1	1	1	1	1	1	1	1	1	1	1	1	1	1	41.2
2	1	1	1	1	1	1	1	2	2	2	2	2	2	2	2	44.4
3	1	1	1	2	2	2	2	1	1	1	1	2	2	2	2	38.8

续表

No.	A	B	A×B	C	A×C	B×C	D×E	D	e	B×D	e	e	F	A×E	E	焊接强度
	1	2	3	4	5	6	7	8	9	10	11	12	13	14	15	
4	1	1	1	2	2	2	2	2	2	2	2	1	1	1	1	40.3
5	1	2	2	1	1	2	2	1	1	2	2	1	1	2	2	45.4
6	1	2	2	1	1	2	2	2	2	1	1	2	2	1	1	44.6
7	1	2	2	2	2	1	1	1	1	2	2	2	2	1	1	34.6
8	1	2	2	2	2	1	1	2	2	1	1	1	1	2	2	37.6
9	2	1	2	1	2	1	2	1	2	1	2	1	2	1	2	43.9
10	2	1	2	1	2	1	2	2	1	2	1	2	1	2	1	38.4
11	2	1	2	2	1	2	1	1	2	1	2	2	1	2	1	28.8
12	2	1	2	2	1	2	1	2	1	2	1	1	2	1	2	40.5
13	2	2	1	1	2	2	1	1	2	2	1	1	2	2	1	31.3
14	2	2	1	1	2	2	1	2	1	1	2	2	1	1	2	45.9
15	2	2	1	2	1	1	2	1	2	2	1	2	1	1	2	45.3
16	2	2	1	2	1	1	2	2	1	1	2	1	2	2	1	40.8

表 4—59　正交设计的计算结果

No.	A	B	A×B	C	A×C	B×C	D×E	D	e	B×D	e	e	F	A×E	E
	1	2	3	4	5	6	7	8	9	10	11	12	13	14	15
K_{1j}	326.9	316.3	328.0	335.1	331.0	326.2	304.3	309.3	325.6	321.6	317.7	321.0	322.9	336.3	300.0
K_{2j}	314.9	325.5	313.8	306.7	310.8	315.6	337.5	332.5	316.2	320.3	324.1	320.8	318.9	305.5	341.8
$\overline{K_{1j}}$	40.9	39.5	41.0	41.9	41.4	40.8	38.0	38.7	40.7	40.2	39.7	40.1	40.4	42.0	37.5
$\overline{K_{2j}}$	39.4	40.7	39.2	38.3	38.8	39.4	42.2	41.6	39.5	40.0	40.5	40.1	39.9	38.2	42.7
R_j	1.5	1.1	1.8	3.6	2.6	1.4	4.2	2.9	1.2	0.2	0.8	0	0.5	3.8	5.8

方差分析计算如下：

$$W = \sum_{i=1}^{16} x_i^2 = (41.2^2 + 44.4^2 + \cdots + 40.8^2) = 26\,134.26$$

$$P = \frac{1}{16}(\sum_{i=1}^{16} x_i)^2 = \frac{1}{16}(41.2 + 44.4 + \cdots + 40.8)^2 = 25\,744.20$$

$$Q_A = \frac{1}{8}\sum_{i=1}^{2}(K_{i1})^2 = \frac{1}{8}(326.9^2 + 314.9^2) = 25\,753.20$$

$$Q_B = \frac{1}{8}\sum_{i=1}^{2}(K_{i2})^2 = \frac{1}{8}(316.3^2 + 325.5^2) = 25\,749.49$$

$$Q_{A\times B} = \frac{1}{8}\sum_{i=1}^{2}(K_{i3})^2 = \frac{1}{8}(328.0^2 + 313.87^2) = 25\,756.81$$

$$Q_C = \frac{1}{8}\sum_{i=1}^{2}(K_{i4})^2 = \frac{1}{8}(335.1^2 + 306.7^2) = 25\,794.61$$

$$Q_{A\times C} = \frac{1}{8}\sum_{i=1}^{2}(K_{i5})^2 = \frac{1}{8}(331.0^2 + 310.8^2) = 25\,769.71$$

$$Q_{B\times C} = \frac{1}{8}\sum_{i=1}^{2}(K_{i6})^2 = \frac{1}{8}(326.2^2 + 315.6^2) = 25\,751.23$$

$$Q_{D\times E}=\frac{1}{8}\sum_{i=1}^{2}(K_{i7})^2=\frac{1}{8}(304.3^2+337.5^2)=25\ 813.09$$

$$Q_D=\frac{1}{8}\sum_{i=1}^{2}(K_{i8})^2=\frac{1}{8}(309.3^2+332.5^2)=25\ 777.84$$

$$Q_{A\times E}=\frac{1}{8}\sum_{i=1}^{2}(K_{i14})^2=\frac{1}{8}(336.3^2+305.5^2)=25\ 803.49$$

$$Q_E=\frac{1}{8}\sum_{i=1}^{2}(K_{i15})^2=\frac{1}{8}(300.0^2+341.8^2)=25\ 853.41$$

计算各平方和 S

$$S_T=W-P=26\ 134.26-25\ 744.20=390.06$$
$$S_A=Q_A-P=25\ 753.20-25\ 744.20=9.00$$
$$S_B=Q_B-P=25\ 749.49-25\ 744.20=5.29$$
$$S_{A\times B}=Q_{A\times B}-P=25\ 756.81-25\ 744.20=12.60$$
$$S_C=Q_C-P=25\ 794.61-25\ 744.20=50.41$$
$$S_{A\times C}=Q_{A\times C}-P=25\ 769.71-25\ 744.20=25.51$$
$$S_{B\times C}=Q_{B\times C}-P=25\ 751.23-25\ 744.20=7.03$$
$$S_{D\times E}=Q_{D\times E}-P=25\ 813.09-25\ 744.20=68.89$$
$$S_D=Q_D-P=25\ 777.84-25\ 744.20=33.64$$
$$S_{A\times E}=Q_{A\times E}-P=25\ 803.49-25\ 744.20=59.29$$
$$S_E=Q_E-P=25\ 853.41-25\ 744.20=109.20$$
$$S_e=S_T-(S_A+S_B+S_{A\times B}+S_C+S_{A\times C}+S_{B\times C}+S_{D\times E}+S_D+S_{A\times E}+S_E)=9.20$$

计算各平方和的自由度

$$f_T=n-1=16-1=15$$
$$f_A=f_B=f_{A\times B}=f_C=f_{A\times C}=f_{B\times C}=f_{D\times E}=f_D=f_{A\times E}=f_E=1$$
$$f_e=f_T-(f_A+f_B+f_{A\times B}+f_C+f_{A\times C}+f_{B\times C}+f_{D\times E}+f_D+f_{A\times E}+f_E)=5$$

整理后计算 V_A,V_B,V_C,V_D,V_E，$V_{A\times B}$，$V_{A\times C},V_{A\times E},V_{B\times C},V_{D\times E}$和 F 值，并直接列入方差分析表（见表 4—60 所列），并从 F 分布表中查出临界值。

由方差分析和极差分析可知：

（1）各因素影响的主次为 $E\to D\times E\to A\times E\to C\to D\to A\times C\to A\times B\to A\to B\times C\to B$（考虑交互作用）；最优组合是 $A_1B_2C_1D_2E_2F_1$；

（2）因素 C,D,E 和交互作用 $A\times E,D\times E$ 对焊接强度的影响都是非常显著的；交互作用 $A\times B$和 $A\times C$ 对焊接强度的影响显著；因素 A 对焊接强度有影响。

表 4—60　方差分析表

方差来源	平方和	自由度	均 方	F 值	临界值
A	9.00	1	9.00	4.97(*)	$F_{0.01}(1,5)=16.26$
B	5.29	1	5.29	2.88	$F_{0.05}(1,5)=6.61$
C	50.41	1	50.41	27.40**	$F_{0.10}(1,5)=4.06$
D	33.64	1	33.64	18.28**	
E	109.20	1	109.20	59.35**	
$A\times B$	12.60	1	12.60	6.85*	

续表

方差来源	平方和	自由度	均方	F 值	临界值
$A\times C$	25.51	1	25.51	13.86*	
$A\times E$	59.29	1	59.29	32.22**	
$B\times C$	7.03	1	7.03	3.82	
$D\times E$	68.89	1	68.89	37.44**	
误差 e	9.20	5	1.84		
总和 T	390.06	15			

4.4.5 水平不同的正交设计

工程中,有的因子可以取较多个水平,有的因子受条件限制,不能多选水平。如两条生产线,4 个水泥品种,4 种不同的减水剂。有时根据工程中因素的重要性,将主要因素多安排几个水平,而将辅助因素少排水平,这样可以减少整体试验次数。遇到这类问题,可选择水平不等的正交表,如 $L_8(4\times2^4)$,$L_{16}(4^4\times2^3)$,$L_{18}(6\times3^6)$等。在 4.4.3 中的“大体积混凝土优化设计的四功能准则”和“PVA 纤维混凝土弯折性能试验研究”实例中已经选用了两个水平不同的正交设计实例,本节中介绍两个应用比较活的实例,一个是在水平不等的正交设计中,夹杂着拟水平,介绍一下如何计算方差分析;还有一个具有复合因素、混合水平的特征。

4.4.5.1 湿掺粉煤灰混凝土的工艺试验

【例 4.13】 福建省闽江工程局(1979 年)在池潭水电站进行湿掺粉煤灰混凝土的工艺试验,试验中采用了正交试验设计优选工艺参数,我们对试验数据进一步进行了统计分析等。试验的因素水平见表 4—61 所列。试验方案及试验结果见表 4—62 所列。

表 4—61 因素水平表

因素	A. 水灰比	B. 吹拌时间/min	C. 风管根数	D. 松香皂掺量	E. 桶底锥角/°	F. 拌合时间/min
水平 1	0.65	5	2	0.022%	120	1.0
水平 2	0.70	10	3	0.000%	90	1.5
水平 3	0.75	15	4	0.022%	60	2.0
水平 4	0.80					
水平 5	0.85					
水平 6	0.90					

表 4—62 $L_{18}(6\times3^6)$ 正交试验方案及测试结果

No.	A	空列	B	C	D	E	F	28d 抗压强度 /MPa
	1	2	3	4	5	6	7	
1	1	1	3	2	2	1	2	16.0
2	1	2	1	1	1	2	1	21.6
3	1	3	2	3	3	3	3	21.3
4	2	1	2	1	2	3	1	30.0
5	2	2	3	3	1	1	3	13.3
6	2	3	1	2	3	2	2	19.8

续表

No.	A	空列	B	C	D	E	F	28d抗压强度/MPa
	1	2	3	4	5	6	7	
7	3	1	1	3	1	3	2	18.5
8	3	2	2	2	3	1	1	11.5
9	3	3	3	1	2	2	3	14.5
10	4	1	1	1	3	1	3	19.1
11	4	2	2	3	2	2	2	23.6
12	4	3	3	2	1	3	1	27.1
13	5	1	3	3	3	2	1	10.6
14	5	2	1	2	2	3	3	22.0
15	5	3	2	1	1	1	2	16.8
16	6	1	2	2	1	2	3	24.1
17	6	2	3	1	3	3	2	29.8
18	6	3	1	3	2	1	1	6.4
K_{1j}	58.9	118.3	107.4	131.8	121.4	83.1	107.2	
K_{2j}	63.1	121.8	127.3	120.5	112.5	114.2	124.5	
K_{3j}	44.5	105.9	111.3	93.7	112.1	148.7	114.3	
K_{4j}	69.8							
K_{5j}	49.5							
K_{6j}	60.3							
R_j	25.3	15.9	19.9	38.1	9.3	65.6	17.3	

注：原数据单位为 kg/cm^2，统一改为 MPa。

方差分析计算如下：

$$W = \sum_{i=1}^{18} x_i^2 = (16.0^2 + 21.6^2 + \cdots + 6.4^2) = 7374.52$$

$$P = \frac{1}{18}\left(\sum_{i=1}^{18} x_i\right)^2 = \frac{1}{16}(16.0 + 21.6 + \cdots + 6.4)^2 = 6650.89$$

$$Q_A = \frac{1}{3}\sum_{i=1}^{6}(K_{i1})^2 = \frac{1}{3}(58.9^2 + 63.1^2 + \cdots + 60.3^2) = 6796.48$$

$$Q_{e1} = \frac{1}{6}\sum_{i=1}^{3}(K_{i2})^2 = \frac{1}{6}(118.3^2 + 121.8^2 + 105.9^2) = 6674.16$$

$$Q_B = \frac{1}{6}\sum_{i=1}^{3}(K_{i3})^2 = \frac{1}{6}(107.4^2 + 127.3^2 + 111.3^2) = 6687.96$$

$$Q_C = \frac{1}{6}\sum_{i=1}^{3}(K_{i4})^2 = \frac{1}{6}(131.8^2 + 120.5^2 + 93.7^2) = 6778.53$$

$$Q_D = \frac{1}{6}\sum_{i=1}^{3}(K_{i5})^2 = \frac{112.5^2}{6} + \frac{1}{12}(121.4 + 112.1)^2 = 6652.90$$

$$Q_E = \frac{1}{6}\sum_{i=1}^{3}(K_{i6})^2 = \frac{1}{6}(83.1^2 + 114.2^2 + 148.7^2) = 7009.82$$

$$Q_F=\frac{1}{6}\sum_{i=1}^{3}(K_{i7})^2=\frac{1}{6}(107.2^2+124.5^2+114.3^2)=6676.10$$

计算各平方和 S

$$S_T=W-P=7374.52-6650.89=723.63$$
$$S_A=Q_A-P=6796.48-6650.89=145.59$$
$$S_{e1}=Q_{e1}-P=6674.16-6650.89=23.27$$
$$S_B=Q_B-P=6687.96-6650.89=37.07$$
$$S_C=Q_C-P=6778.53-6650.89=127.64$$
$$S_D=Q_D-P=6652.90-6650.89=2.01$$
$$S_E=Q_E-P=7009.82-6650.89=358.93$$
$$S_F=Q_F-P=6676.82-6650.89=25.21$$

因 S_D 远小于 S_{e1}，可将其并入误差

$$S_e=S_T-(S_A+S_B+S_C+S_E+S_F)=29.19$$

计算各平方和的自由度

$f_T=n-1=18-1=17$　　$f_A=6-1=5$

$f_B=f_C=f_E=f_F=2$

整理后计算 V_A,V_B,V_C,V_E,V_F,V_e 和 F 值，并直接列入方差分析表（见表4—63所列），并从 F 分布表中查出临界值。

由方差分析和极差分析可知：

（1）各因素影响的主次为 $E\to C\to A\to B\to F\to D$；最优组合是 $A_2B_2C_1D_1E_3F_2$；

（2）因素 E 对湿拌粉煤灰混凝土28d抗压强度的影响是非常显著的；因素 C 影响显著。

表4—63　方差分析表

方差来源	平方和	自由度	均方	F 值	临界值
A	145.59	5	29.12	3.99	$F_{0.05}(5,4)=6.26$
B	37.07	2	18.54	2.54	$F_{0.10}(5,4)=4.05$
C	127.64	2	63.82	8.74*	$F_{0.01}(2,4)=18.00$
E	358.93	2	179.46	24.58**	$F_{0.05}(2,4)=6.94$
F	25.21	2	12.60	1.73	$F_{0.10}(1,5)=4.06$
误差 e	29.19	4	7.30		
总和 T	723.63	17			

4.4.5.2　SYP商品混凝土防冻剂试验优化设计

【例4.14】　随着建筑业的不断发展，在严寒地区科学合理地冬期施工是十分必要的，冬期施工应用防冻剂是一种有效的措施。1988年在研究SYP商品混凝土防冻剂过程中，为进一步提高质量、降低成本，在综合分析评价前期研究基础上，将原配方中3个变化较小的组分固定，采用正交试验设计、多元回归分析和线性规划等方法对工艺进行了优化。寻找4个变化范围较大、对成本和性能影响也比较大的组分，以及粗磨、精磨两种工艺因素条件下的最佳工艺组合。

为了更好地通过试验反映较多的可靠信息，采取复合因素并选用混合水平正交表 $L_8(4\times2^4)$，因素水平见表4—64所列。试验方案及试验结果见表4—65所列。

表 4—64　因素水平表

因　素	A.(a_1 : a_2)	B.(b_1 : b_2)	C. 粉磨状态	D.(b_1 + b_2)
水平 1	0.5 : 0	0 : 1	粗 磨	3
水平 2	0.3 : 0.2	1 : 1	精 磨	5
水平 3	0.5 : 0.2			
水平 4	0 : 0.3			

表 4—65　$L_8(4\times2^4)$ 试验方案与测试结果

No.	A	B	C	D		试验方案					抗压强度/MPa			
	1	2	3	4	5	a_1	a_2	b_1	b_2	磨细度	7d	14d	28d	28d+28d
1	1	1	2	2	1	0.5	0.0	0.0	5.0	粗 磨	2.5/11.3	7.3/33.0	9.5/42.7	24.2/109.0
2	3	2	2	1	1	0.5	0.2	1.5	1.5	粗 磨	1.8/8.1	4.6/20.7	7.4/33.0	18.8/84.7
3	2	2	2	2	2	0.3	0.2	2.5	2.5	粗 磨	2.1/9.5	5.3/23.9	9.3/41.9	21/94.6
4	4	1	2	1	2	0.0	0.3	0.0	3.0	粗 磨	1.3/5.9	6.3/28.4	7.2/32.4	20.6/92.8
5	1	2	1	1	2	0.5	0.0	1.5	1.5	精 磨	3.5/15.8	5.7/25.7	6.8/30.6	18.3/82.4
6	3	1	1	2	2	0.5	0.2	0.0	5.0	精 磨	3.3/14.9	6.4/28.3	10.0/45.0	26.8/118.5
7	2	1	1	1	1	0.3	0.2	0.0	3.0	精 磨	2.8/12.6	5.7/25.7	6.5/29.2	23.8/107.2
8	4	2	1	2	1	0.0	0.3	2.5	2.5	精 磨	2.5/11.3	5.3/23.9	8.5/38.3	18.3/82.4

注:该表中的试验温度为 -15℃,分母为强度比(与标准养护 28d 强度对比)。

该设计有以下 3 个特点:

(1)每一个因素的水平变化都是综合分析基础试验研究后,经反复推敲确定的,每一方案代表性很强,均可以直接作为防冻剂的配方,这样可以利用直接最优化的特点,将效果好的配方工艺组合直接作为一种防冻剂;

(2)试验结果经方差分析后,可以分析组分对主要力学性能影响的主次,探索不同材料、不同掺量对性能指标的影响规律;

(3)从表 4—65 的右半部分可以看出,利用复合因素后,每一种原料组分至少变化了 3 个水平,这样便于将试验结果进行多元回归分析,建立多组分、多掺量与性能之间的数学模型,作为线性规划求优化解的基础。

表 4—66　试验结果的计算

考核指标	No.	A	B	C	D	空列 E
负温 7d 抗压强度比	K_{1j}	27.1	44.7	54.6	42.4	43.3
	K_{2j}	22.1	44.7	34.8	47.0	46.1
	K_{3j}	23.0				
	K_{4j}	17.2				
	$\overline{K_{1j}}$	13.6	11.2	13.7	10.6	10.8
	$\overline{K_{2j}}$	11.1	11.2	8.7	11.8	11.5
	$\overline{K_{3j}}$	11.5				
	$\overline{K_{4j}}$	8.6				
	R_j	5.0	0.0	5.0	1.2	0.7

续表

考核指标	No.	A	B	C	D	空列 E
负温14d抗压强度比	K_{1j}	58.7	115.9	104.1	100.5	103.3
	K_{2j}	49.6	94.2	106.0	109.6	106.8
	K_{3j}	49.5				
	K_{4j}	52.3				
	$\overline{K_{1j}}$	29.4	29.0	26.0	25.1	25.8
	$\overline{K_{2j}}$	24.8	23.6	26.5	27.4	26.7
	$\overline{K_{3j}}$	24.8				
	$\overline{K_{4j}}$	26.4				
	R_j	4.6	5.4	0.5	2.3	0.9
负温28d抗压强度比	K_{1j}	73.3	149.3	143.1	125.2	143.2
	K_{2j}	71.1	143.8	150.0	167.9	149.9
	K_{3j}	78.0				
	K_{4j}	70.7				
	$\overline{K_{1j}}$	36.7	37.3	35.3	31.3	35.3
	$\overline{K_{2j}}$	35.6	36.0	37.5	42.0	37.5
	$\overline{K_{3j}}$	39.0				
	$\overline{K_{4j}}$	35.4				
	R_j	3.6	1.3	1.7	10.7	1.7
负温28d转标养28d抗压强度比	K_{1j}	191.4	427.5	390.5	367.1	383.3
	K_{2j}	201.3	344.1	381.1	404.5	388.3
	K_{3j}	203.2				
	K_{4j}	175.2				
	$\overline{K_{1j}}$	95.7	106.9	97.6	91.8	95.8
	$\overline{K_{2j}}$	100.9	86.0	95.3	101.1	97.1
	$\overline{K_{3j}}$	101.6				
	$\overline{K_{4j}}$	87.6				
	R_j	14.0	20.9	2.3	9.3	1.3

统计计算后的结果见表4—66所列。试验结果的方差分析见表4—67所列。

根据标准规定 -15℃条件下，7d抗压强度比≥10%，14d抗压强度比≥25%，28d抗压强度比≥35%，负温28d转标养28d抗压强度比≥100%。按直接最优化方法观察试验结果，所有指标均满足标准规定的是配方工艺6和1，即$A_3B_1C_1D_2$和$A_1B_1C_2D_2$；其中，配方6的效果最佳，经计算成本也比配方1低。从计算结果来看7d龄期最佳组合是$A_1B_1C_1D_2$，其理论预测值是16.1，$\alpha=0.05$水平下的区间估计为(14.1，16.2)；配方6的总体区间估计为(11.9，16.1)；从表4—66和表4—67的极差分析和方差分析来看，防冻剂的精磨和粗磨工艺对负温下混凝土早期强度影响是十分显著的。采用精磨对负温下7d强度十分有利。从表4—66的计算结果来看，负温14d龄期最佳组合条件是$A_1B_1C_2D_2$，其理论预测值为33.2，$\alpha=0.05$水平下的区间估计为(30.4，36.0)；配方6即$A_3B_1C_1D_2$的总体区间估计为(25.8，31.4)；从极差分析和方差分析来看，影响负温14d强度最显著的因素是 B，D 因素次之，A 因素有影响。从表4—66的计算结果来看，28d龄期最佳组合条件是 $A_1B_1C_2D_2$，其理论预测值为44.4，$\alpha=0.05$ 水平下的区间估计为(41.6，47.2)；配方6即 $A_3B_1C_1D_2$ 的总体区间估计为(41.6，47.2)；从方差分析来看，只有因素 D 对负温28d强度的影响是非常显著的。从表4—66的计算结果来看，负温28d转标养28d龄期的最佳组合条件是 $A_3B_1C_1D_2$，刚好是配方6，其 $\alpha=0.05$ 水平下总体区间估计为(106.9，126.7)；从方差分析结果来看，B 因素影响非常显著，与负温7d和14d结果是一致的，D 因素影响显著，与负温14d和28d结果是一致的，A 因素有影响，与负温7d和14d结果是一致的。经综合分析，$A_3B_1C_1D_2$ 总体估计区间的下限值均满足标准的规定，尤其是负温转正温后的强度较高，证明是一组较好的配方工艺条件。

表4—67　方差分析表

考核指标	方差来源	平方和	自由度	均 方	F 值	临界值
负温7d抗压强度比	A	24.8	3	8.27	18.3(*)	$F_{0.05}(3,2)=19.2$
	C	49.1	1	49.1	109.1**	$F_{0.10}(3,2)=9.2$
	D	2.7	1	2.7	6.0	$F_{0.01}(1,2)=98.2$
	误 差	0.9	2	0.45		$F_{0.10}(1,2)=8.5$
	总 和	77.5	7			
负温14d抗压强度比	A	27.9	3	9.3	16.9(*)	$F_{0.05}(3,2)=19.2$
	B	59.7	1	59.7	108.5**	$F_{0.10}(3,2)=9.2$
	D	10.4	1	10.4	18.9*	$F_{0.01}(1,2)=98.2$
	误 差	1.1	2	0.55		$F_{0.05}(1,2)=18.5$
	总 和	99.1	7			
负温28d抗压强度比	A	16.8	3	5.6	1.19	$F_{0.05}(3,2)=19.2$
	C	5.9	1	5.9	1.26	$F_{0.10}(3,2)=9.2$
	D	227.9	1	227.9	48.5*	$F_{0.01}(1,2)=98.2$
	误 差	9.5	2	4.7		$F_{0.05}(1,2)=18.5$
	总 和	260.1	7			
负温28d转标养28d抗压强度比	A	250.42	3	83.47	11.77(*)	$F_{0.05}(3,2)=19.2$
	B	869.45	1	869.45	122.68**	$F_{0.10}(3,2)=9.2$
	D	174.85	1	174.85	24.66*	$F_{0.01}(1,2)=98.2$
	误 差	14.17	2	7.09		$F_{0.05}(1,2)=18.5$
	总 和	1308.9	7			

为进一步优化配方，采用了多元回归分析和线性规划求解的方法。所求的4个指标分别为 Y_{-7d}，Y_{-14d}，Y_{-28d}，$Y_{-28d\sim28d}$，同时，令 x_1 为 a_2，x_2 为 a_1，x_3 为 b_2，x_4 为 b_1，求得以下4个强度比与关键的4个组分掺量之间关系的回归方程。

$$Y_{-7d}=9.4482-10.5421x_1+3.6822x_2+0.6024x_3+0.593x_4$$

（相关系数 $r_1=0.6068$，标准差 $S_1=2.78$）

$$Y_{-14d}=29.142-23.446x_1-10.2353x_2+1.824x_3-0.922x_4$$

（相关系数 $r_2=0.987$，标准差 $S_2=0.63$）

$$Y_{-28d}=10.5696+10.7998x_1+8.7014x_2+5.5272x_3+4.7684x_4$$

（相关系数 $r_3=0.973$，标准差 $S_3=1.49$）

$$Y_{-28d\sim28d}=63.1971+36.1598x_1+25.3066x_2+7.1565x_3-2.769x_4$$

（相关系数 $r_4=0.946$，标准差 $S_4=4.64$）

回归方程的方差分析见表4—68所列，由方差分析可知，除负温7d抗压强度比的回归方程在 $\alpha=0.10$ 水平下显著外，其他几个指标的回归方程都是非常显著的。

表4—68　回归方程的方差分析表

考核指标	方差来源	平方和	自由度	均 方	F 值	临界值
负温7d抗压强度比	回 归	85.61	4	21.40	2.77(*)	$F_{0.05}(4,19)=2.27$
	误 差	146.89	19	7.73		$F_{0.10}(4,19)=2.90$
	总 和	232.50	23			
负温14d抗压强度比	回 归	289.81	4	72.45	181.13**	$F_{0.01}(4,19)=4.5$
	误 差	7.61	19	0.40		
	总 和	297.42	23			
负温28d抗压强度比	回 归	738.14	4	184.50	83.13**	$F_{0.01}(4,19)=4.5$
	误 差	42.16	19	2.22		
	总 和	780.30	23			
负温28d转标养28d抗压强度比	回 归	3516.72	4	879.18	40.74**	$F_{0.01}(4,19)=4.5$
	误 差	410.00	19	21.58		
	总 和	3926.72	23			

线性规划求解过程中首先根据每种组合的成本建立经济函数，并以此为线性规划的目标函数，根据标准规定和统计规律建立的约束条件如下：

$$Y_{-7d}>10+1.645S_1;Y_{-14d}>25+1.645S_2;Y_{-28d}>35+1.645S_3;Y_{-28d\sim28d}>95+1.645S_4$$

归纳整理目标函数和约束条件如下：

$$\min f=2.40x_1+9.00x_2+4.50x_3+7.20x_4$$
$$-10.5421x_1+3.6822x_2+0.6024x_3+0.593x_4\geqslant5.1249$$
$$-23.44611x_1-10.2353x_2+1.824x_3-0.992x_4\geqslant-3.105$$
$$10.7998x_1+8.7014x_2+5.5272x_3+4.7684x_4\geqslant26.88$$
$$36.1598x_1+25.3066x_2+7.1562x_3+2.769x_4\geqslant39.44$$
$$x_j\geqslant0\qquad(j=1,2,3,4)$$

经计算求解得到成本低，性能满足标准要求的配方B，配方B的复演试验强度比的测试结果见表4—69所列。从表4—69中可以看出，优化配方的力学性能指标均满足标准的规定。

表4—69　配方B复演试验结果

考核指标	-5℃	-10℃	-15℃	-20℃
负温7d抗压强度比	$\frac{8.0}{31.4}(\geqslant30)$	$\frac{7.0.0}{27.4}(\geqslant20)$	$\frac{3.9}{15.34}(\geqslant10)$	$\frac{6.30}{24.7}(\geqslant10)$
负温14d抗压强度比	$\frac{13.6}{53.3}(\geqslant50)$	$\frac{9.0}{35.2}(\geqslant35)$	$\frac{6.5}{25.5}(\geqslant25)$	$\frac{8.1}{31.8}(\geqslant15)$
负温28d抗压强度比	$\frac{17.8}{70.0}(\geqslant70)$	$\frac{12.9}{50.6}(\geqslant45)$	$\frac{8.9}{35.04}(\geqslant35)$	$\frac{9.4}{36.9}(\geqslant30)$

续表

考核指标	$-5℃$	$-10℃$	$-15℃$	$-20℃$
负温28d转标养28d抗压强度比	$\frac{26.3}{103.3}(\geq 100)$	$\frac{28.4}{111.4}(\geq 100)$	$\frac{25.8}{101.2}(\geq 95)$	$\frac{24.5}{96.1}(\geq 90)$

4.4.6　可计算性项目的三次设计

4.4.6.1　三次设计的基本思想

在许多行业中,试验设计常常伴随着实验人员亲自动手做实验后才能得到实验数据。然后,运用方差分析等统计原理,可以得到实验过程中考核指标的点估计、区间估计和最佳工艺条件等重要结果。

然而,在很多领域内的许多产品,如电器产品、光学仪器、声学器材、兵器、化工、药品,以及冶金物料平衡计算等,可以不通过直接做试验的方法,而是间接地利用已有的物理、化学和工程专业知识所遵循的数学公式来计算,计算的结果作为实验数据。然后,通过正交设计优化参数,并最终根据这些参数基本上确定产品的使用性能。

自日本田口玄一博士于1979年在《线外质量管理导论》一书中首次提出参数设计后,可计算性项目的三次设计开始在国际上流行,并形成了一种有效的经典试验设计方法。在日本,可计算性项目的三次设计被称作是科学地提高产品质量和降低成本的优化设计方法。

三次设计指的是系统设计、参数设计和容差设计。

系统设计是指产品整个系统结构设计,包括各个零部件的尺寸、功效、连接方法,以及参数之间的函数关系;

参数设计是通过函数公式,利用正交设计方法优选系统因素的最优参数组合;

容差设计是对指标影响大的诸因素(零部件)中,应该选用波动幅度小的零部件,通过容差设计,可以决定选用该类零部件哪一品级更好。

4.4.6.2　电感电路的参数设计

【例4.15】　由电路知识可知,电感电路由电阻 R、电感 L 和一个电源组成(如图4—3所示)。当输入交流电压 V 和电源频率 f 时,输出电流强度 Y 可由以下公式计算

$$Y=\frac{V}{\sqrt{R^2+(2\pi fL)^2}} \qquad (4—15)$$

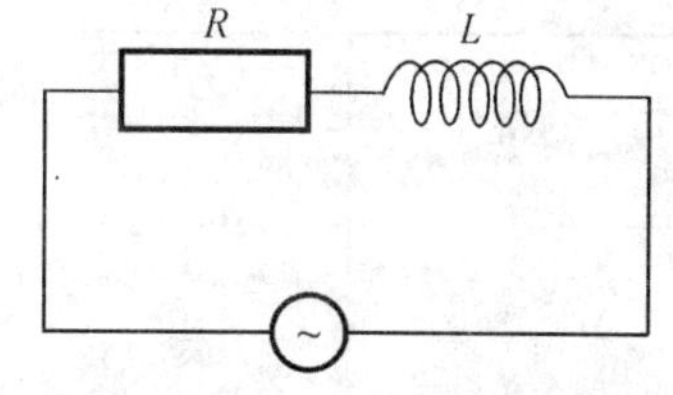

图4—3　电感电路

现要求在输入电压 $V=100\pm10\text{V}$ 和频率 $f=55\pm5\text{Hz}$ 的条件下,输出电流强度的目标值为 $m=10\text{A}$ 时,如何确定元件 R 与 L 的参数值。这是一个可计算特性的参数设计。因为此电路的指标(电流强度)可通过公式(4—15)获得,从而可用计算代替试验。

在该电路设计问题中共有4个因子:R,L,V 和 f,其中,R 和 L 是可控因子,而噪声因子有4个:R' 和 L' 是产品间噪声,V 和 f 是外部噪声,这些都是不可控制的。

根据专业知识确定的可控因子 R 和 L 的3个水平见表4—70所列,4个噪声因子也各选3个水平,其中,R' 和 L' 水平按三级品的波动量为 $\pm10\%$ 给出,V 按 $\pm10\text{V}$ 给出,f 按 $\pm5\text{Hz}$ 给出,

具体见表4—70所列。

表4—70　因素水平表

因　素	R/Ω	L/H	R'	L'	V	f
水平1	0.5	0.02	内表值×0.9	内表值×0.9	90	50
水平2	5.0	0.03	内表值	内表值	100	55
水平3	9.5	0.04	内表值×1.1	内表值×1.1	110	60

内外表设计过程中，把可控因子 R 和 L 放在正交表 $L_9(3^4)$ 的第1，2列上，把噪声因子 R'，L'，V，f 顺次放在另一张正交表 $L_9(3^4)$ 的第1，2，3，4列上，由此内外表组成的直积表见表4—71所列。由公式(4—15)计算指标值 Y。所有相关计算结果见表4—71所列。

表4—71　$L_9 \times L_9$ 的直积表

No. 内表号 i	R	L	外表试验号		1	2	3	4	5	6	7	8	9	$\bar{y}_i$	$\hat{\sigma}_i^2$	η_i^*
			j		1	2	3	4	5	6	7	8	9			
			R'	1	1	1	1	2	2	2	3	3	3			
			L'	2	1	2	3	1	2	3	1	2	3			
			V	3	1	2	3	2	3	1	3	1	2			
			f	4	1	2	3	3	1	2	2	3	1			
1	1	1			15.87	14.44	13.24	14.70	17.45	11.81	17.62	11.90	14.42	14.61	4.47	16.78
2	1	2			10.60	9.64	8.84	9.81	11.65	7.88	11.77	7.95	9.63	9.75	2.00	16.76
3	1	3			7.95	7.23	6.63	7.36	8.75	5.92	8.83	5.96	7.23	7.32	1.13	16.75
4	2	1			12.45	12.13	11.66	11.86	13.70	9.89	13.25	9.64	11.32	11.77	1.85	18.74
5	2	2			9.37	8.85	8.31	8.82	10.31	7.23	10.16	7.16	8.52	8.75	1.24	17.90
6	2	3			7.39	6.88	6.40	6.91	8.13	5.62	8.09	5.61	6.72	6.86	0.84	17.46
7	3	1			8.78	9.10	9.23	8.57	9.66	7.40	9.05	6.98	7.98	8.53	0.80	19.59
8	3	2			7.47	7.44	7.29	7.18	8.22	6.06	7.85	5.84	6.79	7.13	0.61	19.22
9	3	3			6.35	6.15	5.89	6.04	6.98	5.02	6.77	4.91	5.77	5.99	0.49	18.63

表4—72　SN比的统计分析

No.	R	L	3	4	η_i^*/dB
	1	2			
1	1	1	1	1	16.78
2	1	2	2	2	16.76
3	1	3	3	3	16.75
4	2	1	2	3	18.74
5	2	2	3	1	17.90
6	2	3	1	2	17.46
7	3	1	3	2	19.59
8	3	2	1	3	19.22
9	3	3	2	1	18.63
K_{1j}	59.29	55.11	53.46	53.31	$T=161.83$
K_{2j}	54.10	53.88	54.13	53.81	
K_{3j}	57.44	52.84	54.24	54.71	
R_j	8.53	0.86	0.12	0.34	$S_T=9.85$

表 4—73 方差分析表

方差来源	平方和	自由度	均 方	F 值	临界值
R	8.53	2	4.27	19.39**	$F_{0.01}(2, 6)=10.92$
L	0.86	2			
e	0.46	4			
(e)	1.32	6	0.22		
总 和 T	9.85				

对表内的统计分析结果见表 4—72 所列,SN 的方差分析结果见表 4—73 所列。因第 2 列的平方和也不大,可与 3,4 列平方和合并为误差平方和之用。方差分析表明,可控因子 R 非常显著,而 L 不显著。

在确定最佳参数设计方案过程中,根据方差分析结果,非常显著因子 R 应选其使 SN 比最大的水平 $R_3=9.5\Omega$,而不显著因子 L 的水平可以任意选择,宜取 SN 比较大的水平 $L_1=0.02\text{H}$ 为好。这样一来,最佳水平组合应是 R_3L_1,它是内表的第 7 号试验,该号试验的 SN 比在 9 个试验中是最大的。该组合确使波动减少,其方差 $\hat{\sigma}_i^2$ 只有 0.80,但均值 $\bar{y}_7=8.53\text{A}$,与目标值 $m=10\text{A}$ 尚有一定距离,因此,要通过灵敏度分析解决问题。

为了对 SN 比进行灵敏度分析,将表 4—71 中的 $\bar{y}$ 值列到表 4—74 中。

表 4—74 $\bar{y}$ 的统计分析

No.	R	L	3	4	$\bar{y}_i$
	1	2			
1	1	1	1	1	14.61
2	1	2	2	2	9.75
3	1	3	3	3	7.32
4	2	1	2	3	11.77
5	2	2	3	1	8.75
6	2	3	1	2	6.86
7	3	1	3	2	8.53
8	3	2	1	3	7.13
9	3	3	2	1	5.99
K_{1j}	31.68	34.91	28.60	29.35	
K_{2j}	27.38	25.63	27.51	25.14	$T=80.71$
K_{3j}	21.65	30.17	24.60	26.22	
R_j	16.88	37.02	2.85	3.19	$S_T=59.94$

在表 4—74 中对 $\bar{y}$ 进行统计分析,计算各列平方和,填入方差分析表(见表 4—75 所列)。方差分析表明,因子 L 对灵敏度 $\bar{y}$ 是显著的。根据 SN 比和 $\bar{y}$ 的两张方差分析表的结果,可对可控因子分类(见表 4—76 所列),结果表明,电阻 R 是稳健因子,电感 L 是调节因子。因此,可用电感 L 这个调节因子使 $\bar{y}$ 接近目标值 $m=10\text{A}$。

表 4—75　方差分析表

方差来源	平方和	自由度	均 方	F 值	临界值
R	16.88	2	8.44	5.59(*)	$F_{0.01}(2,4)=18.0$
L	37.02	2	18.51	12.26*	$F_{0.05}(2,4)=6.94$
e	6.04	4	1.51		$F_{0.10}(2,4)=4.32$
总 和 T	59.94	8			

表 4—76　可控因子分类表

类　　别	稳健性分析	灵敏度分析	因　　子
Ⅰ类			无
Ⅱ类	**		R(稳健因子)
Ⅲ类		*	L(调节因子)
Ⅳ类			无

从表 4—74 中可以看出,把电感调到较小水平时,可使 $\bar{y}$ 值增大。将 $L_1=0.02\text{H}$ 减少到 $L_0=0.01\text{H}$ 时,而 $R_3=9.5\Omega$ 的水平上,结合噪声因子的水平表,在 $R=9.5\Omega$, $L=0.01\text{H}$ 时,计算出 9 个外表的 Y 值(A):

9.99,10.84,11.58,9.91,10.99,8.80,10.09,8.10,9.09.

其均值 $\bar{y}=9.93$, $\hat{\sigma}^2=1.26$, $\eta^*=18.95$。可见其 $\bar{y}$ 已很接近目标值,故 $R=9.5\Omega$, $L=0.01\text{H}$ 是令人满意的可控因子水平组合。

4.4.6.3　热管换热器的优化设计

【例 4.16】　热管换热器作为高效的传热元件,自 1966 年首先在人造卫星上成功应用以来,迅速发展并广泛应用在各个领域。为了进一步发挥它的作用,收到更加显著的节能效果和经济效益,热管换热器的优化设计已成为节能研究中的一个重要课题。

热管换热器的设计一般有两种方法:

(1)在产品已经系列化的情况下,根据设计要求进行选择设计;

(2)在无系列化或系列化中的设备不满足使用需要时的热管换热器的结构设计。

因此,热管换热器存在着对已有换热器的择优设计和对热管换热器结构参数的优化设计问题。

在给定了冷、热流体的流量及其初始温度条件下,净回收热量最大的热管换热器优化设计,可以通过寻找加热段肋化系数 ϕ_h、冷却段肋化参数 ϕ_c,加热器迎风面宽度 B,加热段长度 L_h(m)这 4 个结构参数的不同组合来实现。设计的目的就是要找出上述四个结果参数的最佳匹配。然而,如用全面试验方法寻找最佳组合,工作量相当之大。如不把设计转化成可计算性项目,寻找优化设计方案将花费大量时间和试验经费。因此,本课题的关键是:

(1)完成重力式热管换热器的计算机辅助设计,实现快速准确地直接考察设计变量的变化对目标函数的影响;在系统设计过程中将不可计算的项目发展成可计算项目;

(2)在参数设计这个环节中,将热管换热器重要指标净回收热量作为考核指标,用正交试验设计调优的方法,直接搜索最优解,实现优化设计。

在传统重力式热管换热器设计过程中,需要套用几十个公式,查阅大量表格,耗用大量时间,无法连续计算,加上热管换热器制作成本较高,实现优化设计非常困难。因而,本研究的首要工作是在系统设计过程中完成重力式热管换热器的计算机辅助设计，将传统的方法发展成可计算项目。为实现这一目标，首先将热力学重要参数的大量表格拟合成满足精度要求的公式，以便快速准确地进行计算。系统设计的计算机框图如图4—4所示。

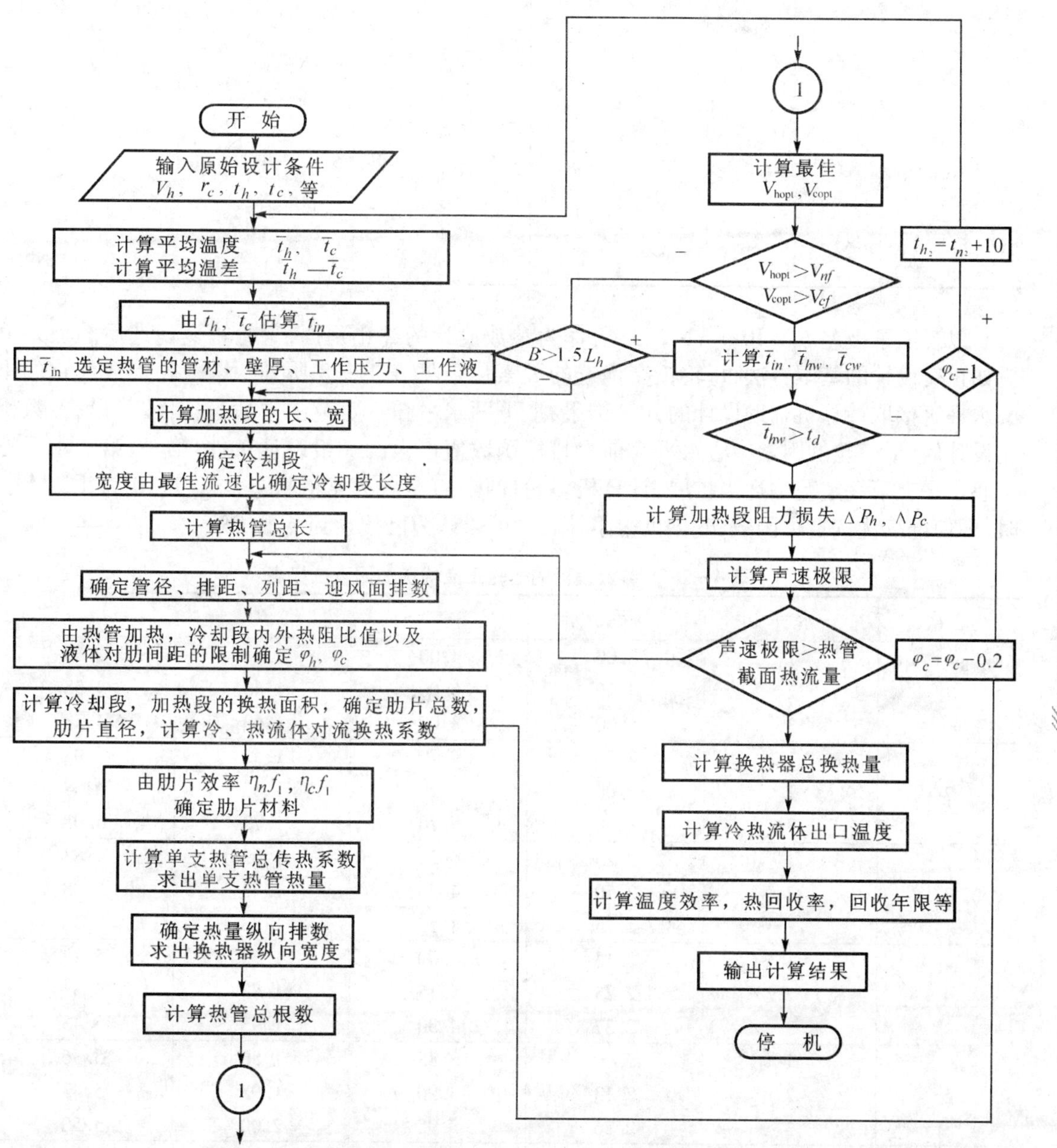

图4—4　热管换热器系统设计框图

该设计结果与鞍钢工程九号高炉热风炉使用的热管换热器直接对比，精度很高。

在参数优化设计过程中，本研究用正交试验设计的方法多轮调优，以给定初始条件下净回收热量 $Q-Q_{\Delta P}$ 为考核指标，寻找加热段肋化系数 ϕ_h、冷却段肋化参数 ϕ_c，加热器迎风面宽度 B 和加热段长度 L_h(m)这4个结构参数的最佳组合。选用 $L_9(3^4)$ 正交表，试验方案见表4—77所列。

表 4—77 $L_9(3^4)$ 正交表及试验方案

No.	ϕ_h	ϕ_c	B	L_h	$Q-Q_{\Delta P}$
	1	2	3	4	
1	1	1	1	1	f_1
2	1	2	2	2	f_2
3	1	3	3	3	f_3
4	2	1	2	3	f_4
5	2	2	3	1	f_5
6	2	3	1	2	f_6
7	3	1	3	2	f_7
8	3	2	1	3	f_8
9	3	3	2	1	f_9

以各因素极差 $R_j \leqslant 10(j=1,2,3,4)$ 作为参数设计的终止判据，每轮正交优选后的极差分析如正交设计的基本方法，每轮正交优选的因素位极见表 4—78 所列。第一轮参数优化的中心水平直接取计算机辅助设计的计算结果，上下两水平在一定范围内适当扩展。每轮参数优化设计后，下一轮的因素中心水平为前次目标函数值最大的一组设计条件，第一、第三水平按中心水平上下一定范围适当扩展，计算机多轮优化，直至各因素的极差均小于 10 为止。终止时，即使继续优选目标函数，变化也很小，因此，可以认为已搜索到了最优解。

表 4—78 参数设计的七轮正交优选的因素位极表

轮 次	水 平	ϕ_h	ϕ_c	B	L_h
1	1	3. 00	4. 00	1. 23	2. 58
	2	4. 00	6. 00	1. 43	3. 58
	3	5. 00	8. 00	1. 63	4. 58
2	1	2. 50	4. 70	1. 53	3. 08
	2	3. 00	5. 20	1. 63	4. 58
	3	3. 50	5. 70	1. 73	5. 08
3	1	2. 25	4. 25	1. 63	4. 83
	2	2. 50	4. 50	1. 73	5. 08
	3	2. 75	4. 75	1. 83	5. 33
4	1	2. 13	4. 00	1. 73	5. 23
	2	2. 25	4. 15	1. 83	5. 33
	3	2. 37	4. 30	1. 93	5. 43
5	1	2. 00	3. 85	1. 86	5. 36
	2	2. 13	3. 90	1. 93	5. 43
	3	2. 26	3. 95	2. 00	5. 50
6	1	1. 95	3. 70	1. 95	5. 36
	2	2. 00	3. 75	2. 00	5. 43
	3	2. 05	3. 80	2. 05	5. 50
7	1	1. 95	3. 55	2. 00	5. 36
	2	2. 00	3. 60	2. 05	5. 43
	3	2. 05	3. 65	2. 10	5. 50

本研究共进行了七轮正交调优，经七轮调优后，每个因素的极差均满足终止判据。参数设计每轮正交优选的最佳组合见表4—79所列。由表4—79可以直接找到净回收热量最大的优化解，即加热段肋化系数 $\phi_h=1.95$，冷却段肋化参数 $\phi_c=3.60$，加热器迎风面宽度 $B=2.05\text{m}$，加热段长度 $L_h=5.43\text{m}$，将优化解代回主程序，便可以迅速得到热管换热器相应的全部参数，完成了给定条件下净回收热量最大的优化设计。

表4—79　参数设计每次正交优选的最佳组合表

轮 次	ϕ_h	ϕ_c	B	L_h	$Q-Q_{\Delta P}$
1	4.00	6.00	1.43	3.58	1060
2	3.00	8.00	1.63	4.58	1386
3	2.50	5.70	1.73	5.08	1445
4	2.25	4.75	1.83	5.33	1472
5	2.13	4.30	1.93	5.43	1480
6	2.00	3.95	2.00	5.50	1485
7	1.95	3.80	2.05	5.50	1488
8	1.95	3.60	2.05	5.43	1490

不同设计方法得到的最大净回收热量见表4—80所列。由表4—80可知，采用可计算性项目的三次设计在重力式热管换热器的优化设计中是十分有效的，它不仅用少量的调优试验代表了几百次全面试验的有用信息，直接找到了目标函数最大时的优化设计参数，而且，由于采用了计算机辅助设计方法，使其优越性进一步发挥出来，克服了传统的经验性、半经验性或有限的试验结果来确定“最佳设计参数”的盲目性。

表4—80　不同设计方法对比

设计方法	最大净回收热量 $Q-Q_{\Delta P}$
一般设计	1060
计算机辅助设计	1217
三次设计	1490

4.5　正交设计的回归分析

在工程中，当正交试验设计的因子与考核指标均能够量化时，采用多元回归分析有利于建立考核指标与因子之间的相关关系的数学模型，如果因子的水平数是等间隔设计的，根据正交原理，其多元回归分析中的逆矩阵非常简便，在第六章我们集中介绍回归正交设计，本章主要介绍如何将已完成的正交试验设计进行回归分析。

4.5.1　多元一次回归的直接计算

【例4.17】　不同灰水比、用水量和减水剂FDN不同掺量对坍落度影响的正交试验设计结果见表4—81所列。为发挥正交设计的优点，对因子进行一下变换，见表4—81的右侧。

表 4—81　$L_9(3^4)$ 正交表及试验方案

No.	灰水比 x_1	用水量 x_2	FDN 掺量 x_3	$x'_1=x_1-3.0$	$x'_2=x_2-150$	$x'_3=x_3-1.0$	坍落度 S_l/cm
	1	2	3				
1	1(2.5)	1(155)	3(1.2)	−0.5	5	0.2	20.1
2	2(3.0)	1(155)	1(0.8)	0	5	−0.2	10.8
3	3(3.5)	1(155)	2(1.0)	0.5	5	0	9.8
4	1(2.5)	2(150)	2(1.0)	−0.5	0	0	17.3
5	2(3.0)	2(150)	3(1.2)	0	0	0.2	14.1
6	3(3.5)	2(150)	1(0.8)	0.5	0	−0.2	2.3
7	1(2.5)	3(145)	1(0.8)	−0.5	−5	−0.2	1.0
8	2(3.0)	3(145)	2(1.0)	0	−5	0	3.8
9	3(3.5)	3(145)	3(1.2)	0.5	−5	0.2	6.3

具体计算如下：

$$\boldsymbol{A}=\boldsymbol{X}^{T}\boldsymbol{X}=\begin{pmatrix}1 & 1 & \cdots & 1\\ -0.5 & 0 & \cdots & 0.5\\ 5 & 5 & \cdots & -5\\ 0.2 & -0.2 & \cdots & 0.2\end{pmatrix}\begin{pmatrix}1 & -0.5 & 5 & 0.2\\ 1 & 0 & 5 & -0.2\\ \vdots & \vdots & \vdots & \vdots\\ 1 & 0.5 & -5 & 0.2\end{pmatrix}$$

$$=\begin{pmatrix}9 & 0 & 0 & 0\\ 0 & 1.5 & 0 & 0\\ 0 & 0 & 150 & 0\\ 0 & 0 & 0 & 0.24\end{pmatrix}$$

$$\boldsymbol{B}=\boldsymbol{X}^{T}\boldsymbol{Y}=\begin{pmatrix}1 & 1 & \cdots & 1\\ -0.5 & 0 & \cdots & 0.5\\ 5 & 5 & \cdots & -5\\ 0.2 & -0.2 & \cdots & 0.2\end{pmatrix}\begin{pmatrix}20.1\\ 10.8\\ \vdots\\ 6.3\end{pmatrix}=\begin{pmatrix}85.5\\ -10\\ 148\\ 5.28\end{pmatrix}$$

$$\boldsymbol{C}=\boldsymbol{A}^{-1}=\begin{pmatrix}1/9 & 0 & 0 & 0\\ 0 & 1/1.5 & 0 & 0\\ 0 & 0 & 1/150 & 0\\ 0 & 0 & 0 & 1/0.24\end{pmatrix}$$

$$\boldsymbol{b}=\hat{\boldsymbol{\beta}}=\boldsymbol{CB}=\begin{pmatrix}1/9 & 0 & 0 & 0\\ 0 & 1/1.5 & 0 & 0\\ 0 & 0 & 1/150 & 0\\ 0 & 0 & 0 & 1/0.24\end{pmatrix}\begin{pmatrix}85.5\\ -10\\ 148\\ 5.28\end{pmatrix}=\begin{pmatrix}9.5\\ -6.67\\ 0.986\\ 22\end{pmatrix}$$

所求回归方程为

$$\hat{y}'=9.5-6.67x_1'+0.986x_2'+22.00x_3'$$

进一步整理后

$$\hat{y}=-140.5-6.67x_1+0.986x_2+22.00x_3$$

方差分析计算如下：

回归平方和　$S_r = \sum_{i=1}^{n}(\hat{y}_i - \bar{y})^2 = \sum_{i=1}^{9}(\hat{y}_i - \bar{y})^2 = 328.79$

偏差平方和　$S_e = \sum_{i=1}^{n}(y_i - \hat{y}_i)^2 = \sum_{i=1}^{10}(y_i - \hat{y}_i)^2 = 34.17$

总体平方和　$S_t = \sum_{i=1}^{n}(y_i - \bar{y})^2 = S_r + S_e = 362.96$

F 值　$F = \dfrac{S_r/p}{S_e/(n-p-1)} = 21.80$

回归系数及回归方程的方差分析结果见表4—82所列。

表4—82　方差分析表

方差来源	平方和	自由度	均 方	F 值	临界值
x_1	66.70	1	66.70	9.81*	$F_{0.01}(1,5)=16.26$
x_2	145.93	1	145.93	21.46**	$F_{0.05}(1,5)=6.61$
x_3	116.16	1	116.16	17.08**	$F_{0.01}(3,5)=12.06$
回 归	328.79	3	109.59	16.12**	
误 差	34.17	5	6.80		
总 和	362.96	8			

4.5.2　转换成二次回归正交设计

4.5.2.1　硫酸盐灰渣水泥的研制

【例4.18】　为探索熟料和石膏对硫酸盐灰渣水泥强度的影响，并选择最佳配料工艺，采用正交试验设计，无额定28d抗压强度为考核指标，因素定为 *A*. 水泥熟料掺量，变化范围为10%～20%；*B*. 石膏掺量，变化范围为4%～12%。每个因素均选3个水平，因素水平见表4—83所列。

表4—83　因素水平表

因　素	*A*. 水泥熟料掺量/%	*B*. 石膏掺量/%
水平1	10	4
水平2	15	8
水平3	20	12

用 $L_9(3^4)$ 正交表安排试验，试验方案及结果见表4—84所列。

表4—84　$L_9(3^4)$ 正交表及试验方案

No.	*A*	*B*	空 列		28d抗压强度/MPa
	1	2	3	4	
1	1(10)	1(4)	1	1	12.2
2	1(10)	2(8)	2	2	14.0
3	1(10)	3(12)	3	3	17.8
4	2(15)	1(4)	2	3	15.9
5	2(15)	2(8)	3	1	17.9

续表

No.	A	B	空列		28d 抗压强度 /MPa
	1	2	3	4	
6	2(15)	3(12)	1	2	22.0
7	3(20)	1(4)	3	2	17.4
8	3(20)	2(8)	1	3	21.7
9	3(20)	3(12)	2	1	24.9

将上述试验转化成二次回归正交试验设计,其因素水平编码见表4—85所列。

表4—85　因素水平编码表

因　素	Z_1	Z_2
编码记号	x_1	x_2
下水平	10	0.04
零水平	15	0.08
上水平	20	0.12
变化区间	5	0.04

试验数据及计算结果见表4—86所列(详细计算方法见第六章)。经统计分析得到回归方程如下:

$$R_{28}=18.2+3.333x_1+3.2x_2-0.475x_1x_2-0.2x_1^2+0.167x_2^2$$

回归方程的方差分析计算如下:

方差分析计算如下:

$$W=\sum_{i=1}^{9}x_i^2=(12.2^2+14.0^2+\cdots+24.9^2)=3112.56$$

$$P=\frac{1}{9}(\sum_{i=1}^{9}x_i)^2=\frac{1}{9}(12.2+14.0+\cdots+24.9)^2=2981.16$$

表4—86　二次回归正交试验设计及测试结果

试验编号	x_0	x_1	x_2	x_1x_2	$3(x_1^2-2/3)$	$3(x_2^2-2/3)$	R_{28}
1	1	−1	−1	1	1	1	12.2
2	1	−1	0	0	1	−2	14.0
3	1	−1	1	−1	1	1	17.8
4	1	0	−1	0	−2	1	15.9
5	1	0	0	0	−2	−2	17.9
6	1	0	1	0	−2	1	22.0
7	1	1	−1	−1	1	1	17.4
8	1	1	0	0	1	−2	21.7
9	1	1	1	1	1	1	24.9
B_j	163.8	20	19.2	1.9	−3.6	3	
D_j	9	6	6	4	18	18	
b_j	18.2	3.333	3.2	0.475	−0.2	0.167	
Q_j		66.667	61.44	0.90	0.72	0.5	

计算各平方和 S

$S_t = W - P = 3112.56 - 2981.16 = 131.40$

$S_r = \sum Q_j = 66.667 + 61.44 + 0.72 + 0.5 + 0.90 = 130.21$

$S_e = S_t - S_r = 131.40 - 130.21 = 1.19$

回归方程和回归系数的方差分析见表4—87所列。由方差分析可知，回归方程是非常显著的，一次项 x_1 和 x_2 是非常显著的，交互作用项 x_1x_2 有影响。

表4—87　方差分析表

方差来源	平方和	自由度	均 方	F 值	临界值
x_1	66.67	1	66.67	170.95**	$F_{0.01}(1,3)=34.10$
x_2	61.64	1	61.64	157.54**	$F_{0.25}(1,3)=2.02$
x_1x_2	0.90	1	0.90	2.31(*)	$F_{0.01}(5,3)=28.20$
x_1^2	0.72	1	0.72	1.85	
x_2^2	0.50	1	0.50	1.28	
回 归	130.21	5	26.05	66.79**	
剩 余	1.19	3	0.39		
总 和	131.40	8			

4.5.2.2　偏高岭土对硫铝酸盐水泥砂浆强度的影响

【**例4.19**】　为探索硫铝酸盐水泥砂浆各龄期强度与偏高岭土掺量（MK/C）、水灰比（W/B）之间的内在规律，达到优化选择的目的。采用正交试验设计，考核指标为3d，7d，28d各龄期强度（R_3，R_7，R_{28}），因子为偏高岭土掺量（MK/C）、水胶比（W/B），其因素水平见表4—88所列。

表4—88　因素水平表

因　素	A. 偏高岭土掺量/%	B. 水胶比
水平1	5	0.30
水平2	10	0.35
水平3	15	0.40

用 $L_9(3^4)$ 正交表安排试验，试验方案及结果见表4—89所列。

表4—89　$L_9(3^4)$ 正交表及试验方案

No.	A	B	空 列		抗压强度 /MPa		
	1	2	3	4	3d	7d	28d
1	1(5)	1(0.30)	1	1	64.8	73.0	77.2
2	1(5)	2(0.35)	2	2	59.5	70.3	74.6
3	1(5)	3(0.40)	3	3	56.7	67.3	70.2
4	2(10)	1(0.30)	2	3	68.2	79.2	84.0
5	2(10)	2(0.35)	3	1	63.5	73.6	78.6
6	2(10)	3(0.40)	1	2	50.2	61.7	64.6
7	3(15)	1(0.30)	3	2	65.0	73.1	77.6
8	3(15)	2(0.35)	1	3	57.9	62.2	66.5
9	3(15)	3(0.40)	2	1	43.5	44.0	45.9

将上述试验转化成二次回归正交试验设计，其因素水平编码见表4—90所列。

表4—90　因素水平编码表

因　素	$Z_1(MK/C)$	$Z_2(W/B)$
编码记号	x_1	x_2
下水平	5	0.30
零水平	10	0.35
上水平	15	0.40
变化区间	5	0.05

试验数据及计算结果见表4—91所列。经统计分析得到回归方程如下：

$$R_3 = 58.81 - 7.93x_2$$

$$R_7 = 71.5 - 5.22x_1 - 8.72x_2 - 5.85x_1x_2 - 6.51x_1^2$$

$$R_{28} = 77.94 - 5.33x_1 - 9.68x_2 - 6.18x_1x_2 - 7.08x_1^2 - 3.33x_2^2$$

回归方程的方差分析计算结果见表4—92所列。由方差分析可知，3d强度、7d强度和28d强度的回归方程都是非常显著的。对3d强度而言，水胶比与3d强度成线性关系。对7d强度而言，所有回归系数都是非常显著的。当偏高岭土掺量一定时，水胶比与7d强度呈线性关系。而对28d强度而言，除$x_2{}^2$项外，其他因子的影响都是非常显著的。

表4—91　二次回归正交试验设计及测试结果

试验编号		x_0	x_1	x_2	x_1x_2	$3(x_1^2-2/3)$	$3(x_2^2-2/3)$	R_3	R_7	R_{28}
1		1	−1	−1	1	1	1	64.8	73.0	77.2
2		1	−1	0	0	1	−2	59.5	70.3	74.6
3		1	−1	1	−1	1	1	56.7	67.3	70.2
4		1	0	−1	0	−2	1	68.2	79.2	84.0
5		1	0	0	0	−2	−2	63.5	73.6	78.6
6		1	0	1	0	−2	1	50.2	61.7	64.6
7		1	1	−1	−1	1	1	65.0	73.1	77.6
8		1	1	0	0	1	−2	57.9	62.2	66.5
9		1	1	1	1	1	1	43.5	44.0	45.9
R_3	B_j	529.30	−14.60	−47.60	−13.40	−16.40	−13.40			
	D_j	9.00	6.00	6.00	4.00	18.00	18.00			
	b_j	58.81	−2.43	−7.93	−3.35	−0.91	−0.74			
	Q_j		35.53	377.63	44.89	14.94	9.98			
R_7	B_j	604.40	−31.30	−52.30	−23.40	−39.10	−13.90			
	D_j	9.00	6.00	6.00	4.00	18.00	18.00			
	b_j	67.16	−5.22	−8.72	−5.85	−2.17	−0.77			
	Q_j		163.28	455.88	136.89	84.93	10.73			
R_{28}	B_j	639.20	−32.00	−58.10	−24.70	−42.40	−19.90			
	D_j	9.00	6.00	6.00	4.00	18.00	18.00			
	b_j	71.02	−5.33	−9.68	−6.18	−2.36	−1.11			
	Q_j		170.67	562.60	152.52	99.88	22.00			

表 4—92 回归方程的方差分析

	方差来源	平方和	自由度	均方和	F 值	临界值
R_3	x_2	377.63	1	377.63	21.84*	$F_{0.01}(1,7)=12.25$
	回归	377.63	1	377.63	21.84*	$F_{0.05}(1,7)=5.59$
	剩余	121.02	7	17.29		
	总计	498.65	8			
R_7	x_1	163.28	1	163.28	42.08*	$F_{0.01}(4,4)=15.98$
	x_2	455.88	1	455.88	117.49**	$F_{0.05}(4,4)=6.39$
	x_1^2	84.93	1	84.93	21.89*	$F_{0.05}(1,4)=7.71$
	x_1x_2	136.89	1	136.89	35.28*	$F_{0.01}(1,4)=21.2$
	回归	840.98	4	210.25	54.19*	
	剩余	15.52	4	3.88		
	总计	856.5	8			
R_{28}	x_1	170.67	1	170.67	86.63**	$F_{0.01}(5,3)=28.24$
	x_2	562.60	1	562.60	285.58**	$F_{0.05}(5,3)=9.01$
	x_1^2	99.88	1	99.88	50.70*	$F_{0.05}(1,3)=10.13$
	x_2^2	22.00	1	22.00	11.17*	$F_{0.01}(1,3)=34.12$
	x_1x_2	152.52	1	152.52	77.42**	
	回归	1007.67	5	201.53	102.30**	
	剩余	5.91	3	1.97		
	总计	1013.58	8			

偏高岭土掺量与水胶比双因素对硫铝酸盐水泥砂浆 28d 抗压强度的影响如图 4—5 所示。

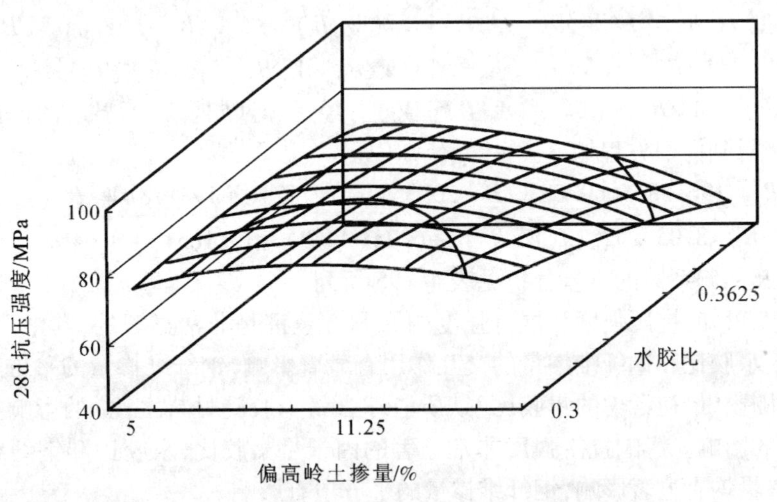

图 4—5 偏高岭土掺量与水胶比对硫铝酸盐水泥砂浆 28d 抗压强度的影响

4.5.3 用逐步回归计算正交设计

【例 4.20】 为探索超高强、高耐磨混凝土材料，采用铁质渣球、钢纤维、超高强水泥及材料，为了选出最优的配料方案，采用正交试验设计对关键的考核指标砂浆的 28d 抗压强度和抗折强度进行优化，试件尺寸分别为 40mm×40mm×160mm。确定的因素水平见表 4—93 所列。

表 4—93　因素水平表

因　素	A. 水胶比/(W/B)	B. 铁质渣球与胶凝材料体积比(A_i/B)	C. 钢纤维体积率/%(V_f)
水平 1	0.18	0.5	0
水平 2	0.20	1.0	2
水平 3	0.22	1.5	4

表 4—94　$L_9(3^4)$正交表及试验方案

No.	A	B	C	空　列	28d 强度 /MPa	
	1	2	3	4	抗　折	抗　压
1	1(0.18)	1(0.5)	1(0)	1	11.75	79.9
2	1(0.18)	2(1.0)	2(2)	2	17.48	103.3
3	1(0.18)	3(1.5)	3(4)	3	23.96	114.5
4	2(0.20)	1(0.5)	2(2)	3	13.13	95.6
5	2(0.20)	2(1.0)	3(4)	1	27.80	110.3
6	2(0.20)	3(1.5)	1(0)	2	18.49	60.6
7	3(0.22)	1(0.5)	3(4)	2	26.63	120.5
8	3(0.22)	2(1.0)	1(0)	3	13.97	54.1
9	3(0.22)	3(1.5)	2(2)	1	22.93	91.6

为了探索水泥基复合材料的强度与水胶比(W/B)、集胶比(铁质渣球含量与胶凝材料之比,A_i/B)和钢纤维掺量(V_f)之间的内在规律，进一步建立因素之间的关系模型，在正交设计的基础上，采用逐步回归的方法，对试验数据进行了分析。考核指标有抗压强度 R_c 和抗折强度 R_f，考虑的模型有 $R_c=f(W/B,\ A_i/B,\ V_f,\ (W/B)^2,\ (A_i/B)^2,\ V_f^2,\ (W/B)\cdot(A_i/B),\ (W/B)\cdot(V_f),\ (A_i/B)\cdot V_f)$，$R_f=f(W/B,\ A_i/B,\ V_f,\ (W/B)^2,\ (A_i/B)^2,\ V_f^2,\ (W/B)\cdot(A_i/B),\ (W/B)\cdot(V_f),\ (A_i/B)\cdot V_f)$。经逐步回归舍弃不显著的回归方程和不显著的因子，最终得到回归方程如下：

$$R_c=196.88-660.08W/B-20.35V_f-1.712V_f^2+198.78(W/B)(V_f)$$

$$R_f=8.03+52.13(W/B)V_f+6.71(A_i/B)-10.165V_f+0.6467V_f^2$$

回归方程及回归系数的方差分析见表 4—95 所列。

由表 4—95 可知，抗压强度和抗折强度的回归方程都是非常显著的，其中，水胶比的影响是非常显著的，水胶比和钢纤维掺量的交互作用有显著影响，钢纤维掺量的平方项有影响。在试验方案的范围内，最初考虑的集胶比(铁质渣球含量与胶凝材料之比)的影响很小。完全可以忽略该因子的影响。影响抗折强度非常显著的因子是集胶比，水胶比和钢纤维掺量的交互作用、钢纤维掺量均有显著影响，钢纤维掺量的平方项有影响。

如图 4—6 所示是由抗压强度回归方程绘制的水胶比对抗压强度影响的曲线，该图中钢纤维掺量最低时(0%)，曲线位于最低层；当钢纤维掺量达到 4% 时，曲线在最顶层。由该曲线可知，当钢纤维掺量较低时，随着水胶比增大，其抗压强度降低，当钢纤维掺量达到 3.25% 时，抗压强度是一条水平直线，并以此开始，水胶比的影响向正方向发展。其主要原因是本研究的水胶比非常低，进一步增大钢纤维掺量，流动性大大降低，致使密实成型的需水量增大。在图 4—

7 中也有类似现象。

表 4—95 回归方程的方差分析

	方差来源	平方和	自由度	均方和	F 值	临界值
R_c	W/B	418.25	1	418.25	26.19**	$F_{0.01}(4,4)=15.98$
	V_f^2	93.90	1	93.90	5.88(*)	$F_{0.05}(4,4)=6.39$
	V_f	60.01	1	61.01	3.82	$F_{0.01}(1,4)=21.2$
	$(W/B)\cdot(V_f)$	252.81	1	252.81	15.83*	$F_{0.05}(1,4)=7.71$
	回归	4298.46	4	1074.63	67.29**	$F_{0.10}(1,4)=4.54$
	剩余	63.89	4	15.97		
	总和	4362.35	8			
R_f	$(W/B)\cdot V_f$	36.98	1	36.98	14.06*	$F_{0.01}(4,4)=15.98$
	A_i/B	57.39	1	57.39	21.82**	$F_{0.05}(4,4)=6.39$
	V_f	29.67	1	29.67	11.28*	$F_{0.01}(1,4)=21.2$
	V_f^2	13.39	1	13.39	5.09(*)	$F_{0.05}(1,4)=7.71$
	回归	277.14	4	69.29	26.35**	$F_{0.10}(1,4)=4.54$
	剩余	10.52	4	2.63		
	总计	287.66	8			

如图 4—7 所示是由抗压强度回归方程绘制的水胶比与钢纤维掺量的交互作用对抗压强度影响的等高线图，该图中抗压强度最低时（80MPa），曲线位于最低层；当抗压强度最高时（110MPa）时，曲线在最顶层。

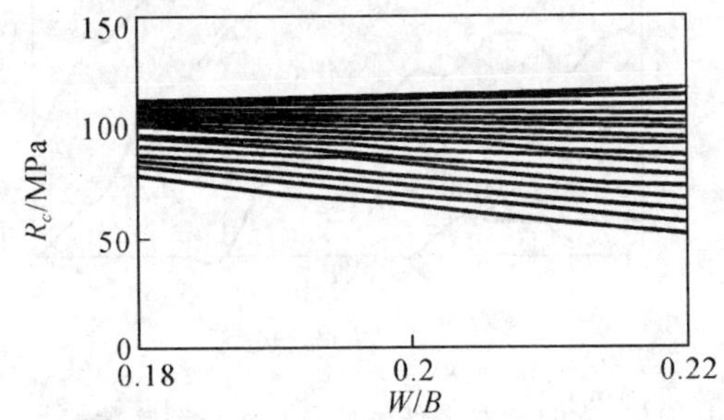

图 4—6 水胶比对抗压强度的影响

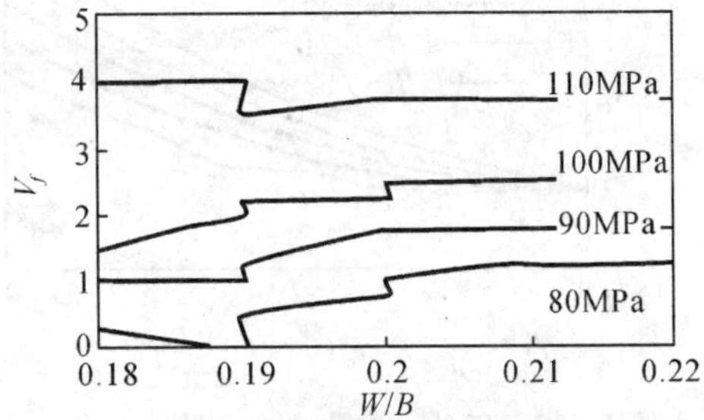

图 4—7 水胶比与钢纤维掺量对抗压强度的影响

如图 4—8 所示是由抗压强度回归方程绘制的钢纤维掺量对抗压强度影响的曲线，该图中水胶比最高时（0.22），曲线位于最低层；当水胶比达到 0.18 时，曲线在最顶层。由该曲线可知，当水胶比较高时，随着钢纤维掺量的增加其抗压强度升高，当水胶比逐渐减小时，抗压强度的增长趋缓。其主要原因是本研究的水胶比非常低，进一步增大钢纤维掺量，流动性大大降低，致使密实成型的需水量增大。

如图 4—9 所示是由抗折强度回归方程绘制的铁质渣球含量与胶凝材料之比（A_i/B）对抗折强度的影响的曲线，该图中钢纤维掺量最低时（0%），曲线位于最低层；当钢纤维掺量达到 4% 时，曲线在最顶层。由该曲线可知，当钢纤维掺量水平不同时，抗折强度均随着铁质渣球含量与胶凝材料之比（A_i/B）增加而增长。

如图 4—10 所示是由抗折强度回归方程绘制的钢纤维掺量对抗折强度影响的曲线，该图中水胶比最高时(0.22),曲线位于最低层;当水胶比达到0.18时,曲线在最顶层。由该曲线可知,当水胶比较高时,随着钢纤维掺量的增加其抗折强度升高,当水胶比逐渐在较低水平时,抗折强度随着钢纤维掺量加大的增长趋缓。其主要原因是本研究的水胶比非常低,进一步增大钢纤维掺量,流动性大大降低,致使密实成型的需水量增大。

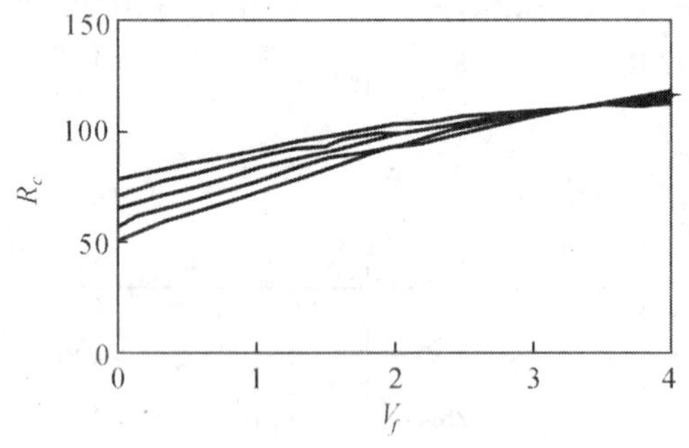

图4—8 钢纤维掺量对抗压强度的影响

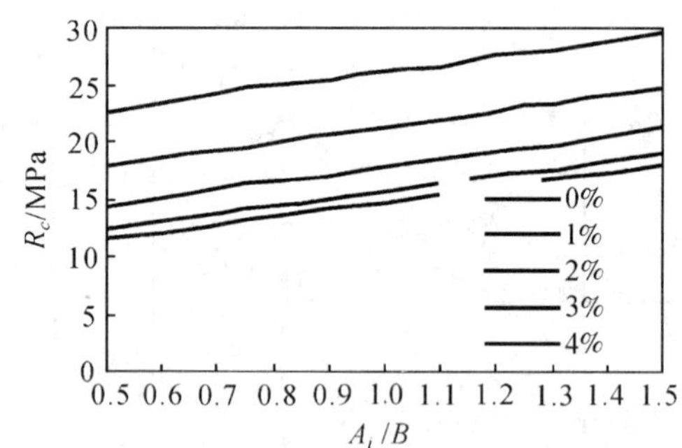

图4—9 A_i/B 对抗折强度的影响

如图4—11所示是由抗折强度回归方程绘制的水胶比与钢纤维掺量的交互作用对抗折强度影响的等高线图,该图中抗折强度最低时(12 MPa),曲线位于最低层;当抗折强度最高时(20 MPa)时,曲线在最顶层。

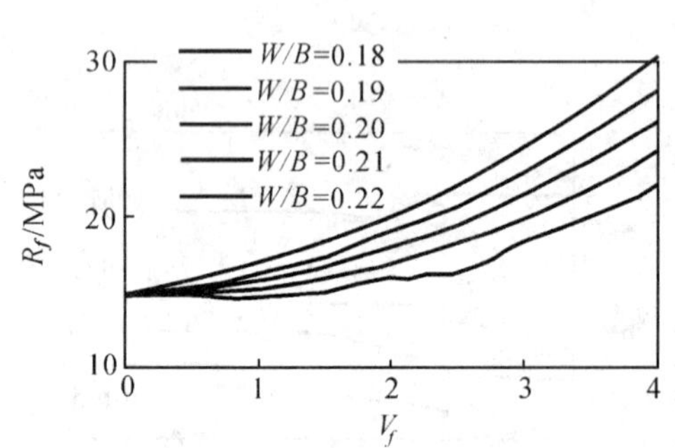

图4—10 钢纤维掺量对抗折强度的影响

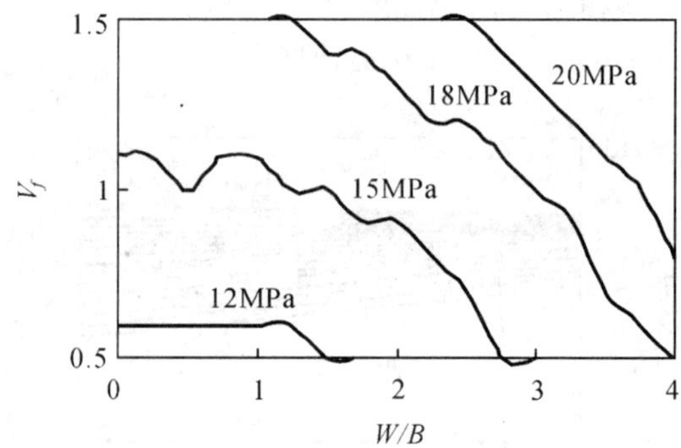

图4—11 水胶比与钢纤维掺量对抗折强度的影响

4.6 用Excel计算正交设计的实例

用Excel直接计算正交设计的方差分析比较方便,以例4.3为例,说明整个计算过程。

(1)输入原始数据。

启动Excel文件,出现Excel界面后,按表4—21所列,依次键入"A1:H1"及"A2:H11"单元格各项内容。并为"A1:H11"加上边框。依次在"A12:A21"单元格中键入相关的符号。

(2)用"=SUM(F3:F11)"命令完成"F12"的计算,然后,用拖拉的方式输入"G12:H12"单元格的内容,即计算 $\sum_{i=1}^{9} x_{ij}$。用"=SUM(F12:H12)"完成"I12"单元格的计算的数据,即计

算 $\sum_{j=1}^{3}\sum_{i=1}^{9}x_{ij}$，用 SUMSQ 命令完成“F13”的计算，然后，用拖拉的方式输入 G13 ：H13 单元格的内容。即计算 $\sum_{i=1}^{9}x_{ij}^2$，用“ = SUM（F13 ：H13）”完成“I13”单元格的计算，即计算 $\sum_{j=1}^{3}\sum_{i=1}^{9}x_{ij}^2$。在“G14”单元格中输入“ = I12/27”，即计算平均值 $\frac{1}{27}\sum_{j=1}^{3}\sum_{i=1}^{9}x_{ij}$。

（3）计算正交表的直观分析。

计算 K_{ij}：在单元格“B12”中输入“ = SUM（F3 ：H5）”；在单元格“B13”中输入“ = SUM（F6 ：H8）”；在单元格“B14”中输入“ = SUM（F9 ：H11）”；在单元格“C12”中输入“ = SUM（F3 ：H3）+ SUM（F6 ：H6）+ SUM（F9 ：H9）”；在单元格“C13”中输入“ = SUM（F4 ：H4）+ SUM（F7 ：H7）+ SUM（F10 ：H10）”；在单元格“C14”中输入“ = SUM（F5 ：H5）+ SUM（F8 ：H8）+ SUM（F11 ：H11）”；在单元格“D12”中输入“ = SUM（F3 ：H3）+ SUM（F8 ：H8）+ SUM（F10 ：H10）”；在单元格“D13”中输入“ = SUM（F4 ：H4）+ SUM（F6 ：H6）+ SUM（F11 ：H11）”；在单元格“D14”中输入“ = SUM（F5 ：H5）+ SUM（F7 ：H7）+ SUM（F9 ：H9）”；在单元格“E12”中输入“ = SUM（F3 ：H3）+ SUM（F7 ：H7）+ SUM（F11 ：H11）”；在单元格“E13”中输入“ = SUM（F4 ：H4）+ SUM（F8 ：H8）+ SUM（F9 ：H9）”；在单元格“E14”中输入“ = SUM（F5 ：H5）+ SUM（F6 ：H6）+ SUM（F10 ：H10）”。

计算 $\overline{K}_{ij}$：在单元格“B15”中输入“ = B12/9”；然后，用拖拉的方式输入“C15 ：E15”单元格的内容；在单元格“B16”中输入“ = B13/9”；然后，用拖拉的方式输入“C16 ：E16”单元格的内容；在单元格“B17”中输入“ = B14/9”；然后，用拖拉的方式输入“C17 ：E17”单元格的内容。

	A	B	C	D	E	F	G	H	I
1	No.	因　素					R_{28}/MPa		
2		*A*	*B*	*C*	空列	1	2	3	
3	1	1(0.30)	1(15%)	1(36%)	1	88.8	87.5	89.2	
4	2	1(0.30)	2(20%)	2(38%)	2	94.2	96.4	94.4	
5	3	1(0.30)	3(25%)	3(40%)	3	95.4	94.9	95.6	
6	4	2(0.28)	1(15%)	2(38%)	3	108.1	107.5	109.4	
7	5	2(0.28)	2(20%)	3(40%)	1	115.3	114.9	115.6	
8	6	2(0.28)	3(25%)	1(36%)	2	116.6	116.7	117.3	
9	7	3(0.26)	1(15%)	3(40%)	2	119.8	119.6	119.9	
10	8	3(0.26)	2(20%)	1(36%)	3	118.2	117.8	118.6	
11	9	3(0.26)	3(25%)	2(38%)	1	124.2	124.5	124.1	
12	K_{1j}	836.4	949.8	970.7	984.1	980.6	979.8	984.1	2944.5
13	K_{2j}	1021.4	985.4	982.8	994.9	108184.4	108013.62	108941.2	325139.2
14	K_{3j}	1086.7	1009.3	991	965.5		109.0555556		
15	$\overline{K}_{1j}$	92.93333333	105.5333333	107.8555556	109.3444444	*W*=	325139.19		
16	$\overline{K}_{2j}$	113.4888889	109.4888889	109.2	110.5444444	*P*=	321114.0833		
17	$\overline{K}_{3j}$	120.7444444	112.1444444	110.1111111	107.2777778	*QA*=	324859.9789		
18	R_j	27.81111111	6.611111111	2.255555556	3.266666667	*QB*=	321313.2989		
19	$\hat{a}_{1j}$	-16.12666667	-3.526666667	-1.204444444	0.284444444	*QC*=	321137.2589		
20	$\hat{a}_{2j}$	4.428888889	0.428888889	0.14	1.484444444				
21	$\hat{a}_{3j}$	11.68444444	3.084444444	1.051111111	-1.782222222				
22									
23				方差分析表					
24	方差来源	平方和	自由度	均方	F-值		临界值		
25	*A*	3745.895556	2	1872.947778	659.2565216	**	$F_{0.01}(2, 20)=5.9$		
26	*B*	199.2155556	2	99.60777778	35.06081583	**	$F_{0.05}(2, 20)=3.5$		
27	*C*	23.17555556	2	11.58777778	4.078767257	*			
28	误差*E*	56.82	20	2.841					
29	总和*T*	4025.106667	26						

图 4—12　用 Excel 计算正交设计的示意图

计算极差 R_j：在单元格"B18"中输入" = B17 - B15"；在单元格"C18"中输入" = C17 - C15"；在单元格"D18"中输入" = D17 - D15"；在单元格"E18"中输入" = E16 - E17"。

计算效应值 $\hat{\omega}_{ij}$：在单元格"B19"中输入" = B15 - 109.06"；然后，用拖拉的方式输入"C19 ：E19"单元格的内容；在单元格"B20"中输入" = B16 - 109.06"；然后，用拖拉的方式输入"C20 ：E20"单元格的内容；在单元格"B21"中输入" = B17 - 109.06"；然后，用拖拉的方式输入"C21 ：E21"单元格的内容。

方差分析计算：依次键入"F15 ：F19"单元格的各项内容，在单元格"G15"中输入" = I13"；在单元格"G16"中输入" = I12 * I12/27"；在单元格"G17"中输入" = SUMSQ(B12 ：B14)/9"；在单元格"G18"中输入" = SUMSQ(C12 ：C14)/9"；在单元格"G17"中输入" = SUMSQ(D12 ：D14)/9"；键入"A23 ：H24"中的内容，键入"A25 ：A29"中的内容。在单元格"B25"中输入" = G17 - G16"；在单元格"B26"中输入" = G18 - G16"；在单元格"B27"中输入" = G19 - G16"；在单元格"B29"中输入" = G15 - G16"；在单元格"B28"中输入" = B29 - B25 - B26 - B27"；在单元格"C25,C26,C27"中键入" =3 - 1"；在单元格"C29"中键入" = 27 - 1"；在单元格"C29"中键入" = C29 - C25 - C26 - C27"；在单元格"D25"中键入" = B25/C25"；用拖拉的方式输入"D26 ：D28"单元格的内容；在单元格"E25"中键入" = D25/D28"；在单元格"E26"中键入" = D26/D28"；输入""在单元格"E27"中键入" = D27/D28"；在单元格"F25"中键入"* *"；在单元格"F26"中键入"* *"；在单元格"F27"中键入"*"。

用 Excel 完整计算的显示参照图 4—12。

第五章　回归分析

5.1　回归分析简介

在工程实际中,某些重要的特性(如材料的强度)总是受着许多因素的影响,它们之间客观上存在着一定的关系,有着固有的规律性。为了深入了解和掌握这些重要的特性,常常需要找出它们之间关系的定量式。

通常人们把诸因素或变量之间的关系分为两大类。

(1)确定性函数关系。若两个变量具有确定性函数关系,就是说可以唯一地由一个量来确定另一个量。例如,在匀速运动中,物体移动的距离与时间的关系就是确定性函数关系。

(2)相关关系。所谓相关关系就是指两个或两个以上的变量间,当一个量唯一地确定以后,另一个量并不唯一确定,但它又不是毫无规律地任意取值,而是按一定的概率分布取各种可能值。例如,人的体重与身高,材料的抗压强度与抗拉强度,多孔材料的强度与孔隙率等。

仅对两个相互制约的变量间按其确定性或随机性加以分析的话,共有3种情况:

(1)两个量都是确定性变量(非随机变量),如欧姆定律 $I=\dfrac{V}{R}$,变量之间的关系是确定性的;

(2)两个量都是随机变量,如混凝土快测强度与标准强度之间的关系;

(3)一个是确定性变量,另一个是随机变量,如水灰比与混凝土抗压强度之间的关系。

严格地说,第一种情况属于数学分析的研究对象;第二、三种情况,则分别属于相关分析、回归分析研究的内容,一般统称为回归分析。在实际工程中,常常把容易控制或测量的量当作确定性的自变量,而把不易控制或测定的量当作随机性的因变量。

回归分析主要解决以下几方面的问题:

(1)从一批试验数据出发,研究并确定几个特性变量之间是否存在着相关关系,如果相关,则找出这些变量间的定量关系式;

(2)对找出的关系式的可信程度进行统计检验;

(3)判断自变量对因变量影响的显著性;

(4)利用求得的关系式进行预测或控制生产过程、产品质量以及对寻找最佳条件进行新的设计;

(5)寻找具有较好统计性质、方法简便并具有实用价值的回归设计方法。

5.2　一元线性回归分析

5.2.1　一元线性回归模型

一元线性回归分析是研究两个变量之间的线性关系。设 x,y 为两个变量,y 是因变量,它是随机变量；x 是自变量，它可以是随机变量，也可以是普通变量，y 依赖于 x，但 x 并不能唯一地确定 y。因此，y 与 x 之间的关系可表示为

$$y = \beta_0 + \beta_1 x + \varepsilon \tag{5—1}$$

其中，$\varepsilon \sim N(0,\sigma^2)$ 是随机误差项，β_0,β_1,σ^2 是与 x 无关的未知参数。这相当于假设对每一个 x 值，有

$$y \sim N(\beta_0 + \beta_1 x, \sigma^2) \tag{5—2}$$

我们称式(5—1)为一元线性回归模型，它也可以写成

$$E(y) = \beta_0 + \beta_1 x \tag{5—3}$$

5.2.2 回归系数的确定方法

在上述的线性回归模型中，β_0,β_1 是未知参数，如果给定自变量 x 的一组不全为零的值 $x_1, x_2,\cdots,x_n$，对 y 进行 n 次独立试验观测，其观测值为 $y_1,y_2,\cdots,y_n$，则由式(5—1)，有

$$\begin{cases} y_1 = \beta_0 + \beta_1 x_1 + \varepsilon_1 \\ y_2 = \beta_0 + \beta_1 x_2 + \varepsilon_2 \\ \cdots \quad \cdots \quad \cdots \quad \cdots \\ y_n = \beta_0 + \beta_1 x_n + \varepsilon_2 \end{cases} \tag{5—4}$$

因试验观察是相互独立的，故 $\varepsilon_1,\varepsilon_2,\cdots,\varepsilon_n$ 相互独立且服从分布 $N(0,\sigma^2)$。根据样本量为 n 的试验数据，可以求出回归方程系数的估计值 b_0,b_1，通常，采用“最小二乘法”来确定 b_0,b_1。如果已经求得 b_0 与 b_1 分别是 β_0 和 β_1 的最小二乘估计，那么一元线性回归方程可写成如下形式：

$$\hat{y}_i = b_0 + b_1 x_i \tag{5—5}$$

对于每一个 x_i，按(5—5)式可以求得一个 $\hat{y}_i$。回归值 $\hat{y}_i$ 与实测值 y_i 之差 ε_i，描述了 y_i 与回归直线的偏离程度。

$$\begin{aligned} \varepsilon_i &= y_i - \hat{y}_i \\ &= y_i - (b_0 + b_i x_i) \end{aligned} \tag{5—6}$$

对于所有的 x_i 而言，人们希望 ε_i 愈小愈好。最小二乘法解释是误差平方和最小。其误差平方和为

$$Q = Q(\beta_0,\beta_1) = \sum_{i=1}^{n} \varepsilon_i = \sum_{i=1}^{n} (y_i - \beta_0 - \beta_1 x_i)^2 \tag{5—7}$$

当 Q 取最小值时，应有

$$\begin{cases} \dfrac{\partial Q}{\partial \beta_0} = -2\sum_{i=1}^{n}(y_i - \beta_0 - \beta_1 x_i) = 0 \\ \dfrac{\partial Q}{\partial \beta_1} = -2\sum_{i=1}^{n}(y_i - \beta_0 - \beta_1 x_i)x_i = 0 \end{cases} \tag{5—8}$$

式(5—8)称为正规方程组，其解如下：

$$\begin{cases} b_0 = \bar{y} - b_1 \bar{x} \\ b_1 = \dfrac{\sum_{i=1}^{n}(x_i - \bar{x})(y_i - \bar{y})}{\sum_{i=1}^{n}(x_i - \bar{x})^2} = \dfrac{L_{xy}}{L_{xx}} \end{cases} \tag{5—9}$$

式中：L_{xy}——为 xy 的协方差之和；

L_{xx}——为 x 的平方差之和。

【例 5.1】 表 5—1 为混凝土灰水比与 28d 抗压强度的测试结果，求 28d 抗压强度与灰水比的回归方程。

表 5—1 混凝土灰水比与抗压强度测试结果

C/W	1.67	1.82	2.00	2.22	2.50	2.86	3.33
R_{28}/MPa	22.3	24.6	30.1	34.8	41.3	52.9	68.3

该回归方程的回归系数计算需要计算如下统计量：

$$\sum_{i=1}^{7} x_i = 16.4, \bar{x} = 2.34, \sum_{i=1}^{7} x_i^{\ 2} = 40.55, n = 6;$$

$$\sum_{i=1}^{7} y_i = 274.3, \bar{y} = 39.2, \sum_{i=1}^{7} y_i^{\ 2} = 12388.49, \sum_{i=1}^{7} x_i y_i = 701.45$$

$$L_{xy} = \sum_{i=1}^{7} x_i y_i - \frac{1}{7}(\sum_{i=1}^{7} x_i)(\sum_{i=1}^{7} y_i) = 58.80 \tag{5—10}$$

$$L_{xx} = \sum_{i=1}^{7} x_i^{\ 2} - \frac{1}{7}(\sum_{i=1}^{7} x_i)^2 = 2.13 \tag{5—11}$$

$$b_1 = \frac{L_{xy}}{L_{xx}} = \frac{58.80}{2.13} = 27.6 \tag{5—12}$$

$$b_0 = \bar{y} - b_1 \bar{x} = -25.64 \tag{5—13}$$

得到回归方程

$$\hat{y} = -25.64 + 27.6x \tag{5—14}$$

回归方程原型为

$$R_{28} = -25.64 + 27.6(C/W) \tag{5—15}$$

5.2.3 相关系数、剩余标准差及方差分析

任何两个变量 x 和 y 的一组实验数据，都可以用最小二乘法求出回归方程，配出相应的一条直线。然而，只有当 x 和 y 线性相关时，所配直线才有意义。相关系数是描述回归直线线性相关密切程度的指标，用 r 表示。

$$r = \frac{L_{xy}}{\sqrt{L_{xx}} \cdot \sqrt{L_{yy}}} \tag{5—16}$$

式中：L_{yy}——为 y 的平方差之和。

相关系数的正负号由 L_{xy} 决定。正相关是指 y 随 x 的增加而增加，负相关是指 y 随 x 的增加而减少。相关系数 r 是绝对值小于 1，大于 0 的无量纲统计量。r 的绝对值越接近于 1，表明 y 和 x 之间的线性相关越密切。r 接近于 0，表明 y 和 x 没有线性关系。

例 5.1 中，L_{yy} 为

$$L_{yy} = \sum_{i=1}^{7} y_i^{\ 2} - \frac{1}{7}(\sum_{i=1}^{7} y_i)^2 = 1639.85 \tag{5—17}$$

相关系数为

$$r=\frac{L_{xy}}{\sqrt{L_{xx}}\cdot\sqrt{L_{yy}}}=0.9949 \tag{5—18}$$

计算结果表明例5.1的混凝土抗压强度与灰水比的线性关系是很密切的。

当已知 x 值时，可以通过回归方程求得 y 的估计值，从而实现通过 x 值预测 $\hat{y}$ 值的目标。但是已知 x 值后，所得到的预测 $\hat{y}$ 值与实际的 y 值有多大偏差，即实际 y 值与预测 $\hat{y}$ 值的偏差程度反映了回归线预报的精度。对于同一个 x 值，实测的 y 值通常按正态分布波动，如果能计算出波动的标准离差，回归线的精度即可估计出来。剩余标准离差由式(5—19)给出。

$$S=\sqrt{\frac{1}{n-2}\sum_{i=1}^{n}(y_i-\hat{y}_i)^2} \tag{5—19}$$

例5.1式中的标准离差为

$$S=\sqrt{\frac{1}{n-2}\sum_{i=1}^{n}(y_i-\hat{y}_i)^2}=\sqrt{\frac{L_{yy}-b_1\cdot L_{xy}}{n-2}}=1.84 \tag{5—20}$$

即用回归方程来预测混凝土强度时，95.4%的概率不会超过 $2S=3.68\text{MPa}$。

在一元回归分析中，进行方差分析与相关系数 r 的检验，其目的是一致的。因变量 y_1，y_2，…，y_n 的变差平方和 $S_t(L_{yy})$ 是由两部分组成的，一部分是由于 x 的变化引起了 y 的变化，另一部分是实验误差引起的。前者称为回归平方和，记作 S_r；后者称为剩余平方和，记作 S_e。于是

$$S_t=S_r+S_e \tag{5—21}$$

S_r 与 S_e 可由下式计算：

$$S_r=b\cdot L_{xy} \tag{5—22}$$

$$S_e=\sum_{i=1}^{n}(y_i-\hat{y}_i)^2=L_{yy}-b\cdot L_{xy} \tag{5—23}$$

相应的自由度：

$$f_r=1, f_e=n-2 \tag{5—24}$$

将前面计算例5.1的数值代入得

$$S_r=1627.12, S_e=12.73, S_t=1639.85 \tag{5—25}$$

方差分析列于表5—2。方差分析表明，回归方程是非常显著的，28d抗压强度与灰水比之间有着非常密切的线性关系。

表5—2　一元回归方差分析表

方差来源	平方和	自由度	均 方	F 值	临界值
回 归	$S_r=1627.12$	1	1627.12	638.05**	$F_{0.01}(1,5)=21.2$
误 差	$S_e=12.73$	5	2.55		
总 和	$S_t=1639.85$	5			

5.2.4　加权回归

试验次数相等精度相等时，可取算术平均值进行计算。但当试验次数不等，也就引起精度不等，或者试验次数相等时，但操作方法或仪器精度不等，这时精度高的和精度低的对试验结果的最终影响就不同。因此，不能等同对待，而要给以不同的“权”，这就是加权。

(1)试验次数不同，试验次数 n_i 即为各自的权。

(2)试验次数相同而精度不同,各自的权按下式计算:

$$P_i = \frac{\lambda}{\sigma_i^2} \tag{5—26}$$

式中:P_i——每次试验的权数;

σ_i——每次试验的标准差;

λ——为计算方便而任意选择的比例数,但要统一。

【例 5.2】　从某单位室内及现场混凝土试件强度与标准离差关系的试验结果中,取出 5 组数据见表 5—3 所列。

表 5—3　混凝土试件强度与标准离差

No.	n_i	$\sigma(y_i)$	$R_{28}(x_i)$
1	75	3.58	17.5
2	69	2.69	14.9
3	43	4.31	21.3
4	31	4.95	27.5
5	47	4.75	33.0

通过混凝土强度来估计标准离差。由表 5—3 中的数据可以看出,每组所取得的样品数不同,所得到观测值的精度也不同。因而数据的代表性也不同。样品数多的组代表性就高,它在求 x 和 y 的回归方程中就应占较大的比重。因此,以每组测定的样品数 n_i 为"权"作加权回归。首先作加权回归表(见表 5—4 所列)。

表 5—4　加权回归计算表

No.	n_ix_i	n_iy_i	$n_ix_i^2$	$n_iy_i^2$	$n_ix_iy_i$
1	1312.5	268.50	22 968.75	961.2300	4698.750
2	1028.1	185.61	15 318.69	499.2909	2765.589
3	915.9	185.33	19 508.67	798.7723	3947.529
4	852.5	153.45	23 443.75	759.5775	4219.875
5	1551.0	223.25	51 183.00	1060.4380	7367.250
$\sum$	5660.0	1016.14	132 422.90	4079.3080	22 998.990

该回归方程的回归系数计算需要计算如下统计量:

$$\sum_{i=1}^{5} n_ix_i = 5660.0, \bar{x} = \sum_{i=1}^{5} n_ix_i/N = 21.2, \sum_{i=1}^{5} n_ix_i^2 = 132\,422.90, N = \sum_{i=1}^{5} n_i = 265;$$

$$\sum_{i=1}^{5} n_iy_i = 1016.14, \bar{y} = \sum_{i=1}^{5} n_iy_i/N = 3.806, \sum_{i=1}^{5} n_iy_i^2 = 4079.308, \sum_{i=1}^{5} n_ix_iy_i = 22\,998.99$$

$$L_{xx} = \sum_{i=1}^{5} n_ix_i^2 - \frac{1}{N}(\sum_{i=1}^{5} n_ix_i)^2 = 11\,533.8 \tag{5—27}$$

$$L_{xy} = \sum_{i=1}^{5} n_ix_iy_i - \frac{1}{N}(\sum_{i=1}^{5} n_ix_i)(\sum_{i=1}^{5} n_iy_i) = 1295.77 \tag{5—28}$$

$$b_1 = \frac{L_{xy}}{L_{xx}} = \frac{1295.77}{11\,533.8} = 0.1123 \tag{5—29}$$

$$b_0 = \bar{y} - b_1\bar{x} = 1.425 \quad (5\text{—}30)$$

得到回归方程

$$\hat{y} = 1.425 + 0.1123x \quad (5\text{—}31)$$

回归方程原型为

$$\sigma = 1.425 + 0.1123R_{28} \quad (5\text{—}32)$$

5.2.5 化非线性为线性回归及常用的回归曲线

在实际工程中，两个变量之间的关系常常不是线性关系，而是某种非线性关系，这时求回归方程一般分为两步：

(1)确定 x,y 关系的函数类型。方法主要是根据专业知识来确定，或是根据实验数据，从散点图的分布形状和特点，选择恰当的曲线来拟合实际数据；

(2)用最小二乘法来确定 x,y 相关函数中的未知数。

对于许多类型的函数，可以通过某种数学变换，把非线性的函数关系化成线性关系，然后对变换后的函数进行线性回归，从而求出待定系数。

混凝土的抗拉强度与抗压强度的比值随着抗压强度的增加而减少，它们的关系符合下式

$$y = ax^b \quad (5\text{—}33)$$

式中：y——抗拉强度；

x——抗压强度；

a,b——回归系数。

在进行回归分析时，只要对公式两边取对数，进行变量变换后即可化为一元线性回归。

混凝土工程常用的回归模型有以下几种。

(1)直线式　$y = a + bx$

①混凝土强度 R 与灰水比(C/W)的关系

$$R = a + b(C/W) \quad (5\text{—}34)$$

②混凝土和水泥胶砂 28d 强度 R 与灰水比(C/W)的关系

$$R_c/R_m = a + b(C/W) \quad (5\text{—}35)$$

③混凝土 28d 强度 R_{28} 与快测强度 $R_{快}$ 的关系

$$R_{28} = a + bR_{快} \quad (5\text{—}36)$$

④水泥净浆标准稠度用水量 P 与椎体下沉深度 S 的关系

$$P = a + bS \quad (5\text{—}37)$$

(2)双曲线型 $\frac{1}{y} = a + b\frac{1}{x}$

①混凝土静弹性模量 E_c 和强度 R 的关系

$$\frac{1}{E_c} = a + b\frac{1}{R} \text{ 或 } E_c = \frac{10^6}{a + \frac{b}{R}} \quad (5\text{—}38)$$

②混凝土强度 R 与龄期 t 的关系

$$\frac{1}{R} = a + b\frac{1}{t} \text{ 或 } R = \frac{t}{b + at} \quad (5\text{—}39)$$

③混凝土绝热温升 T_r 与或水泥水化热 Q 与龄期 t 的关系

$$T_r = \frac{mt}{n+t} \text{ 或 } Q = \frac{mt}{n+t} \tag{5—40}$$

(3)指数型 $y = ax^b$

①抗拉强度 R_t 与抗压强度 R_c 的关系

$$R_t = aR_c^b \tag{5—41}$$

②混凝土 28d 强度 R_{28} 与 1 小时快测强度 R_{1h} 的关系

$$R_{28} = aR_{1h}^b \tag{5—42}$$

(4)半对数型 $y = a + b\lg x$

混凝土中石子填充体积 V 与石子最大粒径 D 的关系

$$V = a + b\lg D \tag{5—43}$$

5.3 二元线性回归分析

大多数工程问题中,影响考核指标的因素常常不止一个。要探索两个自变量与因变量之间存在着的相关关系及其回归方程式,就是二元线性回归分析的任务。

5.3.1 二元线性回归的数学模型

二元线性回归是分析处理两个自变量 x_1 和 x_2 与因变量 y 之间所存在着的相关关系,并对其进行显著性检验的一种回归分析方法。

二元线性回归的数学模型为

$$\hat{y} = b_0 + b_1x_1 + b_2x_2 \tag{5—44}$$

式中:b_0, b_1, b_2——为回归系数。

由最小二乘法可以推出 b_1, b_2 必满足下列方程组

$$\begin{cases} l_{11}b_1 + l_{12}b_2 = l_{10} \\ l_{21}b_1 + l_{22}b_2 = l_{20} \end{cases} \tag{5—45}$$

其中

$$l_{11} = \sum_{i=1}^{n}(x_{1i} - \bar{x}_1)^2 = \sum_{i=1}^{n}x_{1i}^2 - \frac{1}{n}(\sum_{i=1}^{n}x_{1i})^2 \tag{5—46}$$

$$l_{22} = \sum_{i=1}^{n}(x_{2i} - \bar{x}_2)^2 = \sum_{i=1}^{n}x_{2i}^2 - \frac{1}{n}(\sum_{i=1}^{n}x_{2i})^2 \tag{5—47}$$

$$l_{12} = l_{21} = \sum_{i=1}^{n}(x_{1i} - \bar{x}_1)(x_{2i} - \bar{x}_2) = \sum_{i=1}^{n}x_{1i}x_{2i} - \frac{1}{n}(\sum_{i=1}^{n}x_{1i})(\sum_{i=1}^{n}x_{2i}) \tag{5—48}$$

$$l_{10} = \sum_{i=1}^{n}(x_{1i} - \bar{x})(y_i - \bar{y}) = \sum_{i=1}^{n}x_{1i}y_i - \frac{1}{n}(\sum_{i=1}^{n}x_{1i})(\sum_{i=1}^{n}y_i) \tag{5—49}$$

$$l_{20} = \sum_{i=1}^{n}(x_{2i} - \bar{x})(y_i - \bar{y}) = \sum_{i=1}^{n}x_{2i}y_i - \frac{1}{n}(\sum_{i=1}^{n}x_{2i})(\sum_{i=1}^{n}y_i) \tag{5—50}$$

常数项 b_0 为

$$b_0 = \bar{y} + b_1\bar{x}_1 + b_2\bar{x}_2 \tag{5—51}$$

【例 5.3】 在硫酸盐灰渣水泥的研制中,得到水泥 28d 抗压强度与熟料掺量和石膏掺量的试验数据见表 5—5 所列(该实例比较早,此外,该表中熟料掺量与石膏掺量是正交的,计算

比较方便）。

表 5—5　测试结果

抗压强度 R_{28}/MPa	12.2	14.0	17.8	15.9	17.9	22.0	17.4	21.7	24.9
熟料掺量 x_1/%	10	10	10	15	15	15	20	20	20
石膏掺量 x_2/%	4	8	12	4	8	12	4	8	12

计算所需要的统计量如下

$$n = 9, \sum_{i=1}^{9} y_i = 163.8, \sum_{i=1}^{9} y_i^2 = 3112.56, \bar{y} = 18.2;$$

$$\sum_{i=1}^{9} x_{1i} = 135, \sum_{i=1}^{9} x_{1i}^2 = 2175; \bar{x}_1 = 15, \sum_{i=1}^{9} x_{1i}y_i = 2557;$$

$$\sum_{i=1}^{9} x_{2i} = 72, \sum_{i=1}^{9} x_{2i}^2 = 672; \bar{x}_2 = 8, \sum_{i=1}^{9} x_{2i}y_i = 1387.2, \sum_{i=1}^{9} x_{1i}x_{2i} = 1080$$

$$l_{00} = \sum_{i=1}^{9} (y_i - \bar{y})^2 = \sum_{i=1}^{9} y_i^2 - \frac{1}{9}(\sum_{i=1}^{9} y_i)^2 = 131.4 \tag{5—52}$$

$$l_{11} = \sum_{i=1}^{9} (x_{1i} - \bar{x}_1)^2 = \sum_{i=1}^{9} x_{1i}^2 - \frac{1}{9}(\sum_{i=1}^{9} x_{1i})^2 = 150 \tag{5—53}$$

$$l_{22} = \sum_{i=1}^{9} (x_{2i} - \bar{x}_2)^2 = \sum_{i=1}^{9} x_{2i}^2 - \frac{1}{9}(\sum_{i=1}^{9} x_{2i})^2 = 96 \tag{5—54}$$

$$l_{12} = l_{21} = \sum_{i=1}^{9} (x_{1i} - \bar{x}_1)(x_{2i} - \bar{x}_2) = \sum_{i=1}^{9} x_{1i}x_{2i} - \frac{1}{9}(\sum_{i=1}^{9} x_{1i})(\sum_{i=1}^{9} x_{2i}) = 0 \tag{5—55}$$

$$l_{10} = \sum_{i=1}^{9} (x_{1i} - \bar{x})(y_i - \bar{y}) = \sum_{i=1}^{9} x_{1i}y_i - \frac{1}{9}(\sum_{i=1}^{9} x_{1i})(\sum_{i=1}^{9} y_i) = 100 \tag{5—56}$$

$$l_{20} = \sum_{i=1}^{9} (x_{2i} - \bar{x})(y_i - \bar{y}) = \sum_{i=1}^{9} x_{2i}y_i - \frac{1}{9}(\sum_{i=1}^{9} x_{2i})(\sum_{i=1}^{9} y_i) = 76.8 \tag{5—57}$$

建立回归系数方程组

$$\begin{cases} 150 \cdot b_1 + 0 \cdot b_2 = 100 \\ 0 \cdot b_1 + 96 \cdot b_2 = 76.8 \end{cases} \tag{5—58}$$

解方程组得

$$b_1 = \frac{100}{150} = 0.667, \qquad b_2 = \frac{76.8}{96} = 0.8$$

$$b_0 = \bar{y} - b_1 x_1 - b_2 x_2 = 18.2 - 0.667 \times 15 - 0.8 \times 8 = 1.8$$

所求二元线性回归方程为

$$\hat{y} = 1.8 + 0.667 x_1 + 0.8 x_2 \tag{5—59}$$

5.3.2　回归方程的显著性检验

所求的二元线性回归方程是否反映了 y_i 同 x_{1i} 和 x_{2i} 之间所存在的相关关系？对回归效果的检验一方面可以通过试验来实现，另一方面也可以通过计算回归方程的全相关系数 R 值与剩余标准离差 S 值来加以检验。

（1）全相关系数 R

全相关系数 R 值的意义与一元回归的相关系数 r 是一样的。只不过 R 值不取负数,它是一个从 0 到 1 之间的无量纲统计计量,即 $0 \leqslant R \leqslant 1$。

$$R = \sqrt{\frac{S_r}{l_{00}}} \tag{5—60}$$

式中:S_r——回归平方和 $S_r = b_1 l_{10} + b_2 l_{20}$;

l_{00}——总的离差平方和 $l_{00} = \sum_{i=1}^{n} y_i^2 - \frac{1}{n}(\sum_{i=1}^{n} y_i)^2$。

R 值愈接近 1,则表明 y 与 x_1 和 x_2 之间的线性相关程度愈大。

例 5.3 的数据代入公式中

$$S_r = b_1 l_{10} + b_2 l_{20} = 0.667 + 100 + 0.8 \times 76.8 = 128.14 \tag{5—61}$$

于是

$$R = \sqrt{\frac{S_r}{l_{00}}} = \sqrt{\frac{128.14}{131.4}} = 0.9885 \tag{5—62}$$

R 值接近于 1,故所得出的回归方程较为理想。

(2)剩余标准离差 S

同一元回归相似,二元回归方程的精度也是由剩余标准离差 S 来衡量的,S 值愈小,说明方程的精度愈高。

其计算公式如下

$$S = \sqrt{\frac{S_e}{n-m-1}} \tag{5—63}$$

式中:S_e——剩余平方和 $S_e = l_{00} - l_r = S_t - S_r$;

n——试验数据样本量;

m——自变量个数,二元回归中 $m = 2$。

例 5.3 的数据代入公式中

$$S_e = l_{00} - l_r = S_t - S_r = 131.40 - 128.14 = 3.26 \tag{5—64}$$

$$S = \sqrt{\frac{S_e}{n-m-1}} = \sqrt{\frac{3.26}{9-2-1}} = 0.74(\text{MPa}) \tag{5—65}$$

标准离差的计算结果表明,该方程的精度较高。

(3)方差分析

在二元回归分析过程中,不仅要知道回归方程是否显著,而且还要知道 x_1 和 x_2 两个影响因素对 y 的影响哪个是最显著的,以找出主要矛盾。检验方法是将它们的偏回归平方和(自由度为 1)与误差项的均方作比较,具体某个自变量 x_i 的偏回归平方和 P_i,是指在回归方程中除去这个自变量而使回归平方和减小的数值。对于二元回归,其偏回归平方和为

$$P_1 = b_1{}^2(l_{11} - \frac{l_{12}}{l_{22}}) \tag{5—66}$$

$$P_2 = b_2{}^2(l_{22} - \frac{l_{12}}{l_{11}}) \tag{5—67}$$

例 5.3 的数据代入公式中

$$P_1 = b_1{}^2(l_{11} - \frac{l_{12}}{l_{22}}) = 0.667^2(150 - \frac{0}{96}) = 66.67 \tag{5—68}$$

$$P_2 = b_2{}^2(l_{22} - \frac{l_{12}}{l_{11}}) = 0.8^2(96 - \frac{0}{150}) = 61.44 \tag{5—69}$$

因素影响的主次为 $P_1 > P_2$，即熟料掺量的影响大于石膏掺量的影响。由此计算出

$$F_1 = \frac{P_1}{S_e/f_e} = \frac{66.67 \times 6}{3.26} = 122.70 \tag{5—70}$$

$$F_2 = \frac{P_2}{S_e/f_e} = \frac{61.44 \times 6}{3.26} = 113.08 \tag{5—71}$$

计算结果统一列入方差分析表（详见表 5—6 所列）。

表 5—6　方差分析表

方差来源	平方和	自由度	均 方	F 值	临界值
x_1	66.67	1	66.67	122.70**	$F_{0.01}(1,6) = 13.75$
x_2	61.44	1	61.44	113.08**	$F_{0.01}(2,6) = 10.92$
回 归	128.14	2	64.07	117.90**	
误 差	3.26	6	0.533		
总 和	131.40	8			

由方差分析可知，除回归方程非常显著外，两个因素的影响都是非常显著的。在试验范围内，当给定某一熟料掺量和石膏掺量时，可根据回归方程求出硫酸盐灰渣水泥抗压强度的预测值，在 95.4% 的情况下，误差不会超过 $2S = 1.48\text{MPa}$。

5.4　多元回归分析

多元回归分析在工程中是一种十分重要的分析方法。多元线性回归是多元回归分析中一种较为简单的情况。多元线性回归与一元线性回归的相同之处在于寻求回归方程的原则与方法是一致的。但多元线性回归分析由于变量间存在着相关性，致使多元线性回归分析问题变得错综复杂。多元线性回归分析大致有以下 3 种情况：

（1）在多元变量之间，确实存在着线性关系；

（2）在多元变量之间，虽不成严格的线性关系，但在一定的范围内，可以把它们近似地看成线性关系。因此，它仍有实用价值；

（3）在多元变量之间，虽不成线性关系，但经过变量变换后，所获得的新变量间，存在线性关系。此时，可以先配成多元线性回归方程，再进一步得到原变量间的回归模型。

5.4.1　多元线性回归的数学模型

假设随机变量 y 与另外 p 个自变量 $x_1, x_2, \cdots, x_p$ 之间存在着线性相关关系。试验样本为 n，它的第 i 次试验数据为

$$(y_i; x_{i1}, x_{i2}, \cdots, x_{ip}) \qquad (i = 1, 2, \cdots, n)$$

这一组数据可以假设有如下的结构式

$$\begin{cases} y_1 = \beta_0 + \beta_1 x_{11} + \beta_2 x_{12} + \cdots + \beta_p x_{1p} + \varepsilon_1 \\ y_2 = \beta_0 + \beta_1 x_{21} + \beta_2 x_{22} + \cdots + \beta_p x_{2p} + \varepsilon_2 \\ \quad \cdots\cdots \\ y_n = \beta_0 + \beta_1 x_{n1} + \beta_2 x_{n2} + \cdots + \beta_p x_{np} + \varepsilon_n \end{cases} \tag{5—72}$$

式中：$\beta_0, \beta_1, \cdots, \beta_p$—— $p+1$ 个待估计参数；

$x_1, x2, \cdots, x_p$—— p 个可以精确测量或可控制的一般变量；

$\varepsilon_0, \varepsilon_1, \cdots, \varepsilon_n$—— n 个相互独立且服从同一正态分布 $N(0, \sigma^2)$ 的随机变量。

这就是多元线性回归的数学模型。若用矩阵来研究多元线性回归非常方便。设

$$\boldsymbol{Y} = \begin{pmatrix} y_1 \\ y_2 \\ \vdots \\ y_n \end{pmatrix}, \quad \boldsymbol{\beta} = \begin{pmatrix} \beta_0 \\ \beta_1 \\ \vdots \\ \beta_n \end{pmatrix}, \quad \boldsymbol{\varepsilon} = \begin{pmatrix} \varepsilon_1 \\ \varepsilon_2 \\ \vdots \\ \varepsilon_n \end{pmatrix}, \quad \boldsymbol{X} = \begin{pmatrix} 1 & x_{11} & x_{12} & \cdots & x_{1p} \\ 1 & x_{21} & x_{22} & \cdots & x_{2p} \\ \vdots & \vdots & \vdots & & \vdots \\ 1 & x_{n1} & x_{n2} & \cdots & x_{np} \end{pmatrix}$$

则式(5—72)可表示为

$$\boldsymbol{Y} = \boldsymbol{X\beta} + \boldsymbol{\varepsilon} \tag{5—73}$$

5.4.2 多元回归的系数确定方法

设 $b_0, b_1, \cdots, b_p$ 分别是回归系数 $\beta_0, \beta_1, \cdots, \beta_p$ 的最小二乘估计，即使 $b = [b_0, b_1, \cdots, b_p]^\tau$ 满足

$$\boldsymbol{Q} = \left\| \boldsymbol{Y} - \boldsymbol{Xb} \right\|^2 = \min_{\boldsymbol{\beta}} \left\| \boldsymbol{Y} - \boldsymbol{Xb} \right\|^2$$

也就是要求出回归系数 $b_0, b_1, \cdots, b_p$，使得全部观察值 $y_i (i = 1, 2, \cdots, n)$ 与回归值 $\hat{y}_i = b_0 + b_1 x_{i1} + b_2 x_{i2} + \cdots + b_p x_{ip}$ 的残差平方和 $\boldsymbol{Q}$ 达到最小。因 $\boldsymbol{Q}$ 是非负二次式，故最小值一定存在。由极值原理及对矩阵求导法则，当 $\boldsymbol{Q}$ 取得极小值时，b 满足

$$(\boldsymbol{X}^\tau \boldsymbol{X}) \boldsymbol{b} = \boldsymbol{X}^\tau \boldsymbol{Y} \tag{5—74}$$

即

$$\boldsymbol{b} = \hat{\boldsymbol{\beta}} = (\boldsymbol{X}^\tau \boldsymbol{X})^{-1} \boldsymbol{X}^\tau \boldsymbol{Y} \tag{5—75}$$

我们称 X 为结构矩阵，$X^\tau X$ 为信息矩阵（系数矩阵）用 A 表示，$(X^\tau X)^{-1}$ 为相关矩阵用 C 表示。

$$\boldsymbol{A} = \boldsymbol{X}^\tau \boldsymbol{X} = \begin{pmatrix} 1 & 1 & \cdots & 1 \\ x_{11} & x_{21} & \cdots & x_{n1} \\ x_{12} & x_{22} & \cdots & x_{n2} \\ \vdots & \vdots & & \vdots \\ x_{1p} & x_{2p} & \cdots & x_{np} \end{pmatrix} \begin{pmatrix} 1 & x_{11} & x_{12} & \cdots & x_{1p} \\ 1 & x_{21} & x_{22} & \cdots & x_{2p} \\ \vdots & \vdots & \vdots & & \vdots \\ 1 & x_{n1} & x_{n2} & \cdots & x_{np} \end{pmatrix}$$

$$\boldsymbol{B} = \boldsymbol{X}^\tau \boldsymbol{Y} = \begin{pmatrix} 1 & 1 & \cdots & 1 \\ x_{11} & x_{21} & \cdots & x_{n1} \\ x_{12} & x_{22} & \cdots & x_{n2} \\ \vdots & \vdots & & \vdots \\ x_{1p} & x_{2p} & \cdots & x_{np} \end{pmatrix} \begin{pmatrix} y_1 \\ y_2 \\ \vdots \\ y_n \end{pmatrix}$$

$$\boldsymbol{b} = \boldsymbol{A}^{-1} \boldsymbol{B} = \boldsymbol{CB} \tag{5—76}$$

求出回归系数 b 后，得到回归方程

$$\hat{y}=b_0+b_1x_1+b_2x_2+\cdots+b_px_p \tag{5—77}$$

5.4.3 回归方程及回归系数的显著性检验

在工程实际问题中，事先我们并不能断定随机变量一般变量 $x_1,x_2,\cdots,x_p$ 之间是否有线性关系。在求线性回归方程之前，线性回归模型公式只是一种假设，尽管这种假设常常不是没有根据的，但在求出线性回归方程后，还是需要对其进行统计检验，以给出肯定或者否定的结论。为此，我们需要把总的平方和进行分解。

设 $\hat{y}=b_0+b_1x_1+b_2x_2+\cdots+b_px_p$ 是所求出的回归方程，$\hat{y}_i$ 是第 i 个试验点 $(x_{i1},x_{i2},\cdots,x_{ip})$ 上的回归值，显然

$$\hat{\boldsymbol{Y}}=\begin{pmatrix}\hat{y}_1\\ \hat{y}_2\\ \vdots\\ \hat{y}_n\end{pmatrix}=\begin{pmatrix}1 & x_{11} & x_{12} & \cdots & x_{1p}\\ 1 & x_{21} & x_{22} & \cdots & x_{2p}\\ \vdots & \vdots & \vdots & & \vdots\\ 1 & x_{n1} & x_{n2} & \cdots & x_{np}\end{pmatrix}\begin{pmatrix}b_0\\ b_1\\ \vdots\\ b_p\end{pmatrix} \tag{5—78}$$

设 $\bar{y}=\dfrac{1}{n}\sum\limits_{i=1}^{n}y_i$，总偏差平方和为

$$S_t=\sum_{i=1}^{n}(y_i-\bar{y})^2=\sum_{i=1}^{n}(y_i-\hat{y}_i)^2+\sum_{i=1}^{n}(\hat{y}_i-\bar{y})^2 \tag{5—79}$$

我们称 $\sum\limits_{i=1}^{n}(y_i-\hat{y}_i)^2$ 为剩余平方和，记为 S_e，$\sum\limits_{i=1}^{n}(\hat{y}_i-\bar{y})^2$ 为回归平方和，记为 S_r，用统计量

$$F=\frac{S_r/p}{S_e/(n-p-1)}\sim F(p,n-p-1) \tag{5—80}$$

来检验回归方程的显著性。在选定的显著水平下，如 $F>F_\alpha(p,n-p-1)$，则认为多元回归方程是有显著意义的，y 与 x 之间存在线性关系，回归方程可以使用。反之，认为没有显著意义，即 y 与 x 之间无线性关系，这时需要改变一下模型，重新用最小二乘法求回归系数，得到新的回归方程。

多元回归模型中，只检验回归方程的显著性是不够的，因为即使回归方程是显著的，也并不能说明每个因素（即自变量）对 y 的影响都是重要的。如果某些变量对 y 的影响并不重要，可将其从回归方程中除掉，重新建立更为简单的回归方程。记 $(X^{\tau}X)^{-1}=C$，可用统计量

$$F=\frac{b_i^2/c_{ii}}{S_e/(n-p-1)}\sim F(1,n-p-1) \tag{5—81}$$

来检验回归系数 b_i 的显著性。在给定的显著水平下。若 $F>F_\alpha(1,n-p-1)$，则回归系数是显著的，即认为变量 x_i 是起重要作用的，反之，则认为 x_i 不起作用。

【例 5.4】 在研制砌筑水泥时，测出的水泥强度与主要影响强度的材料之间的测试数据见表 5—7（早期试验数据）所列。

表 5—7 测试结果

抗压强度	65.5	65	30.5	78	64	107	82	40	61	53
熟料用量	0.13	0.13	0.10	0.16	0.10	0.16	0.165	0.095	0.13	0.13
矿渣用量	0.18	0.18	0.14	0.14	0.22	0.22	0.18	0.18	0.227	0.133
粉煤灰用量	0.465	0.393	0.432	0.432	0.432	0.432	0.354	0.354	0.354	0.354

解:设水泥强度为y,熟料用量为x_1,矿渣用量x_2,粉煤灰用量为x_3,具体计算如下:

$$A = X^{\tau}X = \begin{pmatrix} 1 & 1 & \cdots & 1 \\ 0.13 & 0.13 & \cdots & 0.13 \\ 0.18 & 0.18 & \cdots & 0.133 \\ 0.465 & 0.393 & \cdots & 0.354 \end{pmatrix}\begin{pmatrix} 1 & 0.13 & 0.18 & 0.465 \\ 1 & 0.13 & 0.18 & 0.393 \\ \vdots & \vdots & \vdots & \vdots \\ 1 & 0.13 & 0.133 & 0.354 \end{pmatrix}$$

$$= \begin{pmatrix} 10 & 1.3 & 1.8 & 4.002 \\ 1.3 & 0.175 & 0.234 & 0.520 \\ 1.8 & 0.234 & 0.335 & 0.720 \\ 4.002 & 0.520 & 0.720 & 1.618 \end{pmatrix}$$

$$B = X^{\tau}Y = \begin{pmatrix} 1 & 1 & \cdots & 1 \\ 0.13 & 0.13 & \cdots & 0.13 \\ 0.18 & 0.18 & \cdots & 0.133 \\ 0.465 & 0.393 & \cdots & 0.354 \end{pmatrix}\begin{pmatrix} 65.5 \\ 65.0 \\ \vdots \\ 53.0 \end{pmatrix} = \begin{pmatrix} 646 \\ 88.165 \\ 119.156 \\ 260.29 \end{pmatrix}$$

$$C = A^{-1} = \begin{pmatrix} 15.403 & -21.488 & -16.639 & -23.774 \\ -21.488 & 165.288 & -0.000\,228 & 0.000\,585 \\ -16.639 & -0.000\,228 & 92.438 & 0 \\ -23.774 & 0.000\,585 & 0 & 59.406 \end{pmatrix}$$

$$b = \hat{\beta} = CB = \begin{pmatrix} 15.403 & -21.488 & -16.639 & -23.774 \\ -21.488 & 165.288 & -0.000\,228 & 0.000\,585 \\ -16.639 & -0.000\,228 & 92.438 & 0 \\ -23.774 & 0.000\,585 & 0 & 59.406 \end{pmatrix}\begin{pmatrix} 646 \\ 88.165 \\ 119.156 \\ 260.29 \end{pmatrix} = \begin{pmatrix} -115.05 \\ 691.73 \\ 265.85 \\ 104.63 \end{pmatrix}$$

所求回归方程为

$\hat{y} = -115.05 + 691.73x_1 + 265.85x_2 + 104.63x_3$

方差分析计算如下:

回归平方和 $S_r = \sum_{i=1}^{n}(\hat{y}_i - \bar{y})^2 = \sum_{i=1}^{10}(\hat{y}_i - \bar{y})^2 = 3844.19$

偏差平方和 $S_e = \sum_{i=1}^{n}(y_i - \hat{y}_i)^2 = \sum_{i=1}^{10}(y_i - \hat{y}_i)^2 = 352.709$

总体平方和 $S_t = \sum_{i=1}^{n}(y_i - \bar{y})^2 = S_r + S_e = 4196.899$

F 值 $F = \dfrac{S_r/p}{S_e/(n-p-1)} = 21.80$

回归系数的显著性计算见表 5—8 所列。

全相关系数 R 计算如下

$$R = \sqrt{\frac{S_r}{S_t}} = \sqrt{\frac{3844.19}{4196.899}} = 0.957$$

可以看出回归方程是非常显著的,客观地反映了主成分掺量与强度之间的规律。影响因素的主次为:水泥熟料掺量 > 矿渣掺量 > 粉煤灰掺量。其中,熟料掺量是非常显著的。

表 5—8　方差分析表

方差来源	平方和	自由度	均 方	F 值	临界值
x_1	2894.89	1	2894.89	49.25**	$F_{0.01}(1,6)=13.7$
x_2	764.58	1	764.58	13.01*	$F_{0.05}(1,6)=5.99$
x_3	184.29	1	184.29	3.14	$F_{0.10}(1,6)=3.78$
回 归	3844.19	3	1281.40	21.80**	$F_{0.01}(3,6)=9.78$
误 差	352.709	6	58.78		
总 和	4196.899	9			

5.5　多元逐步回归分析

逐步回归分析是在多元线性回归分析的基础上发展起来的一种方法。它能在影响因变量 y 的多个自变量中,挑选其中对 y 影响显著的那些变量来建立回归方程,可应用于预报问题、控制问题、曲线拟合和建立经验公式。

逐步回归分析方法从一个变量开始,视各自变量对 y 作用的显著程度,将显著变量逐个引入回归方程,而原已引入变量因后面引入新变量变得不再显著时,则将其剔除,每一步都进行 F 检验,以保证方程中只包含显著变量,该过程反复进行,直至既不能剔除,又不能引入为止。衡量自变量对 y 影响的大小,用计算出的回归系数的显著性来评价。

5.5.1　逐步回归的计算过程

(1)计算均值

$$\bar{y}=\frac{1}{n}\sum_{i=1}^{n}y_i,\bar{x}_i=\frac{1}{n}\sum_{i=1}^{n}x_{ki}\quad(k=1,2,\cdots,n;i=1,2,\cdots,p)$$

(2)计算离差矩阵 L

$$L_{ij}=L_{ji}=\sum_{i=1}^{n}(x_{ki}-\bar{x}_i)(x_{kj}-\bar{x}_j)\quad(i,j=1,2,\cdots,p)$$

$$\begin{cases}L_{11}b_1+L_{12}b_2+\cdots+L_{1p}b_p=L_{1y}\\L_{21}b_1+L_{22}b_2+\cdots+L_{2p}b_p=L_{2y}\\\cdots\cdots\\L_{p1}b_1+L_{p2}b_2+\cdots+L_{pp}b_p=L_{py}\end{cases}\tag{5—82}$$

(3)建立相关矩阵 R

$$R_{ij}=L_{ij}/(\sqrt{L_{ii}}\cdot\sqrt{L_{jj}})\tag{5—83}$$

为便于计算,新的正规方程写成如下形式

$$\begin{cases}r_{11}b_1^*+r_{12}b_2^*+\cdots+r_{1p}b_p^*=r_{1y}\\r_{21}b_1^*+r_{22}b_2^*+\cdots+r_{2p}b_p^*=r_{2y}\\\cdots\cdots\\r_{p1}b_1^*+r_{p2}b_2^*+\cdots+r_{pp}b_p^*=r_{py}\end{cases}\tag{5—84}$$

式(5—83)的解 b_i^* 与原方程(5—81)的解 b_i 有如下关系

$$b_i = b_i^* \sqrt{L_{yy}}/\sqrt{L_{ii}} \quad (i=1,2,\cdots,p) \tag{5—85}$$

相关矩阵(r_{ij})的逆矩阵(C_{ij}^*)与离差矩阵(L_{ij})的逆矩阵(C_{ij})存在如下关系

$$C_{ij} = C_{ij}^*/(\sqrt{L_{ii}}\cdot\sqrt{L_{jj}}) \quad (i=1,2,\cdots,p) \tag{5—86}$$

若已计算了 l 步(包括 $l=0$),回归方程中引入了 l 个变量,则第 $l+1$ 步的计算过程如下:

(1)算出全部变量的贡献(即偏回归平方和)

$$V_i^{(l)*} = (r_{iy}^{(l)})^2/r_{ii}^{(l)} = V_i^{(l+1)*} \tag{5—87}$$

其中,前一个等号可以视为从回归方程中剔除 x_i 所损失的贡献,后一个等号可以视为将 x_i 引入回归方程所增加的贡献。

(2)在已引入的自变量中,还要剔除那些不显著的变量,就是说在已引入方程的变量中选出具有最小 V^* 值的量。例如,

$$V_k^{(l)} = \min\{V_i^*\}\ (\text{已引入的 } i)$$

计算 F 值

$$F = (n-l-1)V_k^*/Q^{(l)*} \tag{5—88}$$

若 $F \leqslant F_\alpha$,则把 x_k 从回归方程中剔除。

若 $F > F_\alpha$,则需考虑从未引入的变量中选出最显著的量,即未引入量中具有最大 V^* 值者。

$$V_k^{(l+1)} = \max\{V_i^{(l+1)*}\}\ (\text{未引入的 } i)$$

计算 F 值

$$\begin{aligned} F &= [n-(l+1)-1]V_k^{(l+1)*}/Q^{(l+1)*} \\ &= (n-l-2)V_k^{(l+1)*}/(Q^{(l)*}-V_k^{(l+1)*}) \end{aligned} \tag{5—89}$$

若 $F > F_\alpha$,则把 x_k 引入回归方程。否则,逐步计算阶段结束,进入第三阶段。

(3)对需要剔除或引进的 x_k 作一次消去运算

$$r_{ij}^{(l+1)} = \begin{cases} r_{kj}^{(l)}/r_{kk}^{(l)},(i=k,j\neq k) \\ r_{kj}^{(l)} - r_{ij}^{(l)}r_{kj}^{(l)}/r_{kk}^{(l)},(i\neq k,j\neq k) \\ 1/r_{kk}^{(l)},(i=k,j=k) \\ -r_{jk}^{(l)}/r_{kk}^{(l)},(i\neq k,j=k) \end{cases} \tag{5—90}$$

此时,对已引进回归方程的 x_i,其回归系数 $b_i^{(l+1)*}$

$$b_i^{(l+1)*} = r_{iy}^{(l+1)}$$

$$b_i^{(l+1)} = r_{iy}^{(l+1)}\sqrt{L_{yy}}/\sqrt{L_{ii}} \tag{5—91}$$

到此步时,第 $l+1$ 步的计算结束。若进行 $l+2$ 步计算,则需重复(1)~(3)的逐步计算步骤。

最终完成回归计算需要分别计算回归方程的常数项 b_0,残差 e_k 及其他统计检验量。

$$\begin{aligned} b_0 &= \bar{y} - \sum_{i=1}^{n} b_i\bar{x}_i \\ e_k &= y_k - \hat{y}_k \\ &= y_k - (b_0 + \sum_{i=1}^{n} b_i x_{ki})\ (i\text{ 表示已被引入变量}) \end{aligned}$$

5.5.2 逐步回归应用示例

【**例 5.5**】 用逐步回归方法,寻求因变量 y 与 x_1,x_2,x_3,x_4 之间“最优”回归方程。逐步回

归的原始数据列在表 5—9 中。本例样品数 $N=32$,自变量数 $p=4$,计算中取 $F_1=F_2=2.5$。

表 5—9 试验数据

No.	x_1	x_2	x_3	x_4	y	$\hat{y}$	$y-\hat{y}$
1	13	7	26	19	11.5	10.9966	0.5034
2	15	11	40	34	19.8	19.5262	0.3738
3	21	8	29	17	13.7	14.0475	-0.3475
4	19	12	15	33	21.6	21.0517	0.5483
5	27	11	13	27	22.3	22.0982	0.2018
6	32	10	21	15	19.1	18.6183	0.4817
7	17	8	18	16	11.7	11.5199	0.1801
8	26	10	35	23	19.4	19.5872	-0.1872
9	14	6	14	18	10.6	11.0022	-0.4122
10	28	13	21	34	25.5	26.1125	-0.6125
11	19	9	13	39	18.7	19.0473	-0.3473
12	12	10	19	38	19.3	20.0107	0.7106
13	23	8	25	17	15.6	15.0608	0.5392
14	28	11	33	32	24.7	25.1103	-0.4103
15	21	9	18	19	15.3	15.0497	0.2503
16	35	14	24	34	29.8	29.6589	0.1411
17	16	6	19	14	10.2	10.0110	0.1889
18	24	10	32	26	19.8	20.0772	-0.2772
19	22	11	39	38	25.3	25.0770	0.2230
20	10	7	17	20	9.7	9.9778	-0.2778
21	18	8	34	22	14.8	15.0330	-0.2330
22	29	11	28	21	20.7	20.1049	0.5951
23	18	11	16	32	19.6	20.0439	-0.4439
24	16	10	18	11	20.1	20.0329	0.0671
25	18	7	23	14	11.1	11.0243	0.0757
26	23	11	29	29	20.7	21.0739	-0.3739
27	25	13	41	40	28.9	27.5991	1.3009
28	32	9	12	15	18.3	19.6183	-0.3183
29	36	11	37	18	21.5	22.1481	-0.6481
30	31	9	25	14	17.7	17.6106	0.0894
31	29	13	14	38	28.3	28.6235	-0.3234
32	18	10	11	35	21.6	21.5472	0.0528

建立正规方程组,其均值、标准差、离差矩阵、相关矩阵见表 5—10 所列。

表 5—10 均值、标准差、离差矩阵、相关矩阵

项 目		x_1	x_2	x_3	x_4	y
均 值		22.3437	9.8125	23.6250	25.4687	18.9719
标准差		6.92639	2.07034	9.05806	8.69551	5.49271
离差矩阵 L_{ij}	x_1	1487.220	252.062	408.125	-81.156	712.809
	x_2	252.062	132.875	120.750	413.812	337.231
	x_3	408.125	120.750	2543.50	244.625	351.362
	x_4	-81.156	413.812	244.625	2343.970	1133.420

续表

项目		x_1	x_2	x_3	x_4	y
L_{yy}						935.265
r_{ij}	x_1	1.000 000	0.567 021	0.209 841	−0.043 466 9	0.604 392
	x_2	0.567 021	1.000 000	0.207 706	0.741 491	0.956 618
	x_3	0.209 841	0.207 706	1.000 000	0.100 186	0.227 810
	x_4	−0.043 466 9	0.741 491	0.100 186	1.000 000	0.765 505

逐步回归计算：

第一步($l=0$)

(1)各变量贡献

$$V_1^{(1)*}=(r_{1y}^{(0)})^2/r_{11}^{(0)}=0.365\ 289$$

$$V_2^{(1)*}=(r_{2y}^{(0)})^2/r_{22}^{(0)}=0.915\ 118$$

$$V_3^{(1)*}=(r_{3y}^{(0)})^2/r_{33}^{(0)}=0.518\ 973$$

$$V_4^{(1)*}=(r_{4y}^{(0)})^2/r_{44}^{(0)}=0.585\ 999$$

(2)只考虑引入变量

$$V_2^{(1)*}=\max\{V_1^{(1)*},V_2^{(1)*},V_3^{(1)*},V_4^{(1)*}\}\ (\text{未引入量})$$

$$F=(n-0-2)V_2^{(1)*}/(Q^{(0)*}-V_2^{(1)*})=323.432$$

因为若 $F>F_1(F_1=2.5)$，所以，变量 x_2 显著，可以引入回归方程。

(3)对 x_2 作消去运算得到 $r_{ij}^{(1)}(k=2)$

表 5—11　计算结果

$r_{ij}^{(1)}$		i				y
		1	2	3	4	
j	1	0.678 487	−0.567 021	0.092 067	−0.463 908	0.061 969
	2	0.567 021	1.000 000	0.207 706	0.741 491	0.956 618
	3	0.092 067	−0.207 706	0.956 858	−0.053 826	0.029 114 2
	4	−0.463 908	−0.741 491	−0.053 826	0.450 191	0.056 182

$$Q^{(1)*}=Q^{(0)*}-V_2^{(1)*}=0.084\ 882$$

第二步($l=1$)

(1)各变量贡献

$$V_1^{(2)*}=0.005\ 659\ 95$$

$$V_2^{(2)*}=-0.915\ 118\ (\text{已引入方程})$$

$$V_3^{(2)*}=0.000\ 885\ 853$$

$$V_4^{(2)*}=0.007\ 011\ 23$$

(2)只考虑引入变量

$$V_4^{(2)*}=\max\{V_1^{(2)*},V_3^{(2)*},V_4^{(2)*}\}\ (\text{未选量})$$

$$F=(n-1-2)V_4^{(2)*}/(Q^{(1)*}-V_4^{(2)*})=2.611\ 07$$

由此可见，$F>F_1(F_1=2.5)$，变量 x_4 显著，可以引入回归方程。

(3)对 x_4 作消去运算得到 $r_{ij}^{(2)}(k=4)$

表 5—12　计算结果

$r_{ij}^{(2)}$		i				y
		1	2	3	4	
j	1	0.200 445	-1.331 100	0.036 601 1	1.030 470	0.119 863
	2	1.331 100	2.221 280	0.296 361	-1.647 060	0.864 083
	3	0.036 601 1	-0.296 361	0.950 423	0.119 562	0.035 831 4
	4	-1.030 470	-1.647 060	-0.119 562	2.221 280	0.124 790

$$Q^{(2)*}=Q^{(1)*}-V_4^{(2)*}=0.077\ 870\ 7$$

第三步$(l=2)$

(1)各变量贡献

$$V_1^{(3)*}=0.071\ 676\ 3$$

$$V_2^{(3)*}=-0.336\ 131\ (\text{已被引入})$$

$$V_3^{(3)*}=0.001\ 358$$

$$V_4^{(3)*}=-0.007\ 011\ 23\ (\text{已被引入})$$

(2)仍只考虑引入变量

$$V_1^{(3)*}=\max\{V_1^{(3)*},V_3^{(3)*}\}\ (\text{未引入的})$$

$$F=(n-2-2)V_1^{(3)*}/(Q^{(2)*}-V_1^{(3)*})=323.988$$

由此可见，$F>F_1(F_1=2.5)$，变量 x_1 显著，可以引入回归方程。

(3)对 x_1 作消去运算得到 $r_{ij}^{(3)}(k=1)$

表 5—13　计算结果

$r_{ij}^{(3)}$		i				y
		1	2	3	4	
j	1	4.988 90	-6.640 75	0.182 60	5.140 94	0.597 985
	2	-6.640 75	11.060 8	0.053 302	-8.490 15	0.068 103 1
	3	-0.182 60	-0.053 302	0.943 739	-0.068 600 9	0.013 944 5
	4	5.140 94	-8.490 15	0.068 600 9	7.518 830	0.741 000

$$Q^{(3)*}=Q^{(2)*}-V_1^{(3)*}=0.006\ 613\ 79$$

第四步$(l=3)$

(1)各变量贡献

$$V_1^{(3)*}=-0.071\ 676\ 3(\text{已被引入})$$

$$V_2^{(3)*}=-0.000\ 419\ 321\ (\text{已被引入})$$

$$V_3^{(3)*}=0.000\ 206\ 04$$

$$V_4^{(3)*}=-0.073\ 027\ 6\ (\text{已被引入})$$

(2)考虑剔除

$$V_2^{(3)*} = \min\{V_1^{(3)*}, V_2^{(3)*}, V_4^{(3)*}\}\text{（已被引入的）}$$

$$F = (n-3-1)V_2^{(3)*}/Q^{(3)*} = 1.8954$$

由此可见，$F < F_1(F_1 = 2.5)$，应将 x_2 剔除。

（3）对 x_2 作消去运算得到 $r_{ij}^{(4)}(k=4)$

表 5—14 计算结果

$r_{ij}^{(4)}$		i				y
		1	2	3	4	
j	1	1.001 89	0.600 386	0.214 601	0.043 548 6	0.638 873
	2	−0.600 386	0.090 409	0.004 848 96	−0.767 588	0.006 157 15
	3	−0.214 601	0.004 818 96	0.943 996	−0.109 515	0.014 272 7
	4	0.043 548 6	0.767 588	0.109 515	1.001 89	0.793 275

$$Q^{(2)*} = Q^{(3)*} - V_2^{(3)*} = 0.006\,613\,79$$

第五步（$l=2$）

（1）各变量贡献

$$V_1^{(2)*} = -0.407\,388\text{（已被引入）}$$

$$V_2^{(2)*} = 0.000\,419\,321$$

$$V_3^{(2)*} = 0.000\,215\,794$$

$$V_4^{(2)*} = -0.628\,097\text{（已被引入）}$$

（2）考虑剔除

$$V_1^{(2)*} = \min\{V_1^{(2)*}, V_4^{(2)*}\}\text{（已被引入的）}$$

$$F = (n-2-1)V_1^{(2)*}/Q^{(2)*} = 1786.3$$

由于 $F > F_1(F_1 = 2.5)$，所以不能剔除 x_1，应考虑引入回归方程。

$$V_2^{(3)} = \max\{V_2^{(3)}, V_3^{(3)}\}\text{（已被引入的）}$$

$F = (n-2-2)V_2^{(3)*}/(Q^{(2)*} - V_2^{(3)*}) = 1.8954$

由于 $F < F_1$，所以 x_2 不能引入回归方程。

现在，既不能剔除已进入方程的变量，又不能引入尚未进入方程的变量，此时，结束逐步计算。

建立"最优"回归方程并进行检验如下：

逐步计算选出的显著变量 x_1, x_4 的回归系数为

$$b_1^{(2)} = r_{1y}^{(2)}\sqrt{L_{yy}}/\sqrt{L_{11}} = 0.506\,634$$

$$b_4^{(2)} = r_{4y}^{(2)}\sqrt{L_{yy}}/\sqrt{L_{44}} = 0.501\,09$$

常数项　$b_0^{(2)} = -5.110\,34$

最优回归方程为　$y = -5.110\,34 + 0.506\,634x_1 + 0.501\,09x_4$

误差　$E(k) = y_k - (-5.110\,34 + 0.506\,634x_{k1} + 0.501\,09x_{k4})$（参见表 5—9 的右列）

剩余平方和　$Q^{(2)} = L_{yy}Q^{(2)*} = 6.185\,65$

回归平方和　$U^{(2)} = -L_{yy}(1 - Q^{(2)*}) = 929.08$

最大误差　$E_2 = 1.3009$（第27行）

5.6 多元回归分析应用成果

5.6.1 水泥水化热的多元回归分析

【例5.6】 水泥在凝结硬化过程中放出的热量 y 与水泥的主要矿物组成有关：

x_1——$3CaO \cdot Al_2O_3$（铝酸三钙），%；

x_2——$3CaO \cdot SiO_2$（硅酸三钙），%；

x_3——$4CaO \cdot Al_2O_3 \cdot Fe_2O_3$（铁铝酸四钙），%；

x_4——$2CaO \cdot SiO_2$（硅酸二钙），%。

现测得13组数据（见表5—15所列），试建立“最优”回归方程。

表5—15　试验数据

No.	x_1	x_2	x_3	x_4	y
1	7	26	6	60	78.5
2	1	29	15	52	74.3
3	11	56	8	20	104.3
4	11	31	8	47	87.6
5	7	52	6	33	95.9
6	11	55	9	22	109.2
7	3	71	17	6	102.7
8	1	31	22	44	72.5
9	2	54	18	22	93.1
10	21	47	4	26	115.9
11	1	40	23	34	83.8
12	11	66	9	12	113.3
13	10	68	8	12	109.4

在建立“最优”回归方程的过程中，有以下几种方法，先对比分析如下。

(1)方法①

建立所有可能变量组合的回归方程，从中挑选最优者，即把所有包含1个，2个，……直至所有变量的线性回归方程全部计算出来，对每一个方程及自变量作显著性检验，然后从中挑选一个方程，要求该方程中所有的变量全部显著，且剩余均方和 $\hat{\sigma}^2$ 较小。

在本例中，包含一个因子的方程有 $C_4^1 = 4$，包含两个变量的方程有 $C_4^2 = 6$，包含3个变量的方程有 $C_4^3 = 4$，包含4个变量，即全部变量的方程只有一个，共有15个回归方程。这些回归方程的回归系数及系数的显著性检验及 $\hat{\sigma}^2$ 的大小见表5—16所列。

在这15个回归方程中，$\hat{\sigma}^2$ 最小的为方程(11)，但在该回归方程中有不显著的因子，故该方程不是“最优”的。而全部因子显著，且 $\hat{\sigma}^2$ 较小的为表中的方程(5)，即为

$$\hat{y} = 52.5773 + 1.4683x_1 + 0.6623x_2 \tag{5—92}$$

用该方法总可以找到一个“最优”的回归方程，但工作量也是很大的，尤其是当因子个数较多时，这种方法是难以应用的。

（2）方法②

从包括全部自变量的回归方程中逐次剔除不显著的量，在本例中，首先建立表中的方程(15)，然后对每一个变量作显著性检验，从中剔除不显著变量中偏回归平方和最小的变量 x_3，重新建立回归方程(12)，再从中剔除最不显著的变量 x_4，重新建立回归方程，得到回归方程(5)。因回归方程(5)中所有因子都显著，故它是“最优”的。可以看出，该方法比方法(1)的工作量小得多。当变量不多，特别是不显著的变量不多时，这种方法可以采用。但当变量比较多，特别是不显著的变量比较多时，则其工作量仍是比较大的，因为每剔除一个变量，就得重新计算回归系数及重新对变量进行检验。

（3）方法③

从一个变量开始，将变量逐个引入回归方程，在本例中，先计算各变量与 y 的相关系数，将绝对值最大的一个变量 x_4 引入方程，得到方程(4)，检验结果，它是显著的。然后找出余下的变量中与 y 的偏相关系数最大的那个变量 x_1，将其引入方程，检验结果显著，因而得到方程(7)，再找到余下的变量中与 y 偏相关系数最大的变量 x_2，经检验，该变量也要引入，得方程(12)，最后 x_3 经检验不显著，就不再引入。该方法得到的方程，并不能保证其中所有的变量都是显著的，即回归方程不一定是“最优”的，因为变量间存在相关关系，所以引入新变量后，原有的变量并不一定仍然显著。这种方法只对变量的引入把关，变量引入后，无论以后是否会变成不显著，概不剔除，因而不能保证最后所得的回归方程是“最优”的。

表 5—16　计算结果

方程号	b_0	b_1	b_2	b_3	b_4	S_e	f_e	$\hat{\sigma}^2$
						2715.76	12	
(1)	81.4793	1.8687**				1265.69	11	115.06
(2)	57.4236		0.7891**			906.34	11	82.39
(3)	110.2026			−1.2558(*)		1939.40	11	176.31
(4)	117.5679				−0.7382**	883.87	11	80.35
(5)	52.5773	1.4683**	0.6623**			57.90	10	5.79
(6)	72.3490	2.3125*		0.4945		1227.07	10	122.71
(7)	103.0973	1.4400**			−0.6140**	74.76	10	7.48
(8)	72.0747		0.7313**	−1.0084**		415.44	10	41.54
(9)	94.1600		0.3109		−0.4569	868.88	10	86.89
(10)	131.2824			−1.1999**	−0.7246**	175.74	10	17.57
(11)	48.1936	1.6959**	0.6569**	0.2500		48.11	9	5.35
(12)	71.6482	1.4519**	0.4161(*)		0.2365	47.97	9	5.36
(13)	111.6844	1.0519**		−0.4100(*)	−0.6428**	50.84	9	5.65
(14)	203.6418		0.9234**	−1.4480**	−1.5570**	73.82	9	8.20
(15)	62.4052	1.5511(*)	0.5101	0.1019	−0.1441	47.86	8	5.98

注：* 为在 $\alpha=0.05$ 水平上显著，** 为在 $\alpha=0.01$ 水平上显著，(*) 为在 $\alpha=0.10$ 水平上显著。

（4）方法④

综合上述两种方法的特点，可建立逐步回归方法。它的基本思想是在所考虑的全部变量中，按其对预报值 y 的显著程度的大小，挑选一个最重要的变量，建立只包含这个变量的回归方程，接着对其他变量计算偏回归平方和，引入一个显著的变量，建立具有两个变量的回归方程,此后,逐步回归的每一步(引入一个变量或从回归方程中剔除一个变量都算一步),前后都要做显著性检验,即反复进行两个步骤:第一,对已在回归方程中的变量做显著性检验,显著者保留,把最不显著的那个变量从回归方程中剔除;第二,对不在回归方程中的其余变量,挑选最重要的那一个进入回归方程,直到最后,回归方程中再也不能剔除任一个变量,同时,也不能再引入变量为止,保证最后所得到的回归方程中所有变量都是显著的。

总之,逐步回归分析的数学模型与一般的线性回归分析模型是相同的,作为回归分析的内容来说,逐步回归分析中并不含有多少新内容,基本过程是每一步求回归系数及计算偏回归平方和并作显著性检验,主要技巧在于可以巧妙地通过一套程序以较少计算量就可得到最优回归方程。

5.6.2 硅灰石粉体细度与活性的数学模型

【例 5.7】 本研究全面测试了超细加工的 4 种不同细度的天然硅灰石矿物的细度与活性,并用逐步回归分析的方法建立了粉体细度与活性的数学模型。研究表明,建立的二次回归数学模型能够精细地描述细度、掺量与水泥基材料各龄期抗压强度、抗折强度、活性指数等相互之间的内在规律。

本研究的水泥为唐山水泥厂的 42.5 级普通硅酸盐水泥,硅灰石为吉林省梨树县大顶子山的硅灰石,加工细度为 200 目、400 目、800 目和 1250 目。用水泥胶砂试验测试 3d,7d,28d 不同龄期的抗压强度活性和抗折强度活性。

测试结果见表 5—17 所列。

表 5—17 测试结果

细度	取代率/%	抗折强度 R_f/MPa			抗折强度活性/%			抗压强度/MPa			抗压强度活性/%		
		3d	7d	28d	3d	7d	28d	3d	7d	28d	3d	7d	28d
200	10	4.9	8.2	9.6	80.3	130.2	117.1	22.1	50.7	59.0	65.2	146.1	99.5
	20	5.5	6.7	9.0	90.2	106.3	109.8	26.5	43.5	53.0	78.2	125.4	89.4
	30	4.8	6.2	7.7	78.7	98.4	93.9	20.7	35.8	41.7	61.1	103.2	70.3
400	10	6.8	8.1	9.3	111.5	128.6	113.4	36.4	51.1	62.9	107.4	147.3	106.1
	20	5.9	7.2	8.2	96.7	114.3	100.0	31.4	44.6	51.5	92.6	128.5	86.8
	30	5.0	6.5	8.0	82.0	103.2	97.6	25.7	35.9	46.0	75.8	103.5	77.6
800	10	6.7	8.1	9.3	109.8	128.6	113.4	39.2	46.4	58.9	115.6	133.7	99.3
	20	6.9	7.3	8.4	113.1	115.9	102.4	37.2	46.5	52.7	109.7	134.0	88.9
	30	6.3	7.0	8.3	103.3	111.1	101.2	33.2	40.1	47.8	97.9	115.6	80.6
1250	10	6.5	7.3	8.6	106.6	115.9	104.9	39.6	48.2	61.1	116.8	138.9	103.0
	20	7.1	7.7	8.3	116.4	122.2	101.2	39.2	44.8	53.6	115.6	129.1	90.4
	30	5.7	6.5	8.1	93.4	103.2	98.8	31.2	40.0	48.2	92.0	115.3	81.3

数学模型的建立:

为深入探索硅灰石细度、掺量与抗折强度和抗压强度的内在规律,采用逐步回归的方法建立了相应的数学模型。研究中采用了交叉项、对数项、倒数项、二次项等,结果表明,硅灰石细度和掺量在不同龄期的抗折强度和抗压强度的数学模型基本上属于多因子二次模型详见表 5—18 所列。

表 5—18　计算结果

考核指标	数学模型	S_t	S_r	S_e	F 值
R_{f3}	$f(x_1,x_2,x_1x_2,x_1^2,x_2^2)$	7.489	6.313	1.176	6.442
	$f(x_1,x_2,x_1^2,x_2^2)$	7.489	6.298	1.191	9.257
	$f(x_1,x_1^2,x_2^2)$	7.489	5.849	1.640	9.510
R_{f7}	$f(x_1,x_2,x_1x_2,x_1^2,x_2^2)$	5.147	4.491	0.656	8.218
	$f(x_1,x_2,x_1x_2,x_2^2)$	5.147	4.481	0.666	11.780
	$f(x_1,x_2,x_2^2)$	5.147	4.438	0.709	16.693
R_{f28}	$f(x_1,x_2,x_1x_2,x_1^2,x_2^2)$	3.927	3.497	0.430	9.772
	$f(x_1,x_2,x_1x_2,x_1^2)$	3.927	3.494	0.433	14.140
	$f(x_1,x_2,x_1^2)$	3.927	3.424	0.503	18.140
R_{c3}	$f(x_1,x_2,x_1x_2,x_1^2,x_2^2)$	505.706	469.619	36.087	15.616
	$f(x_1,x_2,x_1^2,x_2^2)$	505.706	465.560	40.145	20.294
	$f(x_2,x_1^2,x_2^2)$	505.706	457.628	48.077	25.420
R_{c7}	$f(x_1,x_2,x_1x_2,x_1^2,x_2^2)$	290.249	276.654	13.595	24.419
	$f(x_1,x_2,x_1x_2,x_1^2)$	290.249	276.239	14.010	34.500
	$f(x_2,x_1x_2,x_1^2)$	290.249	274.500	15.749	46.470
R_{c28}	$f(x_1,x_2,x_1x_2,x_1^2,x_2^2)$	463.885	444.217	19.667	27.104
	$f(x_1,x_1x_2,x_1^2,x_2^2)$	463.885	443.600	20.285	38.269
	$f(x_1,x_1x_2,x_2^2)$	463.885	442.889	20.996	56.252
	$f(x_1,x_1x_2)$	463.885	439.831	24.053	82.304

最终确定的数学模型如下：

$$R_{f3}=4.58-10.536x_1^2+0.5612x_2-0.03x_2^2$$

$$R_{f7}=9.0986-11.128x_1+0.642x_1x_2-0.00816x_2^2$$

$$R_{f28}=10.753-9.914x_1-0.1526x_2+0.610x_1^2$$

$$R_{c3}=19.526-86.352x_1^2+4.563x_2-0.231x_2^2$$

$$R_{c7}=59.84-82.36x_1-0.713x_2+4.017x_1x_2$$

$$R_{c28}=67.583-81.669x_1+1.346x_1x_2$$

回归方程的显著性检验见表 5—19 和表 5—20 所列。方差分析表明，通过逐步回归建立的多元回归方程都是非常显著的，每个回归系数都是显著的，其中，许多回归系数都是非常显著的。

用逐步回归的方法分别对不同细度的硅灰石建立掺量、龄期与强度的数学模型，表 5—21 为不同细度硅灰石抗折强度数学模型的比较结果。

表 5—19　抗折强度回归方程和回归系数的方差分析

方 程	方差来源	平方和	自由度	均 方	F 值	临界值
R_{f3}	x_1^2	1.451	1	1.451	7.08*	$F_{0.01}(1,8)=11.26$
	x_2	2.271	1	2.271	11.08*	$F_{0.05}(1,8)=5.32$
	x_2^2	1.435	1	1.435	7.00*	$F_{0.01}(3,8)=7.59$
	回 归	5.85	3	1.950	9.51**	
	剩 余	1.64	8	0.205		
	总 和	7.49	11			

续表

方程	方差来源	平方和	自由度	均方	F值	临界值
R_{f7}	x_1	3.078	1	3.078	34.74**	
	x_1x_2	0.501	1	0.501	5.66*	
	x_2^2	0.652	1	0.652	7.36*	
	回归	4.438	3	1.479	16.69**	
	剩余	0.709	8	0.0886		
	总和	5.147	11			
R_{f28}	x_1	2.120	1	2.120	33.70**	
	x_2	0.645	1	0.645	10.27*	
	x_1^2	0.481	1	0.481	7.65*	
	回归	3.424	3	1.141	18.14**	
	剩余	0.503	8	0.0629		
	总和	3.927	11			

最终建立的数学模型如下：

$$R_{f200}=4.026-16.667x_1^2+0.6553x_2-0.0164x_2^2$$

$$R_{f400}=6.204-7.833x_1+0.4548x_2-0.01132x_2^2$$

$$R_{f800}=6.715-4.167x_1+0.2688x_2+0.006048x_2^2$$

$$R_{c1250}=4.532+19.833x_1^2+0.234x_2-58.331x_1^2-0.00511x_2^2$$

表 5—20　抗压强度回归方程和回归系数的方差分析

方程	方差来源	平方和	自由度	均方	F值	临界值
R_{c3}	x_1^2	97.276	1	97.276	16.12**	$F_{0.01}(1,8)=11.26$
	x_2	149.905	1	149.905	24.98**	$F_{0.05}(1,8)=5.32$
	x_2^2	85.034	1	85.034	14.17**	$F_{0.01}(3,8)=7.59$
	回归	457.628	3	152.543	25.42**	
	剩余	48.077	8	6.001		
	总和	505.705	11			
R_{c7}	x_1	149.506	1	149.506	75.93**	
	x_2	12.897	1	12.897	5.66*	
	x_1x_2	19.572	1	19.572	9.94*	
	回归	274.500	3	91.500	46.47**	
	剩余	15.750	8	1.969		
	总和	290.250	11			
R_{c28}	x_1	384.421	1	384.421	143.87**	$F_{0.01}(1,9)=10.56$
	x_2	16.406	1	16.406	6.14*	$F_{0.05}(1,9)=5.12$
	回归	439.832	2	219.916	82.30**	$F_{0.01}(2,9)=8.02$
	剩余	24.050	9	2.672		
	总和	463.882	11			

表 5—21　掺量、龄期与抗折强度的数学模型

考核指标	数学模型	S_t	S_r	S_e	F 值
R_{f200}	$f(x_1,x_2,x_1x_2,x_1^2,x_2^2)$	24.90	23.69	1.21	11.73
	$f(x_1,x_1x_2,x_1^2,x_2^2)$	24.90	23.67	1.23	19.17
	$f(x_2,x_1^2,x_2^2)$	24.90	23.29	1.61	24.11
R_{f400}	$f(x_1,x_2,x_1x_2,x_1^2,x_2^2)$	14.036	13.962	0.0731	114.53
	$f(x_1,x_2,x_1^2,x_2^2)$	14.036	12.891	0.145	96.05
	$f(x_1,x_2,x_2^2)$	14.036	13.834	0.201	115.27
R_{f800}	$f(x_1,x_2,x_1x_2,x_1^2,x_2^2)$	7.709	7.371	0.338	13.10
	$f(x_1,x_2,x_1x_2,x_2^2)$	7.709	7.350	0.359	20.51
	$f(x_1,x_2,x_2^2)$	7.709	7.317	0.392	31.27
R_{f1250}	$f(x_1,x_2,x_1x_2,x_1^2,x_2^2)$	7.369	6.958	0.411	10.15
	$f(x_1,x_2,x_1^2,x_2^2)$	7.369	6.932	0.437	15.90
	$f(x_2,x_1^2,x_2^2)$	7.369	6.600	0.769	14.31

表 5—22 为不同细度硅灰石抗压强度数学模型的比较结果。最终的数学模型如下：

$$R_{c200}=3.9923-3.5208x_1^2+7.6353x_2-0.1873x_2^2$$

$$R_{c400}=3.625-71.33x_1+4.2622x_2-0.1087x_2^2$$

$$R_{f800}=32.50-66.518x_1^2+2.765x_2-1.014x_1x_2-0.0612x_2^2$$

$$R_{c1250}=34.054-93.19x_1^2+2.68x_2-0.953x_1x_2-0.0577x_2^2$$

表 5—22　掺量、龄期与抗压强度的数学模型

考核指标	数学模型	S_t	S_r	S_e	F 值
R_{c200}	$f(x_1,x_2,x_1x_2,x_1^2,x_2^2)$	1546.975	1504.551	42.424	21.279
	$f(x_1,x_1x_2,x_1^2,x_2^2)$	1546.975	1496.893	50.082	29.90
	$f(x_2,x_1^2,x_2^2)$	1546.975	1472.055	74.93	32.74
R_{c400}	$f(x_1,x_2,x_1x_2,x_1^2,x_2^2)$	1073.000	1063.480	9.520	67.02
	$f(x_1,x_2,x_1x_2,x_2^2)$	1073.000	1062.910	10.090	105.32
	$f(x_1,x_2,x_2^2)$	1073.000	1056.252	16.748	105.10
R_{c800}	$f(x_1,x_2,x_1x_2,x_1^2,x_2^2)$	521.279	516.435	4.845	63.96
	$f(x_1,x_1x_2,x_1^2,x_2^2)$	521.279	515.668	5.611	91.89
R_{c1250}	$f(x_1,x_2,x_1x_2,x_1^2,x_2^2)$	631.838	623.573	8.264	45.27
	$f(x_1,x_2,x_1^2,x_2^2)$	631.838	623.457	8.381	74.40
	$f(x_2,x_1^2,x_2^2)$	631.838	616.657	15.180	67.70

表 5—23 和表 5—24 分别是抗折强度、抗压强度回归方程和回归系数的方差分析。方差分析表明，除 1250 目硅灰石的抗折强度回归方程之外，通过逐步回归建立的多元回归方程都是非常显著的，每个回归系数都是显著的，许多方程的回归系数都是非常显著的。

表 5—23　抗折强度回归方程的方差分析

方 程	方差来源	平方和	自由度	均 方	F 值	临界值
R_{f200}	x_1^2	1.451	1	1.451	7.08*	$F_{0.01}(1,5)=16.3$
	x_2	2.271	1	2.271	11.08*	$F_{0.05}(1,5)=6.61$
	x_2^2	1.435	1	1.435	7.00*	$F_{0.01}(3,5)=12.1$
	回 归	23.29	3	7.763	24.11**	
	剩 余	1.61	5	0.322		
	总 和	24.90	8			
R_{f400}	x_1	3.661	1	3.661	91.53**	
	x_2	2.382	1	2.382	59.56**	
	x_2^2	1.558	1	1.558	38.94**	
	回 归	13.834	3	4.611	115.27**	
	剩 余	0.201	5	0.040		
	总 和	14.035	8			
R_{f800}	x_1	1.036	1	1.036	13.28**	
	x_2	0.832	1	0.832	10.67*	
	x_2^2	0.445	1	0.445	5.702(*)	
	回 归	7.317	3	2.439	31.27**	
	剩 余	0.392	5	0.078		
	总 和	7.709	8			
R_{f1250}	x_1	0.481	1	0.481	4.41	$F_{0.01}(1,4)=21.2$
	x_2	0.635	1	0.635	5.83(*)	$F_{0.05}(1,4)=7.71$
	x_1^2	0.679	1	0.679	6.23(*)	$F_{0.10}(1,4)=4.54$
	x_2^2	0.318	1	0.318	2.92	$F_{0.01}(4,4)=16.0$
	回 归	6.932	4	1.733	15.90**	$F_{0.05}(4,4)=6.39$
	剩 余	0.437	4	0.109		
	总 和	7.369	8			

表 5—24　抗压强度回归方程的方差分析

方 程	方差来源	平方和	自由度	均 方	F 值	临界值
R_{c200}	x_1^2	208.905	1	208.905	13.94**	$F_{0.01}(1,5)=16.3$
	x_2	656.986	1	656.986	43.84**	$F_{0.05}(1,5)=6.61$
	x_2^2	428.899	1	428.899	28.62**	$F_{0.01}(3,5)=12.1$
	回 归	1472.055	3	490.685	32.74**	
	剩 余	74.930	5	14.986		
	总 和	1546.985	8			
R_{c400}	x_1	305.352	1	305.352	91.53**	
	x_2	210.380	1	210.380	62.80**	
	x_2^2	144.519	1	144.519	43.14**	
	回 归	1056.252	3	352.084	105.10**	
	剩 余	16.748	5	3.350		
	总 和	1073.000	8			

续表

方 程	方差来源	平方和	自由度	均 方	F 值	临界值
R_{c800}	x_1^2	19.081	1	19.081	13.60**	$F_{0.01}(1,4)=21.2$
	x_2	83.352	1	83.352	59.41**	$F_{0.05}(1,4)=7.71$
	x_2^2	45.864	1	45.864	32.69**	$F_{0.10}(1,4)=4.54$
	x_1x_2	7.618	1	7.618	5.43(*)	$F_{0.01}(4,4)=16.0$
	回 归	515.668	4	128.917	91.89**	$F_{0.05}(4,4)=6.39$
	剩 余	5.611	4	1.403		
	总 和	521.279	8			
R_{c1250}	x_1^2	37.438	1	37.438	17.87*	
	x_2	78.479	1	78.479	37.48**	
	x_2^2	40.685	1	40.685	19.42*	
	x_1x_2	6.725	1	6.725	3.21	
	回 归	623.456	4	155.864	74.40**	
	剩 余	8.381	4	2.095		
	总 和	631.838	8			

结论如下：

(1)用逐步回归分析建立的硅灰石粉体细度与活性之间的数学模型不仅是非常显著的，而且是非常有效的，这些数学模型基本上是多因子二次模型。它客观地反映了相关因素之间的交互作用规律，对今后科学合理地加工利用硅灰石十分有益，尤其对配比工艺的指导是一般数学模型无法比拟的；

(2)由于硅灰石粉体为纤维状颗粒群，对抗折强度具有显著的增强作用，细度增大对3d和7d抗折强度十分有利，仅以20%掺量的3d抗折强度为例，200目细度的抗折强度活性仅为90.2%，400目细度的抗折强度活性为96.7%，而800目细度的抗折强度活性达到113.1%，1250目细度的抗折强度活性达到116.4%。对28d抗折强度而言，当细度达到800目以上，即使增大细度，对抗折强度影响也不大。反而增加了粉磨的能耗和成本。

(3)细度增大对3d龄期的抗压强度十分有利，仅以20%掺量的3d抗压强度为例，200目细度的抗压强度活性仅为78.2%，400目细度的抗压强度活性为92.6%，而800目细度的抗压强度活性达到109.7%，1250目细度的抗压强度活性达到115.6%。对7d以后的抗压强度而言，不同掺量、不同细度影响较大，并非细度愈细强度愈高，但随着掺量增大，抗压强度降低。在工业化加工和工程化应用过程中。建立的数学模型可寻找最合理的细度和掺量。

5.7　用 Excel 计算多元回归分析

5.7.1　一元回归分析

用 Excel 计算一元回归有两种方法，一种是按一元回归的原理直接计算，另一种是用 LINEST 命令进行计算，即使用 LINEST(ARRAY1，ARRAY2，TRUE，TRUE)。

用 Excel 直接计算一元回归分析，以表5—1的试验数据为例，说明整个计算过程。

(1)输入原始数据：启动 Excel 文件，出现 Excel 界面后，按表5—1所列，依次键入“A1：

E1”及“A2：B8”单元格各项内容。并为“A1：E8”加上边框。并在项目栏的单元格中键入相关的符号。

(2)基本统计量计算:在单元格“C2”中输入“ = A2 * A2”,用拖拉方式完成“C3：C8”单元格的计算;在单元格“D2”中输入“ = B2 * B2”,用拖拉方式完成“D3：D8”单元格的计算;在单元格“E2”中输入“ = A2 * B2”,用拖拉方式完成“E3：E8”单元格的计算。在单元格“A9”中输入“ = SUM (A2： A8)”;用拖拉方式完成“B9：E9”单元格的计算,即计算 $\sum_{i=1}^{7} x_i$, $\sum_{i=1}^{7} y_i$, $\sum_{i=1}^{7} x_i^2$, $\sum_{i=1}^{7} y_i^2$, $\sum_{i=1}^{7} x_i y_i$。在单元格“A11”中输入“ = A9/7”,即计算 $\bar{x}$;用拖拉方式完成“B11”单元格的计算,即计算 $\bar{y}$。

(3)计算平方差之和与协方差之和:在单元格“C11”中输入“ = C9 - A9 * A9/7”,即计算 L_{xx};在单元格“D11”中输入“ = D9 - B9 * B9/7”,即计算 L_{yy};在单元格“E11”中输入“ = E9 - A9 * B9/7”,即计算 L_{xy}。

(4)计算回归系数:在单元格“C13”中输入“ = E11/C11”,即计算 b_1;在单元格“D13”中输入“ = B11 - C13 * A11”,即计算 b_0。

(5)计算相关系数:在单元格“E13”中输入“ = E11/SQRT(C11 * D11)”;

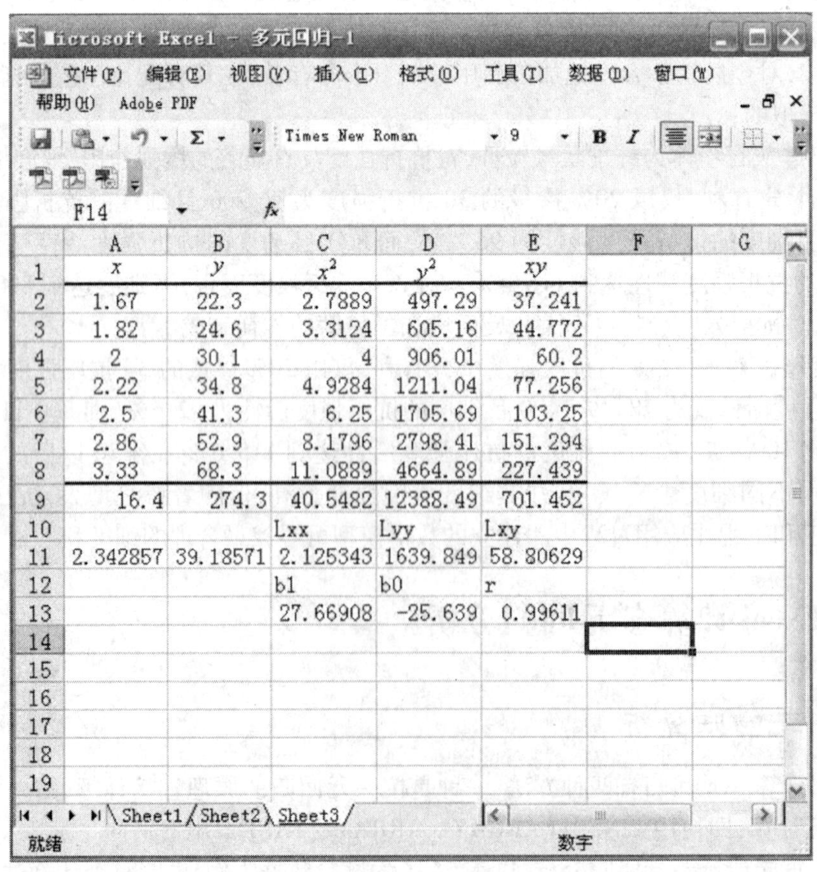

	A	B	C	D	E
1	x	y	x²	y²	xy
2	1.67	22.3	2.7889	497.29	37.241
3	1.82	24.6	3.3124	605.16	44.772
4	2	30.1	4	906.01	60.2
5	2.22	34.8	4.9284	1211.04	77.256
6	2.5	41.3	6.25	1705.69	103.25
7	2.86	52.9	8.1796	2798.41	151.294
8	3.33	68.3	11.0889	4664.89	227.439
9	16.4	274.3	40.5482	12388.49	701.452
10			Lxx	Lyy	Lxy
11	2.342857	39.18571	2.125343	1639.849	58.80629
12			b1	b0	r
13			27.66908	-25.639	0.99611

图5—1　用Excel直接计算一元回归的示意图

用 LINEST 命令进行计算，首先要了解该命令的格式和使用，其格式为 LINEST(ARRAY1，ARRAY2，TRUE，TRUE)。具体使用如下：

(1)输入原始数据：启动 Excel 文件，出现 Excel 界面后，按表 5—1 所列，依次键入“A1：B1”及“A2：B8”单元格各项内容。并为“A1：E8”加上边框。

(2)计算：选定“D1：E5”空白单元格，输入“ = LINEST(B2：B8，A2：A8，TRUE，TRUE)”，然后同时按“SHIFT + CTRL + ENTER”键，便得到如图 5—2 中所示的 10 个数据。其中，每个数据的意义如下：D1 为 b_1 值，D2 为 b_1 的标准差，D3 为全相关系数 R^2，D4 为 F 统计值，D5 为回归平方和；E1 为 b_0 值，E2 为 b_0 的标准差，E3 为剩余标准差，E4 为自由度，E5 为残差平方和。

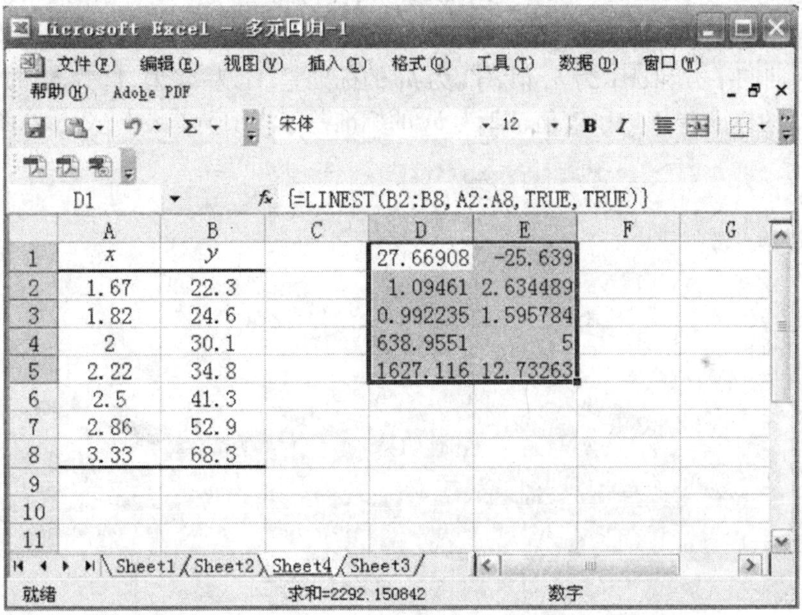

Microsoft Excel - 多元回归-1
文件(F) 编辑(E) 视图(V) 插入(I) 格式(O) 工具(T) 数据(D) 窗口(W)
帮助(H) Adobe PDF
宋体 12
D1 {=LINEST(B2:B8, A2:A8, TRUE, TRUE)}
A B C D E F G
1 x y 27.66908 -25.639
2 1.67 22.3 1.09461 2.634489
3 1.82 24.6 0.992235 1.595784
4 2 30.1 638.9551 5
5 2.22 34.8 1627.116 12.73263
6 2.5 41.3
7 2.86 52.9
8 3.33 68.3
Sheet1 Sheet2 Sheet4 Sheet3
就绪 求和=2292.150842 数字

图 5—2 用 Excel 的 LINEST 命令计算一元回归的示意图

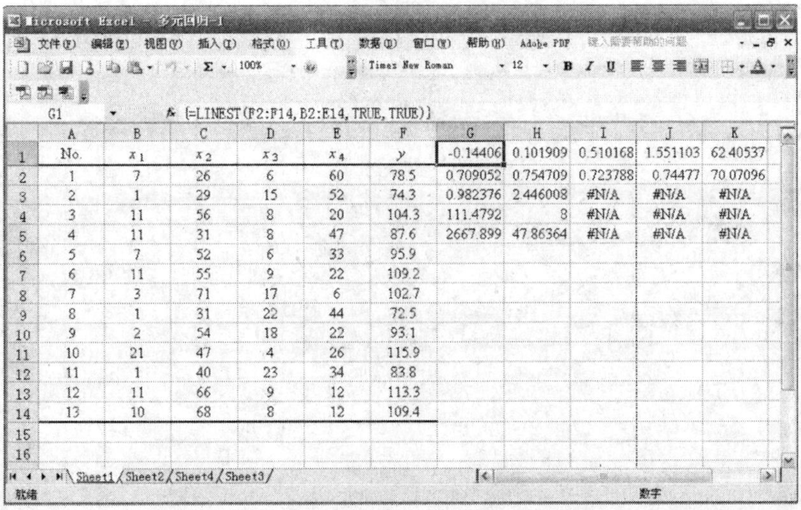

Microsoft Excel - 多元回归-1
文件(F) 编辑(E) 视图(V) 插入(I) 格式(O) 工具(T) 数据(D) 窗口(W) 帮助(H) Adobe PDF
100% Times New Roman 12
G1 {=LINEST(F2:F14, B2:E14, TRUE, TRUE)}
A B C D E F G H I J K
1 No. x1 x2 x3 x4 y -0.14406 0.101909 0.510168 1.551103 62.40537
2 1 7 26 6 60 78.5 0.709052 0.754709 0.723788 0.74477 70.07096
3 2 1 29 15 52 74.3 0.982376 2.446008 #N/A #N/A #N/A
4 3 11 56 8 20 104.3 111.4792 8 #N/A #N/A #N/A
5 4 11 31 8 47 87.6 2667.899 47.86364 #N/A #N/A #N/A
6 5 7 52 6 33 95.9
7 6 11 55 9 22 109.2
8 7 3 71 17 6 102.7
9 8 1 31 22 44 72.5
10 9 2 54 18 22 93.1
11 10 21 47 4 26 115.9
12 11 1 40 23 34 83.8
13 12 11 66 9 12 113.3
14 13 10 68 8 12 109.4
Sheet1 Sheet2 Sheet4 Sheet3
就绪 数字

图 5—3 用 Excel 的 LINEST 命令计算多元回归的示意图

5.7.2 多元回归分析

用 Excel 计算多元回归通常采用 LINEST 命令进行计算，即与上一节一元回归分析一样，使用 LINEST(ARRAY1，ARRAY2，TRUE，TRUE)。

用 Excel 计算多元回归分析，以表 5—15 的试验数据为例，说明整个计算过程。

(1)输入原始数据：启动 Excel 文件，出现 Excel 界面后，按表 5—15 所示，依次键入“A1：F1”及“A2：F14”单元格各项内容。并为“A1：F14”加上边框。

(2)计算：选定“G1：K5”空白单元格，输入“ = LINEST (F2：F14，B2：E14，TRUE，TRUE)”，然后同时按“SHIFT + CTRL + ENTER”键，便得到图 5—3 中所示的 16 个数据。其中，每个数据的意义如下：G1 为 b_4 值，G2 为 b_4 的标准差，G3 为全相关系数 R^2，G4 为回归方程的 F 统计值，G5 为回归平方和；H1 为 b_3 值，H2 为 b^3 的标准差；I1 为 b_2 值，I2 为 b_2 的标准差；J1 为 b_1 值，J2 为 b_1 的标准差；K1 为 b_0 值，K2 为 b_0 的标准差。详细请看图 5—3 示意图。

第六章　回归正交设计

正交试验设计在工程中是一种常用的试验设计方法,但它不能在一定试验范围内根据数据样本确定变量间的相关关系及其相应的回归方程。工程中虽说可以直接将正交试验的样本数据用多元回归分析方法进行计算,但局限性很大。在解决工程问题的过程中,回归试验设计方法是十分有效的,它包括回归正交设计、回归旋转设计、回归混料设计、回归 D 最优设计、回归均匀设计等。然而,在古典的多元回归分析中,常常是被动地处理数据,对试验的安排几乎不提出任何要求,这样不仅盲目地增加了试验次数,而且试验数据往往不能提供充分的有效信息,导致多因子问题的分析过程中达不到预期的试验目的。回归正交试验设计正是将古典的回归分析方法与正交试验设计方法有机结合起来,主动地把试验的安排、数据的处理和回归方程的精度统一成一个整体加以考虑和研究。回归正交设计是回归试验设计应用最多的方法之一,它具有试验次数少、计算简便,所得到的回归方程精度较高等优点。回归正交设计可分为一次回归正交设计和二次回归正交设计。

6.1　一次回归正交设计

6.1.1　正交表的选用

一次回归正交设计在确定试验方案时,首先要选择合适的正交表,通常要选用二水平的正交表,如 $L_4(2^3)$, $L_8(2^7)$, $L_{16}(2^{15})$ 等。选择正交表的大小,可根据过程中考察因素的多少,以及是否考虑因素之间的交互作用而定。

确定正交表后,为了计算方便,需要对因素进行编码,将表中的“1”和“2” 改为“ -1”和“1”(也可改为“1”和“ -1”)。改造后的正交表中与原正交表无本质上的差异,只是这时表中“ -1”和“1”不仅表示因素的状态,而且表示因素的取值,改造后的正交表仍用原正交表的记号来表示。如果考虑两因素之间的交互作用,可用变量的乘积项来表示。如 x_2 和 x_3 的交互作用可表示为 x_2x_3。交互作用在正交表中仍占一列。交互作用在回归正交试验计划中,并不影响其正交性,若忽略某些因素之间的交互作用,正交表可以多安排一些因素,这就是正交设计中常用到的各种部分实施法,如 1/2 实施法等。回归正交表见表 6—1 ~ 表 6—3 所列。

表 6—1　$L_4(2^3)$ 正交表

No.	x_1	x_2	x_1x_2
1	-1	-1	1
2	-1	1	-1
3	1	-1	-1
4	1	1	1

表 6—2　$L_8(2^7)$ 正交表

No.	x_1	x_2	x_3	x_1x_2	x_1x_3	x_2x_3	$x_1x_2x_3$
1	−1	−1	−1	1	1	1	−1
2	−1	−1	1	1	−1	−1	1
3	−1	1	−1	−1	1	−1	1
4	−1	1	1	−1	−1	1	−1
5	1	−1	−1	−1	−1	1	1
6	1	−1	1	−1	1	−1	−1
7	1	1	−1	1	−1	−1	−1
8	1	1	1	1	1	1	1

表 6—3　$L_{16}(2^{15})$ 正交表

No.	x_1	x_2	x_3	x_4	x_1x_2	x_1x_3	x_1x_4	x_2x_3	x_2x_4	x_3x_4	$x_1x_2x_3$	$x_1x_2x_4$	$x_1x_3x_4$	$x_2x_3x_4$	$x_1x_2x_3x_4$
1	−1	−1	−1	−1	1	1	1	1	1	1	−1	−1	−1	−1	1
2	−1	−1	−1	1	1	1	−1	1	−1	−1	−1	1	1	1	−1
3	−1	−1	1	−1	1	−1	1	−1	1	−1	1	−1	1	1	−1
4	−1	−1	1	1	1	−1	−1	−1	−1	1	1	1	−1	−1	1
5	−1	1	−1	−1	−1	1	1	−1	−1	1	1	1	−1	1	−1
6	−1	1	−1	1	−1	1	−1	−1	1	−1	1	−1	1	−1	1
7	−1	1	1	−1	−1	−1	1	1	1	−1	−1	1	1	−1	1
8	−1	1	1	1	−1	−1	−1	1	−1	1	−1	−1	−1	1	−1
9	1	−1	−1	−1	−1	−1	−1	1	1	1	1	1	1	−1	−1
10	1	−1	−1	1	−1	−1	1	1	−1	−1	1	−1	−1	1	1
11	1	−1	1	−1	−1	1	−1	−1	1	−1	−1	1	−1	1	1
12	1	−1	1	1	−1	1	1	−1	−1	1	−1	−1	1	−1	−1
13	1	1	−1	−1	1	−1	−1	−1	−1	1	−1	−1	1	1	1
14	1	1	−1	1	1	−1	1	−1	1	−1	−1	1	−1	−1	−1
15	1	1	1	−1	1	1	−1	1	1	−1	1	−1	−1	−1	−1
16	1	1	1	1	1	1	1	1	−1	1	1	1	1	1	1

6.1.2　因素水平编码

编码是回归试验设计中非常重要的工作，在解决实际工程问题的过程中，因素的取值范围常常不处在[−1,1]范围，为了将各因素的取值范围变换为[−1,1]，必须对因素的水平进行编码处理。

例如，要研究 p 个因子 $z_1,z_2,\cdots,z_p$ 与某项考核指标 Y 的数量关系，首先要确定每个因子 z_j 的变化范围。在一次回归正交设计中，设 z_{1j} 和 z_{2j} 分别表示每个因素 z_j 变化的下界和上界，假如试验在水平 z_{1j} 和 z_{2j} 上进行，则称 z_{1j} 为该因素的下水平（用 −1 表示），z_{2j} 为该因素的上水平（用 1 表示），它们的算数平均值 z_{0j} 为因子的零水平。

$$z_{0j}=\frac{z_{1j}+z_{2j}}{2} \tag{6—1}$$

z_j 的上水平 z_{2j} 与下水平 z_{1j} 之差的一半称为因子的变化区间（Δ_j）。

$$\Delta_j = \frac{z_{2j} - z_{1j}}{2} \tag{6—2}$$

所谓编码就是对因素的取值作如下的线性变换

$$x_j = \frac{z_j - z_{0j}}{\Delta_j} \tag{6—3}$$

经编码转换后，在变量 z_j 与 x_j 之间建立了一一对应的关系。其中，当变量 z_j 分别取值 z_{1j}，z_{0j}，z_{2j}时，变量 x_j 的取值分别是 -1,0,1。

编码公式也可以写成

$$x_j = \frac{2z_j - (z_{1j} + z_{2j})}{z_{2j} - z_{1j}} \tag{6—4}$$

具体编码时，列在表里比较清楚，见表 6—4 所列。

表 6—4　因素水平编码表

因　素	Z_1	Z_2	…	Z_4
编　码	x_1	x_2	…	x_p
下水平(-1,00)	z_{11}	z_{12}	…	z_{1p}
基准水平(0.00)	z_{01}	z_{02}	…	z_{0p}
上水平(1.00)	z_{21}	z_{22}	…	z_{2p}
变化区间 Δ_j	Δ_1	Δ_2	…	Δ_p

编码后的变量 $x_j(j=1,2,\cdots,p)$称作规范变量，当变量 z_j 在$[z_{1j},z_{2j}]$范围内变化时，变量 x_j 就在[-1,1]内变化。经编码后，考核指标 y 对 $z_1,z_2,\cdots,z_p$ 的回归问题已转化为 y 对 $x_1,x_2,\cdots,x_p$ 的回归问题。这样一来，回归系数的计算变得十分简便。

为便于理解，编码计算示例如下。

【例 6.1】　为调整泵送混凝土配合比，根据工程需要，选出 3 个重要的因素进行优化，其中，水灰比变化范围为 0.30 ~ 0.40，砂率变化为 0.38 ~ 0.42，减水剂掺量的变化为 0.6% ~ 1.0%。为了用一次回归正交设计安排试验，编码代换的计算如下：

$$z_{01} = \frac{z_{11} + z_{21}}{2} = \frac{0.3 + 0.4}{2} = 0.35 \text{（零水平）}$$

$$\Delta_1 = \frac{z_{21} - z_{11}}{2} = \frac{0.4 - 0.3}{2} = 0.05 \text{（变化区间）}$$

$$x_{11} = \frac{z_{11} - z_{01}}{\Delta_1} = \frac{0.30 - 0.35}{0.05} = -1 \text{（下水平）}$$

$$x_{21} = \frac{z_{21} - z_{01}}{\Delta_1} = \frac{0.40 - 0.35}{0.05} = 1 \text{（上水平）}$$

$$z_{02} = \frac{z_{12} + z_{22}}{2} = \frac{0.38 + 0.42}{2} = 0.40$$

$$\Delta_2 = \frac{z_{22} - z_{12}}{2} = \frac{0.42 - 0.38}{2} = 0.02$$

$$x_{12} = \frac{z_{12} - z_{02}}{\Delta_2} = \frac{0.38 - 0.40}{0.02} = -1$$

$$x_{22}=\frac{z_{22}-z_{02}}{\Delta_2}=\frac{0.42-0.40}{0.02}=1$$

$$z_{03}=\frac{z_{13}+z_{23}}{2}=\frac{0.6\%+1.0\%}{2}=0.8\%$$

$$\Delta_3=\frac{z_{23}-z_{13}}{2}=\frac{1.0\%-0.6\%}{2}=0.2\%$$

$$x_{13}=\frac{z_{13}-z_{03}}{\Delta_3}=\frac{0.6\%-0.8\%}{0.2\%}=-1$$

$$x_{23}=\frac{z_{23}-z_{03}}{\Delta_3}=\frac{1.0\%-0.8\%}{0.2\%}=1$$

为了使试验方案不易出错，将因素水平编码列入表6—5。

表6—5　因素水平编码表

因　素	W/C	S/A	Ad
编 码	x_1	x_2	x_p
下水平(-1,00)	0.30	0.38	0.6%
基准水平(0.00)	0.35	0.40	0.8%
上水平(1.00)	0.40	0.42	1.0%
变化区间 Δ_j	0.05	0.02	0.2%

6.1.3　回归系数的计算

若根据正交设计进行 N 次试验，其试验结果为 $y_1,y_2,\cdots,y_N$，那么一次回归正交设计的数学模型为

$$y_j=\beta_0+\beta_1x_{j1}+\beta_2x_{j2}+\cdots+\beta_px_{jp}+\varepsilon_j,j=1,2,\cdots,n \tag{6—5}$$

它的结构矩阵为

$$\boldsymbol{X}=\begin{pmatrix}1 & x_{11} & x_{12} & \cdots & x_{1p}\\ 1 & x_{21} & x_{22} & \cdots & x_{2p}\\ \vdots & \vdots & \vdots & & \vdots\\ 1 & x_{N1} & x_{N2} & \cdots & x_{Np}\end{pmatrix}$$

其中，x_{ij}均为 -1 和 +1$(i=1,2,\cdots,N;j=1,2,\cdots,p)$。由于试验采用了正交试验设计，因此，矩阵 X 中除常数列之外，任一列元素的和均为零，任两列对应元素乘积的和为零(即任意两列向量的内积为零)，任一列元素的平方和为 N，因此，其系数矩阵为

$$\boldsymbol{A}=\boldsymbol{x}^{\tau}\boldsymbol{X}=\begin{pmatrix}N & & & & 0\\ & \sum\limits_i x_{i1} & & & \\ & & \sum\limits_i x_{i2} & & \\ & & & \vdots & \\ 0 & & & & \sum\limits_i x_{ip}\end{pmatrix}=\begin{pmatrix}N & & & & 0\\ & N & & & \\ & & N & & \\ & & & \vdots & \\ 0 & & & & N\end{pmatrix} \tag{6—6}$$

它的逆矩阵是

$$C=(X^{\tau}X)^{-1}=\begin{pmatrix}\frac{1}{N} & & & & 0\\ & \frac{1}{N} & & & \\ & & \frac{1}{N} & & \\ & & & \vdots & \\ 0 & & & & \frac{1}{N}\end{pmatrix} \tag{6—7}$$

由此可见,采用正交设计安排试验,信息矩阵与其逆矩阵均为对角矩阵,计算非常方便。

常数项计算与多元回归一样,即

$$B=X^{\tau}Y=\begin{pmatrix}B_0\\B_1\\B_2\\\vdots\\B_p\end{pmatrix}=\begin{pmatrix}\sum_i y_i\\\sum_i x_{i1}y_i\\\sum_i x_{i2}y_i\\\vdots\\\sum_i x_{ip}y_i\end{pmatrix} \tag{6—8}$$

由 $b=\hat{\beta}=(X^{\tau}X)^{-1}X^{\tau}Y=CB$,得出 β 的最小二乘估计为

$$\begin{cases}b_0=\hat{\beta}_0=\dfrac{B_0}{N}=\dfrac{1}{N}\sum\limits_{i=1}^{N}y_i\\ b_j=\hat{\beta}_j=\dfrac{B_j}{N}=\dfrac{1}{N}\sum\limits_{i=1}^{N}x_{ij}y_i,j=1,2,\cdots,p\end{cases} \tag{6—9}$$

得到回归方程

$$\hat{y}=\hat{\beta}_0+\hat{\beta}_1x_1+\hat{\beta}_2x_2+\cdots+\hat{\beta}_px_p=b_0+b_1x_1+b_2x_2+\cdots+b_px_p \tag{6—10}$$

该回归方程可以转换为原来变量 $z_1,z_2,\cdots,z_p$ 的回归方程,即

$$\hat{y}=b_0+b_1(\frac{z_1-z_{01}}{\Delta_1})+b_2(\frac{z_2-z_{02}}{\Delta_2})+\cdots+b_p(\frac{z_p-z_{0p}}{\Delta_p}) \tag{6—11}$$

在求回归系数 $b_0,b_1,b_2,\cdots,b_p$ 时,列表计算非常方便,见表6—6所列,也可以将计算方法编成计算机程序,直接计算出回归方程。目前用Excel直接计算非常方便。

表6—6 一次回归正交设计的计算表

No.	x_0	x_1	x_2	…	x_p	y
1	1	x_{11}	x_{12}	…	x_{1p}	y_1
2	1	x_{21}	x_{22}	…	x_{2p}	y_2
⋮	⋮	⋮	⋮	…	⋮	⋮
N	1	x_{N1}	x_{N2}	…	x_{Np}	y_p
B_j	$\sum_{i=1}^{N}y_i$	$\sum_{i=1}^{N}x_{i1}y_i$	$\sum_{i=1}^{N}x_{i2}y_i$	…	$\sum_{i=1}^{N}x_{ip}y_i$	$\sum_{i=1}^{N}y_i^2$
b_j	$\frac{B_0}{N}$	$\frac{B_1}{N}$	$\frac{B_2}{N}$	…	$\frac{B_p}{N}$	$S_t=\sum_{i=1}^{N}y_i^2-\frac{B_0^2}{N}$
Q_j		$\frac{B_1^2}{N}$	$\frac{B_2^2}{N}$	…	$\frac{B_p^2}{N}$	$S_r=\sum_{j=1}^{p}Q_j$ $S_e=S_t-S_r$

注:表中 Q_j 是变量 x_j 的偏回归平方和,用于统计检验。

为便于理解，回归系数计算实例如下。

【例 6.2】 3 种速凝型混凝土外加剂复合使用效果的研究中，采用一次回归正交试验设计安排试验，其中，混凝土速凝后 28d 抗压强度指标见表 6—7 所列，计算其回归方程。

回归系数计算结果见表 6—7 所列。（直接用 Excel 计算）

表 6—7 试验设计及测试结果

No.	x_0	x_1	x_2	x_3	x_1x_2	x_1x_3	x_2x_3	R_{28}/MPa
1	1	-1	-1	-1	1	1	1	30.00
2	1	-1	-1	1	1	-1	-1	23.97
3	1	-1	1	-1	-1	1	-1	29.63
4	1	-1	1	1	-1	-1	1	14.80
5	1	1	-1	-1	-1	-1	1	34.47
6	1	1	-1	1	-1	1	-1	27.33
7	1	1	1	-1	1	-1	-1	28.43
8	1	1	1	1	1	1	1	7.40
B_j	196.03	-0.77	-35.51	-49.03	-16.43	-7.31	-22.69	
N	8	8	8	8	8	8	8	
b_j	24.50	-0.9625	-4.4388	-6.129	-2.053 75	-0.913 75	-2.836 25	

所得回归方程为

$$R_{28}=24.50-0.096x_1-4.439x_2-6.129x_3-2.054x_1x_2-0.914x_1x_3-2.836x_2x_3 \tag{6—12}$$

6.1.4 回归方程及回归系数的检验

一次回归正交试验设计中对回归方程即回归系数的统计检验方法与多元线性回归的检验相类似。总偏差平方和为

$$S_t=\sum_{i=1}^{N}(y_i-\bar{y})^2=\sum_{i=1}^{N}y_i^2-N\bar{y}^2=\sum_{i=1}^{N}y_i^2-\frac{B_0^2}{N}$$

剩余平方和为

$$S_e=S_t-\sum_{i=1}^{N}b_jB_j=S_t-\sum_{j=1}^{p}Q_j$$

回归平方和为

$$S_r=S_t-S_e=\sum_{j=1}^{p}Q_j$$

用统计量

$$F=\frac{S_r/f_r}{S_e/f_e}=\frac{S_r/p}{S_e/(N-p-1)}$$

对用一次回归正交试验设计方法建立的回归方程进行检验。当试验安排接近饱和设计时，可通过去除不显著项或回归系数绝对值非常小的项之后，采用上述方法进行检验。

在多元线性回归中,变量 x_j 的偏回归平方和为 $Q_j=\frac{\hat{B}_j^2}{C_{jj}}$,$C_{jj}$为相关矩阵对角线上的元素。在一次回归正交设计中,由式(6—7)知,$C_{jj}=1/N$,故 $Q_j=\frac{\hat{B}_j^2}{N}$就是变量 x_j 的偏回归平方和。

$$Q_j=\frac{\hat{B}_j^2}{C_{jj}}=\frac{B_j^2}{N}=b_jB_j=Nb_j^2 \tag{6—13}$$

对回归系数进行检验时,仍可用统计量

$$F_j=\frac{Q_j}{S_e/(N-p-1)}\quad j=1,2,\cdots,p$$

工程中将检验计算列入表中进行比较方便,详见表6—8所列。

从式(6—13)可以看出,在一次回归正交设计中,回归系数 $\hat{\beta}_j$ 的绝对值越大,变量 x_j 的偏回归平方和就越大,该项 x_j 对考核指标对 y 的影响也就越重要,即回归系数 $\hat{\beta}_j$ 的大小反映了对应的变量 x_j 在回归方程中作用的大小。回归系数的符号反映了这种作用是正作用还是负作用。在精度要求不太高的情况下,一次回归正交设计的方差分析可以省略,可直接将回归系数的绝对值很小的项从回归方程中剔除。因为相关矩阵 C 是对角矩阵,故从回归方程中剔除某一变量时,其余回归系数不变,这正是回归正交试验设计的优点。而传统的多元回归分析建立的回归方程中,若要剔除某一个变量,其他的回归系数将发生变化,必须重新计算。

表6—8 一次回归正交设计的方差分析表

No.	平方和	自由度	均方和	F 比
x_1	$Q_1=B_1^2/N$	1	Q_1	$\frac{Q_1}{S_e/(N-p-1)}$
x_2	$Q_2=B_2^2/N$	1	Q_2	$\frac{Q_2}{S_e/(N-p-1)}$
⋮	⋮	⋮	⋮	⋮
x_p	$Q_p=B_p^2/N$	1	Q_p	$\frac{Q_p}{S_e/(N-p-1)}$
回　归	$S_r=Q_1+\cdots+Q_p$	p	$\frac{Q_1+\cdots+Q_p}{p}$	$\frac{(Q_1+\cdots+Q_p)/p}{S_e/(N-p-1)}$
剩　余	$S_e=S_t-S_r$	$N-p-1$	$\frac{S_e}{N-p-1}$	
总　计	$S_t=\sum_{i=1}^{N}y_i^2-\frac{B_0^2}{N}$	$N-1$	$\frac{B_p^2}{N}$	

举例说明一次回归正交设计的方差分析。

【例6.3】 某工程的试验设计及考核指标的测试结果见表6—9所列,试计算其回归方程并检验。

表中数值计算方法参照表6—6和表6—8。

得到回归方程

$$Y=3.7455-0.3332x_1-0.2651x_2-0.2770x_3$$

总偏差平方和为

$$S_t = \sum_{i=1}^{8} y_i^2 - \frac{B_0^2}{N} = 2.1457$$

表 6—9　试验设计及测试结果

No.	x_0	x_1	x_2	x_3	Y
1	1	-1	-1	-1	4.7876
2	1	-1	-1	1	3.9513
3	1	-1	1	-1	4.0945
4	1	-1	1	1	3.4813
5	1	1	-1	-1	3.8067
6	1	1	-1	1	3.4965
7	1	1	1	-1	3.4012
8	1	1	1	1	2.9446
B_j	29.9637	-2.6657	-2.1205	-2.2163	
N	8	8	8	8	
b_j	3.7455	-0.03332	-0.2651	-0.2770	
Q_j		0.883	0.5621	0.6140	

回归平方和为

$$S_r = Q_1 + Q_2 + Q_3 = 0.8883 + 0.5621 + 0.6140 = 2.0644$$

剩余平方和为

$$S_e = S_t - S_r = 2.1457 - 2.0644 = 0.0813$$

取 $\alpha = 0.01$，查 F 分布表 $F_{0.01}(3, 4) = 16.69$。

$$F = \frac{S_r/p}{S_e/(N-p-1)} = 6.881/0.0203 = 33.96 > 16.69$$

故回归方程非常显著。回归系数检验如下：

$$F_1 = \frac{Q_1}{S_e/(N-p-1)} = 0.8883/0.0203 = 43.76$$

$$F_2 = \frac{Q_2}{S_e/(N-p-1)} = 0.5621/0.0203 = 27.69$$

$$F_3 = \frac{Q_3}{S_e/(N-p-1)} = 0.6140/0.0203 = 30.25$$

取 $\alpha = 0.01$，查 F 分布表 $F_{0.01}(1, 4) = 21.20$。与 F_1, F_2, F_3 比较，可见 3 个回归系数都非常显著，计算结果归纳到表 6—10。

表 6—10　方差分析表

方差来源	平方和	自由度	均 方	F 值	临界值
x_1	0.8883	1	0.8883	43.76**	$F_{0.01}(3, 4) = 16.69$
x_2	0.5621	1	0.5621	27.69**	$F_{0.01}(1, 4) = 21.20$
x_3	0.6140	1	0.6140	30.25**	
回 归	2.0644	3	0.6881	33.896**	
误 差	0.0813	4	0.0203		
总 和	2.1457	7			

6.1.5 交互作用及部分实施

在第三章简单试验设计中我们就介绍了交互作用概念。两个或两个以上因素同时存在时,经常发生共同作用或抵消作用,即因素之间相互影响,并且同时对试验结果起作用。在工程中合金钢、复合肥、复合饲料、多种工艺措施等,充分利用了两因素或多因素的交互作用,显著提高了考核指标的性能。而且这是单一因素效应叠加远远实现不了的。

在试验设计过程中,如果存在交互作用,回归方程中就存在一个乘积项 $b_{ij}x_ix_j$,在这种情况下,采用一次回归正交设计时,该列的编码可以直接用 x_i 列的编码与 x_j 列的编码乘积确定,回归系数的计算与检验完全与线性项 x_i 一样,这是因为交互作用项与其他因素一样,在正交表中占一列。3 个因子间的交互作用项 $x_1x_2x_3$ 由于在正交表中也正好占了一列,该回归系数的计算与检验也同线性项 x_j 一样。交互作用的回归系数为

$$b_{ij} = \frac{B_{ij}}{N}$$

其中

$$B_{ij} = \sum_{k=1}^{N} x_{ki}x_{kj}y_k \qquad i,j = 1,2,\cdots,p \quad i<j$$

显著性检验可以用偏回归平方和计算

$$Q_{ij} = b_{ij}B_{ij} \qquad i,j = 1,2,\cdots,p \quad i<j$$

如果所有交互作用项都考虑,正交表中已没有空白列,即试验已成为饱和设计,这时误差的自由度为零,无法进行假设检验,为了进行检验,就必须进行重复试验,或将回归系数非常小的项剔除,然后进行检验。

一般情况下,如果不考虑因素之间的交互作用效应,在采用一次回归正交试验设计安排二水平全因子试验时,会有较多的自由度,尤其是当因子个数增加时,剩余自由度增加的速度要比自变量增加的速度快得多,正交表中空白列也很多。这些空白列可以安排因子的交互作用,但工程中,多数因子之间不存在交互作用,或交互作用与因素的影响相比微乎其微,这时可以在交互作用不存在或很小的那些列上安排其他因子,多安排一个因子,全因子试验计划的试验次数就减少了 1/2,即得到了全因子试验计划的 1/2 实施,多安排两个因子就得到全因子计划的 1/4 实施,类似地可有 1/8 实施法等。

采用部分实施法安排试验计划时,一定要清楚哪些因子之间的交互作用可以忽略,以避免混杂,影响分析判断的准确性。在工程中,部分实施法用于粗选因子十分有效。

6.2 二次回归正交设计

一次回归正交设计是二次或更高次回归正交设计的基础,在工程中应用一次回归正交设计时,通过假设检验,发现回归方程不合适,这时就要考虑能否用二次或更高次回归方程来描述,在工程中二次回归方程应用较多。本节中集中讨论二次回归正交设计方法。

二次回归模型的一般形式为

$$y = \beta_0 + \sum_{j=1}^{p}\beta_jx_j + \sum_{i<j}\beta_{ij}x_ix_j + \sum_{j=1}^{p}\beta_{jj}x_j^2 + \varepsilon \tag{6—14}$$

即

$$E(y) = \beta_0 + \sum_{j=1}^{p} \beta_j x_j + \sum_{i<j} \beta_{ij} x_i x_j + \sum_{j=1}^{p} \beta_{jj} x_j^2 \tag{6—15}$$

在上述的二次回归模型中，有 q 个待估计参数，其中

$$q = 1 + p + C_p^2 + p = 1 + 2p + \frac{p(p-1)}{2} = C_{p+2}^2$$

这就是说，要获得 p 个变量的二次回归方程，试验次数应不小于 q。另一方面，为了计算出二次回归方程的系数，每个变量所取的水平数应不小于 3。这就需要做较多的试验。

6.2.1 三水平全因子试验

当因子比较少，可以用三水平全因子试验方法实现二次回归正交设计。

以二因子二次回归正交设计为例。将 $L_9(3^4)$ 正交表中的第 1 列和第 2 列上"1"改为"－1"，"2"改为"0"，"3"改为"1"，为估计常数项，在第一列的前面添加 x_0 列，取值都为 1，试验设计方案见表 6—11 的前 3 列所列。为了消除 x_0 与 x_j^2 的相关性，可以是相关矩阵用"中心化方法"化为对角阵，即用 x_3 和 x_4 来代替 x_j^2，中心化处理结果如下

$$x_3 = x_1^2 - \frac{1}{9}[(-1)^2 + 0^2 + \cdots + 1^2]$$

$$= x_1^2 - \frac{6}{9} = x_1^2 - \frac{2}{3}$$

$$x_4 = x_2^2 - \frac{2}{3}$$

分别扩大 3 倍，即 $x_3 = 3(x_1^2 - \frac{2}{3})$，$x_4 = 3(x_2^2 - \frac{2}{3})$。最终的试验设计方案见表 6—11 所列。

表 6—11　二因子二次回归正交设计的自变量系数矩阵

No.	x_0	x_1	x_2	$x_3 = 3(x_1^2 - \frac{2}{3})$	$x_4 = 3(x_2^2 - \frac{2}{3})$	$x_5 = x_1 x_2$
1	1	−1	−1	1	1	1
2	1	−1	0	1	−2	0
3	1	−1	1	1	1	−1
4	1	0	−1	−2	1	0
5	1	0	0	−2	−2	0
6	1	0	1	−2	1	0
7	1	1	−1	1	1	−1
8	1	1	0	1	−2	0
9	1	1	1	1	1	1

以水泥基结构加固胶研究为例。

【例 6.4】　抗压强度是结构胶的重要指标，它与植筋后的拉拔强度直接相关，只有具有较高的抗压强度，才能有好的拉拔强度。本研究以硅酸盐类水泥基结构胶为例，采用二次回归正交设计的方法对加固胶的配合比进行优化。考核指标为 3d 抗压强度和 28d 抗压强度。因素为硅灰掺量和水胶比。硅灰掺量变化范围为：5% ~10%；水胶比变化范围为 0.25 ~0.35。

首先对因素编码，编码公式为：

$$x_1=\frac{2(SF-0.1)}{0.1-0.05}+1,x_2=\frac{2(W/B-0.35)}{0.35-0.25}+1$$

表 6—12　因素水平编码表

因　素	$Z_1(SF)$	$Z_2(W/B)$
编码记号	x_1	x_2
下水平(-1)	0.05	0.25
零水平(0)	0.075	0.30
上水平(1)	0.10	0.35
变化区间	0.025	0.05

由二因子二次回归正交设计矩阵安排试验，共 9 组，方案及测试结果详见表 6—13 所列。

表 6—13　试验方案及测试结果

No.		实验设计矩阵			$3(x_1^2-2/3)$	$3(x_2^2-2/3)$	x_1x_2	R_3/MPa	R_{28}/MPa
		x_0	x_1	x_2					
1		1	-1	-1	1	1	1	48.9	87.2
2		1	-1	0	1	-2	0	61.8	114.2
3		1	-1	1	1	1	-1	52.3	92.6
4		1	0	-1	-2	1	0	46.5	83
5		1	0	0	-2	-2	0	58.9	99.6
6		1	0	1	-2	1	0	51.2	85.4
7		1	1	-1	1	1	-1	45.3	76.1
8		1	1	0	1	-2	0	55.2	90.3
9		1	1	1	1	1	1	45.6	81.5
R_3	B_j	465.7	-16.9	8.40	-4.10	-62.00	-3.1		
	d_j	9	6	6	18	18	4		
	b_j	51.74	-2.82	1.40	-0.23	-3.44	-0.77		
	Q_j		47.6	11.76	0.93	213.56	2.40		
R_{28}	B_j	811.9	-48.1	11.2	7.9	-100.4	2		
	d_j	9	6	6	18	18	4		
	b_j	90.21	-8.02	1.87	0.44	-5.58	0.50		
	Q_j		385.60	20.91	3.47	560.01	1.00		

经统计分析计算，得到回归方程

$$R_3=58.62+1.4x_1-2.82x_2-10.32x_1^2$$

$$R_{28}=101.37-8.02x_2-16.74x_1^2$$

R_3 回归方程的方差分析结果见表 6—14 所列。由方差分析可知，R_3 回归方程是非常显著的，一次项 x_1 是非常显著的，x_2 是显著的，二次项 x_1^2 也是非常显著的。

R_{28} 回归方程的方差分析见表 6—15 所列。方差分析表明，R_{28} 回归方程是非常显著的。硅灰的二次因子是非常显著的，水胶比的一次因子也是非常显著的，两个回归方程中交互作用因子均不显著。

表 6—14　3d 强度方差分析

方差来源	平方和	自由度	均方	F 值	临界值
x_1	11.76	1	11.76	34.87**	$F_{0.01}(3,5)=12.1$
x_2	47.60	1	47.60	8.62*	$F_{0.05}(3,5)=5.41$
x_1^2	213.56	1	213.56	156.46**	$F_{0.05}(1,5)=16.3$
回归	272.92	3	90.97	73.37**	$F_{0.05}(1,5)=6.61$
剩余	6.82	5	1.24		
总和	279.74	8			

表 6—15　28d 强度方差分析

方差来源	平方和	自由度	均方	F 值	临界值
x_2	385.6	1	385.6	30.89**	$F_{0.01}(2,6)=10.9$
x_1^2	560.01	1	560.01	44.86**	$F_{0.01}(1,6)=13.7$
回归	945.61	2	472.81	37.87**	
剩余	74.90	6	12.48		
总和	1020.51	8			

利用回归方程进行优化，调整 x_1 和 x_2 的取值，计算出 3d 和 28d 强度，可绘出曲线，找出最优点，得出加固胶的最佳配方。

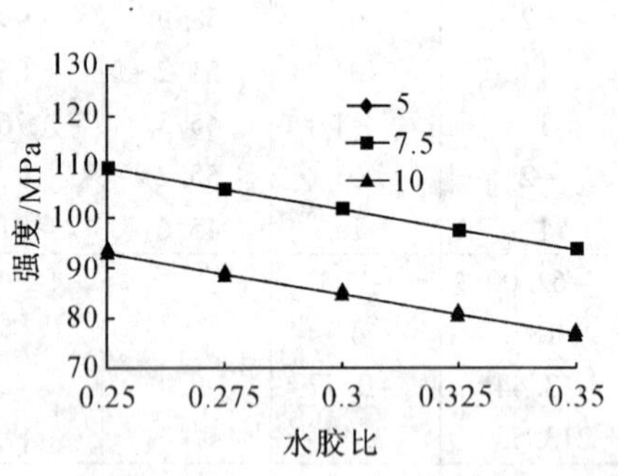

图 6—1　3d 强度随水胶比变化图

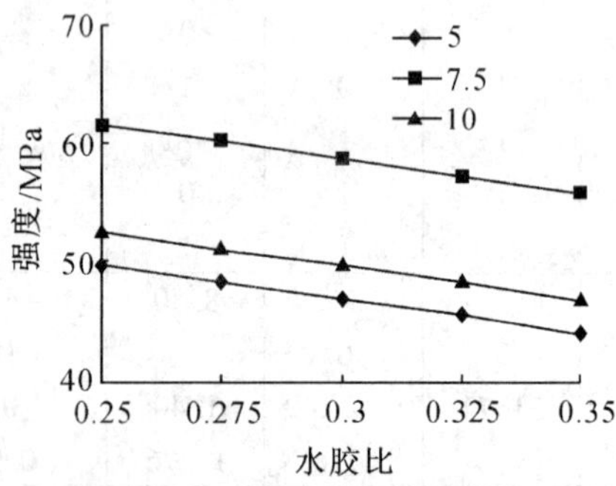

图 6—2　28d 强度随水胶比变化图

从图 6—1 可以看出，当水胶比为 0.25，硅灰掺量为 7.5% 时，3d 抗压强度达到最大；同时，硅灰掺量为 10% 和 5% 时，3d 抗压强度均随水胶比的增大而减小。

从图 6—2 可以看出，无论硅灰掺量为多少时，28d 抗压强度均随水胶比的增大而减小，因此，在硅灰掺量一定的情况下，水胶比越小，28d 抗压强度越大。其中，水胶比相同的情况下，硅灰掺量为 7.5% 时的抗压强度比其他两组都要高很多。

综合建筑中对高强加固胶的要求，通过回归方程，结合 3d 和 28d 抗压强度分别随硅灰掺量、水胶比的变化，优化最佳配比，综合分析 3d 和 28d 抗压强度随水胶比变化的曲线，可以得出如下结论：在硅灰掺量为 7.5%，水胶比为 0.25 时，即可以达到早强要求（3d 抗压强度 61.44MPa），同时也能实现后期的高强度（28d 抗压强度 109.39 MPa），是比较理想的高强结构胶配比。

6.2.2 组合设计法

用三水平全因子试验方法实现二次回归正交设计。当有 p 个变量时，试验次数为 3^p，所以当 p 较大时，试验次数明显增多。例如，6 个因子时，$3^6=729$ 次试验，显然，当因子大于 4 时，无法用全因子试验方法实现二次回归正交设计。组合设计方法就是适应多因子二次回归正交设计的有效方法。

所谓组合设计就是选择几类具有不同特点的点，把它们合理组合起来构成试验计划，以 $p=3$ 为例说明点的选取规律。

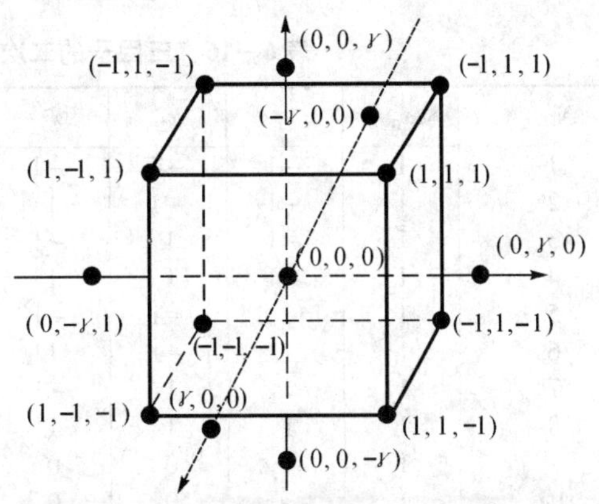

图 6—3 15 个组合设计点在三维空间的分布

当 $p=3$，有 3 个变量 x_1，x_2，x_3，组合设计由 15 个点构成（如图 6—3 所示）。具体如下：

	x_1	x_2	x_3	
(1)	-1	-1	-1	
(2)	-1	-1	1	
(3)	-1	1	-1	
(4)	-1	1	1	2^p 个点组成的二水平全因子试验
(5)	1	-1	-1	
(6)	1	-1	1	
(7)	1	1	-1	
(8)	1	1	1	
(9)	$-\gamma$	0	0	
(10)	γ	0	0	
(11)	0	$-\gamma$	0	$2p$ 个坐标轴上的点（星号臂）
(12)	0	γ	0	
(13)	0	0	$-\gamma$	
(14)	0	0	γ	
(15)	0	0	0	零水平组成的中心点

通常 p 个变量的组合设计由三类点构成：

第一类点为二水平（-1 或 1）全因子试验的试验点，这类试验点共有 2^p 个，若采用 1/2 或 1/4 实施法，试验点为 2^{p-1} 或 2^{p-2} 个。

第二类点为分布在 p 个坐标轴上的星号点，这类试验点共有 $2p$ 个，它们与中心点的距离 γ 称为星号臂，γ 是待定参数，可根据不同的要求来确定它的值。

第三类点为中心点，即各变量都取零水平的点。在中心点上的试验可以只做一次，也可以重复若干次，因此，用组合试验法的试验次数为

$$N = m_c + 2p + m_0 \tag{6—16}$$

其中，$m_c=2^p$，m_0 为中心点上的试验次数。

用上述方法取试验点，在 3 个变量 x_1，x_2，x_3 的场合，结构矩阵见表 6—16 所列。

表 6—16　三因子的二次回归正交组合设计的结构矩阵

No.	x_0	x_1	x_2	x_3	x_1x_2	x_1x_3	x_2x_3	x_1^2	x_2^2	x_3^2
1	1	−1	−1	−1	1	1	1	1	1	1
2	1	−1	−1	1	1	−1	−1	1	1	1
3	1	−1	1	−1	−1	1	−1	1	1	1
4	1	−1	1	1	−1	−1	1	1	1	1
5	1	1	−1	−1	−1	−1	1	1	1	1
6	1	1	−1	1	−1	1	−1	1	1	1
7	1	1	1	−1	1	−1	−1	1	1	1
8	1	1	1	1	1	1	1	1	1	1
9	1	$-\gamma$	0	0	0	0	0	γ^2	0	0
10	1	γ	0	0	0	0	0	γ^2	0	0
11	1	0	$-\gamma$	0	0	0	0	0	γ^2	0
12	1	0	γ	0	0	0	0	0	γ^2	0
13	1	0	0	$-\gamma$	0	0	0	0	0	γ^2
14	1	0	0	γ	0	0	0	0	0	γ^2
15	1	0	0	0	0	0	0	0	0	0

显然有

$$\begin{cases} \sum_{k=1}^{N} x_{ki} = 0 \\ \sum_{k=1}^{N} x_{ki}x_{kj} = 0 \\ \sum_{k=1}^{N} x_{ki}^2 = m_c + 2\gamma^2 > 0 \\ \sum_{k=1}^{N} x_{ki}^2 x_{kj}^2 = m_c > 0 \\ \sum_{k=1}^{N} x_{k0}x_{ki}^2 = m_c + 2\gamma^2 > 0 \end{cases} \tag{6—17}$$

由此可见，信息矩阵 $X^{\tau}X$ 不再是对角矩阵。为了使组合设计具有正交性，我们可调整 γ 的值，使 $(X^{\tau}X)^{-1}$ 为对角矩阵。为了方便起见，将结构矩阵 X 中的列重新排列，将平方列放在 x_0 列后，并设

$$\begin{cases} m_c + 2\gamma^2 = e \\ m_c + 2\gamma^4 = f \end{cases} \tag{6—18}$$

则信息矩阵成为（空白位置的元素都为零）

$$\boldsymbol{X^{\tau}X} = \begin{bmatrix} N & e & e & e & & & & & & \\ e & f & m_c & m_c & & & & & & \\ e & m_c & f & m_c & & & & & & \\ e & m_c & m_c & f & & & & & & \\ & & & & e & & & & & \\ & & & & & e & & & & \\ & & & & & & e & & & \\ & & & & & & & m_c & & \\ & & & & & & & & m_c & \\ & & & & & & & & & m_c \end{bmatrix}$$

上式为 $p=3$ 的情况，推广到一般式，在 p 个变量中，其信息矩阵为

$$X^{\tau}X=\begin{bmatrix} n & e & e & \cdots & e & & & & & & & & \\ e & f & m_c & \cdots & m_c & & & & & & & & \\ e & m_c & f & \cdots & m_c & & & & & & & & \\ \vdots & \vdots & \vdots & & \vdots & & & & & & & & \\ e & m_c & m_c & \cdots & f & & & & & & & & \\ & & & & & e & & & & & & & \\ & & & & & & e & & & & & & \\ & & & & & & & \ddots & & & & & \\ & & & & & & & & e & & & & \\ & & & & & & & & & m_c & & & \\ & & & & & & & & & & m_c & & \\ & & & & & & & & & & & \ddots & \\ & & & & & & & & & & & & m_c \end{bmatrix} \tag{6—19}$$

它的逆矩阵为

$$(X^{\tau}X)^{-1}=\begin{bmatrix} K & E & E & \cdots & E & & & & & & & & \\ E & F & G & \cdots & G & & & & & & & & \\ E & G & F & \cdots & G & & & & & & & & \\ \vdots & \vdots & \vdots & & \vdots & & & & & & & & \\ E & G & G & \cdots & F & & & & & & & & \\ & & & & & e^{-1} & & & & & & & \\ & & & & & & e^{-1} & & & & & & \\ & & & & & & & \ddots & & & & & \\ & & & & & & & & e^{-1} & & & & \\ & & & & & & & & & m_c^{-1} & & & \\ & & & & & & & & & & m_c^{-1} & & \\ & & & & & & & & & & & \ddots & \\ & & & & & & & & & & & & m_c^{-1} \end{bmatrix} \tag{6—20}$$

其中，K,E,F,G 分别由式(6—23)～式(6—26)给出。

$$|J|=\begin{vmatrix} N & e & e & \cdots & e \\ e & f & m_c & \cdots & m_c \\ e & m_c & f & \cdots & m_c \\ \vdots & \vdots & \vdots & & \vdots \\ e & m_c & m_c & \cdots & f \end{vmatrix}$$

$$=(f-m_c)^{p-1}[Nf+(p-1)Nm_c-pe^2]$$

$$=(2\gamma^4)^{p-1}H \tag{6—21}$$

$$H=Nf+(p-1)Nm_c-pe^2 \tag{6—22}$$

$$K=\frac{(2\gamma^4)^{p-1}[f+(p-1)m_c]}{(2\gamma^4)^{p-1}H}=H^{-1}[f+(p-1)m_c] \tag{6—23}$$

$$E=\frac{-(2\gamma^4)^{p-1}e}{(2\gamma^4)^{p-1}H}=-H^{-1}e \tag{6—24}$$

$$\begin{aligned}F&=\frac{(2\gamma^4)^{p-2}[Nf+(p-2)Nm_c-(p-1)e^2]}{(2\gamma^4)^{p-1}H}\\&=(2\gamma^4)^{-1}H^{-1}[Nf+(p-2)Nm_c-(p-1)e^2]\end{aligned} \tag{6—25}$$

$$G=\frac{(2\gamma^4)^{p-2}(e^2-Nm_c)}{(2\gamma^4)^{p-1}H}=(2\gamma^4)^{-1}H^{-1}(e^2-Nm_c) \tag{6—26}$$

由矩阵(6—20)可知,欲使$(X^{\tau}X)^{-1}$成为对角矩阵,应使E,G都等于零。对于G由(6—26)式可知,只要使

$$(e^2-Nm_c)=0 \tag{6—27}$$

就有$G=0$。将$e=m_c+2\gamma^2$,$N=m_c+2p+m_0$代入到(6—27)式中,有

$$(m_c+2\gamma^2)^2-(m_c+2p+m_0)m_c=0$$

经整理,得

$$\gamma^4+m_c\gamma^2-\frac{m_c}{2}(p+\frac{m_0}{2})=0 \tag{6—28}$$

当$m_c=2^p$(全因子试验情况)时,有

$$\gamma^4+2^p\gamma^2+2^{p-1}(p+0.5m_0)=0 \tag{6—29}$$

当$m_c=2^{p-1}$(1/2 实施情况)时,有

$$\gamma^4+2^{p-1}\gamma^2+2^{p-1}2(p+0.5m_0)=0 \tag{6—30}$$

对于给定的p和m_0,就可以由方程(6—29)或(6—30)解出γ^2的值。一些常用的γ^2的值见表6—17所列。

表6—17　γ^2值表

m_0	p			
	2	3	4	5(1/2 实施)
1	1.000	1.476	2.000	2.39
2	1.160	1.650	2.198	2.58
3	1.317	1.831	2.390	2.77
4	1.475	2.000	2.580	2.95
5	1.606	2.164	2.770	3.14
6	1.742	2.325	2.950	3.31
7	1.873	2.481	3.140	3.49
8	2.000	2.633	3.310	3.66
9	2.123	2.782	3.490	3.83
10	2.243	2.928	3.660	4.00

此外,为了使$(X^{\tau}X)^{-1}$成为对角矩阵,还要使$E=0$。因此,必须对结构矩阵做些变动,即对平方项x_j^2进行中心化,即令

$$x'_{kj}=x_{kj}^2-\frac{1}{N}\sum_{k=1}^{N}x_{kj} \tag{6—31}$$

代替结构矩阵中变量平方的列,就可使系数矩阵中的第一列和第一行除第一元素外,其余

皆为零。从而使得相关矩阵中的 $E=0$。

例如，当 $p=3$，且 m_0 取 1 时，星号臂值为 $\gamma=1.215$，此时有

$$\sum_{k=1}^{N} x_{kj}^2 = 10.952 \qquad j = 1,2,\cdots,p$$

故

$$x'_{kj} = x_{kj}^2 - \frac{1}{N}\sum_{k=1}^{N} x_{kj}^2 = x_{kj}^2 - 0.730$$

其结构矩阵见表 6—18 所列。

表 6—18　三因子二次回归正交设计的结构矩阵（$m_0=1$）

No.	x_0	x_1	x_2	x_3	x_1x_2	x_1x_3	x_2x_3	x'_1	x'_2	x'_3
1	1	−1	−1	−1	1	1	1	0.27	0.27	0.27
2	1	−1	−1	1	1	−1	−1	0.27	0.27	0.27
3	1	−1	1	−1	−1	1	−1	0.27	0.27	0.27
4	1	−1	1	1	−1	−1	1	0.27	0.27	0.27
5	1	1	−1	−1	−1	−1	1	0.27	0.27	0.27
6	1	1	−1	1	−1	1	−1	0.27	0.27	0.27
7	1	1	1	−1	1	−1	−1	0.27	0.27	0.27
8	1	1	1	1	1	1	1	0.27	0.27	0.27
9	1	−1.215	0	0	0	0	0	0.746	−0.73	−0.73
10	1	1.215	0	0	0	0	0	0.746	−0.73	−0.73
11	1	0	−1.215	0	0	0	0	−0.73	0.746	−0.73
12	1	0	1.215	0	0	0	0	−0.73	0.746	−0.73
13	1	0	0	−1.215	0	0	0	−0.73	−0.73	0.746
14	1	0	0	1.215	0	0	0	−0.73	−0.73	0.746
15	1	0	0	0	0	0	0	−0.73	−0.73	−0.73

其信息矩阵为

$$X'X = \begin{bmatrix} 15 & & & & & & & & & 0 \\ & 10.95 & & & & & & & & \\ & & 10.95 & & & & & & & \\ & & & 10.95 & & & & & & \\ & & & & 8 & & & & & \\ & & & & & 8 & & & & \\ & & & & & & 8 & & & \\ & & & & & & & 4.36 & & \\ & & & & & & & & 4.36 & \\ 0 & & & & & & & & & 4.36 \end{bmatrix}$$

其逆矩阵为

$$
(X^TX)^{-1}=\begin{bmatrix}15^{-1} & & & & & & & & & 0\\ & 10.95^{-1} & & & & & & & & \\ & & 10.95^{-1} & & & & & & & \\ & & & 10.95^{-1} & & & & & & \\ & & & & 8^{-1} & & & & & \\ & & & & & 8^{-1} & & & & \\ & & & & & & 8^{-1} & & & \\ & & & & & & & 4.36^{-1} & & \\ & & & & & & & & 4.36^{-1} & \\ 0 & & & & & & & & & 4.36^{-1}\end{bmatrix}
$$

6.3 二次回归正交设计的统计分析

6.3.1 因素水平编码

用组合设计确定二次回归正交设计的方案后，在工程中应用的第一步，就是根据工程需要确定每个因子的变化范围，并对因子进行编码。设因子为 $z_1, z_2, \cdots, z_p$，其中，因子 z_j 的上、下界分别为 $z_{2j}, z_{1j}(j=1,2,\cdots,p)$。根据二次回归正交设计的要求安排试验，即根据 p 和 m_0 确定星号臂 γ 的值。确定各因子的零水平和变化区间。

$$z_{0j}=\frac{z_{1j}+z_{2j}}{2}, j=1,2,\cdots,p \tag{6—32}$$

$$\Delta_j=\frac{z_{2j}-z_{0j}}{\gamma}=\frac{z_{2j}-z_{1j}}{2\gamma}, j=1,2,\cdots,p \tag{6—33}$$

与一次回归正交设计相类似，对因子的取值做线性变换

$$x_j=\frac{z_j-z_{0j}}{\Delta_j}, j=1,2,\cdots,p \tag{6—34}$$

则有因素水平编码公式见表 6—19 所列。

表 6—19　因素水平编码公式表

x_j	因　素			
	Z_1	Z_2	…	Z_p
上星号臂(γ)	Z_{21}	Z_{22}	…	Z_{2p}
上水平(1)	$Z_{01}+\Delta_1$	$Z_{02}+\Delta_2$	…	$Z_{0p}+\Delta_p$
基准水平(0)	Z_{01}	Z_{02}	…	$Z_0\ Z_{01}$
下水平(-1)	$Z_{01}-\Delta_1$	$Z_{02}-\Delta_2$	…	$Z_{0p}-\Delta_p$
下星号臂 $-\gamma$	Z_{11}	Z_{12}	…	Z_{1p}

6.3.2 回归系数的计算

根据试验结果，利用结构矩阵 X 的正交性，回归系数的计算很简单，与一次回归正交设计

中回归系数的计算类似,可以算出

$$A = X^{\tau}X = \begin{bmatrix} N & & & & & & & & & & 0 \\ & S_1 & & & & & & & & & \\ & & \vdots & & & & & & & & \\ & & & S_p & & & & & & & \\ & & & & S_{12} & & & & & & \\ & & & & & \vdots & & & & & \\ & & & & & & S_{p-1,p} & & & & \\ & & & & & & & S_{11} & & & \\ & & & & & & & & \vdots & & \\ 0 & & & & & & & & & & S_{pp} \end{bmatrix} \qquad (6—35)$$

其中

$$S_j = \sum_{k=1}^{N} x_{kj}^2 \qquad j = 1,2,\cdots,p$$

$$S_{ij} = \sum_{k=1}^{N} (x_{ki}x_{kj})^2 \qquad 1 < i < j < p$$

$$S_{jj} = \sum_{k=1}^{N} (x'_{kj})^2 \qquad j = 1,2,\cdots,p$$

在计算时,习惯上往往将矩阵 A 的对角线元素用 d_i, d_{ij}, d_{jj} 来表示。

常数项矩阵 B 为

$$B = X^{\tau}Y = \begin{pmatrix} B_0 \\ B_1 \\ \vdots \\ B_p \\ B_{12} \\ \vdots \\ B_{p-1,p} \\ B_{11} \\ \vdots \\ B_{pp} \end{pmatrix} \qquad (6—36)$$

其中

$$B_0 = \sum_{k=1}^{N} y_k$$

$$B_j = \sum_{k=1}^{N} x_{kj}y_k \qquad j = 1,2,\cdots,p$$

$$B_{ij} = \sum_{k=1}^{N} x_{ki}x_{kj}y_k \qquad 1 < i < j < p$$

$$B'_{jj} = \sum_{k=1}^{N} x'_{kj}y_k \qquad j = 1,2,\cdots,p$$

A 的逆矩阵为

$$C = A^{-1} = (X^{\tau}X)^{-1} = \begin{bmatrix} N^{-1} & & & & & & & & & & 0 \\ & S_1^{-1} & & & & & & & & & \\ & & \vdots & & & & & & & & \\ & & & S_1^{-1} & & & & & & & \\ S & & & & S_{12}^{-1} & & & & & & \\ & & & & & \vdots & & & & & \\ & & & & & & S_{p-1,p}^{-1} & & & & \\ & & & & & & & S_{11}^{-1} & & & \\ & & & & & & & & \vdots & & \\ 0 & & & & & & & & & & S_{pp}^{-1} \end{bmatrix} \tag{6—37}$$

根据回归系数的计算原理 $b = (X^{\tau}X)^{-1}X^{\tau}Y = CB$，可以求得回归系数

$$b_0 = \frac{1}{N}\sum_{k=1}^{N} y_k = \bar{y}$$

$$b_j = \frac{B_j}{S_j} = \frac{\sum_{k=1}^{N} x_{kj}y_k}{\sum_{k=1}^{N} x_{kj}^2} \qquad j = 1,2,\cdots,p$$

$$b_{ij} = \frac{B_{ij}}{S_{ij}} = \frac{\sum_{k=1}^{N} x_{ki}x_{kj}y_k}{\sum_{k=1}^{N} (x_{ki}x_{kj})^2} \qquad 1 < i < j < p$$

$$b'_{jj} = \frac{B_{jj}}{S_{jj}} = \frac{\sum_{k=1}^{N} x'_{kj}y_k}{\sum_{k=1}^{N} (x'_{kj})^2} \qquad j = 1,2,\cdots,p$$

上述计算可以在类似于一次回归正交设计的计算表上进行。本章将介绍用 Excel 表直接计算的方法。

得到的二次回归正交设计的回归方程

$$\hat{y} = b'_0 + \sum_{j=1}^{p} b_j x_j + \sum_{i<j} b_{ij}x_i x_j + \sum_{j=1}^{p} b_{jj}x_j^2 \tag{6—38}$$

将回归方程整理后，可得到回归方程的标准格式

$$\hat{y} = b_0 + \sum_{j=1}^{p} b_j x_j + \sum_{i<j} b_{ij}x_i x_j + \sum_{j=1}^{p} b_{jj}x_j^2 \tag{6—39}$$

式中

$$b_0 = b'_0 - \frac{\sum_{k=1}^{N} x_{kj}^2}{N}\sum_{j=1}^{p} b_{jj} \tag{6—40}$$

6.3.3 回归方程与回归系数的显著性检验

二次回归正交设计的回归方程及回归系数的检验与一次回归正交设计完全类似，但二次回归正交设计的基本缺点是没有旋转性，这是因为回归系数的方差不全相等，二次正交旋转组合设计可以使方差相等（详见回归旋转设计）。二次回归正交设计方差分析表见表 6—20 所列。

表 6—20 二次回归正交设计的方差分析表

No.	平方和	自由度	均方和	F 比
x_1	$Q_1 = B_1^2/S_1$	1	Q_1	Q_1/V_e
⋮	⋮	⋮	⋮	⋮
x_p	$Q_p = B_p^2/S_p$	1	Q_p	Q_p/V_e
x_1x_2	$Q_{12} = B_{12}^2/S_{12}$	1	Q_{12}	Q_{12}/V_e
⋮	⋮	⋮	⋮	⋮
$x_{p-1}x_p$	$Q_{p-1,p} = B_{p-1,p}^2/S_{p-1,p}$	1	$Q_{p-1,p}$	$Q_{p-1,p}/V_e$
x_1^2	$Q_{11} = B_{11}^2/S_{11}$	1	Q_{11}	Q_{11}/V_e
⋮	⋮	⋮	⋮	⋮
x_p^2	$Q_{pp} = B_{pp}^2/S_{pp}$	1	Q_{pp}	Q_{pp}/V_e
回归	$S_r = Q_1 + \cdots + Q_{pp}$	$f_r = C_{p+2}^2 - 1$	$V_r = S_r/f_r$	V_r/V_e
剩 余	$S_e = S_t - S_r$	$f_e = N - C_{p+2}^2$	$V_e = S_e/f_e$	
总 计	$S_t = \sum_{k=1}^{N} y_k^2 - N - \bar{y}^2$	$f_t = N - 1$		

假如在中心点有 m_0 次重复试验，试验结果为 $y_{01}, y_{02}, \cdots, y_{0m_0}$，则可先用由此产生的误差平方和 S_{ee} 对失拟平方和 S_{lf} 进行检验，然后按表 6—20 中对回归方程和回归系数进行类似的检验。这里

$$\bar{y}_0 = \frac{1}{m_0}\sum_{i=1}^{m_0} y_{0i}$$

$$S_{ee} = \sum_{i=1}^{m_0}(y_{0i} - \bar{y}_0)^2 \qquad f_{ee} = m_0 - 1$$

$$S_{lf} = S_e - S_{ee} \qquad f_{lf} = f_e - f_{ee}$$

6.4 回归正交设计的应用

6.4.1 热力管道保温厚度优化设计

【例 6.5】 在工业生产中，要使用大量的热水、水蒸气及其他热媒。在输送、使用这些热媒过程中，由于温度高于周围环境温度，一部分热量没有做功便损失了，这种通过表面散失的热量很难回收和利用，因此，只能采用保温隔热的办法减少热损失，但保温也需要一定的费用，为了达到保温的经济性，要求热损失年费用与保温结构投资年费用之和为最小值，保温经济厚度正是根据这一原则和传热学原理建立的复杂隐函数关系最终设计出来的。为快速准确设计，我们编制了 CAD 程序，在对管道保温经济厚度的分析与评价的基础上，用二次回归正交设计建立了新的优化模型。

(1)试验设计及结果

管道保温经济厚度的 CAD 模型适用于各种管径、保温材料、保护层材料、各种结构及热介质温度。为建立新的优化设计方法，我们以工程量大的火力发电厂蒸汽管道保温结构设计为

例，考核指标选为保温经济厚度 d 和热损失 Q，4 个主要因子确定为：投资回收年限、保温材料价格、保护层材料价格、热价。其模型的响应方程式为

$$\hat{y} = b_0 + \sum_{j=1}^{p} b_j x_j + \sum_{i<j} b_{ij} x_i x_j + \sum_{j=1}^{p} b_{jj} x_j^2$$

因素水平编码见表 6—21 所列，设计矩阵及试验结果见表 6—22 所列，其中，中心水平安排了 3 组试验，共有 27 组试验，管径为 529mm 的为 d_1，Q_1，管径为 377mm 的为 d_2，Q_2。

表 6—21　因素水平编码表

因　素	Z_1（回收年限）	Z_2（保温材料价格）	Z_3（保温层材料价格）	Z_4（热价）
编 码	x_1	x_2	x_3	x_4
变化区间 Δ_j	1	100	10	10
上星号臂(1.55)	8.55	655	35.5	45.5
上水平(1.00)	8.00	600	30.0	40.0
基准水平(0.00)	7.00	500	20.0	30.0
下水平(－1,00)	6.00	400	10.0	20.0
下星号臂(－1.55)	5.45	345	4.5	14.5

表 6—22　四因子二次回归正交设计及测试结果

No.	x_0	x_1	x_2	x_3	x_4	d_1	Q_1	d_2	Q_2
1	1	－1	－1	－1	－1	140	195.52	135	153.81
2	1	－1	－1	－1	1	190	153.91	180	124.30
3	1	－1	－1	1	－1	135	201.32	125	163.14
4	1	－1	－1	1	1	185	157.08	170	129.55
5	1	－1	1	－1	－1	120	221.56	115	174.04
6	1	－1	1	－1	1	160	175.84	155	138.65
7	1	－1	1	1	－1	115	229.45	110	180.21
8	1	－1	1	1	1	155	180.29	145	145.72
9	1	1	－1	－1	－1	160	175.84	150	142.07
10	1	1	－1	－1	1	215	140.20	200	115.32
11	1	1	－1	1	－1	155	180.29	145	145.72
12	1	1	－1	1	1	205	145.29	195	117.40
13	1	1	1	－1	－1	135	201.32	130	158.30
14	1	1	1	－1	1	185	157.68	170	129.55
15	1	1	1	1	－1	130	207.56	125	163.14
16	1	1	1	1	1	180	160.43	165	132.81
17	1	－1.55	0	0	0	145	190.10	135	153.81
18	1	1.55	0	0	0	175	163.96	165	132.41
19	1	0	－1.55	0	0	185	157.08	175	126.85
20	1	0	1.55	0	0	145	190.10	135	153.81
21	1	0	0	－1.55	0	165	171.64	160	135.43
22	1	0	0	1.55	0	155	180.29	145	145.72
23	1	0	0	0	－1.55	120	221.56	110	180.21
24	1	0	0	0	1.55	195	159.90	180	124.30
25	1	0	0	0	0	160	175.84	150	142.07
26	1	0	0	0	0	160	175.84	150	142.07
27	1	0	0	0	0	160	175.84	150	142.07

(2)试验结果的分析与评价

对试验结果进行统计分析,系数不显著的项删除,得到以下回归方程:

$$d_1 = 160.29 + 10.17x_1 - 12.83x_2 - 2.91x_3 + 24.09x_4 + 1.56x_1x_4 - 1.56x_2x_4 + 1.85x_2^2 - 1.28x_4^2 \quad (6—41)$$

$$Q_1 = 175.70 - 9.01x_1 + 11.31x_2 + 2.59x_3 - 21.74x_4 - 0.91x_1x_2 + 1.17x_1x_4 - 1.86x_2x_4 - 0.52x_3x_4 + 0.62x_1^2 - 0.82x_2^2 + 4.46x_3^2 \quad (6—42)$$

$$d_2 = 150.5 + 9.2x_1 - 11.87x_2 - 3.76x_3 + 21.8x_4 - 0.94x_1x_2 + 0.94x_2x_3 + 0.94x_1x_4 - 2.19x_2x_3 + 2.05x_2^2 + 1.01x_3^2 - 2.12x_4^2 \quad (6—43)$$

$$Q_2 = 142.41 - 6.67x_1 + 8.29x_2 + 2.75x_3 - 16.06x_4 - 190x_1x_3 + 1.15x_1x_4 - 0.7x_2x_4 - 0.99x_2^2 - 0.889x_3^2 + 3.89x_4^2 \quad (6—44)$$

回归方程的显著性检验见表6—23所列。方差分析表明,4个考核指标的回归方程都是非常显著的,回归方程的拟合平均相对误差如下:d_1 为0.47%,Q_1 为0.44%,d_2 为0.57%,Q_2 为0.53%。各指标回归方程的显著性和拟合精度足以表明,试验结果与采用的二次回归模型是非常符合的。各方程回归系数的显著性检验结果见表6—24所列。

表6—23 回归方程的方差分析

方 程	方差来源	平方和	自由度	均 方	F 值	临界值
d_1	回 归	17 965.46	8	2245.68	1313.26**	$F_{0.01}(8,18)=3.71$
	剩 余	30.85	18	1.71		
	总 和	17 996.31	26			
Q_1	回 归	14 656.00	11	1332.36	783.74**	$F_{0.01}(11,15)=3.74$
	剩 余	25.56	15	1.70		
	总 和	14 681.56	26			
d_2	回 归	15 105.37	11	1373.22	690.06**	$F_{0.01}(11,15)=3.74$
	剩 余	29.82	15	1.99		
	总 和	15 135.19	26			
Q_2	回 归	8125.13	10	812.51	348.72**	$F_{0.01}(10,16)=3.69$
	剩 余	37.25	16	2.33		
	总 和	8162.38	26			

表6—24 回归系数的显著性检验

方 程	非常显著	显 著	有影响	不显著
d_1	x_1,x_2,x_3,x_4,x_1x_4 x_2x_4,x_2^2,x_4^2			$x_1x_2,x_1x_3,x_2x_3,$ x_3x_4,x_1^2,x_3^2
Q_1	x_1,x_2,x_3,x_4,x_1x_4 x_2x_4,x_4^2	x_1x_2	x_3x_4,x_1^2,x_2^2	x_1x_3,x_2x_3,x_3^2
d_2	x_1,x_2,x_3,x_4 x_2x_4,x_2^2,x_4^2	$x_1x_2,x_2x_3,$ x_1x_3,x_3^2		x_2x_3,x_3x_4,x_1^2
Q_2	x_1,x_2,x_3,x_4 x_4^2	x_1x_3,x_1x_4	x_2x_4,x_2^2,x_3^2	$x_1x_2,x_2x_3,$ x_3x_4,x_1^2

检验表明,4 个因素的一次项系数对每个考核指标的影响都是非常显著的。这与专业分析的结果是一致的。保温材料价格和热价的二次项系数对两种管径的保温厚度的影响都是非常显著的,投资回收年限与热价、保温材料价格与热价的交互作用均显著影响着保温厚度指标。在优化设计过程中对这些交互作用的影响必须综合考虑。

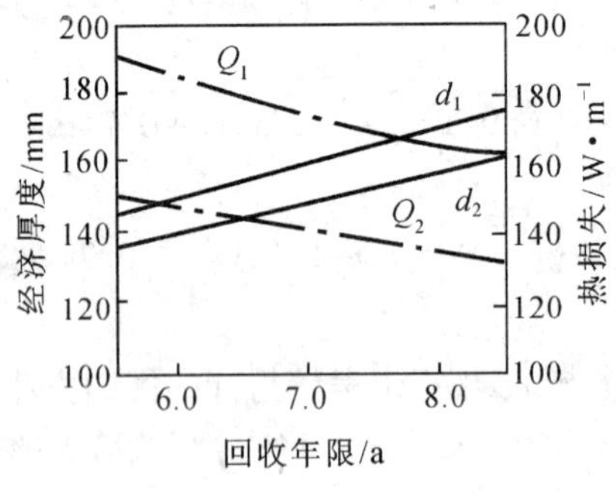

图 6—4　回收年限与经济厚度和热损失的关系

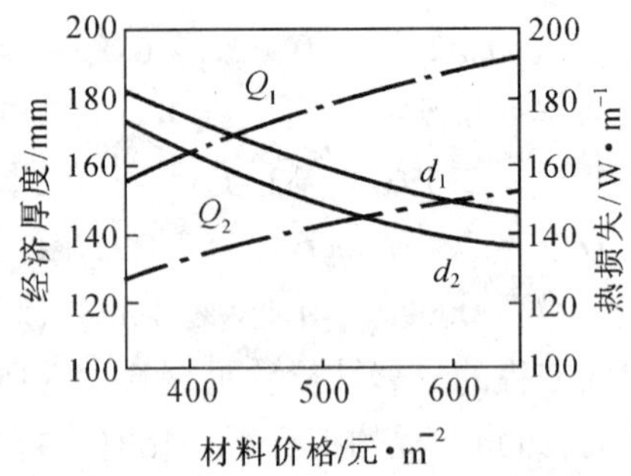

图 6—5　材料价格与经济厚度和热损失的关系

如图 6—4 所示反映了投资回收年限与保温经济厚度和热损失之间的关系,随着回收年限的增大,保温经济厚度增大,供热管路的热损失减少,其影响幅度是较大的。如图 6—5 所示反映了保温材料价格与保温经济厚度和热损失之间的关系,由图可知,随着保温材料价格的增高,保温经济厚度减小,管路的热损失相应增大,该因素的影响幅度也是很大的。

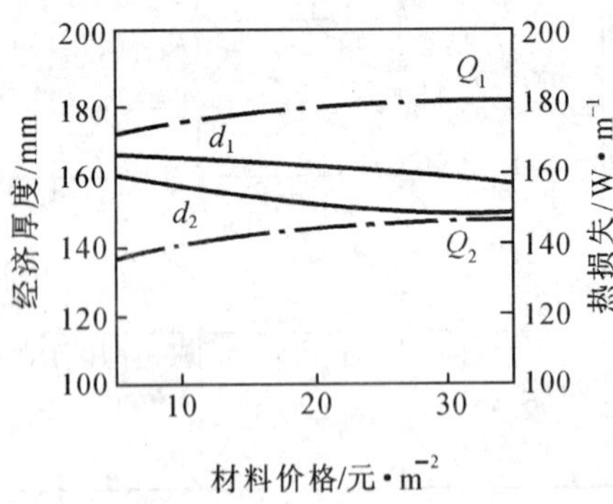

图 6—6　保护层材料价格与经济厚度和热损失的关系

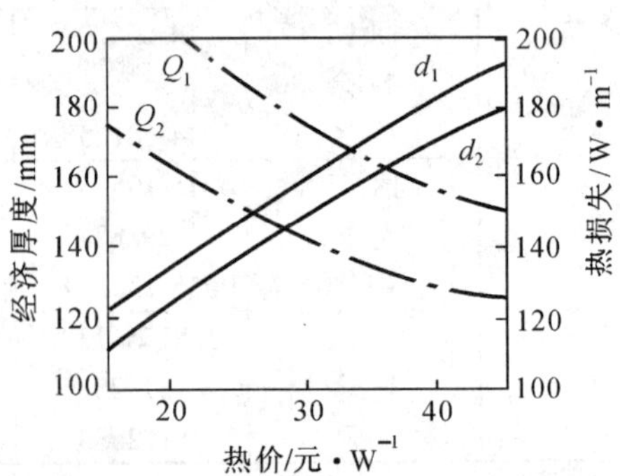

图 6—7　热价与经济厚度和热损失的关系

如图 6—6 所示反映了保护层材料价格与保温经济厚度和热损失之间的关系,随着保护层材料价格的增高,保温经济厚度略有降低,供热管路的热损失略有增高。如图 6—7 所示为热价与保温经济厚度和热损失之间的关系曲线,随着热价的增高,保温经济厚度大幅度增大,供热管路的热损失明显减小。

经综合分析评价,热价对保温经济厚度和热损失影响最大;保温材料价格比回收年限因素对保温经济厚度和热损失的影响大,而保护层材料价格因素在 4 个因素中影响最小。

6.4.2　热管换热器的回归正交优化设计

【例 6.6】　在能源工程中,热管技术是引人注目的高效节能技术,随着热管换热器的广泛应用,其优化设计日益为人们所关注。

以往的设计方法是:(1)联立求解包括目标函数即结构参数的非线性方程组;(2)通过热工计算公式导出某种优化判据,间接评价设计方案的优劣。这两种方法均不能建立目标函数与设计变量之间的直接联系。没有反映多个参数同时变化对目标函数的影响,不能实现多参数的优化设计。

从净回收热量为最大的角度出发,提出最佳流速的间接判据,并提出一套经过实践验证是行之有效的优化设计方法。本研究将该热管换热器的设计方法变成设计的计算机程序,在确定8个设计变量后,用8个参数回归正交设计安排试验,获取5个考核指标的参数值,应用回归正交设计方法,分别建立5个指标与8个参数的回归方程,直接求解满足目标函数及约束条件的优化设计参数。进一步提出了直接优化判据的方法,进行了碳钢水中立式热管换热器的多参数优化设计。

(1)试验方案及结果分析

采用二次回归正交设计方法建立的回归方程为

$$\hat{y} = b_0 + \sum_{j=1}^{p} b_j x_j + \sum_{i<j} b_{ij} x_i x_j + \sum_{j=1}^{P} b_{jj} x_j^2$$

式中共有回归系数

$$q = 1 + C_8^1 + C_8^2 + C_8^1 = 45(\text{个})$$

确定的设计变量有:加热段长度 L_h(m);换热器宽度 B(m);加热段、冷却段肋化参数 ϕ_h,ϕ_c;热流体流量 G_c,G_h;热、冷流体的入口温度 t_{h1},t_{c1};考核指标为热管换热器的换热量 Q;净回收热量 $Q-Q_{\Delta P}$;换热器的阻力损失 ΔP;换热器体积 $B \cdot L_{HP} \cdot H$;加热段壁温 $\bar{t}_{hw}$。

8个参数的因素水平编码表见表6—25所列。

表6—25 因素水平编码表

因 素	L_h	B	ϕ_h	ϕ_c	G_c	G_h	t_{h1}	t_{c1}
编 码	x_1	x_2	x_3	x_4	x_5	x_6	x_7	x_8
上星号臂(2.141)	5.5	2.20	4.5	6.00	210	15.00	26.50	15.0
上水平(1.00)	4.7	1.86	3.7	4.934	199.34	8.34	22.635	13.4
基准水平(0.00)	4.0	1.60	3.0	4.00	190.00	2.50	19.25	12.0
下水平(-1,00)	3.3	1.32	2.3	3.066	180.66	-3.34	15.865	10.6
下星号臂(-2.141)	2.5	1.00	1.5	2.00	170.00	-10.00	12.00	9.0

根据8个因素的二次回归正交设计,安排了147组模拟试验,即在设计程序中计算5个考核指标的值,其计算方法按回归正交的示意框图进行(如图6—8所示)。结果见表6—26所列。

回归方程及方差分析的计算由计算机进行。求得5个考核指标经编码回代后的回归方程为

$$Q = EXP(-2.452 - 0.0628L_h + 0.0712B + \cdots + 0.000388G_c - 0.00388L_h \cdot B + \cdots + 0.000243G_h \cdot G_c - 0.00325L_h^2 - 0.0329B^2 + \cdots - 0.00146G_c^2)$$

$$\Delta P = EXP(-4.595 - 0.980L_h - 2.849B + \cdots + 0.0139G_c + 0.0466L_h \cdot B + \cdots - 0.00154G_h \cdot G_c + 0.0437L_h^2 + 0.430B^2 + \cdots + 0.00303G_c^2)$$

$$Q - Q_{\Delta P} = EXP(-8.9523 - 0.0312L_h + \cdots + 0.0381G_c - 0.06355L_h \cdot B + \cdots +$$

$$0.0006648G_h \cdot G_c - 0.015157L_h^2 + \cdots - 0.0019048G_c^2)$$

$$B \cdot L_{HP} \cdot H = EXP(20.22 + 1.005L_h + 0.307B + \cdots + 0.00522G_c - 0.0492L_h \cdot B + \cdots - 0.00644G_h \cdot G_c - 0.0703L_h^2 - 0.0627B^2 + \cdots + 0.0106G_c^2)$$

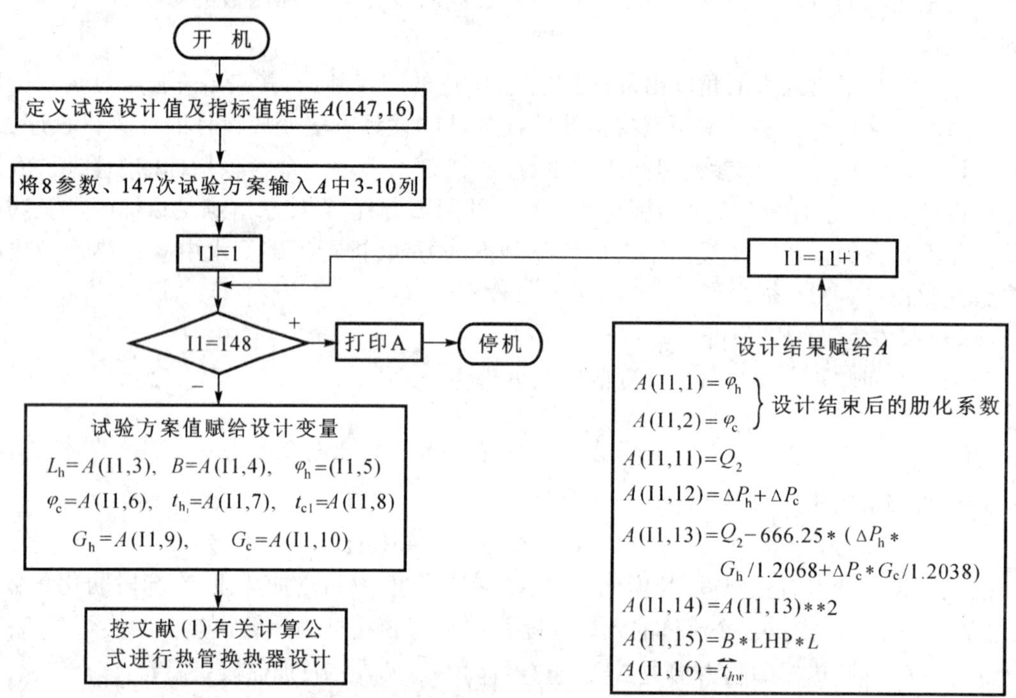

图 6—8　计算 147 次回归正交试验示意框图

表 6—26　八因子 5 指标二次回归正交设计及测试结果

No.	x_0	x_1	x_2	x_3	x_4	x_5	x_6	x_7	x_8	Q	ΔP	$Q-Q_{\Delta P}$	$B \cdot L_{HP} \cdot H$	$\bar{t}_{hw}$
1	1	−1	−1	−1	−1	−1	−1	−1	−1	787	75	735	13.1	116.0
2	1	−1	−1	−1	−1	−1	−1	1	1	1103	183	928	16.5	117.8
3	1	−1	−1	−1	−1	−1	1	−1	1	784	70	729	19.6	98.2
4	1	−1	−1	−1	−1	−1	1	1	−1	1114	255	916	21.0	124.8
5	1	−1	−1	−1	−1	1	−1	−1	1	1067	94	993	18.0	102.5
6	1	−1	−1	−1	−1	1	−1	1	−1	1514	329	1238	27.2	133.4
7	1	−1	−1	−1	−1	1	1	−1	−1	1087	114	988	22.1	112.9
8	1	−1	−1	−1	−1	1	1	1	1	1538	299	1260	25.0	132.6
9	1	−1	−1	−1	1	−1	−1	−1	1	767	70	714	10.5	92.6
10	1	−1	−1	−1	1	−1	−1	1	−1	1095	223	923	14.6	103.9
11	1	−1	−1	−1	1	−1	1	−1	−1	769	82	715	12.6	101.7
12	1	−1	−1	−1	1	−1	1	1	1	1122	215	933	14.3	104.5
13	1	−1	−1	−1	1	1	−1	−1	−1	1053	111	979	15.8	107.3
14	1	−1	−1	−1	1	1	−1	1	1	1518	292	1261	17.9	110.9
15	1	−1	−1	−1	1	1	1	−1	1	1046	105	966	15.4	108.0

续表

No.	x_0	x_1	x_2	x_3	x_4	x_5	x_6	x_7	x_8	Q	ΔP	$Q-Q_{\Delta P}$	$B \cdot L_{HP} \cdot H$	$\bar{t}_{hw}$
16	1	−1	−1	−1	1	1	1	1	−1	1507	368	1223	23.0	123.1
17	1	−1	−1	1	−1	−1	−1	−1	1	786	72	729	12.2	114.4
18	1	−1	−1	1	−1	−1	−1	1	−1	1095	240	878	17.4	135.5
19	1	−1	−1	1	−1	−1	1	−1	−1	786	86	724	14.6	120.4
20	1	−1	−1	1	−1	−1	1	1	1	1102	219	887	16.1	130.7
21	1	−1	−1	1	−1	1	−1	−1	−1	1073	117	989	18.4	136.7
22	1	−1	−1	1	−1	1	−1	1	1	1542	308	1240	20.9	138.6
23	1	−1	−1	1	−1	1	1	−1	1	1044	104	961	16.9	127.8
24	1	−1	−1	1	−1	1	1	1	−1	1533	398	1172	27.6	144.6
25	1	−1	−1	1	1	−1	−1	−1	−1	765	76	711	8.8	117.0
26	1	−1	−1	1	1	−1	−1	1	1	1120	206	929	11.6	118.8
27	1	−1	−1	1	1	−1	1	−1	1	787	76	728	10.2	99.3
28	1	−1	−1	1	1	−1	1	1	−1	1104	295	897	14.2	125.7
29	1	−1	−1	1	1	1	−1	−1	1	1044	99	967	12.3	103.7
30	1	−1	−1	1	1	1	−1	1	−1	1521	351	1228	18.7	134.3
31	1	−1	−1	1	1	1	1	−1	−1	1041	118	960	14.7	114.0
32	1	−1	−1	1	1	1	1	1	1	1498	314	1207	16.9	133.4
33	1	−1	1	−1	−1	−1	−1	−1	1	796	30	772	16.4	92.1
34	1	−1	1	−1	−1	−1	−1	1	−1	1116	100	1032	21.6	120.8
35	1	−1	1	−1	−1	−1	1	−1	−1	775	35	751	18.9	101.3
36	1	−1	1	−1	−1	−1	1	1	1	1082	85	1003	21.2	121.2
37	1	−1	1	−1	−1	1	−1	−1	−1	1087	49	1053	24.4	126.2
38	1	−1	1	−1	−1	1	−1	1	1	1499	118	1389	27.2	128.5
39	1	−1	1	−1	−1	1	1	−1	1	1070	45	1035	23.0	107.6
40	1	−1	1	−1	−1	1	1	1	−1	1525	163	1388	33.5	136.8
41	1	−1	1	−1	1	−1	−1	−1	−1	787	35	764	12.5	95.8
42	1	−1	1	−1	1	−1	−1	1	1	1113	86	1037	15.7	98.4
43	1	−1	1	−1	1	−1	1	−1	1	761	33	736	13.6	97.8
44	1	−1	1	−1	1	−1	1	1	−1	1112	110	1026	17.5	109.0
45	1	−1	1	−1	1	1	−1	−1	1	1100	46	1065	17.5	102.0
46	1	−1	1	−1	1	1	−1	1	−1	1535	156	1415	23.4	117.2
47	1	−1	1	−1	1	1	1	−1	−1	1053	53	1018	20.0	112.5
48	1	−1	1	−1	1	1	1	1	1	1504	134	1387	23.2	115.9
49	1	−1	1	1	−1	−1	−1	−1	−1	784	36	758	14.3	126.3
50	1	−1	1	1	−1	−1	−1	1	1	1112	90	1023	18.3	127.7
51	1	−1	1	1	−1	−1	1	−1	1	747	32	722	14.6	117.7
52	1	−1	1	1	−1	−1	1	1	−1	1092	116	986	21.0	132.9
53	1	−1	1	1	−1	1	−1	−1	1	1048	44	1013	18.5	123.7
54	1	−1	1	1	−1	1	−1	1	−1	1500	164	1351	27.5	141.7
55	1	−1	1	1	−1	1	1	−1	−1	1057	54	1018	22.8	130.6
56	1	−1	1	1	−1	1	1	1	1	1503	139	1372	26.7	141.0
57	1	−1	1	1	1	−1	−1	−1	1	797	32	771	11.2	93.3

续表

No.	x_0	x_1	x_2	x_3	x_4	x_5	x_6	x_7	x_8	Q	ΔP	$Q-Q_{\Delta P}$	$B \cdot L_{HP} \cdot H$	$\bar{t}_{hw}$
58	1	−1	1	1	1	−1	−1	1	−1	1096	104	1009	14.4	121.7
59	1	−1	1	1	1	−1	1	−1	−1	802	38	776	13.2	102.3
60	1	−1	1	1	1	−1	1	1	1	1125	94	1038	15.0	122.0
61	1	−1	1	1	1	1	−1	−1	−1	1054	49	1020	15.9	126.9
62	1	−1	1	1	1	1	−1	1	1	1490	125	1375	18.4	129.4
63	1	−1	1	1	1	1	1	−1	1	1070	47	1033	15.7	108.6
64	1	−1	1	1	1	1	1	1	−1	1548	174	1403	22.9	137.5
65	1	1	−1	−1	−1	−1	−1	−1	1	770	29	747	31.3	91.7
66	1	1	−1	−1	−1	−1	−1	1	−1	1104	102	1018	42.5	120.5
67	1	1	−1	−1	−1	−1	1	−1	−1	766	37	740	31.0	119.2
68	1	1	−1	−1	−1	−1	1	1	1	1121	97	1031	40.3	120.9
69	1	1	−1	−1	−1	1	−1	−1	−1	1071	52	1035	39.7	126.0
70	1	1	−1	−1	−1	1	−1	1	1	1508	125	1392	49.7	128.2
71	1	1	−1	−1	−1	1	1	−1	1	1031	47	1044	46.4	107.2
72	1	1	−1	−1	−1	1	1	1	−1	1509	174	1363	67.4	136.5
73	1	1	−1	−1	1	−1	−1	−1	−1	777	37	752	22.9	95.3
74	1	1	−1	−1	1	−1	−1	1	1	1124	90	1045	28.9	97.9
75	1	1	−1	−1	1	−1	1	−1	1	782	33	756	27.6	97.3
76	1	1	−1	−1	1	−1	1	1	−1	1089	109	1004	35.1	108.5
77	1	1	−1	−1	1	1	−1	−1	1	1083	44	1049	34.3	101.5
78	1	1	−1	−1	1	1	−1	1	−1	1541	158	1417	47.5	116.7
79	1	1	−1	−1	1	1	1	−1	−1	1080	60	1041	34.3	112.1
80	1	1	−1	−1	1	1	1	1	1	1519	139	1396	41.9	115.5
81	1	1	−1	1	−1	−1	−1	−1	−1	791	39	763	26.7	125.9
82	1	1	−1	1	−1	−1	−1	1	1	1059	92	999	32.5	127.5
83	1	1	−1	1	−1	−1	1	−1	1	787	33	760	30.5	117.3
84	1	1	−1	1	−1	−1	1	1	−1	1092	119	984	41.9	132.5
85	1	1	−1	1	−1	1	−1	−1	1	1059	44	1024	37.2	123.2
86	1	1	−1	1	−1	1	−1	1	−1	1515	170	1362	55.4	141.3
87	1	1	−1	1	−1	1	1	−1	−1	1060	61	1016	38.9	130.2
88	1	1	−1	1	−1	1	1	1	1	1536	154	1385	50.8	140.6
89	1	1	−1	1	1	−1	−1	−1	1	754	30	731	21.3	92.5
90	1	1	−1	1	1	−1	−1	1	−1	1099	105	1010	29.1	121.1
91	1	1	−1	1	1	−1	1	−1	−1	792	40	765	22.0	101.8
92	1	1	−1	1	1	−1	1	1	1	1104	95	1016	26.4	121.5
93	1	1	−1	1	1	1	−1	−1	−1	1055	53	1019	26.9	126.5
94	1	1	−1	1	1	1	−1	1	1	1538	133	1414	35.2	128.9
95	1	1	−1	1	1	1	1	−1	1	1048	47	1012	31.5	107.9
96	1	1	−1	1	1	1	1	1	−1	1539	184	1386	47.3	136.9
97	1	1	1	−1	−1	−1	−1	−1	−1	785	17	773	34.4	94.9
98	1	1	1	−1	−1	−1	−1	1	1	1108	39	1071	41.1	116.9
99	1	1	1	−1	−1	−1	1	−1	1	792	15	780	37.2	97.1

续表

No.	x_0	x_1	x_2	x_3	x_4	x_5	x_6	x_7	x_8	Q	ΔP	$Q-Q_{\Delta P}$	$B\cdot L_{HP}\cdot H$	$\bar{t}_{hw}$
100	1	1	1	-1	-1	-1	1	1	-1	1089	49	1048	51.6	124.0
101	1	1	1	-1	-1	1	-1	-1	1	1059	20	1043	44.8	101.2
102	1	1	1	-1	-1	1	-1	1	-1	1538	71	1478	69.3	132.6
103	1	1	1	-1	-1	1	1	-1	-1	1050	25	1043	55.3	111.8
104	1	1	1	-1	-1	1	1	1	1	1536	65	1476	63.3	131.8
105	1	1	1	-1	1	-1	-1	-1	1	750	14	739	26.3	91.4
106	1	1	1	-1	1	-1	-1	1	-1	1105	47	1069	36.6	102.6
107	1	1	1	-1	1	-1	1	-1	-1	786	19	773	29.4	100.6
108	1	1	1	-1	1	-1	1	1	1	1128	46	1088	35.9	103.2
109	1	1	1	-1	1	1	-1	-1	-1	1054	24	1038	34.6	106.2
110	1	1	1	-1	1	1	-1	1	1	1546	60	1493	44.9	109.5
111	1	1	1	-1	1	1	1	-1	1	1094	24	1076	40.5	106.9
112	1	1	1	1	1	1	1	1	-1	1526	81	1463	58.9	121.9
113	1	1	1	1	-1	-1	-1	-1	1	784	15	772	30.4	113.3
114	1	1	1	1	-1	-1	-1	1	-1	1118	52	1071	44.6	134.7
115	1	1	1	1	-1	-1	1	-1	-1	759	18	745	31.3	119.5
116	1	1	1	1	-1	-1	1	1	1	1118	48	1071	41.2	129.8
117	1	1	1	1	-1	1	-1	-1	-1	1065	25	1047	40.1	136.0
118	1	1	1	1	-1	1	-1	1	1	1538	62	1476	51.8	137.7
119	1	1	1	1	-1	1	1	-1	1	1050	23	1032	42.7	126.7
120	1	1	1	1	-1	1	1	1	-1	1504	86	1426	69.0	143.8
121	1	1	1	1	1	-1	-1	-1	-1	747	16	735	21.7	115.7
122	1	1	1	1	1	-1	-1	1	1	1075	40	1038	27.4	117.5
123	1	1	1	1	1	-1	1	-1	1	768	15	756	24.8	97.8
124	1	1	1	1	1	-1	1	1	-1	1109	51	1066	35.5	124.5
125	1	1	1	1	1	1	-1	-1	1	1055	20	1039	50.5	102.0
126	1	1	1	1	1	1	-1	1	-1	1528	72	1468	46.7	133.1
127	1	1	1	1	1	1	1	-1	-1	1086	26	1069	38.2	112.5
128	1	1	1	1	1	1	1	1	1	1540	67	1477	43.4	132.3
129	1	-2.141	0	0	0	0	0	0	0	1122	164	990	8.1	125.7
130	1	2.141	0	0	0	0	0	0	0	1121	35	1092	55.8	123.5
131	1	0	-2.141	0	0	0	0	0	0	1127	189	973	20.2	124.6
132	1	0	2.141	0	0	0	0	0	0	1106	34	1078	32.1	123.7
133	1	0	0	-2.141	0	0	0	0	0	1103	68	1052	28.9	104.9
134	1	0	0	2.141	0	0	0	0	0	1141	75	1078	22.2	124.6
135	1	0	0	0	-2.141	0	0	0	0	1132	80	1062	38.9	133.1
136	1	0	0	0	2.141	0	0	0	0	1144	73	1087	20.0	105.9
137	1	0	0	0	0	-2.141	0	0	0	761	44	726	16.5	93.5
138	1	0	0	0	0	2.141	0	0	0	1505	99	1425	32.5	118.3
139	1	0	0	0	0	0	-2.141	0	0	1099	64	1047	21.9	99.9
140	1	0	0	0	0	0	2.141	0	0	1124	70	1067	29.3	112.0
141	1	0	0	0	0	0	0	-2.141	0	695	17	683	22.1	97.1

续表

No.	x_0	x_1	x_2	x_3	x_4	x_5	x_6	x_7	x_8	Q	ΔP	$Q-Q_{\Delta P}$	$B\cdot L_{HP}\cdot H$	$\bar{t}_{hw}$
142	1	0	0	0	0	0	0	2. 141	0	1535	181	1360	34. 5	129. 8
143	1	0	0	0	0	0	0	0	-2. 141	1125	94	1058	32. 6	128. 7
144	1	0	0	0	0	0	0	0	2. 141	1105	53	1057	23. 0	101. 8
145	1	0	0	0	0	0	0	0	0	1138	70	1081	24. 5	105. 9
146	1	0	0	0	0	0	0	0	0	1138	70	1081	24. 5	105. 9
147	1	0	0	0	0	0	0	0	0	1138	70	1081	24. 5	105. 9

$$\bar{t}_{hw}=EXP(-12.64-0.446L_{\text{h}}-1.481B+\cdots-0.185G_{\text{c}}-0.00709L_{\text{h}}\cdot B+\cdots+0.00282G_{\text{h}}\cdot G_{\text{c}}+0.0548L_{\text{h}}^2+0.332B^2+\cdots+0.00426G_{\text{c}}^2)$$

五个回归方程的方差分析见表6—27所列。

表6—27　回归方程的方差分析

方 程	方差来源	平方和	自由度	均 方	F 值	临界值
Q	回 归	7. 8453	44	0. 178 302	181. 88**	$F_{0.001}(44,102)=1.53$
	剩 余	0. 1000	102	0. 000 980		
	总 和	7. 9453	146			
$Q-Q_{\Delta P}$	回 归	6. 6169	44	0. 150 38	229. 82**	$F_{0.001}(44,102)=1.53$
	剩 余	0. 0667	102	0. 000 654 3		
	总 和	6. 6836	146			
ΔP	回 归	88. 4126	44	2. 009 38	1119. 05**	$F_{0.001}(44,102)=1.53$
	剩 余	0. 1831	102	0. 001 795 6		
	总 和	88. 5957	146			
$B\cdot L_{HP}\cdot H$	回 归	31. 559 27	44	0. 717 254	270. 882**	$F_{0.001}(44,102)=1.53$
	剩 余	0. 270 08	102	0. 002 647 9		
	总 和	31. 829 35	146			
$\bar{t}_{hw}$	回 归	1. 946 426	44	0. 044 237	16. 33**	$F_{0.001}(44,102)=1.53$
	剩 余	0. 276 230	102	0. 002 708		
	总 和	2. 222 656	146			

方差分析表明，5个回归方程都在$\alpha=0.001$水平上高度显著。即5个考核指标的方程很好地描述了指标与设计变量之间的内在联系。

(2)约束条件下的优化设计

求解以下3个优化设计问题：

①$\max(Q)$；$\max(Q-Q_{\Delta P})$；$\min(\Delta P)$；$\min(B\cdot L_{HP}\cdot H)$

S. T.　$G_{\text{h}}=26.42$，$G_{\text{c}}=12.038$，$t_{\text{h1}}=190$，$t_{\text{c1}}=15$

$2.5\leqslant L_{\text{h}}\leqslant 5.5$，$1.5\leqslant \phi_{\text{h}}\leqslant 4.5$，$2.0\leqslant \phi_{\text{c}}\leqslant 6.0$

$1.0\leqslant B\leqslant 5.5$，$\bar{t}_{hw}\geqslant 120.6$

②$\max(Q-Q_{\Delta P})$

S. T.　$G_{\text{h}}=26.42$，$G_{\text{c}}=12.038$，$t_{\text{h1}}=190$，$t_{\text{c1}}=15$

$2.5\leqslant L_{\text{h}}\leqslant 5.5$，$1.0\leqslant B\leqslant 2.2$，$1.5\leqslant \phi_{\text{h}}\leqslant 4.5$，

$2.0 \leqslant \phi_c \leqslant 6.0$，$\bar{t}_{hw} \geqslant 120.6$，$B \cdot L_{HP} \cdot H \leqslant 22$

③$\max(Q - Q_{\Delta P})$

S. T. $G_h = 26.42$，$G_c = 12.038$，$t_{h1} = 190$，$t_{c1} = 15$

$2.5 \leqslant L_h \leqslant 5.5$，$1.0 \leqslant B \leqslant 2.2$，$1.5 \leqslant \phi_h \leqslant 4.5$，

$2.0 \leqslant \phi_c \leqslant 6.0$，$\bar{t}_{hw} \geqslant 120.6$，$\Delta P \leqslant 100$

问题(1)的优化解见表6—28所列。

表6—28　问题(1)的优化解

优化指标值	L_h	B	ϕ_h	ϕ_c
$\max(Q) = 1548$	5.477	1.618	3.565	6.000
$\max(Q - Q_{\Delta P}) = 1502$	5.499	1.039	3.140	6.000
$\min(\Delta P) = 48.96$	5.499	2.200	1.859	3.569
$\min(B \cdot L_{HP} \cdot H) = 9.114$	2.501	1.000	4.499	6.000

问题(2)的优化设计结果如下：

$\max(Q - Q_{\Delta P}) = 1346.16$，$B \cdot L_{HP} \cdot H = 21.92$，$L_h = 3.0$，$B = 2.2$，

$\phi_h = 2.813$，$\phi_c = 6.0$

问题(3)的优化设计结果如下：

$\max(Q - Q_{\Delta P}) = 1469.25$，$\Delta P = 100$，$L_h = 5.462$，$B = 1.66$，

$\phi_h = 2.325$，$\phi_c = 6.0$

(3)间接判据与直接判据的对比

优化设计不是对原设计方法做本质上的改变，而是从中选取最佳设计方案。因此，如果原设计方案、方法的结果与实测结果相吻合，则此多参数直接优化判据也应吻合。

将上述3个设计问题求得的优化设计参数值代入原设计程序，求得各指标值。将回归正交优化模型求出的指标值与原设计方法求得的指标值进行比较；验算回归方程的精度。在设计参数取相同值时，对比数据见表6—29所列。从表6—29可见，两种方法求得的指标值的相对误差基本上在7%以内。说明直接优化判据是正确可靠的。

表6—29　回归方程精度验算

指标	直接优化判据				间接优化判据				相对误差
	Q	$Q - Q_{\Delta P}$	$B \cdot L_{HP} \cdot H$	ΔP	Q	$Q - Q_{\Delta P}$	$B \cdot L_{HP} \cdot H$	ΔP	±%
$\max(Q)$	1548				1514				2.24
$\max(Q - Q_{\Delta P})$		1502				1461			2.76
$\min(\Delta P)$				48.96				51.96	-5.77
$\min(B \cdot L_{HP} \cdot H)$			9.114				10.50		-13.2
$\begin{cases}\max(Q - Q_{\Delta P}) \\ S.T.\ B \cdot L_{HP} \cdot H \leqslant 22\end{cases}$		1373	20.56			1346.16	21.92		1.95，-6.61
$\begin{cases}\max(Q - Q_{\Delta P}) \\ S.T.\ \Delta P = 100\end{cases}$		1469.25		100				94.69	1.98，5.61

表6—30是以鞍钢第三号高炉的余热回收设计条件为例。进行间接优化判据与直接优化判据的设计对比。其中，采用间接优化判据方法，通过预算设计出的热管换热器已在三号高炉

运行了4年。

表6—30　不同优化设计方法得到的最大净回收热量

设计方法	最大净回收热量
间接优化判据(手算)	1060
间接优化判据(计算机设计)	1217
直接优化判据	1461.6

鞍钢三号高炉热管换热器体积为21.2 m^3,对同样的体积,采用直接优化判据的约束条件优化设计问题(2)。间接优化设计与直接优化设计结果的对比见表6—31所列。

表6—31　热管换热器体积相近时净回收热量及其他参数的对比

设计方法	L_h	B	ϕ_h	ϕ_c	$Q-Q_{\Delta P}$	$B\cdot L_{HP}\cdot H$	ΔP
间接优化判据	3	1.2	5	6	1060	21.2	561
直接优化判据	3	2.2	3.813	6	1373	20.56	162.26

以上分析表明,直接优化判据正确反映了设计变量与指标之间的内在联系;直接优化判据可以代替间接优化判据;回归方程可以用来预报各指标值;将回归方程适当组合,可以得到不同约束条件下的优化设计,这是其他方法所不及的。

(4)结论

①通过二次回归正交设计提供了设计变量与目标函数间的联系,从中得出了优化设计条件;

②利用二次回归正交优化设计原理,在间接优化判据基础上,得出了直接优化判据方法,使热管换热器的计算机优化设计得到简化,并可提高精度;

③在热管换热器的优化设计方法上首次提出了求目标函数的直接优化判据方法,所得出的结果与运行测得数据相吻合,同时,还可得出多变量的组合优化值。

6.4.3　新拌混凝土水灰比快速测试的研究

【例6.7】　水泥混凝土是当代用途最广、用量最大的建筑材料之一,关于混凝土的强度,几乎所有国家的规范都是以标准试验方法所得的经过标准养护28d的抗压强度来评价,由于这种方法试验周期长,无法及时反映出混凝土制备过程中的强度质量信息,因此,世界各国的混凝土专家都非常重视混凝土质量的早期判定与控制,其中,快速推测新拌混凝土的水灰比是非常重要的检测方法。为研究适合我国的新拌混凝土水灰比快速测试分析装置,我们对新的测试和评价方法进行了探索性的研究。

(1)回归正交试验及试验结果的分析

为探索新仪器的测试原理,首先必须探索振动筛分后的砂浆在水中的重量与水灰比(W/C)和砂灰比(S/C)之间的内在规律,以便通过砂浆在水中的重量和在空气中的重量变化排除水的因素干扰,以达到快速准确推测混凝土水灰比的目的。因此。用二次回归正交设计安排试验。

根据研究需要,选定的因子水灰比(W/C)试验范围为0.3~0.7,砂灰比(S/C)试验范围为1~10。

因子水平编码公式如下：

$$x_1 = \frac{2(Z_1 - 0.7)}{0.7 - 0.3} + 1 \qquad x_2 = \frac{2(Z_2 - 10)}{10 - 1} + 1$$

因素水平及编码见表 6—32 所列。

表 6—32　因素水平编码表

因　　素	$Z_1(W/C)$	$Z_2(S/C)$
编　　码	x_1	x_2
上星号臂(1.078)	0.7156	10.351
上水平(1.00)	0.70	10.00
基准水平(0.00)	0.50	5.50
下水平(-1,00)	0.30	1.00
下星号臂(-1.078)	0.2844	0.649

设计矩阵及测试结果见表 6—33 所列。

表 6—33　试验方案及测试结果

No.	x_0	x_1	x_2	x_1x_2	$x_1^2-0.6324$	$x_2^2-0.6324$	G_2
1	1	-1	-1	1	0.3676	0.3676	282.2
2	1	-1	1	-1	0.3676	0.3676	302.5
3	1	1	-1	-1	0.3676	0.3676	240.4
4	1	1	1	1	0.3676	0.3676	292.2
5	1	-1.078	0	0	0.5297	-0.6324	299.7
6	1	1.078	0	0	0.5297	-0.6324	281.8
7	1	0	-1.078	0	-0.6324	0.5297	251.7
8	1	0	1.078	0	-0.6324	0.5297	297.5
9	1	0	0	0	-0.6324	-0.6324	290.5
10	1	0	0	0	-0.6324	-0.6324	290.6
B_j	2829.1	-71.3962	121.4724	31.5	3.938 31	-33.597 52	804 245.2
d_j	10	6.324 168	6.324 168	4	2.7014	2.7014	
b_j	282.91	-11.2894	19.207 65	7.875	1.457 876	-12.4371	3864.489
Q_j		806.0218	2333.199	248.0625	5.741 568	417.8546	3810.88

注：G_2 为 500g 砂浆在水中的重量。

经计算得到回归方程

$$\hat{G}_2 = 289.85 - 11.30x_1 + 19.21x_2 + 7.875x_1x_2 + 1.458x_1^2 - 12.437x_2^2$$

回归方程的方差分析见表 6—34 所列。由方差分析可知，回归方程是非常显著的，回归系数中除 x_1^2 项不显著外，其余的显著性都很好，可见，回归方程能够较精确地反映其内在规律。

表 6—34　方差分析表

方差来源	平方和	自由度	均 方	F 值	临界值
x_1	806.02	1	806.02	60.14**	$F_{0.01}(5, 4) = 15.5$
x_2	2333.20	1	2333.20	174.09**	$F_{0.01}(1, 4) = 21.1$
x_1x_2	248.06	1	248.06	18.51*	

续表

方差来源	平方和	自由度	均 方	F 值	临界值
x_1^2	5.74	1	5.74	0.43	
x_2^2	417.85	1	417.85	31.18**	
回 归	3810.88	5	762.18	56.87**	
误 差	53.61	4	13.40		
总 和	3864.49	9			

另外，根据 x_1^2 项不显著特性，可知一定砂灰比条件下，砂浆水中重量与水灰比呈线性关系。方程整理后经编码回代得到回归方程如下

$$\hat{G}_2 = 301.03 - 104.625(W/C) + 6.65(S/C) + 8.75(W/C)(S/C) - 0.6142(S/C)^2$$

公式计算结果的拟合误差分析见表 6—35 所列。可见，精度还是比较高的。

为直观描述其内在规律，将回归方程用计算机做模拟实验，绘出砂浆在水中重量与水灰比、砂灰比之间的关系图，如图 6—9 所示。

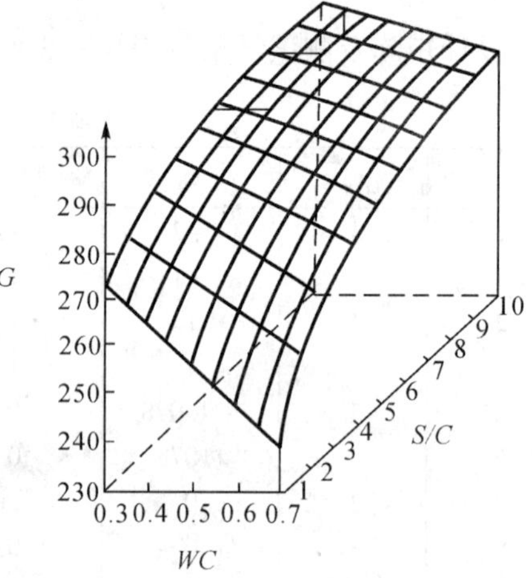

图 6—9　G_2 与 W/C, S/C 的关系图

该图反映出砂浆在水中重量 G_2 与水灰比 W/C 呈线性关系，W/C 越大，G_2 越低，W/C 一定时，砂灰比 S/C 与 G_2 呈二次曲线关系也非常明显。随着 S/C 增大，G_2 值递增逐渐平缓。

(2) 结论

用二次回归正交设计建立的的数学模型是成功的，它揭示了砂浆在水中的重量与水灰比、砂灰比之间的内在规律。对指导现场砂灰比变化较小时的水灰比推测具有实际意义，空间关系图形象地反映了其特点。

表 6—35　误差分析表

实测值	计算值	绝对误差	相对误差/%
282.2	278.30	3.6	1.38
302.5	300.97	1.53	0.51
240.4	233.95	6.45	0.27
292.4	294.12	-1.72	0.59
299.7	302.96	-3.26	1.09
281.8	278.59	3.21	1.14
251.7	253.06	-1.36	0.54
297.5	297.03	0.47	0.16
290.5	290.78	-0.28	0.10
290.6	290.78	-0.18	0.06

6.4.4　新型高强水泥基复合材料的研究

【例 6.8】　水泥基复合材料在无机非金属材料研究中得到了高度重视，发达国家用于取代金属材料、陶瓷材料，由于它的成本低，制作方便，被称作低技术陶瓷。为了配制水泥基替代金属和陶瓷的高性能复合材料，本研究以较高强度等级水泥为基材（42.5，原 525#水泥），利用硅灰掺合料的高火山灰活性和高效填充作用，辅助高效减水剂，利用冶炼厂铜渣的高强、高抗磨特性，代替普通砂，用三因素混料比率结合二次回归正交设计建立了新的优化模型。

（1）试验方案及测试结果

为建立新的优化设计模型，确定的考核指标为流动度 *FL*，3d，7d，28d 不同龄期的抗压强度和抗折强度。为使分析评价更为直观，工程意义更为清楚，我们将水泥、硅灰、水、铜渣这 4 个混料因子，采用物理意义明确的比率作为因子，确定的 3 个主要因子为：水与胶结料之比 $W/(C+CF)$、集灰比 $S/(C+CF)$、硅灰取代水泥的掺量 CF/C，因素水平编码见表 6—36 所列，试验方案确定后，严格按照标准规定和试验条件进行测试，二次回归正交设计及测试结果见表 6—37 所列。

表 6—36　因素水平编码表

因　素	$W/(C+CF)$	$S/(C+CF)$	CF/C
编　码	x_1	x_2	x_3
变化区间 Δ_j	0.05	0.75	5
上星号臂(1.215)	0.361	2.66	21.08
上水平(1.00)	0.35	2.50	20.00
基准水平(0.00)	0.30	1.75	15.00
下水平(−1,00)	0.25	1.00	10.00
下星号臂(−1.215)	0.239	0.84	8.92

表 6—37　三因子二次回归正交设计及测试结果

No.	x_0	x_1	x_2	x_3	Fl/mm	抗折强度/MPa			抗压强度/MPa		
						3d	7d	28d	3d	7d	28d
1	1	−1	−1	−1	198	10.9	12.5	16.0	70.8	83.6	98.5
2	1	−1	−1	1	122	7.7	7.6	16.4	54.7	71.3	96.2
3	1	−1	1	−1	155	8.3	9.2	13.7	54.3	73.3	89.6
4	1	−1	1	1	102	7.9	7.8	17.0	52.9	73.3	111.0
5	1	1	−1	−1	214	6.7	7.1	9.6	37.2	54.1	74.7
6	1	1	−1	1	184	6.1	6.1	8.3	34.3	48.1	83.6
7	1	1	1	−1	183	5.4	6.8	8.1	44.5	54.5	85.9
8	1	1	1	1	124	6.0	6.3	9.2	42.6	57.1	91.1
9	1	−1.215	0	0	124	9.3	11.5	15.3	74.0	76.9	103.8
10	1	1.215	0	0	225	5.3	6.5	7.9	40.3	55.3	92.2
11	1	0	−1.215	0	209	8.3	10.1	11.5	61.1	68.1	83.1
12	1	0	1.215	0	120	7.0	8.5	11.1	60.2	59.3	85.6
13	1	0	0	−1.215	216	6.9	8.6	9.8	58.7	67.8	87.0
14	1	0	0	1.215	159	6.3	8.6	10.8	51.5	57.8	87.0
15	1	0	0	0	178	7.6	8.9	10.3	56.9	65.4	89.6

(2)试验结果的分析与评价

将试验结果直接进行统计分析,系数不显著的项删除后,得到以下回归方程

$$Fl = 187.47 + 26.531x_1 - 27.565x_2 - 22.551x_3 + 1.5x_1x_2 + 4.25x_2x_3 - 10.972x_1^2 - 17.741x_2^2 - 2.173x_3^2$$

$$R_{3Y} = 62.01 - 10.50x_1 - 0.35x_2 - 2.83x_3 + 4.24x_1x_2 + 1.59x_1x_3 + 1.96x_2x_3 - 4.46x_1^2 + 2.09x_2^2 - 5.85x_3^2$$

$$R_{3Z} = 7.25 - 1.42x_1 - 0.50x_2 - 0.38x_3 + 0.12x_1x_2 + 0.14x_1x_3 + 0.50x_2x_3 - 0.10x_1^2 + 0.34x_2^2 - 0.37x_3^2$$

$$R_{7Y} = 64.6 - 10.40x_1 - 0.88x_2 - 2.54x_3 + 2.21x_1x_2 + 1.11x_1x_3 + 2.61x_2x_3 + 1.19x_1^2 - 0.43x_2^2 - 1.04x_3^2$$

$$R_{7Z} = 8.9 - 1.55x_1 - 0.48x_2 - 0.71x_3 + 0.37x_1x_2 + 0.61x_1x_3 + 0.49x_2x_3 - 0.70x_3^2$$

$$R_{28Y} = 82.95 - 6.77x_1 + 2.52x_2 + 3.03x_3 + 2.52x_2x_3 + 6.36x_1^2$$

$$R_{28Z} = 10.04 - 3.36x_1 - 0.25x_2 + 0.44x_3 + 0.14x_1x_2 - 0.5x_1x_3 + 0.65x_2x_3 + 1.12x_1^2 + 0.89x_2^2 - 0.22x_3^2$$

回归方程的显著性检验见表6—38所列。方差分析表明,流动度和3d抗压强度的回归方程是显著的,3d抗折、7d抗压、7d抗折、28d抗压、28d抗折强度的回归方程都是非常显著的。

表6—38 回归方程的方差分析

方 程	方差来源	平方和	自由度	均 方	F 值	临界值
Fl	回 归	23 746.29	8	2 986.29	7.19*	$F_{0.01}(8,6)=8.10$
	剩 余	2475.46	6	412.58		$F_{0.05}(8,6)=4.15$
	总 和	26 221.75	14			
R_{3Y}	回 归	1750.35	9	194.48	8.07*	$F_{0.01}(9,5)=10.16$
	剩 余	120.44	5	24.09		$F_{0.05}(9,5)=4.77$
	总 和	1870.79	14			
R_{3Z}	回 归	31.33	9	3.48	17.13**	
	剩 余	0.91	5	0.18		
	总 和	32.24	14			
R_{7Y}	回 归	1380.05	9	153.34	14.58**	
	剩 余	52.58	5	10.52		
	总 和	1432.63	14			
R_{7Z}	回 归	43.63	7	6.23	8.09**	$F_{0.01}(7,7)=6.99$
	剩 余	5.39	7	0.77		
	总 和	49.02	14			
R_{28Y}	回 归	897.83	5	179.57	7.27**	$F_{0.01}(5,9)=6.06$
	剩 余	222.24	9	24.69		
	总 和	1120.06	14			
R_{28Z}	回 归	140.85	9	15.65	120.38**	
	剩 余	0.63	5	0.13		
	总 和	141.48	14			

经计算机优选和多因素交互作用分析评价，各因素较好的范围见表6—39所列。在该取值范围内，浇注成型的水泥基材料28d抗压强度达到100MPa以上，流动度大于135mm，便于成型。采用低水胶比加压成型，抗压强度大于120MPa。

表6—39 各因素的较佳取值范围

因素	$W/(C+CF)$	$S/(C+CF)$	CF/C
编码	0.25～0.30	1.375～2.125	10～15

为提高抗折强度和材料的韧性，掺入2%钢纤维，其抗压强度达到136MPa，抗折强度和抗冲击强度增长显著。该材料是一种非常有发展前途和应用领域的新材料。

6.4.5 粉煤灰混凝土配合比优化设计

【例6.9】 混凝土中应用粉煤灰具有重要的环保意义。但是，外加剂和粉煤灰的应用使混凝土的原材料由原来4种变为6种，增加了配合比设计的复杂性。为解决沈阳市混凝土第一构件厂生产中粉煤灰科学利用问题，用六因子多指标二次回归正交试验设计建立数学模型，探索因素与性能指标的内在规律，寻找约束条件下的最佳配合比，直接指导和控制粉煤灰混凝土制品生产过程中的质量。

(1)试验方案及测试结果

根据生产需要和初步分析评价，选定的5个考核指标为混凝土坍落度Sl、混凝土工作度V、蒸汽养护出窑强度R_c、标准养护28d抗压强度R_{28}、蒸汽养护转标准养护28d抗压强度R_{c28}。确定的6个主要因素为：灰水比C_0/W、砂率S/A、粉煤灰超量系数$F/\Delta C$、水泥取代率$\Delta C/C_0$、原始水泥用量C_0，减水剂掺量Ad。

因素水平变化范围如下：

灰水比C_0/W：1.667～2.5；

砂率S/A：0.28～0.38；

粉煤灰超量系数$F/\Delta C$：1.0～1.6；

水泥取代率$\Delta C/C_0$：10%～30%；

原始水泥用量C_0：250～400；

减水剂掺量Ad：0.00%～0.10%。

因素水平编码见表6—40所列，中心试验安排4组，二次回归正交设计及测试结果见表6—41所列。

表6—40 因素水平编码表

因素	C_0/W	S/A	$F/\Delta C$	$\Delta C/C_0$	C_0	Ad
编码	x_1	x_2	x_3	x_4	x_5	x_6
变化区间Δ_j	0.2195	0.026	0.158	0.053	39.56	0.0264
上星号臂(1.896)	2.5000	0.380	1.600	0.300	400.00	0.1000
上水平(1.00)	2.3030	0.356	1.458	0.253	364.56	0.0764
基准水平(0.00)	2.0835	0.330	1.300	0.200	325.00	0.0500
下水平(-1,00)	1.8640	0.304	1.142	0.147	285.44	0.0236
下星号臂(-1.896)	1.6667	0.280	1.000	0.100	250.00	0.0000

表 6—41　六因子二次回归正交设计及测试结果

No.	x_0	x_1	x_2	x_3	x_4	x_5	x_6	Sl	V	R_c	R_{28}	R_{c28}
1	1	−1	−1	−1	−1	−1	−1	0.4	54	25.7	33.9	32.0
2	1	−1	−1	−1	−1	1	1	12.6	40	21.9	31.9	26.5
3	1	−1	−1	−1	1	−1	1	0.5	40	26.0	32.1	28.6
4	1	−1	−1	−1	1	1	−1	15.4	32	26.4	32.2	28.3
5	1	−1	−1	1	−1	−1	−1	0.0	52	25.1	32.8	30.3
6	1	−1	−1	1	−1	1	1	20.0	46	24.2	37.7	32.6
7	1	−1	−1	1	1	−1	1	1.5	50	26.9	40.8	35.3
8	1	−1	−1	1	1	1	−1	16.6	38	29.2	36.5	29.3
9	1	−1	1	−1	−1	−1	−1	1.0	56	27.3	36.3	32.5
10	1	−1	1	−1	−1	1	1	20.0	20	27.3	31.7	26.7
11	1	−1	1	−1	1	−1	1	0.6	35	25.7	33.9	33.1
12	1	−1	1	−1	1	1	−1	18.2	23	26.7	33.0	27.6
13	1	−1	1	1	−1	−1	−1	0.4	43	23.0	30.0	30.0
14	1	−1	1	1	−1	1	1	18.0	26	28.8	33.5	33.5
15	1	−1	1	1	1	−1	1	0.7	45	28.8	31.8	31.8
16	1	−1	1	1	1	1	−1	16.0	42	27.0	36.4	29.8
17	1	1	−1	−1	−1	−1	−1	0.0	120	33.9	41.4	41.4
18	1	1	−1	−1	−1	1	1	1.0	52	33.8	36.4	41.5
19	1	1	−1	−1	1	−1	1	0.0	120	34.4	37.0	46.1
20	1	1	−1	−1	1	1	−1	1.0	60	33.5	45.9	39.1
21	1	1	−1	1	−1	−1	−1	0.0	300	39.2	51.1	52.9
22	1	1	−1	1	−1	1	1	0.0	60	38.7	50.3	53.2
23	1	1	−1	1	1	−1	1	0.0	80	39.0	49.0	42.7
24	1	1	−1	1	1	1	−1	1.0	70	28.8	39.1	37.5
25	1	1	1	−1	−1	−1	−1	0.0	80	33.5	38.7	40.6
26	1	1	1	−1	−1	1	1	1.8	50	35.1	39.9	45.6
27	1	1	1	−1	1	−1	1	0.3	90	27.9	39.6	42.1
28	1	1	1	−1	1	1	−1	0.8	65	31.3	39.0	37.3
29	1	1	1	1	−1	−1	−1	0.0	240	35.3	40.9	45.7
30	1	1	1	1	−1	1	1	0.8	45	35.6	41.7	48.0
31	1	1	1	1	1	−1	1	0.0	60	35.5	39.2	49.7
32	1	1	1	1	1	1	−1	0.0	41	31.9	38.4	42.1
33	1	−1.896	0	0	0	0	0	16.4	32	22.5	29.2	24.8
34	1	1.896	0	0	0	0	0	0.0	85	32.8	40.8	40.0
35	1	0	−1.896	0	0	0	0	1.5	45	31.0	36.5	34.8
36	1	0	1.896	0	0	0	0	0.5	60	30.2	37.0	34.1
37	1	0	0	−1.896	0	0	0	0.4	70	36.9	31.5	30.8
38	1	0	0	1.896	0	0	0	0.8	50	30.3	35.5	35.9
39	1	0	0	0	−1.896	0	0	1.0	45	29.8	39.7	38.1
40	1	0	0	0	1.896	0	0	0.4	50	29.6	35.6	32.4
41	1	0	0	0	0	−1.896	0	0.0	120	29.1	34.9	35.4
42	1	0	0	0	0	1.896	0	8.5	35	31.6	37.0	39.9

续表

No.	x_0	x_1	x_2	x_3	x_4	x_5	x_6	Sl	V	R_c	R_{28}	R_{c28}
43	1	0	0	0	0	0	-1.896	0.4	50	26.0	37.1	39.3
44	1	0	0	0	0	0	1.896	0.5	50	30.0	37.9	37.9
45	1	0	0	0	0	0	0	0.0	60	32.2	39.9	34.2
46	1	0	0	0	0	0	0	0.0	60	32.1	41.6	35.7
47	1	0	0	0	0	0	0	0.2	80	34.0	41.0	35.7
48	1	0	0	0	0	0	0	0.2	80	34.3	42.3	30.5

(2)试验结果的分析与评价

回归方程的计算及试验的全部统计分析由计算机完成，将48组5个考核指标的试验数据输入计算机，得到各考核指标的回归方程

$$\begin{aligned}Sl=&-0.116-4.243x_1+0.171x_2+0.055x_3-0.116x_4-3.927x_5-0.179x_6-0.225x_1x_2\\&-0.237x_1x_3+0.075x_1x_4-3.925x_1x_5-0.194x_1x_6-0.469x_2x_3-0.231x_2x_4+0.231x_2x_5\\&+0.312x_2x_6-0.106x_3x_4+0.056x_3x_5-0.05x_3x_6-0.219x_4x_5+0.35x_4x_6-0.20x_5x_6\\&+2.362x_1^2+0.36x_2^2+0.25x_3^2+0.277x_4^2+1.264x_5^2+0.207x_6^2\end{aligned}$$

$$\begin{aligned}V=&60.49+25.30x_1-5.73x_2+6.712x_3-9.786x_4-23.38x_5-0.385x_6-4.031x_1x_2\\&+6.781x_1x_3-10.28x_1x_4-16.84x_1x_5-1.531x_1x_6-1.719x_2x_3-2.344x_2x_4+2.531x_2x_5\\&+12.97x_2x_6-11.84x_3x_4-7.781x_3x_5-2.968x_3x_6+14.28x_4x_5-1.906x_4x_6-0.469x_5x_6\\&+1.645x_1^2-0.0237x_2^2+2.062x_3^2-1.414x_4^2+6.929x_5^2-3.500x_6^2\end{aligned}$$

$$\begin{aligned}R_c=&31.476+3.749x_1-0.192x_2+0.843x_3-0.2495x_4-0.058x_5+0.469x_6-0.763x_1x_2\\&+0.456x_1x_3-1.131x_1x_4-0.406x_1x_5-0.138x_1x_6-0.138x_2x_3-0.40x_2x_4+0.638x_2x_5\\&-0.156x_2x_6-0.118x_3x_4-0.319x_3x_5-0.70x_3x_6-0.369x_4x_6-0.375x_5x_6\\&-0.677x_1^2+0.144x_2^2-0.413x_3^2-0.107x_4^2+0.074x_5^2-0.579x_6^2\end{aligned}$$

$$\begin{aligned}R_{28}=&33.504+6.288x_1-0.64x_2+1.66x_3-1.108x_4-0.706x_5-0.308x_6-0.169x_1x_2\\&+0.650x_1x_3-x_1x_4+0.075x_1x_5-0.189x_1x_6-0.163x_2x_3+0.45x_2x_4+0.2x_2x_5\\&+0.65x_2x_6-0.732x_3x_4+0.356x_3x_5-0.156x_3x_6-1.269x_4x_5-0.569x_4x_6-1.244x_5x_6\\&-0.186x_1^2-0.384x_2^2-0.078x_3^2+0.606x_4^2+1.274x_5^2+1.538x_6^2\end{aligned}$$

$$\begin{aligned}R_{c28}=&38.718+3.957x_1-1.356x_2+1.119x_3-0.563x_4-0.232x_5+0.154x_6-0.984x_1x_2\\&+0.228x_1x_3-1.003x_1x_4+0.078x_1x_5+0.68x_1x_6-1.147x_2x_3+0.359x_2x_4+0.041x_2x_5\\&+0.034x_2x_6-0.022x_3x_4-0.384x_3x_5-0.316x_3x_6-0.341x_4x_5+0.403x_4x_6\\&+0.184x_5x_6-0.459x_1^2+0.027x_2^2-0.877x_3^2+0.277x_4^2-0.195x_5^2+0.236x_6^2\end{aligned}$$

5个回归方程的方差分析见表6—42所列。方差分析表明，出窑强度、标养28d抗压强度和坍落度的回归方程是高度显著的，工作度和蒸养转标养28d抗压强度的回归方程是显著的。

(3)优化求解与经济分析

首先根据工厂当前的材料价格确定经济函数，建立的经济函数式为

$$f=0.150(\Delta C/C_0)C_0-0.045(\Delta C/C_0)C_0(F/\Delta C)$$

优化问题共有3个：

①$\max(R_c)$；$\max(R_{28})$；$\max(R_{c28})$

②$16.0\leqslant R_c\leqslant 20.0$，　　$24.0\leqslant R_c\leqslant 30.0$，

$24.0 \leqslant R_{28} \leqslant 30.0$, $34.0 \leqslant R_{28} \leqslant 40.0$,
$24.0 \leqslant R_{c28} \leqslant 30.0$, $34.0 \leqslant R_{c28} \leqslant 40.0$
$C_0 = 280$ $C_0 = 350$
$\max(f_1) = ?$ $\max(f_2) = ?$

表 6—42 回归方程的方差分析

方程	方差来源	平方和	自由度	均方	F 值	临界值
Fl	回归	2025.49	27	75.02	33.22**	$F_{0.01}(27,20)=2.81$
	剩余	45.16	20	2.258		
	总和	2076.65	47			
V	回归	88846.0	27	3290.6	2.54*	$F_{0.05}(27,20)=2.06$
	剩余	25910.0	20	1295.5		
	总和	114756.0	47			
R_c	回归	737.43	27	27.31	4.328**	$F_{0.01}(27,20)=2.81$
	剩余	126.22	20	6.31		
	总和	863.64	47			
R_{28}	回归	2049.6	27	75.91	7.877**	$F_{0.01}(27,20)=2.81$
	剩余	192.7	20	9.64		
	总和	2242.3	47			
R_{c28}	回归	922.39	27	34.16	2.533*	$F_{0.05}(27,20)=2.06$
	剩余	269.71	20	13.49		
	总和	1192.1	47			

③根据工厂各种混凝土制品需要，按一定步长直接搜索较好的配合比。

问题①的优化解见表 6—43 所列。

表 6—43 问题①的优化解

指标	R	C_0/W	S/A	$F/\Delta C$	$\Delta C/C_0$	C_0	Ad	节约单耗
$\max(R_c)$	40.37	2.499	0.28	1.327	0.182	325.2	0.04	5.34
$\max(R_{28})$	49.47	2.499	0.28	1.347	0.179	310.8	0.05	4.97
$\max(R_{c28})$	51.02	2.499	0.28	1.299	0.189	327.2	0.05	5.66

问题②的优化解见表 6—44 所列。

表 6—44 问题②的优化解

指标	R_c	R_{28}	R_{c28}	C_0/W	S/A	$F/\Delta C$	$\Delta C/C_0$	C_0	Ad	节约单耗
C20	18.9	25.4	26.4	1.67	0.28	1.22	0.17	280	0.04	4.35
C30	26.3	35.4	36.6	1.97	0.30	1.12	0.20	350	0	6.97

问题③的优化解见表 6—45 所列。

表 6—45　几组优化后生产用的配合比

指 标	R_c	R_{28}	R_{c28}	C_0/W	S/A	$F/\Delta C$	$\Delta C/C_0$	C_0	Ad	节约单耗
C20	18.9	25.4	26.4	1.67	0.28	1.22	0.17	280	0.04	4.53
	16.7	25.4	27.4	1.67	0.28	1.30	0.14	280	0.04	3.59
	18.9	25.8	28.3	1.67	0.28	1.30	0.17	280	0.04	4.35
	18.6	26.2	29.6	1.67	0.28	1.38	0.17	280	0.04	4.18
	16.3	27.4	25.1	1.60	0.30	1.00	0.139	280	0.04	4.32
	15.3	27.5	27.9	1.60	0.30	1.12	0.139	280	0.04	3.43
C30	28.5	35.3	38.8	2.00	0.28	1.26	0.14	350	0.04	4.57
	28.9	35.2	39.8	2.00	0.28	1.38	0.17	350	0.04	5.23
	28.1	37.4	38.5	2.00	0.30	1.26	0.10	350	0.06	3.27
	28.8	35.7	39.9	2.00	0.30	1.34	0.14	350	0.04	4.35
	29.2	35.5	40.1	2.00	0.32	1.38	0.14	350	0.04	4.31
	26.4	37.6	37.7	1.97	0.28	1.12	0.20	340	0	6.77
	26.0	36.9	37.3	1.97	0.28	1.12	0.20	350	0	6.97
	26.5	35.9	36.9	1.97	0.30	1.12	0.20	340	0	6.77
	26.3	35.4	36.6	1.97	0.30	1.12	0.20	350	0	6.97
	26.6	35.9	37.8	1.97	0.32	1.12	0.12	340	0	4.06
	26.6	36.7	37.6	1.97	0.34	1.36	0.20	340	0	6.04
	26.5	36.3	37.4	1.97	0.34	1.36	0.20	350	0	6.22
	26.2	37.2	35.2	1.97	0.36	1.36	0.20	350	0	5.84

掺用粉煤灰的经济效果对比(见表 6—46 所列)。

表 6—46　经济效果对比(节约:元)

项　　目	C20	C30
不掺粉煤灰	0	0
凭经验掺用	2.70	1.20
优化掺用	4.16	4.35

(4)结论

①六因子二次回归正交试验设计建立的粉煤灰混凝土 5 个指标的数学模型不仅是显著的而且是有效的,它揭示了因素之间错综复杂的交互作用规律,对配比工艺的指导作用是普通模型无法相比的。

②模型经优化求解及分析评价,不仅能使工艺计算准确,而且在多指标变化时,用计算机自动寻找最佳配合比,从而成功地控制了混凝土的质量和生产,为粉煤灰的科学利用开辟了新的有效途径。

③配上经济分析函数后,可以更为直观地看出掺用粉煤灰后的技术经济效果,也便于调整经济配比,尤其是问题(2)的优化解,更具有实用意义。

6.5 用 Excel 计算回归正交设计统计分析

用 Excel 直接计算回归正交设计的回归方程非常方便，以 6.4.3“新拌混凝土水灰比快速测试的研究”中的 G_2 为例，说明整个计算过程。

（1）输入原始数据：启动 Excel 文件，出现 Excel 界面后，按图 6—10 所示，依次键入“A1：H2”及“A3：H12”单元格各项内容。并为“A1：H16”加上边框。

（2）计算 B_j 即常数项矩阵 X^TY：在单元格 B13 中输入“ = SUMPRODUCT(B3：B12，H3：H12)”，然后，用拖拉的方式输入 C13：H13 单元格中。

（3）计算 d_j：在单元格 C14 中输入“ = SUMPRODUCT(C3：C12，C3：C12)”，利用 C14 单元格中的公式左右拖拉输入 B14 和 D14：G14 单元格的内容，H14 中输入“ = SUM(H3：H12)”。

（4）计算回归系数 b_j：在 B15 单元格中输入“ = B13/B14”，然后用拖拉的方式输入 C15：G15 单元格中的内容。

（5）计算偏回归平方和 Q_j：在 C16 单元格中输入“ = C13 * C15”，然后，用拖拉的方式输入 D16：G16 单元格的内容。

Microsoft Excel - youhua-11.htm

G22

	A	B	C	D	E	F	G	H
1	回归正交设计计算表							
2	No.	x_0	x_1	x_2	x1x2	$x_1^2-0.6324$	$x_2^2-0.6324$	G2
3	1	1	-1	-1	1	0.3676	0.3676	282.2
4	2	1	-1	1	-1	0.3676	0.3676	302.5
5	3	1	1	-1	-1	0.3676	0.3676	240.4
6	4	1	1	1	1	0.3676	0.3676	292.2
7	5	1	-1.078	0	0	0.5297	-0.6324	299.7
8	6	1	1.078	0	0	0.5297	-0.6324	281.8
9	7	1	0	-1.078	0	-0.6324	0.5297	251.7
10	8	1	0	1.078	0	-0.6324	0.5297	297.5
11	9	1	0	0	0	-0.6324	-0.6324	290.5
12	10	1	0	0	0	-0.6324	-0.6324	290.6
13	Bj	2829.1	-71.3962	121.4724	31.5	3.93831	-33.59752	804245.2
14	dj	10	6.324168	6.324168	4	2.70140226	2.70140226	
15	bj	282.91	-11.2894	19.20765	7.875	1.457876177	-12.437067	3864.489
16	Qj		806.0218	2333.199	248.0625	5.741568328	417.854596	3810.88
17								

	A	B	C	D	E	F
18	回归方程方差分析表					
19	方差来源	平方和	自由度	均方	F-值	临界值
20	x_1	806.0218	1	806.0218	60.14047	$F_{0.01}(1,4)=21.1$
21	x_2	2333.199	1	2333.199	174.0892	$F_{0.05}(1,4)=7.71$
22	x_1x_2	248.0625	1	248.0625	18.50892	$F_{0.10}(1,4)=4.54$
23	x_1^2	5.741568	1	5.741568	0.428401	
24	x_2^2	417.8546	1	417.8546	31.17778	
25	SSR	3810.88	5	762.1759	56.86895	$F_{0.01}(5,4)=15.5$
26	SSE	53.60928	4	13.40232		
27	SST	3864.489	9			

Sheet1 / Sheet2 / Sheet3

就绪　　数字

图 6—10　用 Excel 对回归正交设计进行统计计算实例

（6）计算方差分析表：在单元格 H15 中输入“ = H13 - B13 * B13/10”，在单元格 H16 中输入“SUM(C16：G16)”。按图 6—10 所示，依次键入“A19：A27”，“A18：F19”单元格各项内容，并为“A18：F27”加上边框，分别在单元格 B20 中输入“ = C16”，B21 中输入“ = D16”，B22

中输入“ = E16”，B23 中输入“ = F16”，B24 中输入“ = G16”，B25 中输入“ = H16”，在单元格 B26 中输入“ = H15 - H16”，在单元格 B27 中输入“ = H15”，在“C20：C27”单元格中给出自由度，在单元格 D20 中输入“ = B20/C20”，然后，用拖拉的方法输入 D21：D26 单元格中的内容。在单元格 E20 中输入“ = D20/ $ D $ 26”，然后，用拖拉的方法输入 E21：E25。在 F20 至 F25 中输入临界值，以进行显著性比较。

得到的回归方程是

$$\hat{G}_2 = 289.85 - 11.30x_1 + 19.21x_2 + 7.875x_1x_2 + 1.458x_1^2 - 12.437x_2^2$$

除个别数字有偏差外，其他数字所差无几。方差分析中的误差是由舍入误差引起的。

第七章　回归旋转设计

7.1　回归旋转设计的基本思想

在回归正交设计一章中，我们知道由于其信息矩阵 X^TX 是一个对角阵，它的统计分析计算非常简单。不仅在计算回归系数的估计值时简便，而且回归系数的估计量之间不相关，进行显著性检验时，某些回归系数不显著的项可以从回归模型中直接剔除，不必重新计算其他回归系数的估计值，也不必重新做显著性检验。然而，回归正交设计存在一个缺点，即回归值在因子区域各点上的方差 $D(\hat{y})$ 的规律一般是不清楚的，使得利用回归方程做预测或控制时的精度规律不清楚，使用起来不够方便，而回归旋转设计恰好能克服这一缺点。

在研究回归设计的优良性时，旋转性是一个重要的性质。对于一个回归方程

$$\hat{y}=b_0+b_1x_1+b_2x_2+\cdots+b_px_p \tag{7—1}$$

在评价它的“精度”时，可以用预测值的方差来衡量。预测值 $\hat{y}$ 的方差为

$$\begin{aligned}D(\hat{y})&=D(b_0+b_1x_1+b_2x_2+\cdots+b_px_p)\\&=D(b_0)+\sum_{j=1}^{p}D(b_j)x_j^2+\sum_{i<j}\mathrm{Cov}(b_i,b_j)x_ix_j\end{aligned} \tag{7—2}$$

由此可见，在 $x=(x_1,x_2,\cdots,x_p)$ 点的预测值 $\hat{y}$ 的方差 $D(\hat{y})$ 不仅与 x 点在空间的位置有关，而且与 $D(b_j)$ 和 $\mathrm{Cov}(b_i,b_j)$ 有关（$i,j=0,1,2,\cdots,p,\ i\neq j$），即与设计矩阵 X 有关，选择一些特殊的设计矩阵，就可以得到具有各种特性的回归方程。

定义 7.1 如果在与试验中心点的距离相等的球面上，各点的预测值的方差相等，则称这样的设计为旋转设计。

在旋转设计中预测值 $\hat{y}$ 的方差 $D(\hat{y})$ 仅与试验点到试验中心点的距离 ρ 有关，而与方向无关，ρ 愈大，则方差愈大，这种旋转性条件可以帮助试验者扫去一些寻找最优工艺过程中误差的干扰，因试验者无法预先知道最优工艺是在因子空间的哪一个区域、哪一个方向出现。

由此可见，回归旋转设计除了具有上述优点外，还基本保留了回归正交设计的优点，即试验次数少、计算简便、部分地消除了回归系数间的相关性等。

【例 7.1】　对线性回归模型

$$y_j=\beta_0+\beta_1x_{j1}+\beta_2x_{j2}+\cdots+\beta_px_{jp}+\varepsilon_j,j=1,2,\cdots,n$$

可借助元素为 1 和 -1 的二水平正交表进行正交设计：

$$\boldsymbol{D}=\begin{bmatrix}x_{11}&x_{12}&\cdots&x_{1p}\\x_{21}&x_{22}&\cdots&x_{2p}\\\vdots&\vdots&&\vdots\\x_{n1}&x_{n2}&\cdots&x_{np}\end{bmatrix},$$

其中，p 个列是从某二水平正交表中选取的 p 列。它的信息矩阵为

$$X^{T}X=\begin{bmatrix} N & & & 0 \\ & N & & \\ & & \ddots & \\ 0 & & & N \end{bmatrix} \tag{7—3}$$

它的逆矩阵是

$$(X^{T}X)^{-1}=\begin{bmatrix} \frac{1}{N} & & & 0 \\ & \frac{1}{N} & & \\ & & \ddots & \\ 0 & & & \frac{1}{N} \end{bmatrix} \tag{7—4}$$

设该设计的最小二乘估计的回归方程为

$$\hat{y}=b_0+b_1x_1+b_2x_2+\cdots+b_px_p$$

由于设计是正交的,因此,协方差为零。

方程预测值 $\hat{y}$ 的方差为

$$\begin{aligned} D(\hat{y}) &= D(b_0+b_1x_1+b_2x_2+\cdots+b_px_p) \\ &= D(b_0)+\sum_{j=1}^{p}D(b_j)x_j^2 \\ &= \frac{\sigma^2}{N}(1+\sum_{j=1}^{p}x_j^2) \\ &= \frac{\sigma^2}{N}(1+\rho^2) \end{aligned} \tag{7—5}$$

式(7—4)中 $\rho=(\sum_{j=1}^{p}x_j^2)^{\frac{1}{2}}$ 表示点 x 到试验中心点的距离。这说明方程预测值 $\hat{y}$ 的方差 $D(\hat{y})$ 仅与试验点到试验中心点的距离 ρ 有关,而与方向无关。因此,用正交表对线性回归模型所做的正交设计也是一个旋转设计。上一章中一次回归正交设计也是旋转设计。

7.2 多项式回归的试验设计的旋转性条件

研究回归旋转设计,首先要了解旋转性条件,有了旋转性条件后,就可以利用它构造旋转设计。由于设计的旋转性是用该设计下最小二乘估计回归方程预测值的方差定义的,而该方差依赖于设计的信息矩阵 $X^{T}X$,因此,旋转性条件是用信息矩阵的元素表达的。所以,我们先来讨论多项式回归的设计的信息矩阵中元素的一般形式。

7.2.1 多项式回归的设计的信息矩阵元素的一般形式

设计矩阵为

$$D=\begin{bmatrix} x_{11} & x_{12} & x_{13} \\ x_{21} & x_{22} & x_{23} \\ \vdots & \vdots & \vdots \\ x_{n1} & x_{n2} & x_{n3} \end{bmatrix}$$

（列标：x_1 x_2 x_3）

的三元二次回归的统计模型为

$$y_j=\beta_0+\beta_1x_{j1}+\beta_2x_{j2}+\beta_3x_{j3}+\beta_{12}x_{j1}x_{j2}+\beta_{13}x_{j1}x_{j3}+\beta_{23}x_{j2}x_{j3}+\beta_{11}x_{j1}^2+\beta_{22}x_{j2}^2+\beta_{33}x_{j3}^2+\varepsilon_j,\quad j=1,2,\cdots,n$$

它的信息矩阵是一个 10×10 阶矩阵，其中，元素表达式中的求和号 Σ 代表指标 j 从 1 到 n 求和。

由三元二次回归设计的信息矩阵的元素的形式，不难归纳出设计为

$$\begin{matrix} & x_1 & x_2 & \cdots & x_p \end{matrix}$$

$$\boldsymbol{D}=\begin{bmatrix} x_{11} & x_{12} & \cdots & x_{1p}\\ x_{21} & x_{22} & \cdots & x_{2p}\\ \vdots & \vdots & & \vdots\\ x_{n1} & x_{n2} & \cdots & x_{np} \end{bmatrix} \tag{7—6}$$

在一般的 p 元 d 次回归中，共有 C_{p+d}^{d} 项，对应的信息矩阵 A 是 C_{p+d}^{d} 阶对称方阵，A 的元素的一般形式为

$$\sum_j x_{j1}^{a_1}x_{j2}^{a_2}\cdots x_{jp}^{a_p}$$

$$\boldsymbol{A}=\begin{bmatrix} n & \sum x_{j1} & \sum x_{j2} & \sum x_{j3} & \sum x_{j1}x_{j2} & \sum x_{j1}x_{j3} & \sum x_{j2}x_{j3} & \sum x_{j1}^2 & \sum x_{j2}^2 & \sum x_{j3}^2\\ & \sum x_{j1}^2 & \sum x_{j1}x_{j2} & \sum x_{j1}x_{j3} & \sum x_{j1}^2x_{j2} & \sum x_{j1}^2x_{j3} & \sum x_{j1}x_{j2}x_{j3} & \sum x_{j1}^3 & \sum x_{j1}x_{j2}^2 & \sum x_{j1}x_{j3}^2\\ & & \sum x_{j2}^2 & \sum x_{j2}x_{j3} & \sum x_{j1}x_{j2}^2 & \sum x_{j1}x_{j2}x_{j3} & \sum x_{j2}^2x_{j3} & \sum x_{j1}^2x_{j2} & \sum x_{j2}^3 & \sum x_{j2}x_{j3}^2\\ & & & \sum x_{j3}^2 & \sum x_{j1}x_{j2}x_{j3} & \sum x_{j1}x_{j3}^2 & \sum x_{j2}x_{j3}^2 & \sum x_{j1}^2x_{j3} & \sum x_{j2}^2x_{j3} & \sum x_{j3}^3\\ & & & & \sum x_{j1}^2x_{j2}^2 & \sum x_{j1}^2x_{j2}x_{j3} & \sum x_{j1}x_{j2}^2x_{j3} & \sum x_{j1}^3x_{j2} & \sum x_{j1}x_{j2}^3 & \sum x_{j1}x_{j2}x_{3}^2\\ & & & & & \sum x_{j1}^2x_{j3}^2 & \sum x_{j1}x_{j2}x_{3}^2 & \sum x_{j1}^3x_{j3} & \sum x_{j1}x_{j2}^2x_{j3} & \sum x_{j1}x_{j3}^3\\ & & & & & & \sum x_{j2}^2x_{j3}^2 & \sum x_{j1}^2x_{j2}x_{j3} & \sum x_{j2}^3x_{j3} & \sum x_{j2}x_{j3}^3\\ & & & & & & & \sum x_{j1}^4 & \sum x_{j1}^2x_{j2}^2 & \sum x_{j1}^2x_{j3}^2\\ & & & & & & & & \sum x_{j2}^4 & \sum x_{j2}^2x_{j3}^2\\ & & & & & & & & & \sum x_{j3}^4 \end{bmatrix}$$

其中，诸指数是满足 $a_1,a_2,\cdots,a_p\geqslant0$ 且 $a_1+a_2+\cdots+a_p\leqslant2d$ 的整数。

7.2.2 旋转性条件

定理 7.1 p 元 d 次回归设计满足旋转性的充要条件是其对应的系数矩阵 A 的元素

$$\sum_{j=1}^{n}x_{j1}^{a_1}x_{j2}^{a_2}\cdots x_{jp}^{a_p}=\begin{cases}0 & \text{当所有 } a_i \text{ 中至少有一个奇数,}\\ \dfrac{\lambda_a n\prod\limits_{i=1}^{p}a_i\,!}{2^{\frac{a}{2}}\prod\limits_{i=1}^{p}\left(\dfrac{a_i}{2}\right)!} & \text{当所有 } a_i \text{ 中皆为偶数或零时}\end{cases} \tag{7—7}$$

其中，诸指数 $a_1,a_2,\cdots,a_p$ 为非负的整数，N 为试验次数，$a=a_1+a_2+\cdots+a_p$，λ_a 为待定参数，它的下标一定是偶数，特别是 $\lambda_0=1$。

该定理说明了旋转设计下信息矩阵 A 的具体结构，它也是旋转设计的基本要求，称为旋转性条件。另外，当 $p=2$，即因子为两个时，还可以得到下属结果：

定理 7.2 均匀分布在以原点为圆心的圆周上的 N 个点组成 d 次旋转计划的充要条件是 $N>2d$。

7.3　回归旋转设计

7.3.1　一次回归旋转设计

如前所述,在一般的 p 元 d 次回归设计,对应的信息矩阵 A 的元素 $\sum_{j=1}^{n} x_{j1}^{a_1} x_{j2}^{a_2} \cdots x_{jp}^{a_p}$ 中,诸指数是满足 $a_1, a_2, \cdots, a_p \geqslant 0$ 且 $a_1 + a_2 + \cdots + a_p \leqslant 2d$ 的整数,一次旋转设计 $d=1$,既满足 $a = a_1 + a_2 + \cdots + a_p \leqslant 2$。当 $a=0$ 时,$a_1 = a_2 = \cdots = a_p = 0$,显然 $\sum_{j=1}^{n} x_{j1}^{a_1} x_{j2}^{a_2} \cdots x_{jp}^{a_p} = n$。当 $a=1$ 时,诸 a_i 中有一个是1,其余都是0,由旋转性条件可知,$\sum_{j=1}^{n} x_{j1}^{a_1} x_{j2}^{a_2} \cdots x_{jp}^{a_p} = 0$。当 $a=2$ 时,有两种情况:(1)如果诸a_i 中有两个是1,其余都是0,由旋转性条件可知,$\sum_{j=1}^{n} x_{j1}^{a_1} x_{j2}^{a_2} \cdots x_{jp}^{a_p} = 0$;(2)如果诸 a_i 中有一个是2,其余都是0,由旋转性条件可知,$\sum_{j=1}^{n} x_{j1}^{a_1} x_{j2}^{a_2} \cdots x_{jp}^{a_p} = \lambda_2 n$,即 $\sum_{j=1}^{n} x_{ji}^2 = \lambda_2 n$,对一切 $i = 1,2,\cdots,p$ 成立。这就是说,p 元线性回归的旋转设计的信息矩阵必须是对角阵,即 $A = X^{\tau}X = diag(n, \lambda_2 n, \cdots, \lambda_2 n)$。即线性回归的旋转设计必是正交设计。特别是当 $\lambda_2 = 1$ 时,信息矩阵 $A = X^{\tau}X = nI_{p+1}$,其中,I_{p+1}为 $p+1$ 阶单位矩阵。可见,一次回归正交设计就是 $\lambda_2 = 1$ 的一次回归旋转设计。

7.3.2　二次回归旋转设计的条件

p 元二次回归设计的信息矩阵 A 的元素 $\sum_{j=1}^{n} x_{j1}^{a_1} x_{j2}^{a_2} \cdots x_{jp}^{a_p}$ 中,诸指数 $a_1, a_2 \cdots, a_p$ 都是非负整数,并满足 $a_1 + a_2 + \cdots + a_p \leqslant 4$。

当 $a=0$ 时,即全部 $a_i = 0$ 时,$\sum_{j=1}^{n} x_{j1}^{a_1} x_{j2}^{a_2} \cdots x_{jp}^{a_p} = n$;

当 $a=1$ 或 $a=3$ 时,诸 a_i 中至少有一个为奇数,由旋转性条件可知,$\sum_{j=1}^{n} x_{j1}^{a_1} x_{j2}^{a_2} \cdots x_{jp}^{a_p} = 0$;

当 $a=2$ 且 $a_1, a_2, \cdots, a_p$ 中无奇数,即 $a_1, a_2, \cdots, a_p$ 中有一个 $a_i = 2$,其余都为0时,由旋转性条件可知,$\sum_{j=1}^{n} x_{ji}^2 = \lambda_2 n$;当 $a=2$ 且 $a_1, a_2, \cdots, a_p$ 中有奇数时,$\sum_{j=1}^{n} x_{j1}^{a_1} x_{j2}^{a_2} \cdots x_{jp}^{a_p} = 0$;

当 $a=4$ 且 $a_1, a_2, \cdots, a_p$ 中有奇数时,$\sum_{j=1}^{n} x_{j1}^{a_1} x_{j2}^{a_2} \cdots x_{jp}^{a_p} = 0$;当 $a=4$ 且 $a_1, a_2, \cdots, a_p$ 中都是偶数时,有两种情况,(1)$a_1, a_2, \cdots, a_p$ 中一个 $a_i = 4$,其余为0时,由旋转性条件可知,$\sum_{j=1}^{n} x_{ji}^4 = 3\lambda_4 n, i = 1,2,\cdots,p$;(2)$a_1, a_2, \cdots, a_p$ 中有两个2,其余都是0时,由旋转性条件可知,$\sum_{j=1}^{n} x_{ji_1}^2 x_{ji_1}^2 = \lambda_4 n, i_1 \neq i_2$。

由此得到二次回归旋转设计条件

$$\begin{cases} \sum_{j=1}^{n} x_{ji}^2 = \lambda_2 n \\ \sum_{j=1}^{n} x_{ji}^4 = 3\sum_{j=1}^{n} x_{ji_1}^2 x_{ji_2}^2 = 3\lambda_4 n \end{cases} \quad i,j = 1,2,\cdots,p \tag{7—8}$$

而 A 的其他元素皆为零。这时,二次旋转设计的信息矩阵的形式如式(7—8)(空白处为零)。

$$\frac{1}{n}\boldsymbol{A}=\begin{array}{c|ccccccccccccc|}
 & 0 & 1 & 2 & \cdots & p & 12 & 13 & \cdots & p\text{-}1,p & 11 & 22 & \cdots & pp\\
\hline
0 & 1 &&&&&&&&& \lambda_2 & \lambda_2 & \cdots & \lambda_2\\
1 && \lambda_2 &&&&&&&&&&&\\
2 &&& \lambda_2 &&&&&&&&&&\\
\vdots &&&& \ddots &&&&&&&&&\\
p &&&&& \lambda_2 &&&&&&&&\\
12 &&&&&& \lambda_4 &&&&&&&\\
13 &&&&&&& \lambda_4 &&&&&&\\
\vdots &&&&&&&& \ddots &&&&&\\
p\text{-}1,p &&&&&&&&& \lambda_4 &&&&\\
11 & \lambda_2 &&&&&&&&& 3\lambda_4 & \lambda_4 & \cdots & \lambda_4\\
22 & \lambda_2 &&&&&&&&& \lambda_4 & 3\lambda_4 & \cdots & \lambda_4\\
\vdots & \vdots &&&&&&&&& \vdots & \vdots & \ddots & \vdots\\
pp & \lambda_2 &&&&&&&&& \lambda_4 & \lambda_4 & \cdots & 3\lambda_4
\end{array}\qquad(7—9)$$

为了保证该旋转设计回归系数的最小二乘估计的唯一性，上述矩阵必须是非退化的。计算上述矩阵的行列式

$$\left|\frac{1}{n}X^{\tau}X\right|=\lambda_2^p\lambda_4^{\frac{p(p+1)}{2}}\begin{vmatrix}1 & \lambda_2 & \lambda_2 & \cdots & \lambda_2\\ \lambda_2 & 3\lambda_4 & \lambda_4 & \cdots & \lambda_4\\ \lambda_2 & \lambda_4 & 3\lambda_4 & \cdots & \lambda_4\\ \vdots & \vdots & \vdots & \ddots & \vdots\\ \lambda_2 & \lambda_4 & \lambda_4 & \cdots & 3\lambda_4\end{vmatrix}$$

$$=\lambda_2^p\lambda_4^{\frac{p(p+1)}{2}}\begin{vmatrix}3\lambda_4-\lambda_2^2 & \lambda_4-\lambda_2^2 & \lambda_4-\lambda_2^2 & \cdots & \lambda_4-\lambda_2^2\\ & 3\lambda_4-\lambda_2^2 & \lambda_4-\lambda_2^2 & \cdots & \lambda_4-\lambda_2^2\\ & & 3\lambda_4-\lambda_2^2 & \cdots & \lambda_4-\lambda_2^2\\ & \text{对称部分} & & \ddots & \vdots\\ & & & & 3\lambda_4-\lambda_2^2\end{vmatrix}$$

$$=\lambda_2^p\lambda_4^{\frac{p(p+1)}{2}}\left|2\lambda_4 I_p+(\lambda_4-\lambda_2^2)I_pI'_p\right|$$

其中，I_p 是元素全为 1 的向量，I_p 是 p 阶单位矩阵。而

$$\left|2\lambda_4 I_p+(\lambda_4-\lambda_2^2)I_pI'_p\right|$$

$$=\begin{vmatrix}1 & -I'_p\\ (\lambda_4-\lambda_2^2)I_p & 2\lambda_4 I_p\end{vmatrix}$$

$$=\begin{vmatrix}1+\dfrac{(\lambda_4-\lambda_2^2)}{2\lambda_4}I'_pI_p & 0\\ (\lambda_4-\lambda_2^2)I_p & 2\lambda_4 I_p\end{vmatrix}$$

$$=2\lambda_4^p\left[1+\frac{(\lambda_4-\lambda_2^2)}{2\lambda_4}p\right]$$

$$=\lambda_4^{p-1}[2\lambda_4+(\lambda_4-\lambda_2^2)p]$$

$$=\lambda_4^{p-1}[(p+2)\lambda_4-p\lambda_2^2]$$

所以该矩阵非退化的充要条件是

$$(p+2)\lambda_4 - p\lambda_2^2 \neq 0$$

即

$$\frac{\lambda_4}{\lambda_2^2} \neq \frac{p}{p+2} \tag{7—10}$$

7.3.3　二次回归旋转设计的方案

为获得二次旋转设计方案，首先要排除退化的可能性，然后要研究点在球面上的分布。以两个自变量的二次回归旋转设计为例。当 $p=2$ 时，一般将全部试验点布置在两个球面上，其中：

m_0 个点布置在半径为 0 的球面上（即因子区域中心）；

m_1 个点等间隔地布置在半径为 R 的球面上。

G. E. P. Box 证明了，这 $n=m_0+m_1$ 个试验点构成的旋转设计的充要条件是 $m_1>4$。

以 $m_1=4$ 为例，在平面上选正四边形的顶点作为试验点。表 7—1 列出了它的结构矩阵，容易验证，它不满足旋转性条件。即

$$\sum_{j=1}^{n} x_{ji}^4 = 3\sum_{j=1}^{n} x_{ji_1}^2 x_{ji_2}^2$$

表 7—1　二因子的结构矩阵

No.		x_0	x_1	x_2	x_1x_2	x_1^2	x_2^2
m_1	1	1	1	1	1	1	1
	2	1	1	−1	−1	1	1
	3	1	−1	1	−1	1	1
	4	1	−1	−1	1	1	1
m_0	5	1	0	0	0	0	0
	⋮	⋮	⋮	⋮	⋮	⋮	⋮
	n	1	0	0	0	0	0

如图 7—1 所示为二因子旋转设计的试验点分布情况，由此可见，只要在平面上选正五边形、正六边形、正八边形等的顶点作为试验点，同时，在中心点再补充一些必要的试验，就可以得到二因子的二次旋转设计。表 7—2 列出了 $m_1=6$ 的二次旋转设计及其结构矩阵。

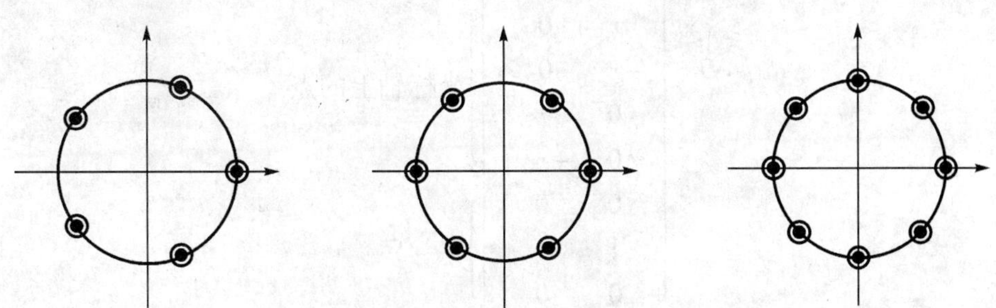

图 7—1　二因子旋转设计的试验点分布图

表 7—2 二因子的二次旋转设计的结构矩阵($m_1=6$)

	No.	x_0	x_1	x_2	x_1x_2	x_1^2	x_2^2
m_1	1	1	1	0	0	1	0
	2	1	$\frac{1}{2}$	$\frac{\sqrt{3}}{2}$	$\frac{\sqrt{3}}{4}$	$\frac{1}{4}$	$\frac{3}{4}$
	3	1	$-\frac{1}{2}$	$\frac{\sqrt{3}}{2}$	$-\frac{\sqrt{3}}{4}$	$\frac{1}{4}$	$\frac{3}{4}$
	4	1	-1	0	0	1	0
	5	1	$-\frac{1}{2}$	$-\frac{\sqrt{3}}{2}$	$\frac{\sqrt{3}}{4}$	$\frac{1}{4}$	$\frac{3}{4}$
	6	1	$\frac{1}{2}$	$-\frac{\sqrt{3}}{2}$	$-\frac{\sqrt{3}}{4}$	$\frac{1}{4}$	$\frac{3}{4}$
	7	1	0	0	0	0	0
m_0	8	1	0	0	0	0	0
	⋮	⋮	⋮	⋮	⋮	⋮	⋮
	n	1	0	0	0	0	0

7.3.4 二次回归的旋转中心组合设计

R^p 中有下列三类试验点组成的试验设计称为**中心组合设计**。

(1) m_c 个点布置在半径 $R_c=\sqrt{p}$的球面上;

(2) $2p$ 个点布置在半径 $R=r$ 的球面上通常位于坐标轴上,称 r 为**星号臂**;

(3) m_0 个点布置在因子区域中心。

试验点总数为 $n=m_c+2p+m_0$,对自变量的编码变换要保证上述 3 个球面都在因子区域内,通常 m_c 个点布置在半径 $R_c=\sqrt{p}$的球面上的点采用 2^p 设计或部分实施 2^{p-1}设计。

(1)两个自变量的二次回归中心组合设计

当 $p=2$ 时,中心组合设计的设计矩阵为

$$
\boldsymbol{D}=\begin{bmatrix} x_1 & x_2 \\ 1 & 1 \\ 1 & -1 \\ -1 & 1 \\ -1 & -1 \\ r & 0 \\ -r & 0 \\ 0 & r \\ 0 & -r \\ 0 & 0 \\ \vdots & \vdots \\ 0 & 0 \end{bmatrix}
\begin{matrix} \\ \left.\begin{matrix} \\ \\ \\ \\ \end{matrix}\right\} 2^2\text{ 设计部分} \\ \left.\begin{matrix} \\ \\ \\ \\ \end{matrix}\right\} \text{坐标轴上的点} \\ \left.\begin{matrix} \\ \\ \\ \end{matrix}\right\} \text{中心点} \end{matrix}
$$

其中,9 个不同的试验点如图 7—2 所示。

此时,结构矩阵见表 7—3 所列。

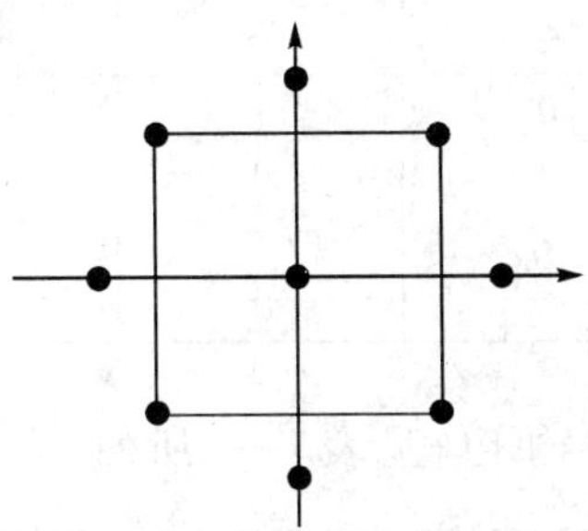

图 7—2 两个变量的中心组合设计

(2)3 个自变量的二次回归中心组合设计

当 $p=3$,中心组合设计的设计矩阵为

$$D=\begin{array}{c}\quad x_1 \quad x_2 \quad x_3 \\ \left[\begin{array}{ccc} 1 & 1 & 1 \\ 1 & 1 & -1 \\ 1 & -1 & 1 \\ 1 & -1 & -1 \\ -1 & 1 & 1 \\ -1 & 1 & -1 \\ -1 & -1 & 1 \\ -1 & -1 & -1 \\ r & 0 & 0 \\ -r & 0 & 0 \\ 0 & r & 0 \\ 0 & -r & 0 \\ 0 & 0 & r \\ 0 & 0 & -r \\ 0 & 0 & 0 \\ \vdots & \vdots & \vdots \\ 0 & 0 & 0 \end{array}\right]\end{array}\begin{array}{l} \left.\begin{array}{l} \\ \\ \\ \\ \\ \\ \\ \\ \end{array}\right\} 2^3 \text{ 设计部分} \\ \left.\begin{array}{l} \\ \\ \\ \\ \\ \\ \end{array}\right\} \text{坐标轴上的点} \\ \left.\begin{array}{l} \\ \\ \\ \end{array}\right\} \text{中心点} \end{array}$$

表 7—3 二因子的二次旋转中心组合设计的结构矩阵

No.	x_0	x_1	x_2	x_1x_2	x_1^2	x_2^2
1	1	1	1	1	1	1
2	1	1	−1	−1	1	1
3	1	−1	1	−1	1	1
4	1	−1	−1	1	1	1
5	1	r	0	0	r^2	0
6	1	$-r$	0	0	r^2	0
7	1	0	r	0	0	r^2

续表

No.	x_0	x_1	x_2	x_1x_2	x_1^2	x_2^2
8	1	0	$-r$	0	0	r^2
9	1	0	0	0	0	0
⋮	⋮	⋮	⋮	⋮	⋮	⋮
n	1	0	0	0	0	0

其中,15 个不同的试验点的结构矩阵见表 7—4 所列。

表 7—4　三因子的二次旋转中心组合设计的结构矩阵

No.	x_0	x_1	x_2	x_3	x_1x_2	x_1x_3	x_2x_3	x_1^2	x_2^2	x_3^2
1	1	1	1	1	1	1	1	1	1	1
2	1	1	1	−1	1	−1	−1	1	1	1
3	1	1	−1	1	−1	1	−1	1	1	1
4	1	1	−1	−1	−1	−1	1	1	1	1
5	1	−1	1	1	−1	−1	1	1	1	1
6	1	−1	1	−1	−1	1	−1	1	1	1
7	1	−1	−1	1	1	−1	−1	1	1	1
8	1	−1	−1	−1	1	1	1	1	1	1
9	1	r	0	0	0	0	0	r^2	0	0
10	1	$-r$	0	0	0	0	0	r^2	0	0
11	1	0	r	0	0	0	0	0	r^2	0
12	1	0	$-r$	0	0	0	0	0	r^2	0
13	1	0	0	r	0	0	0	0	0	r^2
14	1	0	0	$-r$	0	0	0	0	0	r^2
15	1	0	0	0	0	0	0	0	0	0
⋮	⋮	⋮	⋮	⋮	⋮	⋮	⋮	⋮	⋮	⋮
n	1	0	0	0	0	0	0	0	0	0

(3)一般情况的二次回归中心组合设计

p 个自变量情况的中心组合设计的设计矩阵类似于前面 $p=2$ 和 $p=3$ 的例子,不同的是 2^p 设计或部分试验点数为 m_c,坐标轴上的点共 $2p$ 个,中心点共重复 m_0 次。表 7—5 列出了二次回归的旋转中心组合设计的参数值。

表 7—5　二次回归的旋转中心组合设计的参数值

p	$R_c=\sqrt{p}$	r	r^2	m_c	$2p$
2	1.414	1.414	2.000	4	4
3	1.732	1.682	2.828	8	6
4	2.000	2.000	4.000	16	8
5	2.236	2.378	5.655	32	10
5(1/2 实施)	2.236	2.000	4.000	16	10
6	2.450	2.828	8.000	64	12
6(1/2 实施)	2.450	2.378	5.655	32	12
7	2.646	3.364	11.316	128	14

续表

p	$R_c=\sqrt{p}$	r	r^2	m_c	$2p$
7(1/2 实施)	2.646	2.828	8.000	64	14
8(1/2 实施)	2.828	3.364	11.316	128	16
8(1/4 实施)	2.828	2.828	8.000	64	16

p 个自变量情况的中心组合设计的设计矩阵的信息矩阵如下：

$$X^{\tau}X=\begin{bmatrix} n & e & e & \cdots & e & & & & & & & & \\ e & f & m_c & \cdots & m_c & & & & & & & & \\ e & m_c & f & \cdots & m_c & & & & & & & & \\ \vdots & \vdots & \vdots & & \vdots & & & & & & & & \\ e & m_c & m_c & \cdots & f & & & & & & & & \\ & & & & & e & & & & & & & \\ & & & & & & e & & & & & & \\ & & & & & & & \ddots & & & & & \\ & & & & & & & & e & & & & \\ & & & & & & & & & m_c & & & \\ & & & & & & & & & & m_c & & \\ & & & & & & & & & & & \ddots & \\ & & & & & & & & & & & & m_c \end{bmatrix}$$

其中，空白处的元素为 0，并且

$$\begin{cases} n=m_c+2p+m_0 \\ e=m_c+2r^2 \\ f=m_c+2r^4 \end{cases}$$

二次旋转组合设计对中心点的试验次数 m_0 的选择相当自由。合理地选择 m_0 时，可以使二次旋转设计具有正交性或通用性。也可以实现具有均匀精度的旋转设计。以二次正交旋转组合设计为例，如对 $p=3$ 的情况，可选择 $m_0=9$ 来编制二次正交旋转设计组合表，在尚未消去常数项 b_0 与平方项回归系数 b_{jj} 之间的相关性时，它的旋转组合计划几乎是正交的，如果对平方项施行中心化变换，即令

$$\begin{aligned} x'_{ij} &= x_{ij}^2-\frac{1}{n}\sum_{i=1}^{n}x_{ij}^2 \\ &= x_{ij}^2-\frac{1}{23}\times 13.656 \\ &= x_{ij}^2-0.594 \end{aligned}$$

二次正交旋转组合设计见表 7—6 所列。

假如一个回归设计可使它的预测值方差 $D(\hat{y})$ 在区间 $0<r<1$ 内基本上保持某一个常数，那么就称这种设计具有通用性，或称通用设计。要使旋转组合设计具有通用性，关键在于如何确定 λ_4，为此，在区间 $0<r<1$ 内插入如下分点：

$$0<r_1<r_2<\cdots<r_n<1$$

表 7—6　三因子的正交二次旋转组合设计

No.	x_0	x_1	x_2	x_3	x_1x_2	x_1x_3	x_2x_3	x'_1	x'_2	x'_3
1	1	−1	−1	−1	1	1	1	0.406	0.406	0.406
2	1	−1	−1	1	1	−1	−1	0.406	0.406	0.406
3	1	−1	1	−1	−1	1	−1	0.406	0.406	0.406
4	1	−1	1	1	−1	−1	1	0.406	0.406	0.406
5	1	1	−1	−1	−1	−1	1	0.406	0.406	0.406
6	1	1	−1	1	−1	1	−1	0.406	0.406	0.406
7	1	1	1	−1	1	−1	−1	0.406	0.406	0.406
8	1	1	1	1	1	1	1	0.406	0.406	0.406
9	1	−1.682	0	0	0	0	0	2.234	−0.594	−0.594
10	1	1.682	0	0	0	0	0	2.234	−0.594	−0.594
11	1	0	−1.682	0	0	0	0	−0.594	2.234	−0.594
12	1	0	1.682	0	0	0	0	−0.594	2.234	−0.594
13	1	0	0	−1.682	0	0	0	−0.594	−0.594	2.234
14	1	0	0	1.682	0	0	0	−0.594	−0.594	2.234
15	1	0	0	0	0	0	0	−0.594	−0.594	−0.594
16	1	0	0	0	0	0	0	−0.594	−0.594	−0.594
17	1	0	0	0	0	0	0	−0.594	−0.594	−0.594
18	1	0	0	0	0	0	0	−0.594	−0.594	−0.594
19	1	0	0	0	0	0	0	−0.594	−0.594	−0.594
20	1	0	0	0	0	0	0	−0.594	−0.594	−0.594
21	1	0	0	0	0	0	0	−0.594	−0.594	−0.594
22	1	0	0	0	0	0	0	−0.594	−0.594	−0.594
23	1	0	0	0	0	0	0	−0.594	−0.594	−0.594

由此确定 λ_4，使得

$$\frac{D(\hat{y})}{\sigma^2}=\frac{p+2}{[(p+2)\lambda_4-p](n/\lambda_4)}\times\left[1+\frac{\lambda_4-1}{\lambda_4}r^2+\frac{(p+1)\lambda_4-(p-1)}{2\lambda_4^2(p+2)}r^4\right] \tag{7—11}$$

在诸 r_i 处的值 $p=0$ 处的值的差的平方和最小。

即使

$$Q(\lambda_4)=f_0^2(\lambda_4)\sum_{i=1}^{n}[f_1(\lambda_4)r_i^2+f_2(\lambda_4)r_i^4]^2=\text{最小} \tag{7—12}$$

其中

$$f_0(\lambda_4)=\frac{p+2}{[(p+2)\lambda_4-p](n/\lambda_4)}$$

$$f_1(\lambda_4)=\frac{\lambda_4-1}{\lambda_4}$$

$$f_2(\lambda_4)=\frac{(p+1)\lambda_4-(p-1)}{2\lambda_4(p+2)}$$

对于不同的 r，可以求出满足(7—11)式的，结果见表 7—7 所列。

在确定了 λ_4 以后，可以由比值 n/λ_4 确定 n，当计算的 n 不是整数时，可取最为接近的整数，最后确定 m_0，只要中心点补充表 7—7 中的 m_0 次试验后，设计计划就具有通用性。

表 7—7　二次回归的旋转中心组合设计的参数值

No.	p	m_c	r	n/λ_4	λ_4	N	m_0
1	2	4	1.414	16	0.81	13	5
2	3	8	1.682	23.314	0.89	20	6
3	4	16	2.000	36	0.89	31	7
4	5(1/2 实施)	16	2.000	36	0.86	32	6
5	6(1/2 实施)	32	2.378	58.627	0.90	53	9
6	7(1/2 实施)	64	2.828	100	0.92	92	14
7	8(1/2 实施)	128	3.364	177.256	0.93	165	21
8	8(1/4 实施)	64	2.828	100	0.93	93	13

表 7—8 是三因子的二次通用旋转组合设计。

表 7—8　三因子的二次通用旋转组合设计

No.	x_0	x_1	x_2	x_3	x_1x_2	x_1x_3	x_2x_3	x'_1	x'_2	x'_3
1	1	−1	−1	−1	1	1	1	1	1	1
2	1	−1	−1	1	1	−1	−1	1	1	1
3	1	−1	1	−1	−1	1	−1	1	1	1
4	1	−1	1	1	−1	−1	1	1	1	1
5	1	1	−1	−1	−1	−1	1	1	1	1
6	1	1	−1	1	−1	1	−1	1	1	1
7	1	1	1	−1	1	−1	−1	1	1	1
8	1	1	1	1	1	1	1	1	1	1
9	1	−1.682	0	0	0	0	0	2.828	0	0
10	1	1.682	0	0	0	0	0	2.828	0	0
11	1	0	−1.682	0	0	0	0	0	2.828	0
12	1	0	1.682	0	0	0	0	0	2.828	0
13	1	0	0	−1.682	0	0	0	0	0	2.828
14	1	0	0	1.682	0	0	0	0	0	2.828
15	1	0	0	0	0	0	0	0	0	0
16	1	0	0	0	0	0	0	0	0	0
17	1	0	0	0	0	0	0	0	0	0
18	1	0	0	0	0	0	0	0	0	0
19	1	0	0	0	0	0	0	0	0	0
20	1	0	0	0	0	0	0	0	0	0

7.4　回归旋转设计的应用

7.4.1　旋转设计在复合增粘材料研究中的应用

【例 7.2】　高水胶比灌浆材料有利于良好的渗透性能，可快速渗透到地下土层或待灌浆部位，达到良好的灌浆固化效应，当水胶比较大时，稳定性和可灌性较差，浆体容易离析沉降，因此，我们开发复合增粘材料作为新的组分，以增强水泥浆的可灌性和稳定性，满足工程需要。

（1）试验方案及测试结果

试验用的水泥为32.5级矿渣硅酸盐水泥，无机增粘组分有膨润土：膨胀率16%；硅灰：其二氧化硅的含量大于95%，比表面积为23 000 m^2/kg，有机增粘保水材料羧甲基纤维素CMC为工业品。

试验研究的考核指标有水灰比为1.0时的泌水率$Bl_{1.0}$，水灰比0.6时的泌水率$Bl_{0.6}$，其中，泌水率指标集中反映了灌浆材料的低离析性能，泌水率的测定见公式(7—13)。

$$Bl = \frac{V_w}{(W/G)G_W} \times 100\% \tag{7—13}$$

式中：Bl——水泥浆泌水率；

V_w——泌水总量；

W——浆体用水总量；

G——固体材料总量；

G_W——试样总量。

为合理配制出性能良好的复合增粘材料，采用正交旋转试验设计确定试验方案。中心点试验重复次数为9，因素水平见表7—9所列。

表7—9　因素水平编码表

因　素	泌水率 $Bl_{1.0}$			泌水率 $Bl_{0.6}$		
	Z_1 膨润土掺量	Z_2 硅灰掺量	Z_3CMC 掺量	Z_1 膨润土掺量	Z_2 硅灰掺量	Z_3CMC 掺量
编　码	x_1	x_2	x_3	x_1	x_2	x_3
变化区间 Δ_j	1.00	1.00	0.25	1.00	1.00	0.5
上星号臂(1.682)	3.682	3.682	0.9205	3.682	3.682	1.841
上水平(1.00)	3.00	3.00	0.75	3.00	3.00	1.50
基准水平(0.00)	2.00	2.00	0.50	2.00	2.00	1.00
下水平(－1,00)	1.00	1.00	0.25	1.00	1.00	0.50
下星号臂(－1,682)	0.318	0.318	0.0795	0.318	0.318	0.159

试验方案及测试结果见表7—10所列。

表7—10　三因子的正交二次旋转组合设计

No.	x_0	x_1	x_2	x_3	x_1x_2	x_1x_3	x_2x_3	$x_1^2-0.594$	$x_2^2-0.594$	$x_3^2-0.594$	$Bl_{1.0}$	$Bl_{0.6}$
1	1	－1	－1	－1	1	1	1	0.406	0.406	0.406	19.6	1.2
2	1	－1	－1	1	1	－1	－1	0.406	0.406	0.406	29.2	2.5
3	1	－1	1	－1	－1	1	－1	0.406	0.406	0.406	21.1	0.7
4	1	－1	1	1	－1	－1	1	0.406	0.406	0.406	25.8	0.0
5	1	1	－1	－1	－1	－1	1	0.406	0.406	0.406	18.4	2.6
6	1	1	－1	1	－1	1	－1	0.406	0.406	0.406	25.8	0.0
7	1	1	1	－1	1	－1	－1	0.406	0.406	0.406	14.4	0.0
8	1	1	1	1	1	1	1	0.406	0.406	0.406	20.0	0.0
9	1	－1.682	0	0	0	0	0	2.234	－0.594	－0.594	27.4	1.2
10	1	1.682	0	0	0	0	0	2.234	－0.594	－0.594	19.5	0.0

续表

No.	x_0	x_1	x_2	x_3	x_1x_2	x_1x_3	x_2x_3	$x_1^2-0.594$	$x_2^2-0.594$	$x_3^2-0.594$	$Bl_{1.0}$	$Bl_{0.6}$
11	1	0	-1.682	0	0	0	0	-0.594	2.234	-0.594	26.6	1.9
12	1	0	1.682	0	0	0	0	-0.594	2.234	-0.594	19.6	0.0
13	1	0	0	-1.682	0	0	0	-0.594	-0.594	2.234	15.5	0.0
14	1	0	0	1.682	0	0	0	-0.594	-0.594	2.234	24.9	0.0
15	1	0	0	0	0	0	0	-0.594	-0.594	-0.594	23.4	1.0
16	1	0	0	0	0	0	0	-0.594	-0.594	-0.594	21.9	1.2
17	1	0	0	0	0	0	0	-0.594	-0.594	-0.594	21.8	1.2
18	1	0	0	0	0	0	0	-0.594	-0.594	-0.594	24.7	1.2
19	1	0	0	0	0	0	0	-0.594	-0.594	-0.594	23.4	0.9
20	1	0	0	0	0	0	0	-0.594	-0.594	-0.594	24.0	1.2
21	1	0	0	0	0	0	0	-0.594	-0.594	-0.594	24.0	1.2
22	1	0	0	0	0	0	0	-0.594	-0.594	-0.594	22.2	0.9
23	1	0	0	0	0	0	0	-0.594	-0.594	-0.594	25.1	1.0

(2)试验结果的分析与评价

试验结果的统计分析由自编软件完成,经回归分析计算得出2个考核指标的回归方程,进行中心化整理之后的回归方程如下:

$$Bl_{1.0}=23.39-2.225x_1-1.718x_2+3.156x_3-0.988x_1x_2-0.163x_1x_3-0.838x_2x_3-0.056x_1^2-0.181x_2^2-1.213x_3^2 \tag{7—14}$$

$$Bl_{0.6}=1.079-0.279x_1-0.644x_2-0.146x_3+0.050x_1x_2-0.400x_1x_3-0.075x_2x_3-0.090x_1^2+0.036x_2^2-0.303x_3^2 \tag{7—15}$$

泌水率$Bl_{1.0}$回归方程和回归系数的显著性分析见表7—11所列。方差分析表明,回归方程是非常显著的,3个因素的一次项系数是非常显著的,CMC的二次项系数是非常显著的,膨润土和硅灰的交互作用是显著的。

表7—11 泌水率$Bl_{1.0}$的方差分析

方差来源	平方和	自由度	均 方	F 值	临界值
x_1	67.61	1	67.61	55.42**	$F_{0.01}(9, 13)=4.19$
x_2	40.32	1	40.32	33.05**	$F_{0.01}(1, 13)=9.07$
x_3	136.05	1	136.05	111.52**	$F_{0.05}(1, 13)=4.67$
x_1x_2	7.80	1	7.80	6.39*	$F_{0.10}(1, 13)=3.14$
x_1x_3	0.21	1	0.21	0.17	
x_2x_3	5.61	1	5.61	4.6(*)	
x_1^2	0.05	1	0.05	0.04	
x_2^2	0.52	1	0.52	0.43	
x_3^2	23.38	1	23.38	19.16**	
回 归	281.50	9	31.278	25.64**	
误 差	15.83	13	1.22		
总 和	297.33	22			

泌水率$Bl_{0.6}$回归方程和回归系数的显著性分析见表7—12所列。方差分析表明,回归方

程是显著的,3 个因素中硅灰的一次项系数是非常显著的,膨润土掺量的一次项系数有影响,膨润土和 CMC 的交互作用有影响,CMC 的二次项系数也是有影响。

表 7—12　泌水率 $Bl_{0.6}$ 的方差分析

方差来源	平方和	自由度	均方	F 值	临界值
x_1	1.082	1	1.082	3.920(*)	$F_{0.01}(9,13)=4.19$
x_2	5.664	1	5.664	20.52**	$F_{0.05}(9,13)=2.71$
x_3	0.292	1	0.292	1.057	$F_{0.01}(1,13)=9.07$
x_1x_2	0.020	1	0.020	0.705	$F_{0.05}(1,13)=4.67$
x_1x_3	1.280	1	1.280	4.638(*)	$F_{0.10}(1,13)=3.14$
x_2x_3	0.045	1	0.045	0.163	
x_1^2	0.044	1	0.044	0.159	
x_2^2	0.189	1	0.189	0.685	
x_3^2	1.124	1	1.124	4.072(*)	
回归	9.996	9	1.111	4.024**	
误差	3.586	13	0.276		
总和	13.582	22			

对中心点进行方差分析如下:

$$y_0 = \frac{1}{m_0}\sum_{i=1}^{m_0} y_{0i} = 23.39, S_{e0} = \sum (y_{0i} - \bar{y}_0)^2 = 11.54, S_{lf} = S_{e1} - S_{e0} = 4.29$$

$$f_{e0} = m_0 - 1 = 8, f_{lf} = f_e - f_{e0} = 5$$

$$F = \frac{S_{lf}/f_{lf}}{S_{e0}/f_{e0}} = 0.59 < F_{0.10}(5,8) = 2.73$$

中心点检验结果表明,中心点试验不显著,泌水率 $Bl_{0.6}$ 考核指标的中心点检验也是不显著的。

方差分析表明,用正交旋转设计建立的数学模型能较好地反映了不同水灰比条件下,水泥浆沉降泌水特性与复合增粘材料掺量组合之间的内在规律。

通过计算机寻优可以迅速选择效果较好的配比组合,也可以在技术经济指标约束下优选最佳组合,例如,经计算机优化的成本最低、效果较好的配比为膨润土掺量 2%、硅粉掺量 2%、CMC 掺量 0.159%,其水灰比为 1.0 的水泥浆泌水率为 16.83%,水灰比为 0.6 的水泥浆泌水率为 0,效果十分显著。

(3)结论

①复合增粘材料能够显著地改善水泥浆的沉降泌水特性,大大减缓泌水沉降速度和总泌水率;

②通过正交旋转设计建立的数学模型能较好地反映不同水灰比的水泥浆沉降泌水特性与复合增粘材料掺量组合之间的内在规律;

③可以用计算机在约束条件下进行参数优化设计,寻求最佳组合条件。试验表明效果是显著的。

7.4.2　二次回归通用旋转组合设计酶解法制备大豆肽的研究

【例 7.3】　大豆蛋白质的分子结构复杂,相对分子质量较大,存在着消化率和生物效价远不及动物蛋白质等问题。大豆肽是大豆蛋白经酶促水解后形成的一定分子量范围的多肽混合物。在氨基酸组成上，大豆肽几乎与大豆蛋白相同。大豆肽除具有大豆蛋白所具备的优点外，还具有低粘度、抗凝胶形成性，而且，在体内消化吸收快，不会产生过敏反应等优点。

利用碱性蛋白酶对大豆分离蛋白进行水解制备大豆肽，以水解度表征其反应程度，在单因素实验后，采用二次回归通用设计确定大豆肽水解条件模型及最佳条件。

(1)试验方案及测试结果

在进行多组单因素试验的基础上，对所得到的条件进一步优化，进行二次回归通用旋转组合设计，确定的因素水平见表7—13所列。

表7—13　因素水平编码表

因　素	Z_1(pH)	Z_2(温度)	Z_3(底物浓度)	Z_4(与酶与底物比)
编　码	x_1	x_2	x_3	x_4
变化区间 Δ_j	0.5	1	1	1.00
上星号臂(1.682)	11.68	59.68	7.05	5.5
上水平(1.00)	10.0	58	6	5
基准水平(0.00)	9.5	57	5	4
下水平(-1,00)	9.0	56	4	3
下星号臂(-1,682)	7.32	54.32	3.85	2.85

四因子二次回归通用旋转组合设计(1/2实施)设计矩阵和测试结果见表7—14所列。

表7—14　四因子二次通用旋转组合设计及测试结果

No.	x_0	x_1	x_2	x_3	x_4	水解度DH/%
1	1	1	1	1	1	77.25
2	1	1	1	-1	-1	70.52
3	1	1	-1	1	-1	75.54
4	1	1	-1	-1	1	78.59
5	1	-1	1	1	-1	70.64
6	1	-1	1	-1	1	77.70
7	1	-1	-1	1	1	83.35
8	1	-1	-1	-1	-1	67.98
9	1	-1.682	0	0	0	68.30
10	1	1.682	0	0	0	81.68
11	1	0	-1.682	0	0	82.57
12	1	0	1.682	0	0	84.27
13	1	0	0	-1.682	0	84.80
14	1	0	0	1.682	0	82.70
15	1	0	0	0	-1.682	77.89
16	1	0	0	0	1.682	81.90
17	1	0	0	0	0	71.68
18	1	0	0	0	0	71.89
19	1	0	0	0	0	71.68
20	1	0	0	0	0	71.48

(2)试验结果的分析与评价

将表7—14中的试验结果录入DPS软件,得到回归方程

$$y=73.886+1.811x_1-0.495x_2+0.619x_3+2.852x_4-0.954x_1^2+2.027x_2^2+2.143x_3^2+0.781x_4^2-0.211x_1x_2-0.289x_1x_3-0.791x_2x_3-0.289x_2x_4-0.210x_3x_4 \quad (7—16)$$

经优化,最高值的各因素组合为:

$x_1=0.0000, x_2=1.682, x_3=1.682, x_4=1.682, y_{max}=96.96$

在优化求解过程中,大于77的451个方案中的各个因素分布见表7—15所列。

表7—15 各个因素的频率分布

因 素	加权均数	标准误差	95%的分布区间
x_1	0.291	0.055	0.187 ~0.398
x_2	-0.008	0.062	-0.130 ~0.113
x_3	0.078	0.062	-0.043 ~0.199
x_4	0.358	0.056	0.247 ~0.468

确定的最佳条件是:温度为55℃,pH为9.5,酶质量分数为6%,底数浓度为2%,水解时间为1.0h,在此条件下,水解液的大豆肽的溶氮指数(NSI)和水解度(DH)分别达到93.16%和92.27%。

7.4.3 酒精发酵优化的数学模拟

【例7.4】 采用二次正交旋转组合设计,建立甜高粱茎秆枝叶发酵制酒精产量与$CO(NH_2)_2$的添加量、KH_2PO_4的添加量、$MgSO_4 \cdot 7H_2O$的添加量和$CaCl_2$的添加量的二次回归模型,用偏导数分析法得出了各无机盐添加量的最优组合,用降维分析法得出因素交互作用间的直观分析图。

(1) 试验和设计方法

原料:沈农甜杂二号茎秆汁液;

菌种:南阳酵母诱变菌种;

种子培养基:葡萄糖10%;酵母膏0.85%;KH_2PO_4 0.1%;$MgSO_4 \cdot 7H_2O$ 0.01%;$CaCl_2$ 0.06%;pH5.5;250ml三角瓶装液量40ml;115℃灭菌10min。

采用二次正交旋转组合设计,计算各因素的零水平(Z_{0j})和变化间隔Δ_j

$$Z_{0j}=(Z_{1j}+Z_{2j})/2, \Delta_j=(Z_{2j}-Z_{1j})/\gamma$$

式中:γ——星号臂。

从表中查出,$\gamma=2, Z_{01}=0.7\%; Z_{02}=0.5\%; Z_{03}=0.05\%; Z_{01}=0.3\%$。因素水平及编码见表7—16所列。

表7—16 因素水平编码表

因 素	零水平/%	变化间隔/%
$CO(NH_2)_2$	0.7	0.25
KH_2PO_4	0.5	0.25
$MgSO_4 \cdot 7H_2O$	0.05	0.025
$CaCl_2$	0.3	0.15

结合试验因素水平与变化间隔表,设定试验方案,进行3次平行试验,测定酒精产量平均值。

(2)试验方案及试验结果

试验方案及试验结果见表7—17所列。

表7—17 四因子二次正交旋转组合设计试验的结果

No.	x_1	x_2	x_3	x_4	酒精产量/(g/L)	No.	x_1	x_2	x_3	x_4	酒精产量/(g/L)
1	1(0.95)	1(0.75)	1(0.075)	1(0.45)	69.44	19	0(0.70)	-2(0.00)	0(0.050)	0(0.30)	70.86
2	1(0.95)	1(0.75)	1(0.075)	-1(0.15)	73.39	20	0(0.70)	2(1.00)	0(0.050)	0(0.30)	71.81
3	1(0.95)	1(0.75)	-1(0.025)	1(0.45)	73.78	21	0(0.70)	0(0.50)	-2(0.000)	0(0.30)	73.78
4	1(0.95)	1(0.75)	-1(0.025)	-1(0.15)	71.02	22	0(0.70)	0(0.50)	2(0.100)	0(0.30)	71.02
5	1(0.95)	-1(0.25)	1(0.075)	1(0.45)	70.15	23	0(0.70)	0(0.50)	0(0.050)	-2(0.00)	74.57
6	1(0.95)	-1(0.25)	1(0.075)	-1(0.15)	74.33	24	0(0.70)	0(0.50)	0(0.050)	2(0.60)	71.02
7	1(0.95)	-1(0.25)	-1(0.025)	1(0.45)	70.23	25	0(0.70)	0(0.50)	0(0.050)	0(0.30)	77.73
8	1(0.95)	-1(0.25)	-1(0.025)	-1(0.15)	71.57	26	0(0.70)	0(0.50)	0(0.050)	0(0.30)	76.54
9	-1(0.45)	1(0.75)	1(0.075)	1(0.45)	67.31	27	0(0.70)	0(0.50)	0(0.050)	0(0.30)	77.33
10	-1(0.45)	1(0.75)	1(0.075)	-1(0.15)	71.89	28	0(0.70)	0(0.50)	0(0.050)	0(0.30)	77.33
11	-1(0.45)	1(0.75)	-1(0.025)	1(0.45)	74.02	29	0(0.70)	0(0.50)	0(0.050)	0(0.30)	78.12
12	-1(0.45)	1(0.75)	-1(0.025)	-1(0.15)	74.33	30	0(0.70)	0(0.50)	0(0.050)	0(0.30)	78.12
13	-1(0.45)	-1(0.25)	1(0.075)	1(0.45)	68.49	31	0(0.70)	0(0.50)	0(0.050)	0(0.30)	76.54
14	-1(0.45)	-1(0.25)	1(0.075)	-1(0.15)	72.68	32	0(0.70)	0(0.50)	0(0.050)	0(0.30)	75.91
15	-1(0.45)	-1(0.25)	-1(0.025)	1(0.45)	72.20	33	0(0.70)	0(0.50)	0(0.050)	0(0.30)	74.49
16	-1(0.45)	-1(0.25)	-1(0.025)	-1(0.15)	74.17	34	0(0.70)	0(0.50)	0(0.050)	0(0.30)	74.96
17	-2(0.20)	0(0.50)	0(0.050)	0(0.30)	63.52	35	0(0.70)	0(0.50)	0(0.050)	0(0.30)	77.65
18	2(1.20)	0(0.50)	0(0.050)	0(0.30)	71.73	36	0(0.70)	0(0.50)	0(0.050)	0(0.30)	77.57

(3)结果模拟与分析

利用DPS数据处理系统对试验结果进行分析,得到$CO(NH_2)_2$,KH_2PO_4,$MgSO_4 \cdot 7H_2O$和$CaCl_2$的添加量与酒精产量y的二次回归模型

$$\begin{aligned} y = & 76.8575 + 0.635x_1 + 0.13583x_2 - 0.79833x_3 - 1.03583x_4 - 2.17917x_1^2 - 1.25167x_2^2 \\ & - 0.985421x_3^2 + 0.08375x_1x_2 + 0.94125x_1x_3 + 0.27125x_1x_4 - 0.5375x_2x_3 \\ & + 0.35x_2x_4 - 1.0025x_3x_4 \end{aligned} \tag{7—17}$$

考核指标的实测值与预测值的误差见表8—22所列。

回归方程$F_2 = 11.031 > F_{0.01}(14,21) = 1.83$非常显著,$F_1 = 2.183 < F_{0.10}(10,11) = 2.25$,中心点检验结果表明,中心点试验不显著。各回归系数不显著项剔除后,简化的回归方程如下:

$$\begin{aligned} y = & 76.8575 + 0.635x_1 - 0.79833x_3 - 1.03583x_4 - 2.17917x_1^2 - 1.25167x_2^2 \\ & - 0.985421x_3^2 + 0.08375x_1x_2 + 0.94125x_1x_3 - 1.00025x_3x_4 \end{aligned} \tag{7—18}$$

方程(7—17)是酒精产量与4个因素的定量的表达。如果将其中3个因素固定在零水平,可得到4个因素分别与产量的回归模型为

$$y_1 = 76.8575 + 0.635x_1 - 2.17917x_1^2 \tag{7—19}$$

$$y_2 = 76.8575 - 0.798\ 33x_2 - 1.251\ 67x_2^2 \qquad (7—20)$$

$$y_3 = 76.8575 - 0.798\ 33x_3 - 0.985\ 42x_3^2 \qquad (7—21)$$

$$y_4 = 76.8575 - 1.035\ 83x_4 - 0.886\ 67x_4^2 \qquad (7—22)$$

即 y_1，y_2，y_3，y_4 分别表示 $CO(NH_2)_2$，KH_2PO_4，$MgSO_4 \cdot 7H_2O$ 和 $CaCl_2$ 的添加量与酒精产量 y 的关系。从式(7—18)～(7—21)中可见，各因素与酒精产量呈二次抛物线关系。

对式(7—17)求偏导，并令其偏导数为零，得

$$\frac{\partial y}{\partial x_1} = 0.635 - 4.358\ 34x_1 + 0.941\ 25x_3 = 0 \qquad (7—23)$$

$$\frac{\partial y}{\partial x_2} = -1.251\ 67x_2 = 0 \qquad (7—24)$$

$$\frac{\partial y}{\partial x_3} = -0.798\ 33 + 0.941\ 25x_1 - 1.970\ 84x_3 - 1.0025x_4 = 0 \qquad (7—25)$$

$$\frac{\partial y}{\partial x_4} = -1.035\ 83 - 1.0025x_3 - 1.773\ 34x_4 = 0 \qquad (7—26)$$

方程组的解见表7—18所列。

表7—18　方程组的解

x_1	x_2	x_3	x_4	y_{max}
0.1321	0	−0.063	−0.5485	77.21

将编码换成实际值，即 $CO(NH_2)_2$ 添加量为0.733%，KH_2PO_4 添加量为0.5%，$MgSO_4 \cdot 7H_2O$ 添加量为0.0484%，$CaCl_2$ 添加量为0.218%，可达到产量77.21 g/L。

显著因素 x_1 和 x_3 交互作用回归方程和等高线图如式(7—26)和图7—3所示，

$$y_{13} = 76.8575 + 0.635x_1 - 0.798\ 33x_3 - 2.179\ 17x_1^2 - 0.985\ 421x_3^2 + 0.941\ 25x_1x_3 \qquad (7—27)$$

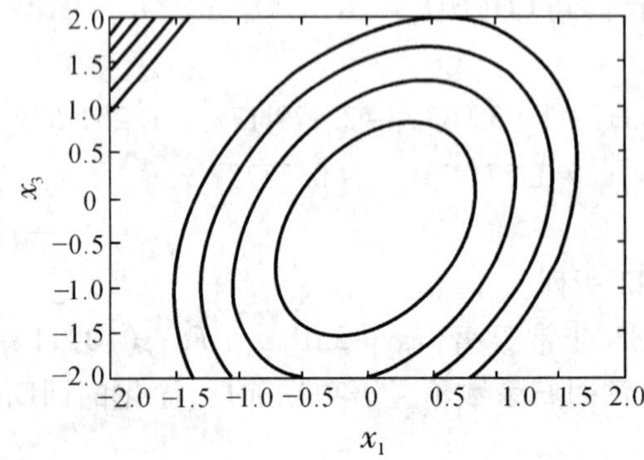

图7—3　因素 x_1 和 x_3 的交互作用

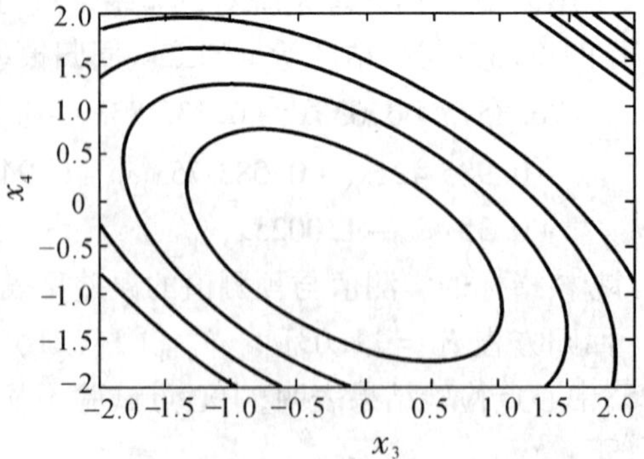

图7—4　因素 x_3 和 x_4 的交互作用

$$y_{34} = 76.8575 - 0.798\ 33x_3 - 01.035\ 83x_4 - 0.985\ 42_3^2 - 0.886\ 67x_4^2 - 1.0025x_3x_4 \qquad (7—28)$$

以上交互作用图直观地反映出双因素对酒精产量指标的共同影响。

7.4.4 非均相固体碱催化剂制备生物柴油的工艺优化

【例 7.5】 各种生物质能、太阳能和其他可再生能源将取代石油和煤炭，将逐步成为未来的主要能源，生物柴油属于生物质能源中的一种，具有许多普通柴油不可比拟的优良性能。以菜籽油为原料，运用 Mg/Al 复合固体作为碱性催化剂制备生物柴油。采用五因子二次正交旋转组合设计，研究醇油比、催化剂用量、反应时间、反应温度、搅拌强度 5 个因子对生物柴油得率的影响。

(1)试验和设计方法

以反应时间(Z_1)、催化剂用量(Z_2)、醇油比(Z_3)、反应温度(Z_4)、搅拌强度(Z_5)为自变量，以生物柴油得率(Y)为响应值，$\gamma = 2$，按 $x_i = (Z_i + Z_0)/\Delta Z$ 对自变量进行编码。因素水平及编码见表 7—19 所列。

表 7—19 因素水平编码表

因 素	反应时间 Z_1/h	催化剂用量 Z_2/%	醇油比 Z_3	反应温度 Z_4/℃	搅拌强度 Z_5/r · min^{-1}
编 码	x_1	x_2	x_3	x_4	x_5
变化区间 Δ_j	1	2	1	10	100
上星号臂(2)	10	10	7 : 1	80	600
上水平(1)	9	8	6 : 1	70	500
基准水平(0)	8	6	5 : 1	60	400
下水平(-1)	7	4	4 : 1	50	300
下星号臂(-2)	6	2	3 : 1	40	200

试验方案及试验结果见表 7—20 所列。

表 7—20 五因子二次正交旋转组合设计矩阵及得率结果

No.	x_1	x_2	x_3	x_4	x_5	柴油得率 Y/%	No.	x_1	x_2	x_3	x_4	x_5	柴油得率 Y/%
1	-1(7)	-1(4)	-1(4 : 1)	-1(50)	1(500)	52.60	19	0(8)	-2(2)	0(5 : 1)	0(60)	0(400)	40.36
2	-1(7)	-1(4)	-1(4 : 1)	1(70)	-1(300)	55.46	20	0(8)	2(10)	0(5 : 1)	0(60)	0(400)	89.50
3	-1(7)	-1(4)	1(6 : 1)	-1(50)	-1(300)	63.45	21	0(8)	0(6)	-2(3 : 1)	0(60)	0(400)	50.65
4	-1(7)	-1(4)	1(6 : 1)	1(70)	1(500)	70.46	22	0(8)	0(6)	2(7 : 1)	0(60)	0(400)	90.85
5	-1(7)	1(8)	-1(4 : 1)	-1(50)	-1(300)	60.00	23	0(8)	0(6)	0(5 : 1)	-2(40)	0(400)	84.36
6	-1(7)	1(8)	-1(4 : 1)	1(70)	1(500)	71.45	24	0(8)	0(6)	0(5 : 1)	2(80)	0(400)	91.20
7	-1(7)	1(8)	1(6 : 1)	-1(50)	1(500)	84.35	25	0(8)	0(6)	0(5 : 1)	0(60)	-2(200)	85.40
8	-1(7)	1(8)	1(6 : 1)	1(70)	-1(300)	82.30	26	0(8)	0(6)	0(5 : 1)	0(60)	2(600)	91.00
9	1(9)	-1(4)	-1(4 : 1)	-1(50)	-1(300)	69.35	27	0(8)	0(6)	0(5 : 1)	0(60)	0(400)	89.50
10	1(9)	-1(4)	-1(4 : 1)	1(70)	1(500)	70.00	28	0(8)	0(6)	0(5 : 1)	0(60)	0(400)	92.45
11	1(9)	-1(4)	1(6 : 1)	-1(50)	1(500)	74.65	29	0(8)	0(6)	0(5 : 1)	0(60)	0(400)	91.6
12	1(9)	-1(4)	1(6 : 1)	1(70)	-1(300)	69.85	30	0(8)	0(6)	0(5 : 1)	0(60)	0(400)	90.85
13	1(9)	1(8)	-1(4 : 1)	-1(50)	1(500)	80.45	31	0(8)	0(6)	0(5 : 1)	0(60)	0(400)	89.05
14	1(9)	1(8)	-1(4 : 1)	1(70)	-1(300)	78.36	32	0(8)	0(6)	0(5 : 1)	0(60)	0(400)	92.00
15	1(9)	1(8)	1(6 : 1)	-1(50)	-1(300)	91.50	33	0(8)	0(6)	0(5 : 1)	0(60)	0(400)	91.00

续表

No.	x_1	x_2	x_3	x_4	x_5	柴油得率 Y/%	No.	x_1	x_2	x_3	x_4	x_5	柴油得率 Y/%
16	1(9)	1(8)	1(6 : 1)	1(70)	1(500)	88.40	34	0(8)	0(6)	0(5 : 1)	0(60)	0(400)	92.25
17	-2(6)	0(6)	0(5 : 1)	0(60)	0(400)	65.80	35	0(8)	0(6)	0(5 : 1)	0(60)	0(400)	89.75
18	2(10)	0(6)	0(5 : 1)	0(60)	0(400)	75.45	36	0(8)	0(6)	0(5 : 1)	0(60)	0(400)	90.00

(2)结果与分析

利用 SAS8.1 软件对试验结果进行分析,得到二次回归模型

$$\begin{aligned} y = {} & 90.643\,557 + 4.785\,327x_1 + 9.263\,661x_2 + 7.566\,994x_3 + 1.564\,494x_4 + 2.202\,525x_5 \\ & - 4.915\,335x_1^2 + 0.790\,491x_1x_2 - 6.339\,085x_1x_3 - 1.359\,509x_1x_4 + 2.396\,741x_1x_5 \\ & - 4.884\,085x_2^2 - 0.972\,009x_2x_3 + 0.721\,741x_2x_4 - 0.118\,259x_2x_5 - 0.627\,835x_3^2 \\ & + 0.343\,788x_3x_4 + 1.350\,038x_3x_5 + 1.187\,538x_4^2 + 1.635\,038x_4x_5 - 0.521\,585x_5^2 \end{aligned} \quad (7—29)$$

回归方程的方差分析见表 7—21 所列。

表 7—21　方差分析表

回　归	自由度	平方和	R - 平方	F　值	临界值
线性项	5	3585.438 677	0.5104	37.94	<0.0001
二次项	5	2950.050 353	0.4199	31.22	<0.0001
交互项	10	283.507 651	0.0293	1.09	0.4266
总模型	20	6741.426 849	0.9596	17.83	<0.0001

表 7—22　回归系数的显著性检验

方差来源	自由度	估计值	误 差	t 值	Pr
截距	1	90.643 557	1.356 806	66.81	<0.0001
x_1	1	4.785 327	0.953 363	5.02	0.0002
x_2	1	9.263 661	0.953 363	9.72	<0.0001
x_3	1	7.566 994	0.953 363	7.94	<0.0001
x_4	1	1.564 494	0.953 363	1.64	0.1216
x_5	1	2.202 525	1.015 739	2.17	0.0466
x_1x_1	1	-4.915 335	0.773 451	-6.36	<0.0001
x_1x_2	1	0.790 491	1.205 979	0.66	0.5221
x_1x_3	1	-6.339 085	0.773 451	-8.20	<0.0001
x_1x_4	1	-1.359 509	1.205 979	-1.13	0.2773
x_1x_5	1	2.396 741	1.205 979	1.99	0.0655
x_2x_2	1	-4.884 085	0.773 451	-6.31	<0.0001
x_2x_3	1	-0.972 009	1.205 979	-0.81	0.4328
x_2x_4	1	0.721 741	1.205 979	0.60	0.5585

续表

方差来源	自由度	估计值	误差	t 值	Pr
x_2x_5	1	-0.118 259	1.205 979	-0.10	0.4296
x_3x_3	1	-0.627 835	0.773 451	-0.81	0.4296
x_3x_4	1	0.343 788	1.315 576	0.26	0.7974
x_3x_5	1	1.350 038	1.315 576	1.03	0.3211
x_4x_4	1	1.187 538	1.315 576	0.90	0.3810
x_4x_5	1	1.635 038	1.315 576	1.24	0.2330
x_5x_5	1	-0.521 585	0.773 451	-0.67	0.5103

从上述试验范围内随意选取5组数据,在对应条件下用回归方程(7—28)求出预测值,与生物柴油得率的试验实测值对比,试验结果见表7—23所列。

优化制备生物柴油的参数为:最佳的反应时间为8h,催化剂的用量为6%,反应温度为70℃,醇油比为5∶1,搅拌时间为500r/min。

表7—23　实测值与回归值的比较

No.	x_1	x_2	x_3	x_4	x_5	实测值/%	回归值/%	绝对误差/%
1	-1	0	0	0	0	89.50	90.70	-1.20
2	0	-1	0	1	0	84.00	80.41	4.59
3	0	0	1	-1	0	91.25	96.60	-5.45
4	0	1	-1	0	0	90.60	91.31	-0.70
5	1	-1	1	0	0	88.30	91.14	-2.48

7.4.5　超临界CO_2流体萃取槟榔中的槟榔碱

【例7.6】　槟榔碱是存在于热带植物槟榔果实中的一种特有的生物碱,是中药槟榔饮片和焦槟榔的主要活性成分。以海南槟榔果为试验材料,采用三因素二次通用旋转设计实施试验,对槟榔碱的超临界CO_2萃取工艺进行了优化,确定了萃取的最佳工艺参数,为其工业化生产奠定了基础。

(1)试验设计与结果

以萃取温度、萃取压力、萃取时间为因素,以槟榔碱萃取量为考核指标。试验方案及试验结果见表7—24所列。

表7—24　三因素二次通用旋转组合设计及试验结果

No.	温度/℃ x_1	压力/MPa x_2	时间/min x_3	槟榔碱萃取量/$\mu g \cdot g^{-1}$ Y
1	1(65)	1(50)	1(80)	4724.349
2	1(65)	1(50)	-1(40)	5319.276
3	1(65)	-1(30)	1(80)	4877.600
4	1(65)	-1(30)	-1(40)	4939.971
5	-1(45)	1(50)	1(80)	4190.518
6	-1(45)	1(50)	-1(40)	4443.066

续表

No.	温度/℃ x_1	压力/MPa x_2	时间/min x_3	槟榔碱萃取量/μg·g^{-1} Y
7	-1(45)	-1(30)	1(80)	4977.397
8	-1(45)	-1(30)	-1(40)	4307.678
9	1.682(72)	0(40)	0(60)	3964.826
10	-1.682(38)	0(40)	0(60)	4003.836
11	0(55)	1.682(57)	0(60)	5329.921
12	0(55)	-1.682(23)	0(60)	5125.989
13	0(55)	0(40)	1.682(94)	4932.909
14	0(55)	0(40)	-1.682(26)	4590.845
15	0(55)	0(40)	0(60)	4490.541
16	0(55)	0(40)	0(60)	4632.494
17	0(55)	0(40)	0(60)	4555.039
18	0(55)	0(40)	0(60)	4439.735
19	0(55)	0(40)	0(60)	4684.46
20	0(55)	0(40)	0(60)	4449.982

(2)结果与分析

利用DPS软件对所得数据进行多元分析，得到二次回归模型

$$Y=4540.19+147.04x_1-56.27x_2-59.71x_3+109.69x_1x_2-134.31x_1x_3-181.858x_2x_3-181.85x_1^2+254.62x_2^2+89.83x_3^2 \quad (7\text{—}30)$$

回归方程的 $F_2=10.43>F_{0.01}(9,10)=4.95$ 非常显著，回归方程失拟检验 $F_1=4.46<F_{0.01}(9,10)=4.95$，差异不显著。

表7—25 回归系数的显著性检验

变量	回归系数	F值	变量	回归系数	F值
x_1	147.04	29.39**	x_1x_3	-134.31	14.37**
x_2	-56.27	4.30	x_2^2	254.62	93.00**
x_3	-59.71	4.85	x_2x_3	-181.85	26.34**
x_1^2	-185.07	49.14**	x_3^2	89.83	11.58**
x_1x_2	109.69	9.58**			

注：$F_{0.01}(1,10)=10.04$；$F_{0.05}(1,10)=4.96$。

选取萃取温度进行单因子效应分析，将其他因子固定在零水平，得到萃取温度单因子效应方程

$$Y=4540.19+147.04x_1-185.10x_1^2$$

可绘制单因子影响曲线进行分析。

将交互作用显著的两个因素建立交互作用方程

$$Y_{12}=4540.19+147.04x_1-56.27x_2+109.69x_1x_2-185.10x_1^2+254.62x_2^2$$

$$Y_{13}=4540.19+147.04x_1-59.71x_3-134.31x_1x_3-185.10x_1^2+89.83x_3^2$$

$$Y_{23}=4540.19-56.27x_2-59.71x_3-181.85x_2x_3+254.62x_2^2+89.83x_3^2$$

可绘制交互效应图进行分析。

通过编码值方程求槟榔碱萃取量 Y 的极值，超临界 CO_2 萃取槟榔碱萃取量的理论极值 $Y=6448.57\mu g \cdot g^{-1}$，此时的萃取条件为：萃取温度为 72℃，萃取压力为 57MPa，萃取时间为 26 min。按照此最优条件进行槟榔碱提取验证试验，进行 3 次重复，槟榔碱的实际萃取量为 $(6143.71 \pm 30.21)\ \mu g \cdot g^{-1}$，达到理论最大萃取量的 95.3%。证明试验模型和优化的最优萃取参数具有实际意义。

7.5　用 Excel 计算正交旋转组合设计

用 Excel 直接计算正交旋转组合设计的回归方程非常方便，类似于上一章的回归正交设计的计算方法。以 7.4.1“旋转设计在复合增粘材料研究中的应用”中的 $Bl_{1.0}$ 为例，说明整个计算过程。

(1)输入原始数据：启动 Excel 文件，出现 Excel 界面后，按表 7—10 所列，依次键入“A1：L2”及“A3：L25”单元格各项内容。并为 A1：L25 加上边框。

回归旋转设计计算表

No.	x_0	x_1	x_2	x_3	x_1x_2	x_1x_3	x_2x_3	$x_1^2-0.594$	$x_2^2-0.594$	$x_3^2-0.594$	$Bl_{1.0}$
1	1	-1	-1	-1	1	1	1	0.406	0.406	0.406	19.6
2	1	-1	-1	1	1	-1	-1	0.406	0.406	0.406	29.2
3	1	-1	1	-1	-1	1	-1	0.406	0.406	0.406	21.1
4	1	-1	1	1	-1	-1	1	0.406	0.406	0.406	25.8
5	1	1	-1	-1	-1	-1	1	0.406	0.406	0.406	18.4
6	1	1	-1	1	-1	1	-1	0.406	0.406	0.406	25.8
7	1	1	1	-1	1	-1	-1	0.406	0.406	0.406	14.4
8	1	1	1	1	1	1	1	0.406	0.406	0.406	20
9	1	-1.682	0	0	0	0	0	2.234	-0.594	-0.594	27.4
10	1	1.682	0	0	0	0	0	2.234	-0.594	-0.594	19.5
11	1	0	-1.682	0	0	0	0	-0.594	2.234	-0.594	26.6
12	1	0	1.682	0	0	0	0	-0.594	2.234	-0.594	19.6
13	1	0	0	-1.682	0	0	0	-0.594	-0.594	2.234	15.5
14	1	0	0	1.682	0	0	0	-0.594	-0.594	2.234	24.9
15	1	0	0	0	0	0	0	-0.594	-0.594	-0.594	23.4
16	1	0	0	0	0	0	0	-0.594	-0.594	-0.594	21.9
17	1	0	0	0	0	0	0	-0.594	-0.594	-0.594	21.8
18	1	0	0	0	0	0	0	-0.594	-0.594	-0.594	24.7
19	1	0	0	0	0	0	0	-0.594	-0.594	-0.594	23.4
20	1	0	0	0	0	0	0	-0.594	-0.594	-0.594	24
21	1	0	0	0	0	0	0	-0.594	-0.594	-0.594	24
22	1	0	0	0	0	0	0	-0.594	-0.594	-0.594	22.2
23	1	0	0	0	0	0	0	-0.594	-0.594	-0.594	25.1
Bj	518.3	-30.3878	-23.474	43.1108	-7.9	-1.3	-6.7	-0.937	-2.9166	-19.319	11977.11
dj	23	13.65825	13.65825	13.65825	8	8	8	15.88707	15.88707	15.88707	518.3
bj	22.53478	-2.22487	-1.71867	3.156393	-0.9875	-0.1625	-0.8375	-0.05898	-0.18358	-1.21602	297.3322
Qj		67.60885	40.34402	136.0746	7.80125	0.21125	5.61125	0.055263	0.535439	23.4923	281.7343

方差分析表

方差来源	平方和	自由度	均方	F 值		临界值
x_1	67.60885	1	67.60885	56.34822	**	$F_{0.01}(9,13)=4.19$
x_2	40.34402	1	40.34402	33.6245	**	$F_{0.05}(9,13)=2.71$
x_3	136.0746	1	136.0746	113.4106	**	$F_{0.01}(1,13)=9.07$
x_1x_2	7.80125	1	7.80125	6.501909	*	$F_{0.05}(1,13)=4.67$
x_1x_3	0.21125	1	0.21125	0.176065		$F_{0.10}(1,13)=3.14$
x_2x_3	5.61125	1	5.61125	4.676665	(*)	
x_1^2	0.055263	1	0.055263	0.046059		
x_2^2	0.535439	1	0.535439	0.446259		
x_3^2	23.4923	1	23.4923	19.57953	**	
回归	281.7343	9	31.30381	26.08998	**	
误差	15.59792	13	1.19984			
总和	297.3322	22				

图 7—5　用 Excel 计算回归旋转设计示意图

(2)计算 B_j 即常数项矩阵 X^TY：在单元格 B26 中输入“ = SUMPRODUCT(B3:B25, L3 : L25)”,然后,用拖拉的方式输入 C26:L26 单元格中。

(3)计算 d_j：在单元格 C27 中输入“ = SUMPRODUCT(C3 : C25,C3 : C25)”,利用 C27 单元格中的公式左右拖拉输入 B27 和 D27:K27 单元格的内容,L27 中输入“ = SUM(L3 : L25)”。

(4)计算回归系数 b_j：在 B28 单元格中输入“ = B26/B27”,然后用拖拉的方式输入 C28 : K28 单元格的内容。

(5)计算偏回归平方和 Q_j：在 C29 单元格中输入“ = C26 * C28”,然后,用拖拉的方式输入 D28 : K28 单元格的内容。

(6)计算方差分析表:在单元格 L28 中输入“ = L26 - B26 * B26/23”,在单元格 L29 中输入“SUM(C29 : K29)”。按表 7—11 所列,依次键入“A32 : A44”、“A32 : F32”单元格各项内容,并为“A32 : F44”加上边框,分别在单元格 B33 中输入“ = C29”, B34 中输入“ = D29”, B35 中输入“ = E29”, B36 中输入“ = F29”, B37 中输入“ = G29”, B38 中输入“ = H29”, B39 中输入“ = I29”, B40 中输入“ = J29”, B41 中输入“ = K29”, B42 中输入“ = L29”,在单元格 B43 中输入“ = L28 - L29”,在单元格 B44 中输入“ = L28”,在“C33 : C44”单元格中给出自由度,在单元格 D33 中输入“ = B33/C33”,然后,用拖拉的方法输入 D34 : D43 单元格中的内容。在单元格 E33 中输入“ = D33/D43”,然后,用拖拉的方法输入 E34:E42。在 F33 至 F43 中输入临界值,以进行显著性比较。

得到的回归方程是

$$Bl_{1.0} = 23.39 - 2.225x_1 - 1.719x_2 + 3.156x_3 - 0.988x_1x_2 - 0.163x_1x_3 - 0.838x_2x_3 - 0.059x_1^2 - 0.184x_2^2 - 1.216x_3^2 \quad (7—31)$$

除个别数字有偏差外,其他数字所差无几。方差分析中的误差是由舍入误差引起的。完整显示参照图 7—5。

第八章　D最优设计

8.1　D最优设计的基本思想

(1)密集椭球体

设$(\xi_1,\xi_2,\cdots,\xi_m)$是$m$维随机向量,其均值与相关矩存在,可在$m$维空间中寻找一个椭球,使得在该椭球体所围区域上的$m$维均匀分布与$(\xi_1,\xi_2,\cdots,\xi_m)$具有相同的均值与相关矩。具有这种特性的椭球体称为随机向量$(\xi_1,\xi_2,\cdots,\xi_m)$的密集椭球体。其密集椭球体体积的大小,可作为衡量随机向量$(\xi_1,\xi_2,\cdots,\xi_m)$分散程度的一个指标。

(2)D最优设计的基本思想

在回归正交设计和回归旋转设计中,我们知道设计的正交性使得统计分析极其简便,设计旋转性又使得最小二乘估计的回归方程其精度规律比较清楚。但是,这两种设计都没有考虑如何使最小二乘估计在某种意义下为最精确的问题。而最优设计是为了保证估计量在精确性方面具有某种优良性质的设计方法。另外,正交设计可以从计算的繁简来评价设计的好坏,饱和设计可以从试验点的多少来评价设计的好坏。而D最优设计是从对模型中参数的估计好坏来评价的。即D优良性是从统计角度来评价实验设计的。

一般的回归模型如式(8—1)所示。

$$\begin{aligned} y &= \beta_1 f_1(x) + \beta_2 f_2(x) + \cdots + \beta_m f_m(x) + \varepsilon \\ &= \beta' f(x) + \varepsilon \end{aligned} \tag{8—1}$$

式中:x——因子区域χ中的一点;

ε——随机误差;

y——在点$x\in\chi$的响应的观察值。

模型(8—1)常用下式表示

$$\begin{aligned} E(y) &= \beta_1 f_1(x) + \beta_2 f_2(x) + \cdots + \beta_m f_m(x) \\ &= \beta' f(x) \end{aligned} \tag{8—2}$$

【例8.1】　设$\chi=[a,b]$是一维区间,在一元线性回归模型

$$E(y) = \beta_0 + \beta_1 x$$

中,

$$f(x) = \begin{pmatrix} 1 \\ x \end{pmatrix}, \beta = \begin{pmatrix} \beta_0 \\ \beta_1 \end{pmatrix}$$

在一元二次回归模型

$$E(y) = \beta_0 + \beta_1 x + \beta_2 x^2$$

中,

$$f(x) = \begin{pmatrix} 1 \\ x \\ x_2 \end{pmatrix}, \beta = \begin{pmatrix} \beta_0 \\ \beta_1 \\ \beta_2 \end{pmatrix}$$

【例 8.2】 设$\chi=[a,b]$是二维区间,在二元二次回归模型

$$E(y)=\beta_0+\beta_1x_1+\beta_2x_2+\beta_{12}x_1x_2+\beta_{11}x_1^2+\beta_{22}x_2{}^2$$

中,

$$f(x)=\begin{pmatrix}1\\x_1\\x_2\\x_1x_2\\x_1^2\\x_2^2\end{pmatrix},\beta=\begin{pmatrix}\beta_0\\\beta_1\\\beta_2\\\beta_{12}\\\beta_{11}\\\beta_{22}\end{pmatrix}$$

定义 8.1 因子区域χ上的任一概率分布ξ称为一个设计,它的信息矩阵定义为

$$M(\xi)=\int_{\chi}f(x)f(x)'d\xi \tag{8—3}$$

设计的优良性准则是信息矩阵的函数$\phi[M(\xi)]$,最优设计的概念都是相对于某个准则函数而言的。设

$$\Xi=\{\xi:\xi\text{ 是}\chi\text{ 上的概率分布}\}$$

是设计全体,而

$$M[\Xi]=\{M(\xi):\xi\in\Xi\}$$

是模型(8—1)(或(8—2))的一切设计所对应的信息矩阵的全体。

定义 8.2 设ϕ是定义在$M[\Xi]$上的一个准则函数,若设计$\xi^*\in\Xi$满足

$$\phi[M(\xi^*)]=\inf_{\xi\in\Xi}\phi[M(\xi)] \tag{8—4}$$

则称设计ξ^*为ϕ最优设计。

定义 8.3 设定义在$M[\Xi]$上的函数

$$\phi[M(\xi)]=-\ln\det M(\xi) \tag{8—5}$$

其中,$\det M(\xi)$表示信息矩阵的行列式。我们称设计$\xi^*\in\Xi$为一个 D 最优设计,若

$$\phi[M(\xi^*)]=\min_{\xi\in\Xi}\phi[M(\xi)]$$

即

$$-\ln\det M(\xi^*)=\min_{\xi\in\Xi}[-\ln\det M(\xi)],$$

亦即

$$\ln\det M(\xi^*)=\max_{\xi\in\Xi}\ln\det M(\xi) \tag{8—6}$$

式(8—6)与下式等价

$$\det M(\xi^*)=\max_{\xi\in\Xi}\det M(\xi) \tag{8—7}$$

由于该优良性准则是用信息矩阵$M(\xi)$的行列式(Determinant)表示的,所以,相应的最优设计称之为 D 最优设计。

在设计ξ之下,获得响应的观察值。即用最小二乘法求得模型(8—1)中未知参数β的估计量$b=(b_1,b_2,\cdots,b_m)'$,根据概率论中的结果可知,存在一个m维空间中的椭球,使得该椭球上的均匀分布的期望向量和协方差矩阵恰好等于随机向量b的期望向量和协方差矩阵。

这个椭球称为b的密集椭球,它的体积由b决定,从而由设计ξ决定,用$V(\xi)$表示,可以证明

$$V(\xi)=\frac{(m+2)^{m/2}\pi^{m/2}}{\Gamma\left(\frac{m}{2}+1\right)[\det M(\xi)]^{1/2}} \tag{8—8}$$

根据密集椭球体的概念不难看出，若 ξ_1 与 ξ_2 是两个设计，和它们相应的模型(8—1)中未知向量 β 的两个估计量的密集椭球体的体积分别是 $V(\xi_1)$ 与 $V(\xi_2)$，这两个体积的大小反映出两个估计量的精度。因此，当 $V(\xi_1)<V(\xi_2)$ 时，应认为设计 ξ_1 优于设计 ξ_2，即当 $\det M(\xi_1)>\det M(\xi_2)$ 时，认为设计 ξ_1 优于设计 ξ_2，这就是 D 优良性的直观意义。

可见，在给定的因子空间某一区域 χ 上，使回归系数 $b_1,b_2,\cdots,b_m$ 的密集椭球体的体积达到最小的那个试验设计，称之为因子区域 χ 上的 D 最优设计。

【例 8.3】 设对于一元二次回归模型

$$E(y)=\beta_0+\beta_1x+\beta_2x^2$$

有两个设计

$$\boldsymbol{\xi}_1=\begin{bmatrix}-1 & 0 & 1\\ \frac{1}{3} & \frac{1}{3} & \frac{1}{3}\end{bmatrix},\quad \boldsymbol{\xi}_2=\begin{bmatrix}-1 & 0 & 1\\ \frac{1}{4} & \frac{1}{2} & \frac{1}{4}\end{bmatrix}$$

试在 D 最优意义下比较这两个设计。

模型中 $f(x)=(1,x,x^2)'$，于是

$$\boldsymbol{f}(\boldsymbol{x})\boldsymbol{f}(\boldsymbol{x})'=\begin{bmatrix}1 & x & x^2\\ x & x^2 & x^3\\ x^2 & x^3 & x^4\end{bmatrix},$$

由此得 ξ_1 的信息矩阵为

$$\begin{aligned}\boldsymbol{M}(\boldsymbol{\xi}_1)&=\sum_{i=1}^{3}\boldsymbol{p}_i\boldsymbol{f}(\boldsymbol{x}_i)\boldsymbol{f}(\boldsymbol{x}_i)'\\ &=\frac{1}{3}\begin{bmatrix}1 & -1 & 1\\ -1 & 1 & -1\\ 1 & -1 & 1\end{bmatrix}+\frac{1}{3}\begin{bmatrix}1 & 0 & 0\\ 0 & 0 & 0\\ 0 & 0 & 0\end{bmatrix}+\frac{1}{3}\begin{bmatrix}1 & 1 & 1\\ 1 & 1 & 1\\ 1 & 1 & 1\end{bmatrix}\\ &=\begin{bmatrix}1 & 0 & \frac{2}{3}\\ 0 & \frac{2}{3} & 0\\ \frac{2}{3} & 0 & \frac{2}{3}\end{bmatrix}\end{aligned}$$

类似可求得

$$\boldsymbol{M}(\boldsymbol{\xi}_2)=\begin{bmatrix}1 & 0 & \frac{1}{2}\\ 0 & \frac{1}{2} & 0\\ \frac{1}{2} & 0 & \frac{1}{2}\end{bmatrix}$$

它们的行列式分别等于

$$\det M(\xi_1)=\frac{4}{27},\quad \det M(\xi_2)=\frac{1}{8}$$

由于 $\det M(\xi_1)>\det M(\xi_2)$，所以，在 D 优良意义下，设计 ξ_1 优于设计 ξ_2。该例体现了 D 优良性的直观意义。

我们已经看到 ξ_1 优于设计 $\xi_2 \Leftrightarrow V(\xi_1)<V(\xi_2) \Leftrightarrow \det M(\xi_1)>\det M(\xi_2)$。那么关于 D 最优性的定义是非常容易理解的。

8.2 D 最优设计的数值算法

前苏联统计学家费多洛夫提出了构造 D 最优设计的迭代算法。

从数学上讲，寻找 D 最优设计 ξ，就是寻找使 $\det M(\xi)$ 最大的设计，由信息矩阵性质可知，可限于在离散设计中寻找。若记

$$\xi=\begin{bmatrix} x_1 & x_2 & \cdots & x_n \\ P_1 & P_2 & \cdots & P_n \end{bmatrix}$$

则 $\det M(\xi)$ 是诸 x_i、诸 p_i 的函数。寻找 D 最优设计，就是在因子区域 χ 中寻找诸 x_i、诸概率 p_i(个数不定)，使 $\det M(\xi)$ 达到最大，并且诸 p_i 满足 $\sum_i P_i=1$。

若 ξ_0 是一个非退化设计，ξ_x 是谱点为 x 的单点设计，令

$$\xi_1=(1-\alpha)\xi_0+\alpha\xi_x,$$

则

$$\frac{d}{d\alpha}\ln\det M(\xi_1)=\mathrm{tr}\{[(1-\alpha)M(\xi_0)+\alpha M(\xi_x)]^{-1}[M(\xi_x)-M(\xi_0)]\} \tag{8—9}$$

于是

$$\left.\frac{d}{d\alpha}\ln\det M(\xi_1)\right|_{\alpha=0}=d(x,\xi_0)-k \tag{8—10}$$

或对充分小的 α 有

$$\ln\det M(\xi_1)\cong\ln\det M(\xi_0)+\alpha[d(x,\xi_0)-k] \tag{8—11}$$

据等价定理有

$$\max_x d(x,\xi_0)-k=\sigma\geqslant 0 \tag{8—12}$$

当 ξ_0 是 D 最优设计时，上式中的等号成立。

若 ξ_0 不是 D 最优设计，设 x_0 满足 $d(x_0,\xi_0)=\max_x d(x,\xi_0)$，存在小的 α_0 使

$$\ln\det M(\xi_1)\cong\ln\det M(\xi_0)+\alpha_0\sigma>\ln\det M(\xi_0) \tag{8—13}$$

这就是说，在 D 优良性意义下，ξ_1 优于 ξ_0，$\det M(\xi_1)>\det M(\xi_0)$。

构造了设计 ξ_1 后，我们可以寻找 x_1 使 $d(x_1,\xi_1)=\max_x d(x,\xi_1)$，及小的 α_1 使设计 $\xi_2=(1-\alpha_1)\xi_1+\alpha_1\xi_{x_1}$ 满足 $\det M(\xi_2)>\det M(\xi_1)$。继续采用该方法，可以构造出一列设计 $\xi_0,\xi_1,\xi_2,\cdots,\xi_s,\cdots$，满足

$$\det M(\xi_0)\leqslant\det M(\xi_1)\leqslant\det M(\xi_2)\leqslant\cdots\leqslant\det M(\xi_s)\leqslant\cdots \tag{8—14}$$

并且对一切 s 有

$$\det M(\xi_s) \leqslant \det M(\xi^*)$$

其中,ξ^*是一个D最优设计。因此,我们要适当地选择序列$\{\alpha_s\}$使$\det M(\xi_s) \to \det M(\xi^*)$ $(s\to\infty)$。

设非退化设计ξ_s的信息矩阵是$M(\xi_s)$,谱点为x的单点设计ξ_x的信息矩阵是$M(\xi_x)$,令$\xi_{s+1}=(1-\alpha)\xi_s+\alpha\xi_x$,有

$$\det M(\xi_{s+1})=(1-\alpha)^k\left[1+\frac{\alpha}{1-\alpha}d(x,\xi_s)\right]\det M(\xi_s) \tag{8—15}$$

由此看出,$\det M(\xi_{s+1})$依赖于α的数值和点x,在下面的定理中,总可以求得α值和点x,使得当ξ_s不是D最优设计时,有

$$\det M(\xi_{s+1}) > \det M(\xi_s)$$

定理8.1 对给定的设计ξ_s,$\det M(\xi_{s+1})$的最大可能值等于

$$\max_{x,\alpha}\det M(\xi_{s+1})=\left[\frac{d(x,\xi_s)}{k}\right]^k\times\left[\frac{k-1}{d(x,\xi_s)-1}\right]^{k-1}\det M(\xi_s) > \det M(\xi_s) \tag{8—16}$$

其中,x_s满足$d(x,\xi_s)=\max\limits_x d(x,\xi_s)$。

归纳构造最优设计的迭代算法如下:

(1)任意给出一个非退化的初始设计ξ_0:

$$\xi_0=\begin{bmatrix}x_1 & x_2 & \cdots & x_n\\ P_1 & P_2 & \cdots & P_n\end{bmatrix},\quad n\geqslant k,\quad \sum_{i=1}^n P_i=1; \tag{8—17}$$

(2)计算ξ_0的信息矩阵

$$M(\xi_0)=\sum_{i=1}^n P_i f(x_i)f(x_i)'$$

和它的逆矩阵$M^{-1}(\xi_0)$;

(3)求点x_0满足$d(x_0,\xi_0)=\max\limits_x d(x,\xi_0)=d$;

(4)构造设计$\xi_1=(1-\alpha_0)\xi_0+\alpha\xi_{x_0}$,即

$$\xi_1=\begin{bmatrix}x_1 & x_2 & \cdots & x_n & x_0\\ (1-\alpha_0)P_1 & (1-\alpha_0)P_2 & \cdots & (1-\alpha_0)P_n & \alpha_0\end{bmatrix} \tag{8—18}$$

其中
$$\alpha_0=\frac{\delta}{[\delta_0+(k-1)]}k,$$

而$\delta_0=d(x_0,\xi_0)-k$。

(5)计算$M(\xi_1)$与$M^{-1}(\xi)$。

以ξ_1充作ξ_0,重复步骤(3)~(5),得$\xi_2,\cdots$,可得一列设计$\xi_0,\xi_1,\xi_2,\cdots$。文献[16]证明了上述迭代过程是收敛的,并且极限设计就是一个D最优设计。

【例8.4】 构造$p=6$的二次D最优设计。

对于二次多项式回归模型,在p维立方体上,当取p维立方体的顶点、棱的中点、面的中点3类点作为谱点时,只有当$p\leqslant5$时,才存在D最优设计,利用构造D最优设计的数值方法,我们可以构造$p=6$的二次D最优设计。

在用数值方法构造$p=6$的二次D最优设计时,以点集$\varepsilon_0,\varepsilon_1,\varepsilon_2,\varepsilon_3$作为初始设计的谱点,即初始设计中包括下面4类点

$$(\pm1, \pm1, \pm1, \pm1, \pm1, \pm1)$$
$$(0, \pm1, \pm1, \pm1, \pm1, \pm1)$$
$$(0,0, \pm1, \pm1, \pm1, \pm1)$$
$$(0,0,0, \pm1, \pm1, \pm1)$$

这里,我们用$(0, \pm1, \pm1, \pm1, \pm1, \pm1)$表示所有的一个坐标为零、其余坐标为 ±1 的点,用$(0,0, \pm1, \pm1, \pm1, \pm1)$表示所有的两个坐标为零、其余坐标为 ±1 的点,用$(0,0,0, \pm1, \pm1, \pm1)$表示所有的 3 个坐标为零、其余坐标为 ±1 的点。利用构造 D 最优设计数值方法的计算机程序,经大量计算后得到近似 D 最优设计见表 8—1 所列。

表 8—1　$p=6$ 的二次 D 最优设计

试验点集合中的类似点	集合中点数	ε^* 中点的测度
$(\pm1, \pm1, \pm1, \pm1, \pm1, \pm1)$	64	0. 009 195
$(0, \pm1, \pm1, \pm1, \pm1, \pm1)$	192	0. 000 546
$(0,0, \pm1, \pm1, \pm1, \pm1)$	240	0. 001 019 9
$(0,0,0, \pm1, \pm1, \pm1)$	160	0. 000 387

$|A(\varepsilon^*)| = 1.538\,303 \times 10^{-8}$　　$\max_x d(x, \varepsilon^*) = 28.024$

8.3　饱和 D 最优设计

如前所述,比较理想的试验设计除了要满足其优良性外,还要使试验点数越少越好,如果试验点的个数等于所要确定的未知参数的个数,则称该类设计为饱和设计。

由于设计是饱和设计,若不进行重复试验,剩余自由度为零,因此,不做重复实验的饱和设计无法对回归方程进行方差分析。

8.3.1　一次饱和 D 最优设计

对于 p 维立方体 $-1 \leqslant x_j \leqslant 1, j=1,2,\cdots,p$ 上的一次回归模型

$$E(y) = \beta_0 + \beta_1 x + \cdots + \beta_p x_p$$

存在一个定理:

在 p 维立方体上选取 $p+1$ 个点组成一次饱和 D 最优设计时,只要考虑选取各个坐标都为 -1 或 1 的那些点。

在该定理的基础上,用计算机找到的在 p 维立方体上的一次饱和 D 最优设计如下:

当 $p=2$ 时,正方形区域的任何 3 个不同的顶点都可以组成 D 最优设计。

当 $p=3$ 时,立方体区域上有 2^{3-1} 个部分顶点所构成的试验设计,是 D 最优设计。

当 $p=4$ 时,D 最优设计为

$$\begin{matrix} x_1 & x_2 & x_3 & x_4 \end{matrix}$$
$$\begin{bmatrix} 1 & -1 & 1 & -1 \\ 1 & 1 & -1 & 1 \\ -1 & -1 & 1 & 1 \\ -1 & -1 & -1 & -1 \\ -1 & 1 & 1 & -1 \end{bmatrix}$$

当 $p=5$ 时，D 最优设计为

$$\begin{array}{ccccc} x_1 & x_2 & x_3 & x_4 & x_5 \end{array}$$
$$\begin{bmatrix} 1 & 1 & 1 & 1 & 1 \\ 1 & -1 & -1 & 1 & -1 \\ 1 & 1 & 1 & -1 & -1 \\ -1 & -1 & 1 & -1 & 1 \\ -1 & 1 & 1 & 1 & -1 \\ -1 & 1 & -1 & -1 & 1 \end{bmatrix}$$

$$\begin{array}{ccccc} x_1 & x_2 & x_3 & x_4 & x_5 \end{array}$$
$$\begin{bmatrix} -1 & -1 & 1 & -1 & -1 \\ 1 & 1 & 1 & 1 & 1 \\ 1 & -1 & -1 & 1 & -1 \\ -1 & -1 & -1 & -1 & 1 \\ -1 & 1 & -1 & 1 & -1 \\ 1 & 1 & -1 & -1 & -1 \end{bmatrix}$$

当 $p=6$ 时，D 最优设计为

$$\begin{array}{cccccc} x_1 & x_2 & x_3 & x_4 & x_5 & x_6 \end{array}$$
$$\begin{bmatrix} -1 & 1 & 1 & -1 & -1 & 1 \\ -1 & -1 & 1 & -1 & -1 & -1 \\ -1 & 1 & -1 & 1 & 1 & -1 \\ -1 & -1 & -1 & 1 & -1 & 1 \\ -1 & -1 & -1 & -1 & 1 & 1 \\ 1 & 1 & -1 & -1 & -1 & -1 \\ 1 & -1 & 1 & 1 & 1 & 1 \end{bmatrix}$$

当 $p=7$ 时，7 维立方体区域上有 2^{7-4} 个部分顶点所构成的设计是 D 最优设计。

在饱和设计场合，结构矩阵 X 是方阵，因此，其信息矩阵

$$|A(\varepsilon)| = |X'X| = |X|^2$$

$|A(\varepsilon)|$ 最大，也就是 $|X|$ 最大。现将结构矩阵行列式 $|X|$ 的最大值列于表 8—2 中。

表 8—2 结构矩阵行列式 $|X|$ 的最大值

p	2	3	4	5	6	7
$\|X\|$	1×2^2	2×2^3	3×2^4	5×2^5	9×2^6	32×2^7

当 $p+1$ 是 2 的整数次幂时，p 个因子的一次饱和 D 最优设计，可用 2^p 型的全因子试验的部分实施法给出。

8.3.2 二次饱和 D 最优设计

对于二次回归模型

$$E(y) = \beta_0 + \sum_{j=1}^{p}\beta_j x_j + \sum_{i<j}^{p}\beta_{ij}x_i x_j$$

是否存在含试验点个数为 $m=\frac{1}{2}(p+1)(p+2)$ 的饱和 D 最优设计，对 $p\geqslant7$ 不存在饱和 D 最

优设计已被证明。

当 $p=2,3$ 时，饱和 D 最优设计列入表 8—3。该表还给出了 $p=2$ 时的 7 点和 8 点非饱和 D 最优设计。

表 8—3　$p=2,3$ 时的饱和 D 最优设计

No.	$p=2$						$p=3$		
	6 点设计		7 点设计		8 点设计		10 点设计		
	x_1	x_2	x_1	x_2	x_1	x_2	x_1	x_2	x_3
1	−1	−1	−1	−1	−1	−1	−1	−1	−1
2	1	−1	1	−1	1	−1	1	−1	−1
3	−1	1	−1	1	−1	1	−1	1	−1
4	$-\delta$	δ	1	1	1	1	−1	−1	1
5	1	3δ	−0.092	−0.092	1	0	−1	α	α
6	3δ	1	1	0.067	0.082	1	α	−1	α
7	$\delta=\frac{4-\sqrt{13}}{3}=0.1315$		0.067	1	0.082	−1	α	α	−1
8					−0.215	0	β	1	1
9							1	β	1
10							1	1	β
							$\alpha=0.1925$ $\beta=-0.2912$		

关于 $p\geqslant4$ 的饱和 D 最优设计问题尚未解决，对于 $p=4$，有人找到了一个较好的 15 点设计，见表 8—4 所列。

表 8—4　$p=4$ 的 15 点设计

No.	x_1	x_2	x_3	x_4
4	−1	α	α	α
6	β	δ	1	−1
11	β	−1	δ	1
10	β	1	−1	δ
14	1	γ	1	1
15	1	1	γ	1
8	1	1	1	γ
7	f	h	−1	1
1	f	1	h	−1
13	f	−1	1	h
3	−1	−1	−1	−1
5	1	1	−1	−1
2	1	−1	1	−1
9	1	−1	−1	1
12	g	1	1	1

在表 8—4 中

$$f=g=-1,\alpha=\beta=-0.25$$

$$\gamma=-0.60,\delta=-h=0.05$$

这时

$$|A(\varepsilon)| = |X'X| = 0.344547 \times 10^{-5}$$

根据 $p=2,3$ 的二次饱和 D 最优设计的谱点结构，得到一般的二次饱和设计的方案见表 8—5 所列。

表 8—5 p 个因子的二次设计

设计点类别	x_1	x_2	x_3	…	x_p
1 个点	−1	−1	−1	…	−1
p 个点	1	−1	−1	…	−1
1 个坐标是 1	−1	1	−1	…	−1
$p-1$ 个坐标是 −1	⋮	⋮	⋮	…	⋮
	−1	−1	−1	…	1
p 个点	μ	1	1	…	1
1 个坐标是 μ	1	μ	1	…	1
$p-1$ 个坐标是 1	⋮	⋮	⋮	…	⋮
	1	1	1	…	μ
$1/p(p-1)$ 个点	λ	λ	−1	…	−1
2 个坐标是 λ	λ	−1	λ	…	−1
$p-2$ 个坐标是 −1	⋮	⋮	⋮	…	⋮
	−1	−1	−1	…	λ

表 8—5 中给出的设计，其信息矩阵行列式

$$|A(\varepsilon)| = |X'X| = |X|^2$$

同时

$$|X| = 2^p(\lambda+1)^{p(p-1)}[(\mu^2-1)-2(\lambda-1)(\mu-1)(p-2)/(\lambda+1)]^{p-1}$$
$$[(\mu^2-1)-4(\lambda-1)(p-1)(p+\mu-1)/(\lambda+1)] \qquad (8\text{—}19)$$

求方程(8—19)的极大值，只要解方程组

$$\begin{cases} \dfrac{\partial |X|}{\partial \lambda} = 0 \\ \dfrac{\partial |X|}{\partial \mu} = 0 \end{cases}$$

求得使 $|X|$ 达到极大的 λ 和 μ。上面的方程消去 λ 后，得到一个 μ 的 9 次多项式，这 9 次多项式的 9 个根，除了 3 个整根 $\mu=-1, \mu=2-p, \mu=3-2p$ 外，其他 6 个根中只有一个在 p 维立方体，$-1 \leqslant x_j \leqslant 1, j=1,2,\cdots,p$ 内，对 $p \leqslant 15$，算出的 λ 和 μ 的值列在表 8—6 中，以供编制最优设计表时参考。

表 8—6 $p \leqslant 15$ 的 λ 和 μ 的值

维数 p	μ	λ	维数 p	μ	λ
2	0.3944	−0.1315	9	−0.9602	0.7544
3	−0.2912	0.1925	10	−0.9693	0.7808
4	−0.6502	0.4114	11	−0.9757	0.8022
5	0.8108	0.5355	12	−0.9802	0.8198

续表

维数 p	μ	λ	维数 p	μ	λ
6	-0.8854	0.6183	13	-0.9836	0.8346
7	0.9242	0.6772	14	-0.9862	0.8471
8	-0.9464	0.7208	15	-0.9882	0.8579

8.3.3 D 最优设计和近似 D 最优设计表

为工程中应用方便起见，给出“3 因子～4 因子”的设计矩阵 X 及相应的 $(X'X)^{-1}=C$ 矩阵，见表 8—7～表 8—18 所列。

表 8—7 “310”设计的 X 表

x_0	x_1	x_2	x_3	x_1^2	x_2^2	x_3^2	x_1x_2	x_1x_3	x_2x_3
1	0	0	1.291	0	0	1.666	0	0	0
1	0	0	-0.136	0	0	0.018	0	0	0
1	-1	-1	0.639	1	1	0.408	1	-0.639	-0.639
1	1	-1	0.639	1	1	0.408	-1	0.639	-0.639
1	-1	1	0.639	1	1	0.408	-1	-0.639	0.639
1	1	1	0.639	1	1	0.408	1	0.639	0.639
1	1.174	0	-0.927	1.377	0	0.860	0	-1.088	0
1	-1.174	0	-0.927	1.377	0	0.860	0	1.088	0
1	0	1.174	-0.927	0	1.377	0.860	0	0	-1.088
1	0	-1.174	-0.927	0	1.377	0.860	0	0	1.088

表 8—8 “310”设计的 C 表

1.019	0	0	0	-0.380	-0.380	-0.601	0	0	0
0	0.148	0	0	0	0	0	0	0	0
0	0	0.148	0	0	0	0	0	0	0
0	0	0	0.148	0	0	0	0	0	0
-0.380	0	0	0	0.347	0.083	0.132	0	0	0
-0.380	0	0	0	0.083	0.347	0.132	0	0	0
-0.601	0	0	0	0.132	0.132	0.626	0	0	0
0	0	0	0	0	0	0	0.250	0	0
0	0	0	0	0	0	0	0	0.250	0
0	0	0	0	0	0	0	0	0	0.250

表 8—9 “311-A”设计的 X 表

x_0	x_1	x_2	x_3	x_1^2	x_2^2	x_3^2	x_1x_2	x_1x_3	x_2x_3
1	0	0	2	0	0	4	0	0	0
1	0	0	-2	0	0	4	0	0	0
1	-1.414	-1.414	1	2	2	1	2	-1.414	-1.414
1	1.414	-1.414	1	2	2	1	-2	1.414	-1.414
1	-1.414	1.414	1	2	2	1	-2	-1.414	1.414
1	1.414	1.414	1	2	2	1	2	1.414	1.414

续表

x_0	x_1	x_2	x_3	x_1^2	x_2^2	x_3^2	x_1x_2	x_1x_3	x_2x_3
1	2	0	-1	4	0	1	0	-2	0
1	-2	0	-1	4	0	1	0	2	0
1	0	2	-1	0	4	1	0	0	-2
1	0	-2	-1	0	4	1	0	0	2
1	0	0	0	0	0	0	0	0	0

表 8—10 “311-A”设计的 C 表

1	0	0	0	-0.188	-0.188	-0.250	0	0	0
0	0.0625	0	0	0	0	0	0	0	0
0	0	0.0625	0	0	0	0	0	0	0
0	0	0	0.0625	0	0	0	0	0	0
-0.188	0	0	0	0.060	0.029	0.039	0	0	0
-0.188	0	0	0	0.029	0.060	0.039	0	0	0
-0.250	0	0	0	0.039	0.039	0.094	0	0	0
0	0	0	0	0	0	0	0.0625	0	0
0	0	0	0	0	0	0	0	0.0625	0
0	0	0	0	0	0	0	0	0	0.0625

表 8—11 “311-B”设计的 X 表

x_0	x_1	x_2	x_3	x_1^2	x_2^2	x_3^2	x_1x_2	x_1x_3	x_2x_3
1	0	0	2.450	0	0	6	0	0	0
1	0	0	-2.450	0	0	6	0	0	0
1	-0.751	2.106	1	0.564	4.436	1	-1.581	-0.751	2.106
1	2.106	0.751	1	4.436	0.564	1	1.581	2.106	0.751
1	0.751	-2.106	1	0.564	4.436	1	-1.581	0.751	-2.106
1	-2.106	-0.751	1	4.436	0.564	1	1.581	-2.106	-0.751
1	0.751	2.106	-1	0.564	4.436	1	1.581	-0.751	-2.106
1	2.106	-0.751	-1	4.436	0.564	1	-1.581	-2.106	0.751
1	-0.751	-2.106	-1	0.564	4.436	1	1.581	0.751	2.106
1	-2.106	0.751	-1	4.436	0.564	1	-1.581	2.106	-0.751
1	0	0	0	0	0	0	0	0	0

表 8—12 “311-B”设计的 C 表

1	0	0	0	-0.167	-0.167	-0.167	0	0	0
0	0.05	0	0	0	0	0	0	0	0
0	0	0.05	0	0	0	0	0	0	0
0	0	0	0.05	0	0	0	0	0	0
-0.167	0	0	0	0.042	0.025	0.025	0	0	0
-0.167	0	0	0	0.025	0.042	0.025	0	0	0
-0.167	0	0	0	0.025	0.025	0.042	0	0	0
0	0	0	0	0	0	0	0.05	0	0
0	0	0	0	0	0	0	0	0.05	0
0	0	0	0	0	0	0	0	0	0.05

表 8—13 "416 – A"设计的 X 表

x_0	x_1	x_2	x_3	x_4	x_1^2	x_2^2	x_3^2	x_4^2	x_1x_2	x_1x_3	x_1x_4	x_2x_3	x_2x_4	x_3x_4
1	0	0	0	1.784	0	0	0	3.184	0	0	0	0	0	0
1	0	0	0	–1.494	0	0	0	2.234	0	0	0	0	0	0
1	–1	–1	–1	0.644	1	1	1	0.415	1	1	–0.644	1	–0.644	–0.644
1	1	–1	–1	0.644	1	1	1	0.415	–1	–1	0.644	1	–0.644	–0.644
1	–1	1	–1	0.644	1	1	1	0.415	–1	1	–0.644	–1	0.644	–0.644
1	1	1	–1	0.644	1	1	1	0.415	1	–1	0.644	–1	0.644	–0.644
1	–1	–1	1	0.644	1	1	1	0.415	1	–1	–0.644	–1	–0.644	0.644
1	1	–1	1	0.644	1	1	1	0.415	–1	1	0.644	–1	–0.644	0.644
1	–1	1	1	0.644	1	1	1	0.415	–1	–1	–0.644	1	0.644	0.644
1	1	1	1	0.644	1	1	1	0.415	1	1	0.644	1	0.644	0.644
1	1.685	0	0	–0.908	2.840	0	0	0.824	0	0	–1.529	0	0	0
1	–1.685	0	0	–0.908	2.840	0	0	0.824	0	0	1.529	0	0	0
1	0	1.685	0	–0.908	0	2.840	0	0.824	0	0	0	0	–1.529	0
1	0	–1.685	0	–0.908	0	2.840	0	0.824	0	0	0	0	1.529	0
1	0	0	1.685	–0.908	0		2.840	0.824	0	0	0	0	0	–1.529
1	0	0	–1.685	–0.908	0	0	2.840	0.824	0	0	0	0	0	1.529

表 8—14 "416 – A"设计的 C 表

10.533	0	0	0	0	–2.864	–2.864	–2.864	–3.675	0	0	0	0	0	0
0	0.073	0	0	0	0	0	0	0	0	0	0	0	0	0
0	0	0.073	0	0	0	0	0	0	0	0	0	0	0	0
0	0	0	0.073	0	0	0	0	0	0	0	0	0	0	0
0	0	0	0	0.073	0	0	0	0	0	0	0	0	0	0
–2.864	0	0	0	0	0.830	0.768	0.768	0.985	0	0	0	0	0	0
–2.864	0	0	0	0	0.768	0.830	0.768	0.985	0	0	0	0	0	0
–2.864	0	0	0	0	0.768	0.768	0.830	0.985	0	0	0	0	0	0
–3.675	0	0	0	0	0.985	0.985	0.985	1.343	0	0	0	0	0	0
0	0	0	0	0	0	0	0	0	0.125	0	0	0	0	0
0	0	0	0	0	0	0	0	0	0	0.125	0	0	0	0
0	0	0	0	0	0	0	0	0	0	0	0.125	0	0	0
0	0	0	0	0	0	0	0	0	0	0	0	0.125	0	0
0	0	0	0	0	0	0	0	0	0	0	0	0	0.125	0
0	0	0	0	0	0	0	0	0	0	0	0	0	0	0.125

表 8—15 "416 – B"设计的 X 表

x_0	x_1	x_2	x_3	x_4	x_1^2	x_2^2	x_3^2	x_4^2	x_1x_2	x_1x_3	x_1x_4	x_2x_3	x_2x_4	x_3x_4
1	0	0	0	1.732	0	0	0	2.999	0	0	0	0	0	0
1	0	0	0	–0.269	0	0	0	0.072	0	0	0	0	0	0
1	–1	–1	–1	0.604	1	1	1	0.365	1	1	–0.604	1	–0.604	–0.604
1	1	–1	–1	0.604	1	1	1	0.365	–1	–1	0.604	1	–0.604	–0.604
1	–1	1	–1	0.604	1	1	1	0.365	–1	1	–0.604	–1	0.604	–0.604

续表

x_0	x_1	x_2	x_3	x_4	x_1^2	x_2^2	x_3^2	x_4^2	x_1x_2	x_1x_3	x_1x_4	x_2x_3	x_2x_4	x_3x_4
1	1	1	-1	0.604	1	1	1	0.365	1	-1	0.604	-1	0.604	-0.604
1	-1	-1	1	0.604	1	1	1	0.365	1	-1	-0.604	-1	-0.604	0.604
1	1	-1	1	0.604	1	1	1	0.365	-1	1	0.604	-1	-0.604	0.604
1	-1	1	1	0.604	1	1	1	0.365	-1	-1	-0.604	1	0.604	0.604
1	1	1	1	0.604	1	1	1	0.365	1	1	0.604	1	0.604	0.604
1	1.518	0	0	-1.050	2.303	0	0	1.102	0	0	-1.593	0	0	0
1	-1.518	0	0	-1.050	2.303	0	0	1.102	0	0	1.593	0	0	0
1	0	1.518	0	-1.050	0	2.303	0	1.102	0	0	0	0	-1.593	0
1	0	-1.518	0	-1.050	0	2.303	0	1.102	0	0	0	0	1.593	0
1	0	0	1.518	-1.050	0	0	2.303	1.102	0	0	0	0	0	-1.593
1	0	0	-1.518	-1.050	0	0	2.303	1.102	0	0	0	0	0	1.593

表 8—16 "416 - B"设计的 C 表

1.043	0	0	0	0	-0.301	-0.301	-0.301	-0.301	0	0	0	0	0	0
0	0.079	0	0	0	0	0	0	0	0	0	0	0	0	0
0	0	0.079	0	0	0	0	0	0	0	0	0	0	0	0
0	0	0	0.079	0	0	0	0	0	0	0	0	0	0	0
0	0	0	0	0.079	0	0	0	0	0	0	0	0	0	0
-0.301	0	0	0	0	0.164	0.070	0.070	0.079	0	0	0	0	0	0
-0.301	0	0	0	0	0.070	0.164	0.070	0.079	0	0	0	0	0	0
-0.301	0	0	0	0	0.070	0.070	0.164	0.079	0	0	0	0	0	0
-0.341	0	0	0	0	0.079	0.079	0.079	0.196	0	0	0	0	0	0
0	0	0	0	0	0	0	0	0	0.125	0	0	0	0	0
0	0	0	0	0	0	0	0	0	0	0.125	0	0	0	0
0	0	0	0	0	0	0	0	0	0	0	0.125	0	0	0
0	0	0	0	0	0	0	0	0	0	0	0	0.125	0	0
0	0	0	0	0	0	0	0	0	0	0	0	0	0.125	0
0	0	0	0	0	0	0	0	0	0	0	0	0	0	0.125

表 8—17 "416 - C"设计的 X 表

x_0	x_1	x_2	x_3	x_4	x_1^2	x_2^2	x_3^2	x_4^2	x_1x_2	x_1x_3	x_1x_4	x_2x_3	x_2x_4	x_3x_4
1	0	0	0	1.765	0	0	0	3.1166	0	0	0	0	0	0
1	0	0	0	0	0	0	0	0	0	0	0	0	0	0
1	-1	-1	-1	0.568	1	1	1	0.322	1	1	-0.568	1	-0.568	-0.568
1	1	-1	-1	0.568	1	1	1	0.322	-1	-1	0.568	1	-0.568	-0.568
1	-1	1	-1	0.568	1	1	1	0.322	-1	1	-0.568	-1	0.568	-0.568
1	1	1	-1	0.568	1	1	1	0.322	1	-1	0.568	-1	0.568	-0.568
1	-1	-1	1	0.568	1	1	1	0.322	1	-1	-0.568	-1	-0.568	0.568
1	1	-1	1	0.568	1	1	1	0.322	-1	1	0.568	-1	-0.568	0.568

续表

x_0	x_1	x_2	x_3	x_4	x_1^2	x_2^2	x_3^2	x_4^2	x_1x_2	x_1x_3	x_1x_4	x_2x_3	x_2x_4	x_3x_4
1	-1	1	1	0. 568	1	1	1	0. 322	-1	-1	-0. 568	1	0. 568	0. 568
1	1	1	1	0. 568	1	1	1	0. 322	1	1	0. 568	1	0. 568	0. 568
1	1. 470	0	0	-1. 051	2. 160	0	0	1. 104	0	0	-1. 544	0	0	0
1	-1. 470	0	0	-1. 051	2. 160	0	0	1. 104	0	0	1. 544	0	0	0
1	0	1. 470	0	-1. 051	0	2. 160	0	1. 104	0	0	0	0	-1. 544	0
1	0	-1. 470	0	-1. 051	0	2. 160	0	1. 104	0	0	0	0	1. 544	0
1	0	0	1. 470	-1. 051	0		2. 160	1. 104	0	0	0	0	0	-1. 544
1	0	0	-1. 470	-1. 051	0	0	2. 160	1. 104	0	0	0	0	0	1. 544

表 8—18 "416 - C"设计的 *C* 表

1	0	0	0	0	-0. 300	-0. 300	-0. 300	-0. 321	0	0	0	0	0	0
0	0. 081	0	0	0	0	0	0	0	0	0	0	0	0	0
0	0	0. 081	0	0	0	0	0	0	0	0	0	0	0	0
0	0	0	0. 081	0	0	0	0	0	0	0	0	0	0	0
0	0	0	0	0. 081	0	0	0	0	0	0	0	0	0	0
-0. 300	0	0	0	0	0. 174	0. 067	0. 067	0. 079	0	0	0	0	0	0
-0. 300	0	0	0	0	0. 067	0. 174	0. 067	0. 079	0	0	0	0	0	0
-0. 300	0	0	0	0	0. 067	0. 067	0. 174	0. 079	0	0	0	0	0	0
-0. 321	0	0	0	0	0. 079	0. 079	0. 079	0. 180	0	0	0	0	0	0
0	0	0	0	0	0	0	0	0	0. 125	0	0	0	0	0
0	0	0	0	0	0	0	0	0	0	0. 125	0	0	0	0
0	0	0	0	0	0	0	0	0	0	0	0. 125	0	0	0
0	0	0	0	0	0	0	0	0	0	0	0	0. 125	0	0
0	0	0	0	0	0	0	0	0	0	0	0	0	0. 125	0
0	0	0	0	0	0	0	0	0	0	0	0	0	0	0. 125

8. 4 D 最优设计的应用

8. 4. 1 D 最优设计在砂浆胶结料研制中的应用

【例 8. 5】 在建筑工程中需要大量的砌筑砂浆，通常施工中水泥的强度等级是砌筑砂浆强度等级的 4 ~5 倍，而工地上用高强度等级水泥配制低强度等级的砂浆本身就是一个很大的浪费，另外，在工地上直接掺用掺合料，因计量误差大，质量波动较难控制，因此，高性能的预拌砂浆和专用的砂浆胶结料具有重要的应用价值，同时，科学合理地利用了大量的工业废料，具有显著的环境效益和经济效益。

(1) 试验方案及测试结果

胶结料的配制共选用水泥熟料、矿渣、增钙液态渣、沸石、沸腾炉渣、石膏等原材料，为进一步找出几个主要材料对胶结料性能和技术指标影响的内在规律，采用 D 最优设计安排试验，通过试验建立相应的数学模型，并用其估计相应的考核指标，制备优质的砌筑砂浆胶结料。以达到用少量的试验得到大量有效信息的研究目标。

根据性能研制和生产需要，确定胶结料的6个考核指标分别为初凝时间 T_C、终凝时间 T_Z、7d抗压强度 R_{7Y}、7d抗折强度 R_{7Z}、28d抗压强度 R_{28Y}、28d抗折强度 R_{28Z}、砂浆的主要性能的2个考核指标，即砌筑砂浆分层度 P_f、砌筑砂浆28d抗压强度 R_{28S}。另外胶结料还要进行安定性、细度测定，砌筑砂浆也要进行稠度和体积密度等指标测试，因试验中每次研磨换料是要清理磨，比较麻烦，也容易影响计量，为减少次数将石膏、碱激发剂、沸腾渣掺量固定，将4种主材料用量百分率之和看做1，确定的主成分及其用量的百分率范围如下：

水泥熟料 K：10%～16%；

矿　渣　S：14%～22%；

增钙液态渣 F：35%～45%。

沸石掺量定为 $1-(K+S+F)$，随组合而变。

建立的二次回归模型为

$$\hat{y}=\beta_0+\sum_{j=1}^{p}\beta_j x_j+\sum_{i\leq j}^{p}\beta_{ij}x_i x_j$$

3个变量的编码变化公式如下：

$$x_1=\frac{K-0.13}{0.03},x_2=\frac{S-0.18}{0.04},x_3=\frac{F-0.40}{0.05}$$

D最优设计的因素水平见表8—19所列。

表8—19　因素水平表

项　目	-1.174	-1	-0.927	-0.136	0	0.639	1	1.174	1.291
熟料掺量	0.095	0.100			0.130		0.160	0.165	
矿渣掺量	0.133	0.140			0.180		0.220	0.227	
液态渣掺量			0.354	0.393		0.432			0.465

D最优设计试验安排见表8—20所列。沸腾渣与石膏和碱激发剂的掺量固定在10%，4种主材料的配比见表8—21所列。严格按照试验方案进行试验，试验结果见表8—22所列。

表8—20　D最优设计的试验方案

No.	x_0	x_1	x_2	x_3	x_1^2	x_2^2	x_3^2	x_1x_2	x_1x_3	x_2x_3
1	1	0	0	1.291	0	0	1.667	0	0	0
2	1	0	0	-0.136	0	0	0.018	0	0	0
3	1	-1	-1	0.639	1	1	0.408	1	-0.639	-0.639
4	1	1	-1	0.639	1	1	0.408	-1	0.639	-0.639
5	1	-1	1	0.639	1	1	0.408	-1	-0.639	0.639
6	1	1	1	0.639	1	1	0.408	1	0.639	0.639
7	1	1.174	0	-0.927	1.377	0	0.860	0	-1.088	0
8	1	-1.174	0	-0.927	1.377	0	0.860	0	1.088	0
9	1	0	1.174	-0.927	0	1.377	0.860	0	0	-1.088
10	1	0	-1.174	-0.927	0	1.377	0.860	0	0	1.088

表 8—21　砌筑砂浆胶结料主料的配比

No.	熟　料	矿　渣	液态渣	沸　石
1	0.130	0.180	0.465	0.225
2	0.130	0.180	0.393	0.297
3	0.100	0.140	0.432	0.328
4	0.160	0.140	0.432	0.268
5	0.100	0.220	0.432	0.248
6	0.160	0.220	0.432	0.188
7	0.165	0.180	0.354	0.301
8	0.095	0.180	0.354	0.371
9	0.130	0.227	0.354	0.289
10	0.130	0.133	0.354	0.383

表 8—22　砌筑砂浆胶结料试验结果

No.	T_C/min	T_Z/min	R_{7Y}/MPa	R_{28Y}/MPa	R_{7Z}/MPa	R_{28Z}/MPa	P_f/cm	R_{28S}/MPa
1	100	210	45.0	65.5	12.2	17.6	1.7	8.9
2	115	204	44.0	65.5	14.2	17.7	1.7	12.8
3	99	194	24.0	30.5	7.8	9.4	1.1	8.0
4	111	209	52.0	78.0	14.0	20.0	1.7	20.6
5	117	162	35.5	64.0	8.8	13.5	2.0	12.7
6	102	212	66.5	107.0	15.0	25.8	1.9	27.0
7	108	190	58.5	82.0	14.3	22.0	1.3	25.9
8	131	192	28.0	40.0	9.1	12.0	1.1	9.6
9	140	220	43.0	61.0	12.0	16.7	1.2	18.1
10	189	310	66.0	53.0	12.5	16.0	0.9	16.2

(2)试验结果的分析与评价

试验结果的统计分析由自编软件完成,经回归分析计算得出 8 个考核指标的回归方程如下:

$$T_C = 112.04 - 4.442x_1 - 7.185x_2 - 20.623x_3 - 13.930x_1^2 + 18.750x_2^2 + 8.751x_3^2 - 6.750x_1x_2 + 5.777x_1x_3 + 14.765x_2x_3 \quad (8\text{—}20)$$

$$T_Z = 201.55 + 9.271x_1 - 19.934x_2 - 15.721x_3 - 29.015x_1^2 + 24.725x_2^2 + 17.243x_3^2 + 8.750x_1x_2 + 10.922x_1x_3 + 19.850x_2x_3 \quad (8\text{—}21)$$

$R_{7Y} = 43.541 + 14.032x_1 - 0.150x_2 - 2.297x_3 - 3.451x_1^2 + 4.719x_2^2 + 2.594x_3^2 + 0.750x_1x_2 +$

$1.124x_1x_3+10.408x_2x_3$　(8—22)

$R_{28Y}=65.788+20.692x_1+10.369x_2+5.234x_3+2.686x_1^2-0.219x_2^2-4.226x_3^2-1.125x_1x_2+3.026x_1x_3+7.803x_2x_3$　(8—23)

$R_{7Z}=14.189+2.739x_1+0.209x_2-0.219x_3-1.315x_1^2-0.916x_2^2-1.024x_3^2-1.023x_1x_2+0.565x_1x_3+0.455x_2x_3$　(8—24)

$R_{28Z}=17.753+5.127x_1+1.587x_2+0.345x_3-0.090x_1^2-0.562x_2^2-0.359x_3^2+0.425x_1x_2+0.936x_1x_3+1.390x_2x_3$　(8—25)

$P_f=1.142+0.109x_1+0.215x_2+0.318x_3+0.201x_1^2+0.092x_2^2+0.088x_3^2-0.175x_1x_2+0.0254x_1x_3+0.0940x_2x_3$　(8—26)

$R_{28S}=12.588+6.814x_1+1.973x_2-1.682x_3+3.185x_1^2+2.749x_2^2-0.909x_3^2+0.425x_1x_2+0.936x_1x_3+1.390x_2x_3$　(8—27)

建立的模型经优化求解得到满足制定标准的全部性能要求(详见文献[51])。

8.4.2　Dn最优设计在重矿渣混凝土中的应用

【例8.6】　钢铁工业的不断发展,堆积如山的废渣给环境和人们生活带来严重影响。因此,合理利用工业废渣有着很好的社会效益和经济效益。为进一步拓宽废渣的应用领域,本研究用高炉重矿渣作粗骨料取代价格较高的碎石,为了便于生产和现场质量控制,本研究利用普通的32.5强度等级的水泥,通过普通的混凝土生产工艺,通过掺用高效减水剂,科学地选用配比参数合理地配制混凝土,制备高质量的混凝土构件。

(1) D最优设计及试验结果

根据混凝土研究和生产的要求,确定的4考核指标分别为:坍落度 Sl、混凝土工作度 V、7d抗压强度 R_7、28d抗压强度 R_{28}。确定的主要因素有:水灰比 W/C、水泥用量 C、高效减水剂的掺量 Ad。为寻找考核指标与主要因素之间的内在规律,采用 D_n 最优设计安排试验,建立的4个考核指标的二次数学模型

$$\hat{y}=\beta_0+\sum_{j=1}^{p}\beta_jx_j+\sum_{i\leqslant j}^{p}\beta_{ij}x_ix_j$$

3个因素的变化范围如下:

水灰比 W/C:0.25~0.35;

水泥用量 C:500~600 kg/m^3;

高效减水剂 Ad:0%~1%。

三个可控变量的编码变化公式如下:

$$x_1=\frac{W/C-0.30}{0.025},x_2=\frac{C-550}{25},x_3=\frac{Ad-0.50}{0.25}$$

D最优设计的因素水平见表8—23所列。

表8—23　因素水平表

项　目	−2	−1.414	−1	0	1	1.414	2
水灰比 W/C	0.25	0.265		0.30		0.335	0.35
水泥用量 C	500	514.6		550		0.584	600
高效减水剂 Ad	0		0.25	0.5	0.75		1.0

试验设计选用 Dn 最优设计，设计方案见表 8—24 所列。

表 8—24 "311 - A"设计的 X 表方案

No.	x_0	x_1	x_2	x_3	x_1^2	x_2^2	x_3^2	x_1x_2	x_1x_3	x_2x_3
1	1	0	0	2	0	0	4	0	0	0
2	1	0	0	-2	0	0	4	0	0	0
3	1	-1.414	-1.414	1	2	2	1	2	-1.414	-1.414
4	1	1.414	-1.414	1	2	2	1	2	1.414	-1.414
5	1	-1.414	1.414	1	2	2	1	-2	-1.414	1.414
6	1	1.414	1.414	1	2	2	1	-2	1.414	1.414
7	1	2	0	-1	4	0	1	0	-2	0
8	1	-2	0	-1	4	0	1	0	2	0
9	1	0	2	-1	0	4	1	0	0	-2
10	1	0	-2	-1	0	4	1	0	0	2
11	1	0	0	0	0	0	0	0	0	0

各考核指标的测试结果见表 8—25 所列。

表 8—25 各考核指标的测试结果

No.	Sl/cm	V/s	R_7/MPa	R_{28}/MPa
1	5.9	20	31.9	47.0
2	0	40	29.8	49.0
3	0	35	34.2	47.3
4	13	15	24.2	34.7
5	2	25	32.2	58.7
6	18	11	25.7	41.7
7	11	14	20.1	36.0
8	0	65	25.7	49.3
9	2.5	26	27.9	46.3
10	0	40	26.8	43.6
11	3.0	28	21.8	49.5

（2）试验结果的分析与评价

试验结果的全部统计分析由自编的专用计算机软件完成，经计算，得到 4 个考核指标的数学模型如下：

$$Sl = 3.00 + 3.939x_1 + 0.931x_2 + 1.957x_3 + 1.238x_1^2 + 0.175x_2^2 - 0.01268.751x_3^2 + 0.375x_1x_2 + 1.189x_1x_3 + 0.306x_2x_3 \quad (8—28)$$

$$V = 28.00 - 9.38x_1 - 2.9884x_2 - 6.188x_3 + 0.907x_1^2 - 0.719x_2^2 - 0.50x_3^2 + 0.750x_1x_2 + 3.369x_1x_2 + 0.512x_2x_3 \quad (8—29)$$

$$R_7 = 21.80 - 2.159x_1 + 0.093x_2 + 2.238x_3 + 0.450x_1^2 + 1.563x_2^2 + 1.275x_3^2 + 0.438x_1x_2 - 0.759x_1x_3 - 0.182x_2x_3 \quad (8—30)$$

$$R_{28} = 49.50 - 4.279x_1 + 1.964x_2 + 0.200x_3 - 1.394x_1^2 - 0.819x_2^2 - 0.375x_3^2 - 0.55x_1x_2 - 0.954x_1x_3 + 1.289x_2x_3 \quad (8—31)$$

考核指标的实测值与预测值的误差见表8—26所列。

表8—26　各考核指标的测试结果

No.	R_7	$\hat{R}_7$	相对误差	R_{28}	$\hat{R}_{28}$	相对误差	Sl	$\hat{Sl}$	绝对误差	V	$\hat{V}$	绝对误差
1	31.9	31.33	1.63%	47.0	48.40	-2.89%	5.9	6.86	-0.96	20	17.6	2.4
2	29.8	30.42	-2.37%	49.0	47.60	2.947%	0	0.00	0.00	40	42.4	-2.4
3	34.2	34.46	-0.75%	47.3	46.60	1.50%	0	0.00	0.00	35	36.2	-1.2
4	24.2	24.46	-1.06%	34.7	34.00	2.06%	13	12.52	0.48	15	16.2	-1.2
5	32.2	32.46	-0.80%	58.7	58.00	1.21%	2	1.52	0.48	25	26.2	-1.2
6	25.7	25.96	-1.00%	41.7	41.00	1.71%	18	17.52	0.48	11	12.2	-1.2
7	20.1	19.84	1.31%	36.0	36.70	-1.91%	11	11.48	-0.48	14	12.8	1.2
8	25.7	25.44	1.02%	49.3	50.00	-1.40%	0	0.48	-0.48	65	63.8	1.2
9	27.9	27.64	0.94%	46.3	47.00	-1.49%	2.5	2.98	-0.48	26	24.8	1.2
10	26.8	26.54	0.98%	43.6	44.30	-1.58%	0	0.48	-0.48	40	38.8	1.2
11	21.8	21.80	0.00%	49.5	49.50	0.00%	3.0	3.00	0.00	28	28.0	0.0

从表中可以看出，主要力学性能指标7d抗压强度和28d抗压强度的拟合精度非常高，7d抗压强度的平均相对误差为1.08%，最大相对误差只有2.37%，28d抗压强度的平均相对误差为1.7%，最大相对误差为2.94%，坍落度试验和工作度虽然被工程测试仪器及方法的精度所限，但是工程中坍落度试验的测试误差为±1 cm，工作度为±5 s，因此，回归方程的计算结果满足精度要求。证明二次数学模型较好地反映出配合比主要参数中各因子及交互作用对混凝土性能的内在规律。

图8—1　水灰比对该混凝土多种性能的影响

因素与性能之间的内在规律可以通过描述考核指标与因素之间的回归方程加以说明，更直观的描述可以通过计算机求解固定其他变量之后选定的重要因素与考核指标的关系，绘出相应曲线，尤其是从多个变量绘制二维，甚至三维等高线图进行分析评价，这样可以很好地反映出交互作用的影响规律。

图8—1反映了重要因素水灰比对重矿渣骨料混凝土性能的影响，可以看出，水泥用量和减水剂掺量定为零水平后，随着水灰比增大，坍落度增长较快，工作度值呈直线下降，7d抗压强度和28d抗压强度均有所降低，在这种条件下，并非水灰比越低强度越高，在水灰比在0.25区域，因水灰比过小成型较困难，强度反而略有降低。

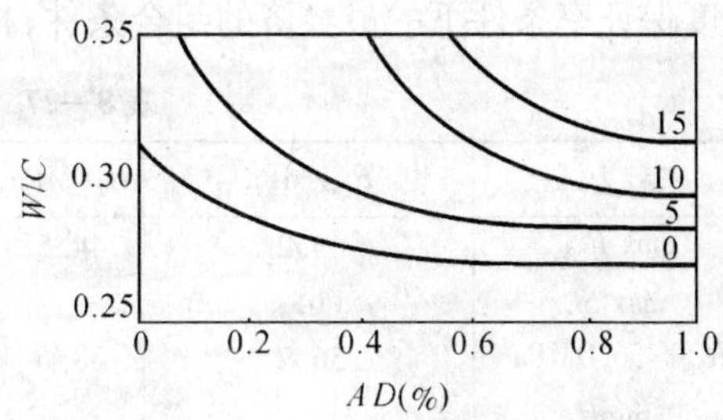

图8—2　等坍落度曲线

图8—2反映了外加剂掺量和水灰比对重矿渣骨料混凝土坍落度的共同影响，可以看出，随着减水剂掺量和水灰比的不断增大，坍落度不断增大，当减水剂掺量超过0.6%，水灰比起决定性的

作用，继续增大减水剂的掺量也无显著的效应。

图 8—3 反映了外加剂掺量和水灰比对重矿渣骨料混凝土工作度的影响，在这一交互作用中，水灰比占主导作用，随着水灰比和减水剂掺量的不断增大，工作度不断减小。

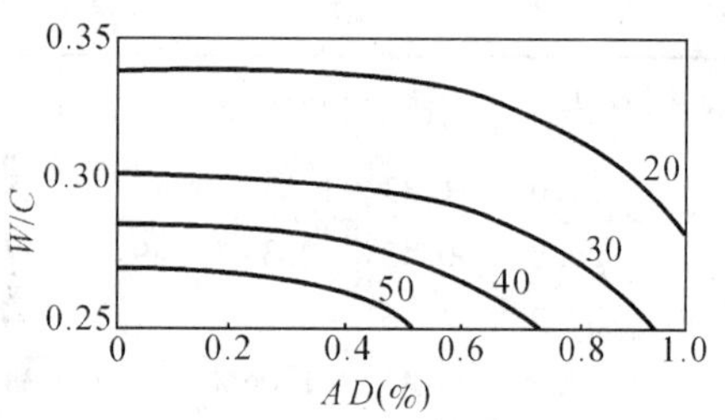

图 8—3　等工作度曲线

图 8—4 为 7d 抗压强度的等高线图，该图反映了减水剂掺量和水灰比对重矿渣骨料混凝土 7d 抗压强度的共同影响规律，在这一交互作用表明，随着水灰比的降低和高效减水剂作用效果，7*d* 抗压强度不断增大，当减水剂掺量超过 0.5% 后，该作用效果更为显著。

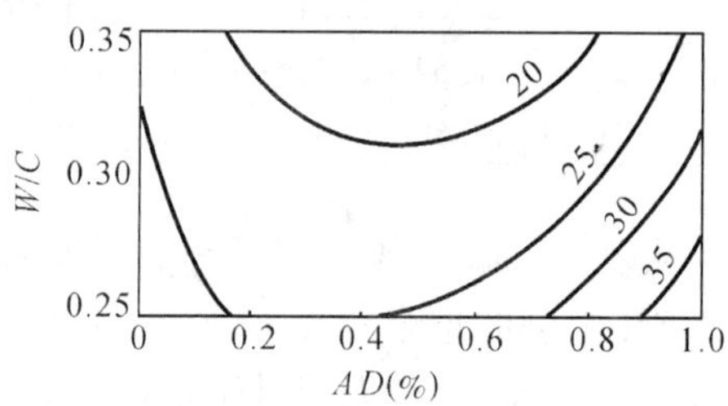

图 8—4　7*d* 强度等高线

图 8—5 为减水剂掺量取中心水平时，混凝土 28*d* 抗压强度的等高线图。该图反映出在曲线的右端一定范围内，水泥用量的变化对 28d 抗压强度的影响不显著，在曲线的左端一定范围内，水灰比的影响也是不太显著，当水泥用量较多时，水灰比成了主导因素，这一现象表明，在一定范围内，只注意增大水泥用量，既不经济，对混凝土的强度的提高也并没有多大效果，这一现象应引起足够的重视。

在优化求解过程中，应对成本影响较大的因素加以考虑，根据现行的价格建立经济函数，经计算处理成编码统一的公式如下：

$$f = 118.25 + 5.375x_2 + 4.125x_3 + 0.1875x_2x_3$$

式中：f——混凝土的成本（¥/m³）。

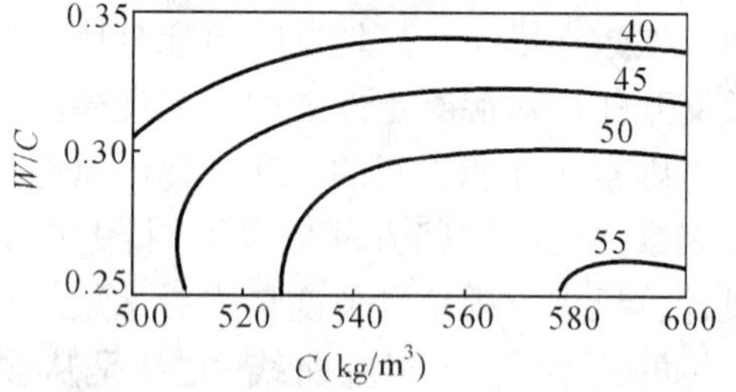

图 8—5　28*d* 强度等高线

优化求解主要有 3 个内容，与之相应的最优解列在表 8—27 中。表 8—27 中问题 1 的最优解反映出现有生产工艺条件下最高可以达到的强度，问题 2 反映出满足一定强度要求时的最大坍落度，这一结果对提高混凝土成型效率有益。满足强度条件下的最经济配比。第 3 个问题的最优解为满足强度保证率条件下的最经济的组合条件，相比之下，问题 3 的优化解更具实际意义。

表 8—27　约束条件下的最优解

工程要求	R_{28}/MPa	R_7/MPa	*Sl*/cm	*V*/s	*W/C*	*C*	*Ad*	*f*/¥
max R_{28}	63.2	44.5	1.5	16.7	0.25	600	1.0%	138
max *Sl* R_{28} > 56.0MPa	56.7	38.6	7.4	11.6	0.288	600	1.0%	138
min*f* R_{28} > 58.0MPa	58.4	36.9	0.2	27.7	0.25	575	0.87%	130

（3）结论

①用 Dn 最优设计建立的重矿渣混凝土 4 个考核指标的二次数学模型能较好地描述 3 个

主要因素与性能之间的内在规律；

②水灰比对重矿渣混凝土的力学性能和工作性影响较大，应严格加以控制；

③绘出的二维等高线图能形象地揭示两因素之间交互作用对该混凝土性能影响的规律；

④约束条件下的优化求解对科学管理和指导生产具有较高的实用价值。

8.5　用 Excel 计算 D 最优设计的回归系数

用 Excel 直接求 D 最优设计的回归方程非常方便，以 8.4.1“D 最优设计在砂浆胶结料研制中的应用”中的终凝时间 $T_{终}$ 为例，说明整个计算过程。

将表 8—7 的“310”设计的 X 表，从 A 列～J 列，填入 Excel 表中，将考核指标终凝时间 $T_{终}$ 填入 Excel 表中 K 列，填完后的情况及具体对应关系如表 8—28 和图 8—6 所示。A 列～J 列的每个元素与 K 列的每个元素相乘（相当于结构矩阵 X 转置与 Y 向量相乘，即常数项矩阵 $X'Y$），从而得到常数项矩阵的每个元素，第 11 行的 L 列～U 列的每个元素（见表 8—29 所列）。

表 8—28　“310”设计的 X 表

	x_0	x_1	x_2	x_3	x_1^2	x_2^2	x_3^2	x_1x_2	x_1x_3	x_2x_3	$T_{终}$
	A	B	C	D	E	F	G	H	I	J	K
1	1	0	0	1.291	0	0	1.666	0	0	0	210
2	1	0	0	-0.136	0	0	0.018	0	0	0	204
3	1	-1	-1	0.639	1	1	0.408	1	-0.639	-0.639	194
4	1	1	-1	0.639	1	1	0.408	-1	0.639	-0.639	209
5	1	-1	1	0.639	1	1	0.408	-1	-0.639	0.639	162
6	1	1	1	0.639	1	1	0.408	1	0.639	0.639	212
7	1	1.174	0	-0.927	1.377	0	0.860	0	-1.088	0	190
8	1	-1.174	0	-0.927	1.377	0	0.860	0	1.088	0	192
9	1	0	1.174	-0.927	0	1.377	0.860	0	0	-1.088	220
10	1	0	-1.174	-0.927	0	1.377	0.860	0	0	1.088	310

表 8—29　$X'Y$ 的计算过程示意

	L	M	N	O	P	Q	R	S	T	U
1	210	0	0	271.11	0	0	350.07	0	0	0
2	204	0	0	-27.744	0	0	3.672	0	0	0
3	194	-194	-194	123.966	194	194	79.152	194	-123.966	-123.966
4	209	209	-209	133.551	209	209	85.272	-209	133.551	-133.551
5	162	-162	162	103.518	162	162	66.096	-162	-103.518	103.518
6	212	212	212	135.468	212	212	86.496	212	135.468	135.468
7	190	223.06	0	-176.13	261.63	0	163.4	0	-206.72	0
8	192	-225.408	0	-177.984	264.384	0	165.12	0	208.896	0
9	220	0	258.28	-203.94	0	302.94	189.2	0	0	-239.36
10	310	0	-363.94	-287.37	0	426.87	266.6	0	0	337.28
11	2103	62.652	-134.66	-105.555	1303.014	1506.81	1455.078	35	43.711	79.389

将表 8—8 的“310”设计的 C 表中的每个元素从 A 列 ~ J 列，列入 Excel 表中第 18 行到 27 行，如图 8—6 和表 8—30 所示。将刚刚求得的常数项矩阵（向量 B）的元素列入 Excel 表中 K 列第 18 行到 27 行。

表 8—30　逆矩阵与常数项矩阵

	A	B	C	D	E	F	G	H	I	J	K
18	1.019	0	0	0	−0.380	−0.380	−0.601	0	0	0	2103
19	0	0.148	0	0	0	0	0	0	0	0	62.652
20	0	0	0.148	0	0	0	0	0	0	0	−134.66
21	0	0	0	0.148	0	0	0	0	0	0	−105.555
22	−0.380	0	0	0	0.347	0.083	0.132	0	0	0	1303.014
23	−0.380	0	0	0	0.083	0.347	0.132	0	0	0	1506.81
24	−0.601	0	0	0	0.132	0.132	0.626	0	0	0	1455.078
25	0	0	0	0	0	0	0	0.250	0	0	35
26	0	0	0	0	0	0	0	0	0.250	0	43.711
27	0	0	0	0	0	0	0	0	0	0.250	79.389

表 8—31　$b=(X^TY)^{-1}X^TY$ 的计算过程示意

	L	M	N	O	P	Q	R	S	T	U
18	2142.957	0	0	0	−799.14	−799.14	−1263.9	0	0	0
19	0	9.272496	0	0	0	0	0	0	0	0
20	0	0	−19.9297	0	0	0	0	0	0	0
21	0	0	0	−15.6221	0	0	0	0	0	0
22	−495.145	0	0	0	452.1459	108.1502	171.9978	0	0	0
23	−572.588	0	0	0	125.0652	522.8631	198.8989	0	0	0
24	−874.502	0	0	0	192.0703	192.0703	910.8788	0	0	0
25	0	0	0	0	0	0	0	8.75	0	0
26	0	0	0	0	0	0	0	0	10.92775	0
27	0	0	0	0	0	0	0	0	0	19.84725
28	200.722	9.272496	−19.9297	−15.6221	−29.8586	23.94353	17.8726	8.75	10.92775	19.84725

从第 18 行至第 27 行的 A 列 ~ J 列的每个元素与 K 列的每个元素相乘，即相当于求回归系数矩阵，即 $b=(X^TX)^{-1}X^TY$，从而得到回归系数矩阵的每个元素。结果见 28 行 L 列 ~ U 列的每个元素（见表 8—25 所列）。最后得到回归模型为

$$T_Z=200.72+9.27x_1-19.93x_2-15.621x_3-29.86x_1^2+23.94x_2^2+17.87x_3^2+8.75x_1x_2+10.93x_1x_3+19.85x_2x_3 \qquad (8—32)$$

与公式（8—20）相比，除个别数字有偏差外，其他数字所差无几。原算法是直接用计算机求逆矩阵，与 C 表中的逆矩阵有一点舍入误差。

第九章 混料试验设计

9.1 混料试验设计的基本特点

在工程实际中经常遇到混料问题,尤其是工业化生产中很多产品都是通过几种材料混合制成的。例如,混凝土由水泥、砂、石和水混合而成,蛋糕是由鸡蛋、面粉、糖和香料制造的。在混料问题中,试验的响应值仅与每种成分所占的百分比有关,而与混料的总量无关,每种成分所占的百分比只能在0与1之间变化,其总和为1。

工程中常常要求性能指标与材料的各个成分建立关系,而这类理论关系的建立非常复杂。在这种情况下可以考虑使用经验模型。最早的产品指标和它成分关系的经验模型称为混料模型(mixture models),相应的试验设计称为混料设计(mixture designs)或单纯形设计(simplex designs)。这一领域的研究始于20世纪50年代Claringbold(1955)和Scheffé(1958)。

设 $x_1(i=1,2,\cdots,p)$ 是第 i 种成分的百分比,则混料问题要受如下条件限制:

$$\begin{cases} x_i \geqslant 0(i=1,2,\cdots,p) \\ x_1+x_2+\cdots+x_p=1 \end{cases} \tag{9—1}$$

由混料条件(9—1)可知,当 $p-1$ 个混料分量的值确定后,剩余的一个混料分量的值也完全随之确定,即在全部 p 个混料分量 $x_1,x_2,\cdots,x_p$ 中,只有 $p-1$ 个是独立的。

混料条件(9—1)决定了在混料设计中不能采用一般的 p 元 d 次完全多项式回归模型,否则会引起信息矩阵退化。以Scheffé典型多项式回归模型为例。混料模型中首先被提出的模型就是Scheffé多项式模型(1958)。

通常回归试验设计的三元二次回归方程为

$$\hat{y} = b_0 + \sum_{i=1}^{3} b_i x_i + \sum_{i\leqslant j} b_{ij} x_i x_j + \sum_{i=1}^{3} b_{ii} x_i^{2} \tag{9—2}$$

而混料回归设计中的三分量二次回归方程为

$$\hat{y} = \sum_{i=1}^{3} b_i x_i + \sum_{i\leqslant j} b_{ij} x_i x_j \tag{9—3}$$

从式(9—3)中可以看出,该式既没有常数项,又没有平方项,只有一次项和交叉项。这一点通过 $x_1+x_2+x_3=1$ 可以推导出来。假定混料问题中的三分量二次回归方程与通常回归试验设计的三元二次回归方程一致,即

$$\hat{y} = a_0 + \sum_{i=1}^{3} a_i x_i + \sum_{i\leqslant j} a_{ij} x_i x_j + \sum_{i=1}^{3} a_{ii} x_i^{2} \tag{9—4}$$

由 $x_1+x_2+x_3=1$ 可得

$$\begin{cases} a_0 = a_0 x_1 + a_0 x_2 + a_0 x_3 \\ x_1^{2} = x_1 - x_1 x_2 - x_1 x_3 \\ x_2^{2} = x_2 - x_2 x_1 - x_2 x_3 \\ x_3^{2} = x_3 - x_3 x_1 - x_3 x_2 \end{cases}$$

将其代入式(9—4)中,则有

$$\hat{y}=(a_0+a_1+a_{11})x_1+(a_0+a_2+a_{22})x_2+(a_0+a_3+a_{33})x_3+(a_{12}-a_{11}-a_{22})x_1x_2+(a_{13}-a_{11}-a_{33})x_1x_3+(a_{23}-a_{22}-a_{33})x_2x_3 \tag{9—5}$$

令 $b_1=a_0+a_1+a_{11}, b_2=a_0+a_2+a_{22}, \cdots, b_{23}=a_{23}-a_{22}-a_{33}$ 则混料回归设计的一般三分量二次多项式回归方程的形式为式(9—3)。对于 p 个混料分量的回归设计,Scheffé 的典型多项式模型为

一次式

$$\hat{y}=\sum_{i=1}^{p} b_i x_i \tag{9—6}$$

二次式

$$\hat{y}=\sum_{i=1}^{p} b_i x_i+\sum_{i<j} b_{ij} x_i x_j \tag{9—7}$$

三次式

$$\hat{y}=\sum_{i=1}^{p} b_i x_i+\sum_{i<j} b_{ij} x_i x_j+\sum_{i<j} \gamma_{ij} x_i x_j(x_i-x_j)+\sum_{i<j<k} b_{ijk} x_i x_j x_k \tag{9—8}$$

这些典型多项式当使用单纯形格子点设计时,其回归系数最小二乘估计的计算将变得很简单。

$p(\geqslant 2)$ 种原料的配置可以表示为在 $(p-1)$ 一维单纯形 $S^{p-1}=\{(x_1,\cdots,x_p)'\in R^p: x_1+\cdots+x_p=1, x_i\geqslant 0(i=1,\cdots,p)\}$ 上的 p 一维向量 $x=(x_1,\cdots,x_p)'$。当 $p=3$ 时,S^{p-1} 是一个三维空间上的三角形(如图 9—1 的三角形 ABC 所示),为方便起见,通常这个三角形可以表示为二维平面上的一个等边三角形(如图 9—2 所示)。当 $p=4$ 时,点 $x=(x_1,x_2,x_3,x_4)'\in S^{p-1}$ 满足条件 $x_1+x_2+x_3\leqslant 1(x_1,x_2,x_3\geqslant 0)$,因此,这种情况下 S^{p-1} 可以表示成一个三维空间上的四面体(如图 9—1 的四面体 $OABC$ 所示)。为方便起见,通常这个四面体 $OABC$ 可以画作一个三维等边四面体(如图 9—3 所示),图 9—2 和图 9—3 中的加重点是后面章节中将解释的设计点。

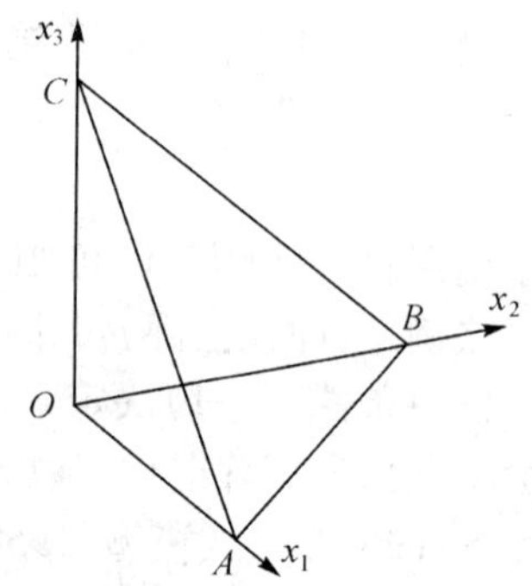

图 9—1 三维空间上的单纯形

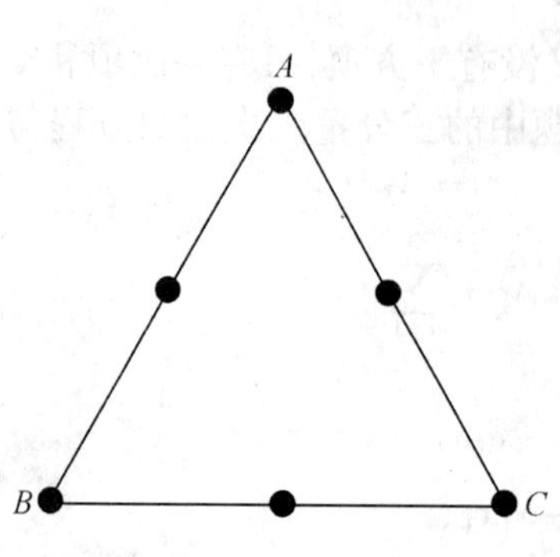

图 9—2 等边三角形 ABC 表示三维空间上的单纯形

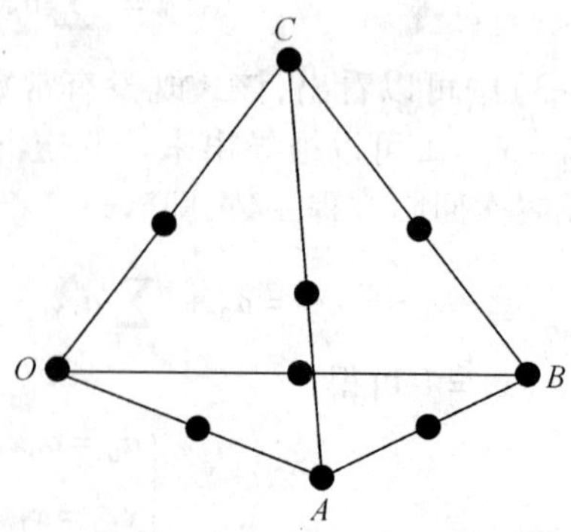

图 9—3 正四面体 $OABC$ 表示四维空间上的单纯形

9.2 常用的混料试验设计

9.2.1 单纯形格子设计

Scheffé 提出了单纯形格子点设计方法,这种设计方法可以保证试验点分布均匀,且回归系数的计算变得很简单。

以 $p=3$ 为例。当 $p=3$ 时,其单纯形是一个高为 1 的等边三角形,它的 3 个顶点的全称为一阶格子点集,记为{3,1}(如图 9—4(a)所示)。

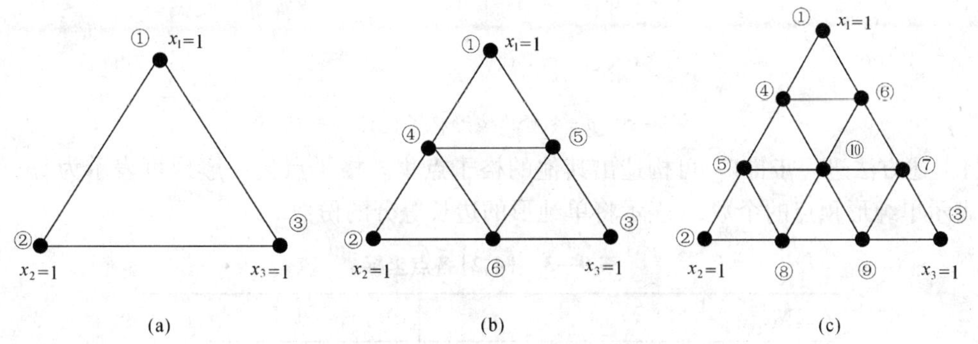

图 9—4 单纯形格子设计点分布

将等边三角形的 3 条边各二等分,则该三角形的 3 个顶点与 3 条边的中点(如图 9—4(b)所示)的全体称为二阶格子点集,记为{3,2},其中共有 6 个点,各点坐标见表 9—1 所列。

将等边三角形的 3 条边各三等分,对应的分点连成与边平行的直线,如图 9—4(c)所示,在等边三角形上形成许多格子,这些格子的顶点的全体称为三阶格子点集,记为{3,3},其中共有 10 个点,各点坐标见表 9—2 所列。

表 9—1 {3,2}各点坐标

No.	x_1	x_2	x_3
1	1	0	0
2	0	1	0
3	0	0	1
4	1/2	1/2	0
5	1/2	0	1/2
6	0	1/2	1/2

表 9—2 {3,3}各点坐标

No.	x_1	x_2	x_3
1	1	0	0
2	0	1	0
3	0	0	1
4	2/3	1/3	0
5	1/3	2/3	0
6	2/3	0	1/3
7	1/3	0	2/3
8	0	2/3	1/3
9	0	1/3	2/3
10	1/3	1/3	1/3

当 $p=4$ 时,类似地可得到 d 阶格子点集{4,d}。格子点集{4,1},{4,2},{4,3}如图 9—5 所示。格子点集{4,2}中有 10 个点,各点坐标见表 9—3 所列。格子点集格子点集{4,3}中有

20 个点，各点坐标见表 9—4 所列。

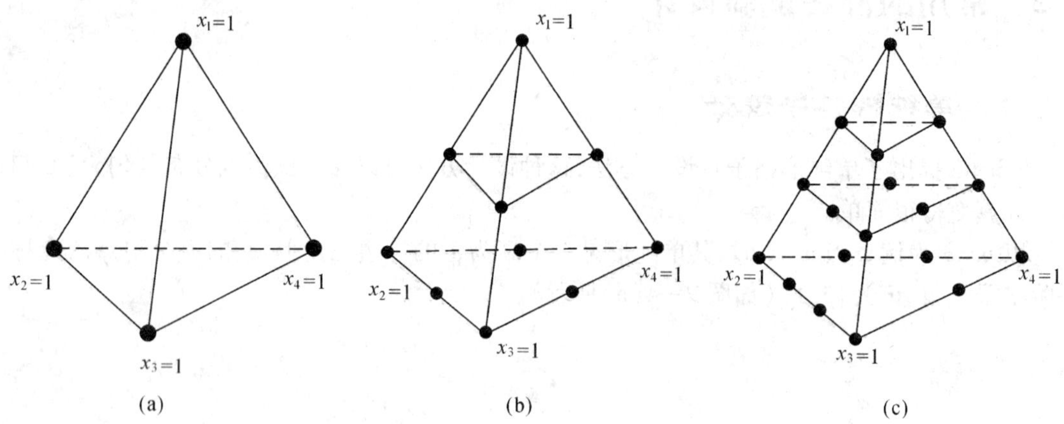

图 9—5　$p=4$ 时单纯形格子设计点分布

将上述方法进一步推广，可构造出其他的格子点集。格子点集一般地可表示为 $\{p,d\}$，其中，p 表示单纯形顶点的个数，d 表示将单纯形的边长等分的份数。

表 9—3　{4,2} 各点坐标

No.	x_1	x_2	x_3	x_4
1	1	0	0	0
2	0	1	0	0
3	0	0	1	0
4	0	0	0	1
5	1/2	1/2	0	0
6	1/2	0	1/2	0
7	1/2	0	0	1/2
8	0	1/2	1/2	0
9	0	1/2	0	1/2
10	0	0	1/2	1/2

表 9—4　{4,3} 各点坐标

No.	x_1	x_2	x_3	x_4
1	1	0	0	0
2	0	1	0	0
3	0	0	1	0
4	0	0	0	1
5	2/3	1/3	0	0
6	1/3	2/3	0	0
7	2/3	0	1/3	0
8	1/3	0	2/3	0
9	2/3	0	0	1/3
10	1/3	0	0	2/3

续表

No.	x_1	x_2	x_3	x_4
11	0	2/3	1/3	0
12	0	1/3	2/3	0
13	0	2/3	0	1/3
14	0	1/3	0	2/3
15	0	0	2/3	1/3
16	0	0	1/3	2/3
17	1/3	1/3	1/3	0
18	1/3	1/3	0	1/3
19	1/3	0	1/3	1/3
20	0	1/3	1/3	1/3

在单纯形格子设计中，p 分量 d 阶格子点集 $\{p,d\}$ 中有 C_{p+d-1}^{d} 个点，正好与所采用的 d 阶完全型规范多项式回归方程中待估计的回归系数的个数相等，故单纯形格子设计是饱和设计，是在“试验次数最少”意义下的最优设计。常用的单纯形格子的试验点数及相应的完全型规范多项式回归方程阶数 d 之间的关系见表 9—5 所列。

回归系数的计算如前面所说，对于 Scheffé 典型多项式回归模型，当采用单纯形格子点设计时，回归系数的最小二乘估计变得很简单，这时，每个回归系数的值只取决于按一定规律对应的一些格子点的观察值，而与其他设计点上的观察值无关，各回归系数都可以表示成相应设计点上观察值的简单线性组合。以三分量混料设计的二阶多项式回归方程为例，说明怎样从试验结果计算结果计算各回归系数。

表 9—5 单纯形格子设计的试验点数

d \ p	回归方程阶数		
	2	3	4
3	6	10	15
4	10	20	35
5	15	35	70
6	21	56	126
8	36	120	330
10	55	220	715

三分量二阶多项式回归方程的规范形式为

$$\hat{y} = b_1x_1 + b_2x_2 + b_3x_3 + b_{12}x_1x_2 + b_{13}x_1x_3 + b_{23}x_2x_3 \tag{9—9}$$

与此相应单纯形格子设计及试验结果见表 9—6 所列。

表 9—6 单纯形格子{3,2}设计及试验结果

No.	x_1	x_2	x_3	y
1	1	0	0	y_1
2	0	1	0	y_2
3	0	0	1	y_3
4	1/2	1/2	0	y_{12}

续表

No.	x_1	x_2	x_3	y
5	1/2	0	1/2	y_{13}
6	0	1/2	1/2	y_{23}

为了便于计算回归系数，将各试验点的观察值以相应的下角标来表示，其结果如下：

y_i——x_i 为 1 而其余分量皆为零的格子点的观察值；

y_{ij}——x_i 为 1/2，x_j 为 1/2，其余各分量皆为零的格子点的观察值；

y_{iij}——x_i 为 2/3，x_j 为 1/3，其余各分量皆为零的格子点的观察值；

y_{iiij}——x_i 为 3/4，x_j 为 1/4，其余各分量皆为零的格子点的观察值。

在(9—9)式中，令 $x_1=1, x_2=x_3=0$，可得

$$b_1=y_1$$

在(9—9)式中，令 $x_1=x_2=1/2, x_3=0$，可得

$$b_{12}=4y_{12}-2(y_1+y_2)$$

同理可得

$$\begin{cases}b_i=y_i\\ b_{ij}=4y_{ij}-2(y_i+y_j)\,(i<j, i, j=1,2,3)\end{cases} \tag{9—10}$$

对于一般的 p 分量系统，与二阶单纯形格子设计相应的二阶典型多项式回归方程的系数公式为

$$\begin{cases}b_i=y_i\,(i=1,2,\cdots,p)\\ b_{ij}=4y_{ij}-2(y_i+y_j)\,(i<j, i, j=1,2,\cdots,p)\end{cases} \tag{9—11}$$

类似地，p 分量系统三阶单纯形格子设计相应的典型多项式回归方程(9—8)的系数公式为

$$\begin{cases}b_i=y_i\\ b_{ij}=9/4\cdot(y_{iij}+y_{ijj}-y_i-y_j)\\ \gamma_{ij}=9/4\cdot(3y_{iij}-3y_{ijj}-y_i+y_j)\\ b_{ijk}=27y_{ijk}-27/4\cdot(y_{iij}+y_{ijj}+y_{iik}+y_{ikk}+y_{jjk}+y_{jkk})+9/2\cdot(y_i+y_j+y_k)\\ (i,j,k=1,2,\cdots,p, i<j<k)\end{cases} \tag{9—12}$$

【例 9.1】 为考察燃料粒度对烧结矿强度的影响，将燃料粒度分为 4 个等级，即

0.0～0.5mm 其用量用表示 z_1；

0.5～2.0mm 其用量用表示 z_2；

2.0～3.0mm 其用量用表示 z_3；

3.0～5.0mm 其用量用表示 z_4。

采用二阶正规单纯形格子点集{4,2}设计，试验方案及试验结果见表 9—7 所列。

表 9—7 {4,2}各点坐标

No.	x_1	x_2	x_3	x_4	y
1	1	0	0	0	$y_1=26.2$
2	0	1	0	0	$y_2=23.0$
3	0	0	1	0	$y_3=21.5$

续表

No.	x_1	x_2	x_3	x_4	y
4	0	0	0	1	$y_4=21.5$
5	1/2	1/2	0	0	$y_{12}=26.0$
6	1/2	0	1/2	0	$y_{13}=23.8$
7	1/2	0	0	1/2	$y_{14}=27.5$
8	0	1/2	1/2	0	$y_{23}=21.5$
9	0	1/2	0	1/2	$y_{24}=22.3$
10	0	0	1/2	1/2	$y_{34}=21.7$

将此表数据代入式(9—10)，可得到各回归系数，例如

$$b_1=y_1=26.2$$

$$b_{12}=4y_{12}-2(y_1+y_2)=5.6$$

最后得到烧结矿强度 y 与燃料各种粒度比例的回归方程为

$$\hat{y}=26.2x_1+23.0x_2+21.5x_3+21.0x_4+5.6x_1x_2-0.2x_1x_3+15.6x_1x_4-3.0x_2x_3+1.2x_2x_4+1.8x_3x_4 \tag{9—13}$$

9.2.2　单纯形重心设计

在单纯形格子设计方法中，当采用的回归模型的阶数大于 2 时，在某些混料中，各分量是以不相等的比例出现的。能否对单纯形格子设计进行改进，只考虑各成分有等比例成分的试验？此外，单纯形格子设计虽然是饱和设计，但试验次数仍然很多，这样对 *Scheffé* 典型多项式回归模型进行改造，改变为对各分量来说都是对称的。于是，提出了单纯形重心设计。

在单纯形重心设计中，采用的回归模型为

一阶重心多项式

$$\hat{y}=\sum_{i=1}^{p}b_ix_i \tag{9—14}$$

二阶重心多项式

$$\hat{y}=\sum_{i=1}^{p}b_ix_i+\sum_{i<j}b_{ij}x_ix_j \tag{9—15}$$

三阶重心多项式

$$\hat{y}=\sum_{i=1}^{p}b_ix_i+\sum_{i<j}b_{ij}x_ix_j+\sum_{i<j<k}b_{ijk}x_ix_jx_k \tag{9—16}$$

p 阶重心多项式

$$\hat{y}=\sum_{i=1}^{p}b_ix_i+\sum_{i<j}b_{ij}x_ix_j+\sum_{i<j<k}b_{ijk}x_ix_jx_k+\cdots+b_{12\cdots p}x_1x_2\cdots x_p \tag{9—17}$$

由以上的重心多项式回归模型可以看出，一阶、二阶重心多项式回归模型与 Scheffé 典型多项式回归模型是相同的。当阶数大于 2 时，前者较后者减少了一些乘积项。另外，对于 p 分量混料系统，重心多项式回归方程的阶数最高为 p。

对于 $p=3$，其单纯形重心设计中共有 7 个点，见表 9—8 及图 9—6 所示。

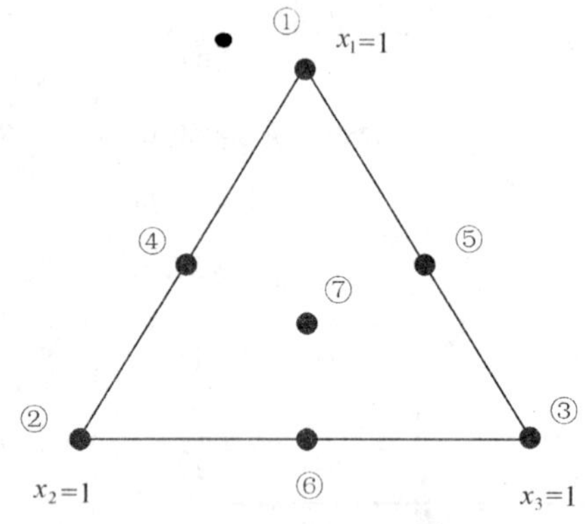

图 9—6 单纯形重心设计点分布

表 9—8 三分量三阶单纯形重心设计

No.	x_1	x_2	x_3
1	1	0	0
2	0	1	0
3	0	0	1
4	1/2	1/2	0
5	1/2	0	1/2
6	0	1/2	1/2
7	1/3	1/3	1/3

三分量三阶重心多项式回归方程

$$\hat{y} = \sum_{i=1}^{3} b_i x_i + \sum_{i<j} b_{ij} x_i x_j + b_{123} x_1 x_2 x_3 \tag{9—18}$$

其系数计算公式为

$$\begin{cases} b_i = y_i \\ b_{ij} = 4y_{ij} - 2(y_i + y_j) \qquad (i,j=1,2,3\ \ i<j) \\ b_{123} = 27y_{123} - 12(y_{12} + y_{13} + y_{23}) + 3(y_1 + y_2 + y_3) \end{cases} \tag{9—19}$$

9.2.3 有确界约束的混料设计

在工程中许多混料问题经常受下界约束、上界约束，有的同时受到上下界约束等限制条件。如水泥砂浆材料，仅有水泥没有水不行，仅有水泥和水而没有砂子，配出来的是水泥净浆。

9.2.3.1 有下界约束的混料设计

三分量有下界约束的混料设计条件如下：

$$\begin{cases} x_i \geqslant a_i \geqslant 0 (i=1,2,3,a_i \text{ 是常数}) \\ x_1 + x_2 + x_3 = 1 \end{cases} \tag{9—20}$$

如图 9—7 所示，试验区域是等边三角形 $x_1x_2x_3$ 内部的小等边三角形 $x_1'x_2'x_3'$。这样一来，对大三角形有下界约束的混料问题便转化成对小三角形坐标系无约束的混料问题。于是，我们可以在小等边三角形上进行单纯形格子设计或单纯形重心设计。

在工程实际试验中的混料配方要用原象正规单纯形坐标系的坐标 (x_1,x_2,x_3) 来表示。而设计中用小等边三角形的坐标进行。

小等边三角形 $x_1'x_2'x_3'$ 的 3 个顶点①，②，③关于大三角形的对应关系如下：

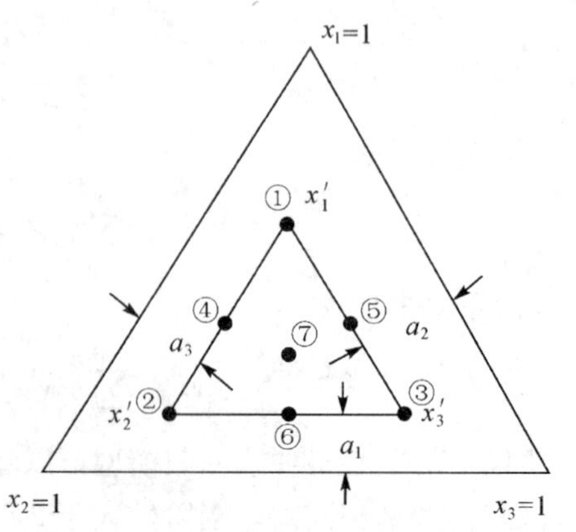

图 9—7 有下界约束的混料试验区域

大三角形坐标 小三角形坐标

$x_1-x_2-x_3$ $x_1'-x_2'-x_3'$

$$①:\begin{bmatrix}1-(a_2+a_3)\\a_2\\a_3\end{bmatrix}\longleftrightarrow\begin{bmatrix}1\\0\\0\end{bmatrix}$$

$$②:\begin{bmatrix}a_1\\1-(a_1+a_3)\\a_3\end{bmatrix}\longleftrightarrow\begin{bmatrix}0\\1\\0\end{bmatrix}$$

$$③:\begin{bmatrix}a_1\\a_2\\1-(a_1+a_2)\end{bmatrix}\longleftrightarrow\begin{bmatrix}0\\0\\1\end{bmatrix}$$

在正规单纯形坐标系下,可通过系线性变换来确认相互坐标关系。如设 A 点关于大、小三角形坐标系的坐标分别是

$$(x_1(A),x_2(A),x_3(A))$$
$$(x_1'(A),x_2'(A),x_3'(A))$$

则它们之间的关系可用线性变换

$$\begin{bmatrix}x_1(a)\\x_2(a)\\x_3(a)\end{bmatrix}=\begin{bmatrix}1-(a_2+a_3) & a_1 & a_1\\a_2 & 1-(a_1+a_3) & a_2\\a_3 & a_3 & 1-(a_1+a_2)\end{bmatrix}\begin{bmatrix}x_1'(a)\\x_2'(a)\\x_3'(a)\end{bmatrix} \tag{9—21}$$

来表达。

【例 9.2】 用水泥和石灰固化粘土,制备道路底基层,确定的混料各组分掺量的约束条件为:

$$\begin{cases}\text{重粘土掺量} & x_1\geqslant 70\%\\ \text{水泥掺量} & x_2\geqslant 5\%\\ \text{石灰掺量} & x_3\geqslant 10\%\\ x_1+x_2+x_3=1\end{cases}$$

根据式(9—18)试验区域中任意一点 A 关于大、小等边三角形坐标系的坐标间变换关系是

$$\begin{bmatrix}x_1(a)\\x_2(a)\\x_3(a)\end{bmatrix}=\begin{bmatrix}1-(0.05+0.10) & 0.70 & 0.70\\0.05 & 1-(0.70+0.10) & 0.05\\0.10 & 0.10 & 1-(0.70+0.05)\end{bmatrix}\begin{bmatrix}x_1'(a)\\x_2'(a)\\x_3'(a)\end{bmatrix}$$

$$=\begin{bmatrix}0.85 & 0.70 & 0.70\\0.05 & 0.20 & 0.05\\0.10 & 0.10 & 0.25\end{bmatrix}\begin{bmatrix}x_1'(a)\\x_2'(a)\\x_3'(a)\end{bmatrix}$$

试验方案见表 9—9 所列。

表 9—9 有约束三分量单纯形重心设计方案

No.	大三角形坐标			小三角形坐标		
	x_1	x_2	x_3	x_1'	x_2'	x_3'
1	0.85	0.05	0.10	1	0	0

续表

No.	大三角形坐标			小三角形坐标		
	x_1	x_2	x_3	x_1'	x_2'	x_3'
2	0.70	0.20	0.10	0	1	0
3	0.70	0.05	0.25	0	0	1
4	0.775	0.125	0.10	1/2	1/2	0
5	0.775	0.05	0.175	1/2	0	1/2
6	0.70	0.175	0.175	0	1/2	1/2
7	0.75	0.10	0.15	1/3	1/3	1/3

9.2.3.2 有上、下界约束的混料设计

在混料设计中，工程中常常出现有些组分兼受上、下界约束，即受到以下条件的限制

$$\begin{cases} a_i \leqslant x_i \leqslant b_i (i=1,2,\cdots,p, a_i, b_i \text{ 是常数}) \\ x_1 + x_2 + \cdots + x_p = 1 \end{cases} \qquad (9—22)$$

如图 9—8 所示反映出三分量系统可能出现的几种形状。

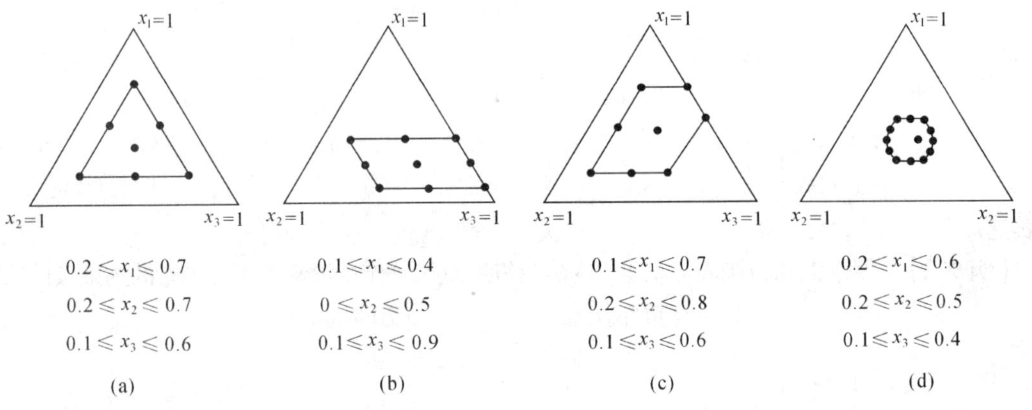

图 9—8 兼受上、下界约束的料试验区域

(1)极端顶点设计法

对于兼有上、下界约束的混料问题，常用极端顶点设计法和对称单纯形设计的探索法。满足兼有上、下界约束条件的式(9—19)的点的总体是$(p-1)$维正规单纯形内的一个$(p-1)$维凸多面体，此多面体的$(p-2)$维边界面分别与相应的坐标面($x_i=0$ 的面，$i=1,2,\cdots,p$)平行。极端顶点设计法就是将试验点取在此凸多面体的顶点及各个$(p-2)$维边界面的重心上，或者再加上各顶点的重心，构成兼有上、下界约束的混料问题的顶点加边界面重心设计，有时试验区域的重心也考虑在内。边界面重心的坐标为边界面上各顶点坐标的平均值。

下面举例说明极端顶点设计法。

【例 9.3】 配制优质混凝土泵送剂时需要缓凝减水剂 x_1、萘系高效减水剂 x_2、氨基磺酸盐高效减水剂 x_3、减水保塑组分 x_4。各组分受以下约束：

$$0.20 \leqslant x_1 \leqslant 0.50, 0.30 \leqslant x_2 \leqslant 0.80, 0.10 \leqslant x_3 \leqslant 0.40, 0.05 \leqslant x_4 \leqslant 0.30$$

所有组分边界值的全部组合见表 9—10 所列。

表 9—10　混料凸多面体的顶点

No.	x_1	x_2	x_3	x_4	$x_1+x_2+x_3$	顶点号	No.	x_1	x_2	x_3	x_4	$x_1+x_3+x_4$	顶点号
1	0.20	0.30	0.10		0.60		17	0.20	0.65	0.10	0.05	0.35	④
2	0.20	0.30	0.40	0.10	0.90	①	18	0.20	0.40	0.10	0.30	0.60	⑤
3	0.20	0.80	0.10		1.10		19	0.20	0.35	0.40	0.05	0.65	⑥
4	0.20	0.80	0.40		1.40		20	0.20		0.40	0.30	0.90	
5	0.50	0.30	0.10	0.10	0.90	②	21	0.50	0.35	0.10	0.05	0.65	⑦
6	0.50	0.30	0.40		1.20		22	0.50		0.10	0.30	0.90	
7	0.50	0.80	0.10		1.40		23	0.50		0.40	0.05	0.95	
8	0.50	0.80	0.40		1.70		24	0.50		0.40	0.30	1.20	
					$x_1+x_2+x_4$							$x_2+x_3+x_4$	
9	0.20	0.30		0.05	0.55		25		0.30	0.10	0.05	0.45	
10	0.20	0.30	0.20	0.30	0.80	③	26	0.30	0.30	0.10	0.30	0.70	⑧
11	0.20	0.80		0.05	1.05		27		0.30	0.40	0.05	1.20	
12	0.20	0.80		0.30	1.30		28		0.30	0.40	0.30	1.00	
13	0.50	0.30		0.05	1.30		29		0.80	0.10	0.05	0.95	
14	0.50	0.30		0.30	1.10		30		0.80	0.10	0.30	1.20	
15	0.50	0.80		0.05	1.80		31		0.80	0.40	0.05	1.25	
16	0.50	0.80		0.30	1.60		32		0.80	0.40	0.30	1.50	

其中，No. 1 ~8 是 $x_1x_2x_3$ 的边界值构成的；No. 9 ~16 是 $x_1x_2x_4$ 的边界值构成的；No. 17 ~24 是 $x_1x_3x_4$ 的边界值构成的；No. 25 ~32 是 $x_2x_3x_4$ 的边界值构成的。

根据边界值的要求，只有 8 个点满足约束条件，详见表 9—10 所列。

对于 x_1 来说，有相同坐标的顶点是：①，③，⑤，⑥和②，⑦；

对于 x_2 来说，有相同坐标的顶点是：①，②，③，⑧；

对于 x_3 来说，有相同坐标的顶点是：②，④，⑤，⑦，⑧和①，⑥；

对于 x_4 来说，有相同坐标的顶点是：④，⑥，⑦和③，⑤，⑧；

对这 7 组点，求出每组各点坐标的平均值，即 7 个边界面重心坐标。最后求这 8 个顶点坐标的平均值，即总体重心。

表 9—11　混料凸多面体的顶点设计

No.	x_1	x_2	x_3	x_4	
顶点 1	0.20	0.30	0.40	0.10	
2	0.50	0.30	0.10	0.10	
4	0.20	0.30	0.20	0.30	
5	0.20	0.65	0.10	0.05	
6	0.20	0.40	0.10	0.30	
7	0.20	0.35	0.40	0.05	
8	0.50	0.35	0.10	0.05	
	0.30	0.30	0.10	0.30	
					构成边界面的顶点号

续表

No.		x_1	x_2	x_3	x_4	
边界面重心	9	0.20	0.3375	0.275	0.1875	①,③,⑤,⑥
	10	0.50	0.325	0.10	0.075	②,⑦
	11	0.30	0.30	0.20	0.20	①,②,③,⑧
	12	0.34	0.40	0.10	0.16	②,④,⑤,⑦,⑧
	13	0.20	0.325	0.40	0.075	①,⑥
	14	0.30	0.45	0.20	0.05	④,⑥,⑦
	15	0.2333	0.3333	0.1333	0.30	③,⑤,⑧
总体重心	16	0.2875	0.368 75	0.1875	0.156 25	8 顶点重心

(2)对称单纯形设计的搜索法

极端顶点设计法虽然可以给出兼有上、下界约束条件式(9—19)的混料设计方案,但形成这种方案比较麻烦,有时甚至产生"点凝聚",而且,试验点数增加的很快,当极端顶点设计法出现几个点挤在一起,这时,该方法就不再合适了。这时,采用对称单纯形设计的搜索法可以给出同时满足兼有上、下界约束条件的混料设计方案。

对称单纯形设计的搜索法的基本思想是通过探索选择一个合适的对称单纯形设计 Z,再通过线性映射

$$x_j = a_j + (b_j - a_j)z_j/B(j=1,2,\cdots p-1;B=\max_{i,j} z_{ij};i=1,2,\cdots,N;j=1,2,\cdots,p)$$

得到满足上、下界约束条件(9—19)的设计 X。

下面通过实例说明。

【例 9.4】 早强泵送混凝土胶凝材料和外加剂复合时,各组分及其上、下界约束如下:

减水保塑组分 x_1: $0.5\% \leqslant x_1 \leqslant 1.0\%$

早强组分 x_2: $1.0\% \leqslant x_2 \leqslant 2.0\%$

粉煤灰 x_3: $10\% \leqslant x_3 \leqslant 30\%$

矿渣粉 x_4: $10\% \leqslant x_4 \leqslant 25\%$

水泥 x_5: 剩下的余量(内控 $40\% \leqslant x_5 \leqslant 90\%$)

每个分量按其变程由小到大的排列见表 9—12 所列。

在本例中,水泥用量实际上可以不受约束。只要前四项确定后,第五项自然就确定了。要建立二阶规范多项式回归方程,共有 10 个待估参数,可选择一个试验点少于 10 的四分量对称单纯形设计,例如表 9—13 中的 20 点设计,然后用线性映射

$$\begin{cases} x_1 = 0.005 + 0.005Z_1 \\ x_2 = 0.010 + 0.010Z_2 \\ x_3 = 0.10 + 0.20Z_3 \\ x_4 = 0.10 + 0.15Z_4 \\ x_5 = 1 - (x_1 + x_2 + x_3 + x_4) \end{cases} \tag{9—23}$$

就可以得到满足上、下界约束的 20 点设计。由于设计不是饱和的,因此,回归方程中的回归系数要用最小二乘法求出。

表 9—12 各分量的变程表

分量	极小值(a_i)	极大值(b_i)	变程(b_i-a_i)
x_1	0.005	0.010	0.005
x_2	0.010	0.020	0.010
x_3	0.100	0.300	0.200
x_4	0.100	0.250	0.150
x_5	0.400	0.800	0.400

表 9—13 满足约束条件的 20 点设计

No.	20 点对称单纯形设计					满足约束条件的 20 点设计				
	Z_1	Z_2	Z_3	Z_4	Z_5	x_1	x_2	x_3	x_4	x_5
1	1	0	0	0	0	0.0100	0.0100	0.1000	0.1000	0.7800
2	0	1	0	0	0	0.0050	0.0200	0.1000	0.1000	0.7750
3	0	0	1	0	0	0.0050	0.0100	0.3000	0.1000	0.5850
4	0	0	0	1	0	0.0050	0.0100	0.1000	0.2500	0.6350
5	0	0	0	0	1	0.0050	0.0100	0.1000	0.1000	0.7850
6	1/2	1/2	0	0	0	0.0075	0.0150	0.1000	0.1000	0.7775
7	1/2	0	1/2	0	0	0.0075	0.0100	0.2000	0.1000	0.6825
8	1/2	0	0	1/2	0	0.0075	0.0100	0.1000	0.1750	0.7075
9	1/2	0	0	0	1/2	0.0075	0.0100	0.1000	0.1000	0.7825
10	0	1/2	1/2	0	0	0.0050	0.0150	0.2000	0.1000	0.6800
11	0	1/2	0	1/2	0	0.0050	0.0150	0.1000	0.1750	0.7050
12	0	1/2	0	0	1/2	0.0050	0.0150	0.1000	0.1000	0.7800
13	0	0	1/2	1/2	0	0.0050	0.0100	0.2000	0.1750	0.6100
14	0	0	1/2	0	1/2	0.0050	0.0100	0.2000	0.1000	0.6850
15	0	0	0	1/2	1/2	0.0050	0.0100	0.1000	0.1750	0.7100
16	1/6	1/6	1/6	1/6	2/6	0.0058	0.0117	0.1333	0.1250	0.7243
17	1/6	1/6	1/6	2/6	1/6	0.0058	0.0117	0.1333	0.1500	0.6991
18	1/6	1/6	2/6	1/6	1/6	0.0058	0.0117	0.1667	0.1250	0.6423
19	1/6	2/6	1/6	1/6	1/6	0.0058	0.0133	0.1333	0.1250	0.7226
20	2/6	1/6	1/6	1/6	1/6	0.0067	0.0117	0.1333	0.1250	0.7233

9.3 其他混料设计

9.3.1 具有倒数项的混料设计

常见的倒数项混料设计有线性——倒数项模型和二次——倒数项模型,这些模型是在 Scheffé 典型多项式中增加倒数项 $x_i^{-1}(i=1,2,\cdots,p)$ 而得到的。

线性——倒数项模型为

$$\hat{y} = \sum_{i=1}^{p} b_i x_i + \sum_{i=1}^{p} b_i x_i^{-1} \tag{9—24}$$

二次——倒数项模型为

$$\hat{y} = \sum_{i=1}^{p} b_i x_i + \sum_{i<j} b_{ij} x_i x_j + \sum_{i=1}^{p} b_i x_i^{-1} \tag{9—25}$$

三分量线性——倒数项模型的 Dn 最优设计见表 9—14 所列。

表 9—14　三分量线性——倒数项模型的 Dn 最优设计

设计点	设计点数											
	10	11	12	13	14	15	16	17	18	19	20	21
(0.05,0.05,0.90)	1	1	1	1	1	1	1	1	2	2	2	2
(0.05,0.90,0.05)	1	1	1	1	1	1	1	1	1	2	2	2
(0.90,0.05,0.05)	1	1	1	1	1	1	2	1	1	1	2	2
(0.05,0.17,0.78)	1	1	1	2	1	2	2	2	2	2	2	2
(0.05,0.78,0.17)	1	1	1	1	1	2	2	2	2	2	2	2
(0.17,0.05,0.78)	1	1	1	2	2	2	2	2	2	2	2	2
(0.17,0.78,0.05)	1	1	1	1	1	2	2	2	2	2	2	2
(0.78,0.05,0.17)	1	1	1	1	2	1	1	2	2	2	2	2
(0.78,0.17,0.05)	1	1	1	1	2	1	1	2	2	2	2	2
(0.20,0.20,0.60)		1										1
(0.20,0.60,0.20)				1	1							1
(0.60,0.20,0.20)		1		1		1	1					1
(1/3,1/3,1/3)	1						1	2	1	1	2	
(0.17,0.17,0.66)			1									
(0.17,0.66,0.17)			1									
(0.66,0.17,0.17)			1									
(0.28,0.36,0.36)						1				1		
(0.25,0.23,0.52)					1							
(0.27,0.27,0.46)									1			
$\vert M(\xi(n))\vert$	118.0	111.7	109.6	106.8	105.7	108.7	113.4	116.2	115.8	116.3	118.0	120.5

三分量二次——倒数项模型的 Dn 最优设计见表 9—15 所列。

表 9—15　三分量二次——倒数项模型的 Dn 最优设计

设计点	设计点数												
	9	10	11	12	13	14	15	16	17	18	19	20	21
(0.05,0.05,0.90)	1	1	1	1	1	2	1	2	2	2	2	2	2
(0.05,0.90,0.05)	1	1	1	1	1	2	1	2	2	2	2	2	2
(0.90,0.05,0.05)	1	1	1	1	1	1	2	2	2	2	2	2	2
(0.05,0.475,0.475)	1	1	1	1	2	2	1	2	2	2	2	2	2
(0.475,0.05,0.475)	1	1	1	1	1	1	2	2	2	2	2	2	2
(0.475,0.475,0.05)	1	1	1	1	1	1	2	2	2	2	2	2	2
(0.14, 0.14,0.72)	1	1	1			1		2	2	2	2	2	2
(0.14,0.72,0.14)	1	1			1	1	1	1	2	2	2	2	2
(0.72,0.14,0.14)	1	1	1	1			1	1	1	2	2	2	2
(0.05,0.13,0.82)				1			1						

续表

设计点	设计点数												
	9	10	11	12	13	14	15	16	17	18	19	20	21
(0.13,0.05,0.82)		1		1	1		1						
(0.05,0.82,0.13)			1	1			1						1
(0.13,0.82,0.05)			1									1	1
(0.82,0.05,0.13)					1	1					1		
(0.82, 0.13,0.05)					1	1						1	1
(0.16,0.68,0.16)			1										
(0.16,0.16,0.68)				1			1						
(0.15,0.70,0.15)				1									
(0.15,0.15,0.70)					1								
(0.68,0.16,0.16)					1	1							
$\|M(\xi(n))\| \times 10^7$	0.706	0.563	0.502	0.463	0.441	0.444	0.457	0.510	0.591	0.706	0.664	0.639	0.625

9.3.2 三分量对数项混料设计

1983 年朱伟勇教授针对具有边界效应的混料试验,并结合材料科学及钢铁冶金中的具体试验模式,在国际上首次提出具有对数项的新混料模型,在对数项混料模型的 D 最优和 Dn 最优设计方面有所突破。

一次带对数项典型多项式模型为

$$\hat{y} = \sum_{i=1}^{p} b_i x_i + \sum_{i=1}^{p} \gamma_i \text{In} x_i \tag{9—26}$$

二次带对数项典型多项式模型为

$$\hat{y} = \sum_{i=1}^{p} b_i x_i + \sum_{i<j} b_{ij} x_i x_j + \sum_{i=1}^{p} \gamma_i \text{In} x_i \tag{9—27}$$

这两个模型是用来描述其响应在某些分量趋向指定的边界时发生迅速变化这类混料问题的。假定这个边界是零边界或者能变换到零边界,同时,还假定每个分量的实际值不小于 0.05。

三分量一次带对数项典型多项式模型的确切设计见表 9—16 所列。

表 9—16 三分量一次带对数项模型的确切设计

设计点	设计中的点数				
	6	7	8	9	10
1	(0.05,0.90,0.05)	(0.05,0.90,0.05)	(0.90,0.05,0.05)	(0.05,0.05,0.90)	(0.05,0.05,0.90)
2	(0.05,0.26,0.69)	(0.90,0.05,0.05)	(0.05,0.15,0.80)	(0.05,0.90,0.05)	(0.05,0.90,0.05)
3	(0.69,0.26,0.05)	(0.05,0.16,0.79)	(0.15,0.80,0.05)	(0.90,0.05,0.05)	(0.90,0.05,0.05)
4	(0.155,0.05,0.795)	(0.05,0.725,0.225)	(0.05,0.78,0.17)	(0.05,0.70,0.25)	(0.05,0.225,0.725)
5	(0.795,0.05,0.155)	(0.225,0.05,0.725)	(0.17,0.05,0.78)	(0.25,0.05,0.70)	(0.05,0.725,0.225)
6	(0.245,0.51,0.245)	(0.39,0.56,0.05)	(0.70,0.05,0.25)	(0.70,0.25,0.05)	(0.225,0.05,0.725)
7		(0.50,0.25,0.25)	(0.70,0.25,0.05)	(0.05,0.26,0.69)	(0.225,0.725,0.05)
8			(1/3,1/3,1/3)	(0.26,0.69,0.05)	(0.725,0.05,0.225)
9				(0.69,0.05,0.26)	(0.725,0.225,0.05)

续表

设计点	设计中的点数				
	6	7	8	9	10
10					(1/3,1/3,1/3)
$\|M(\xi(n))\|\times10^4$	0.1462	0.1568	0.1805	0.2168	0.2423

三分量二次带对数项典型多项式模型的确切设计见表9—17所列。

表9—17　三分量二次带对数项模型的确切设计

设计点	设计中的点数				
	9	10	11	12	13
1	(0.05,0.05,0.90)	(0.05,0.05,0.90)	(0.05,0.05,0.90)	(0.05,0.05,0.90)	(0.05,0.05,0.90)
2	(0.05,0.90,0.05)	(0.05,0.90,0.05)	(0.05,0.90,0.05)	(0.05,0.90,0.05)	(0.05,0.90,0.05)
3	(0.90,0.05,0.05)	(0.90,0.05,0.05)	(0.90,0.05,0.05)	(0.90,0.05,0.05)	(0.90,0.05,0.05)
4	(0.05,0.475,0.475)	(0.05,0.475,0.475)	(0.475,0.05,0.475)	(0.475,0.05,0.475)	(0.90,0.05,0.05)
5	(0.475,0.05,0.475)	(0.475,0.05,0.475)	(0.16,0.68,0.16)	(0.475,0.05,0.475)	(0.475,0.05,0.475)
6	(0.475,0.475,0.05)	(0.16,0.16,0.68)	(0.68,0.16,0.16)	(0.16,0.68,0.16)	(0.475,0.05,0.475)
7	(0.16,0.16,0.68)	(0.16,0.68,0.16)	(0.15,0.16,0.69)	(0.68,0.16,0.16)	(0.16,0.68,0.16)
8	(0.16,0.68,0.16)	(0.68,0.16,0.16)	(0.05,0.78,0.17)	(0.15,0.16,0.69)	(0.68,0.16,0.16)
9	(0.68,0.16,0.16)	(0.22,0.73,0.05)	(0.22,0.73,0.05)	(0.05,0.78,0.17)	(0.15,0.16,0.69)
10		(0.51,0.44,0.05)	(0.05,0.44,0.51)	(0.22,0.73,0.05)	(0.05,0.75,0.20)
11			(0.51,0.44,0.05)	(0.05,0.44,0.51)	(0.22,0.73,0.05)
12				(0.51,0.44,0.05)	(0.05,0.44,0.51)
13					(0.51,0.44,0.05)
$\|M(\xi(n))\|\times10^{14}$	0.2537	0.2051	0.1770	0.1617	0.1573

9.4 混料设计的应用

9.4.1 洮南砂质粘土免烧砖的混料优化设计

【例9.5】 非烧结粘土免烧砖是采用山土等不适合农作物生长的土料为原料，掺用少量水泥、石灰和外加剂，采用半干压制成型，经自然养护而成。洮南地区经多年烧砖，适宜粘土资源短缺，在开发砂质粘土免烧砖过程中，采用了混料优化设计。

根据粘土特性试验测出洮南土液限为24.3，塑限为21.0，塑性指数为3.3，密度为2710 kg/m^3，含砂率为87.5%，最优含水率为14%，外加剂使用自制的免烧砖用复合外加剂，拌和成型养护等工艺已经确定，工艺流程如图9—9所示。

试验中水泥、石灰、粘土3种材料的基本配比范围已经确定，为进一步获得较好的强度和

抗水性，需要优化配比，根据混料试验设计的特点，这是一个三分量的混料设计，因此，采用了三分量单纯形重心设计，回归模型为

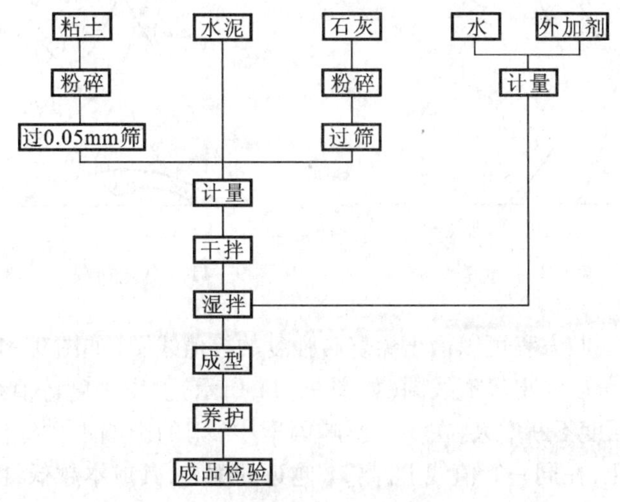

图9—9　免烧砖工艺流程图

$$\hat{y} = \sum_{i=1}^{3} b_i x_i + \sum_{i<j} b_{ij} x_i x_j + b_{123} x_1 x_2 x_3 \tag{9—28}$$

由于成本和其他条件的要求，水泥、石灰和粘土3种材料有以下约束条件：

$$\begin{cases} 粘土掺量 & x_1 \geqslant 90\% \\ 水泥掺量 & x_2 \geqslant 4\% \\ 石灰掺量 & x_3 \geqslant 0 \\ x_1 + x_2 + x_3 = 1 \end{cases} \tag{9—29}$$

试验设计转化为有下界约束的混料设计，实际设计的7个谱点见表9—18所列，即在小三角形上施行三阶单纯形重心设计，试验方案及试验结果见表9—18所列。

表9—18　设计方案及试验结果

No.	大三角形坐标			小三角形坐标			抗压强度 R/MPa	软化系数 K
	x_1	x_2	x_3	x_1'	x_2'	x_3'		
1	0.96	0.04	0.00	1	0	0	18.4	0.82
2	0.90	0.10	0.00	0	1	0	32.8	0.65
3	0.90	0.04	0.06	0	0	1	16.2	0.66
4	0.93	0.07	0.00	1/2	1/2	0	20.0	0.95
5	0.93	0.04	0.03	1/2	0	1/2	12.2	0.83
6	0.90	0.07	0.03	0	1/2	1/2	17.7	0.77
7	0.92	0.06	0.02	1/3	1/3	1/3	10.6	0.78

试验结果经统计计算得到回归方程为

$$\hat{R} = 18.4x_1' + 32.8x_2' + 16.2x_3' - 22.4x_1'x_2' - 20.4x_1'x_3' - 27.2x_2'x_3' - 110.4x_1'x_2'x_3'$$

$$\hat{K} = 0.82x_1' + 0.65x_2' + 0.66x_3' + 0.86x_1'x_2' + 0.36x_1'x_3' + 0.46x_2'x_3' - 3.15x_1'x_2'x_3'$$

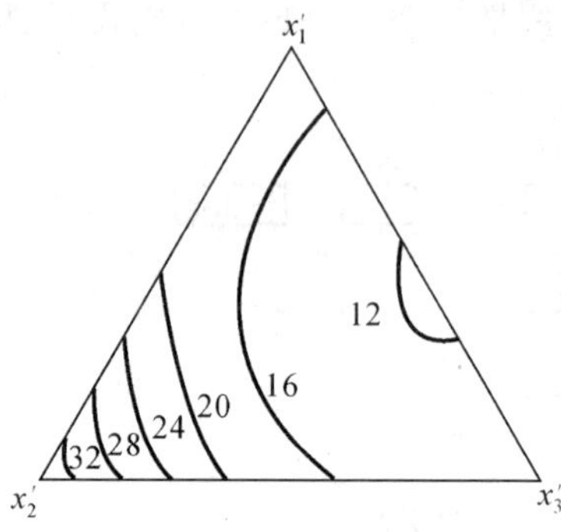

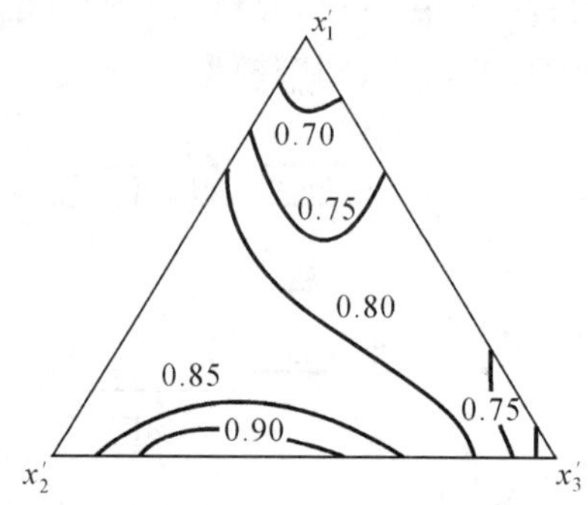

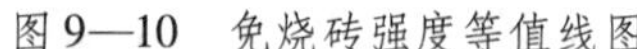

图 9—10　免烧砖强度等值线图　　　　图 9—11　免烧砖软化系数等值线图

利用抗压强度的回归方程可以做出免烧砖强度的等值线图(如图 9—10 所示)。对抗水性指标软化系数同样也可以绘出等值线图(如图 9—11 所示)。由强度等值线图可知,随着 x_2'的增大,免烧砖的抗压强度不断增大,在 3 个影响因素中,x_2'的影响占主导作用。从 3 种混料的顺序来看,x_1'代表粘土,在同一等值线上,离 x_1'越近的配方,其成本越低,由此可以找出许多相同强度下成本不同的配比。

例如,某一优化配比在 16 MPa 等值线上选软化系数合格,成本最低的配比,其坐标为(0.85,0.05,0.10),根据试验区域中任意一点 A 关于大、小等边三角形坐标系的坐标间变换关系

$$\begin{bmatrix} x_1(a) \\ x_2(a) \\ x_3(a) \end{bmatrix} = \begin{bmatrix} 1-(0.04+0.00) & 0.90 & 0.90 \\ 0.04 & 1-(0.90+000) & 0.04 \\ 0 & 0 & 1-(0.90+0.04) \end{bmatrix} \begin{bmatrix} x_1'(a) \\ x_1'(a) \\ x_1'(a) \end{bmatrix}$$

$$= \begin{bmatrix} 0.96 & 0.90 & 0.90 \\ 0.04 & 0.10 & 0.04 \\ 0.00 & 0.00 & 0.06 \end{bmatrix} \begin{bmatrix} x_1'(a) \\ x_2'(a) \\ x_3'(a) \end{bmatrix}$$

得到

$$x_1 = 0.096x_1' + 0.90x_2' + 0.90x_3'$$

$$x_2 = 0.04x_1' + 0.10x_2' + 0.04x_3'$$

$$x_3 = 0.06x_3'$$

经计算其三元系的优化配比为粘土:95%;水泥 5%;石灰:1%,其强度为 16.3 MPa,软化系数为 0.85。

软化系数最好的配比为(0.60,0.40,0.00)处,对应的三元系配方为粘土:93.6%;水泥 6.4%;石灰:0,其抗压强度为 18.8 MPa,软化系数为 0.958。

强度最好的配比为(0.00,1.00,0.00)处,即 x_2'点上,对应的三元系配方为粘土:90.0%;水泥 10.0%;石灰:0,其抗压强度为 32.8 MPa。

由此可以得出以下结论:

(1)通过优化设计和试验研究,运用三分量三阶单纯形重心设计和优化求解,找出了较好的配比工艺条件,探索了主要指标与混料因子之间的内在规律,可以用于指导洮南地区免烧砖的试生产和质量控制;

(2)试验证明洮南土可以制备满足强度和抗水性要求的免烧砖;

(3)混料设计在满足设计指标要求实现低成本配料方面效果是明显的。

9.4.2 流态混凝土粗集料最佳级配的研究

【例 9.6】 自 1971 年德国首先使用流态混凝土以来,流态混凝土得到了大量的应用。然而,由于流态混凝土流动性大,导致混凝土离析比普通混凝土大,离析使混凝土的均质性、力学性能、抗渗性能恶化,对耐久性的影响也很大,因此,在保证流动性和强度等重要指标的前提下,减少离析已成为一个重要的研究课题。

从粗集料角度出发,要使混凝土具有很好的流动性,要求混凝土的粗集料具有较小的比表面积,即集料颗粒群粒度较大。但是,较大颗粒在流态混凝土中容易发生沉降离析,严重情况下甚至发生堵泵现象。因此,本研究意在探索粗集料的理想级配,以其达到较好的使用效果。

在提出水泥基复合材料离析模型的基础上,用带有倒数项的 Dn 最优混料试验设计。考察流态混凝土粗集料各级颗粒群的交互作用,建立集料级配与流态混凝土性能的数学模型,通过几个回归方程,在约束条件下用计算机优化求解,可以得到流动性和强度满足质量要求的离析最小的流态混凝土。

(1)试验设计方案及测试结果

根据工程中评价流态混凝土质量的需要,我们选定的考核指标有流动性指标坍落度 SL,力学性能指标 28d 抗压强度 R_{28},离析指数 SE。根据研究需要,在保证粗集料总量不变的条件下,我们把粗集料的粒径分成 3 个等级,即 5 ~ 10mm,10 ~ 20mm,20 ~ 30mm,分别用 x_1, x_2, x_3 表示不同粒径等级的粗集料混料级配对其考核指标的影响。选定的水灰比为 0.55,砂率 0.33,流化剂的掺量为水泥用量的 0.75%,水泥用量为 350 kg/m^3,试验选用三分量二次倒数项 D_n 最优设计,满足混料问题的约束条件:

$$\begin{cases} \sum_{i=1}^{3} x_i = 1 \\ x_i \geqslant 0 \, (i = 1, 2, 3) \end{cases} \tag{9—30}$$

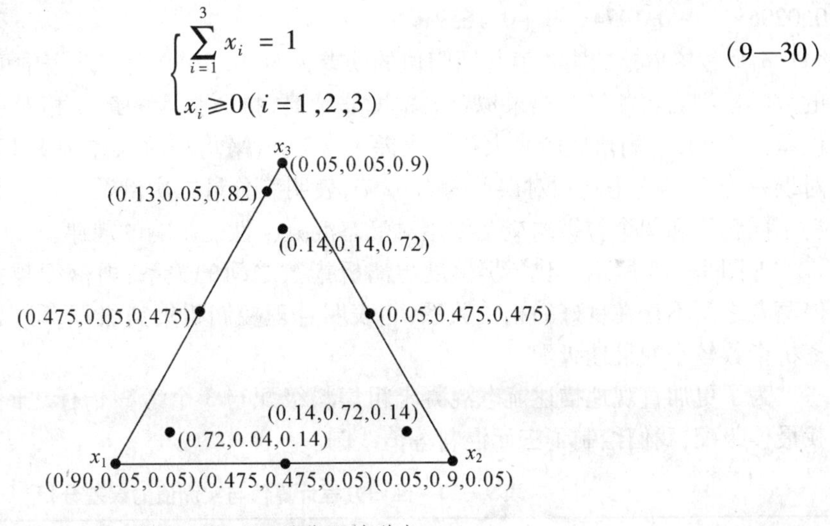

图 9—12 Dn 最优设计谱点

相应的混料模型为三分量二次倒数项模型为

$$\hat{y} = \sum_{i=1}^{3} b_i x_i + \sum_{i<j} b_{ij} x_i x_j + \sum_{i=1}^{3} b_i x_i^{-1} \tag{9—31}$$

模型的 Dn 最优设计谱点如图 9—12 所示,试验结果见表 9—19 所列。

表 9—19　Dn 最优设计及试验结果

No.	设计谱点 $\|W\xi(n)\|\times10^7=0.563$			试验结果		
	x_1	x_2	x_3	SL/cm	SE/%	R_{28}/MPa
1	0.05	0.05	0.90	19.75	13.22	17.8
2	0.05	0.90	0.05	19.25	10.01	31.7
3	0.90	0.05	0.05	17.00	2.74	28.5
4	0.05	0.475	0.475	19.00	12.51	26.2
5	0.475	0.05	0.475	20.50	9.85	15.6
6	0.475	0.475	0.05	19.25	6.88	15.2
7	0.14	0.14	0.72	19.25	12.12	24.2
8	0.14	0.72	0.14	18.00	9.38	30.5
9	0.72	0.14	0.14	16.75	2.89	24.0
10	0.13	0.05	0.82	21.25	12.98	21.4

(2)试验结果的分析与评价

经回归分析得到了 3 个考核指标的回归方程

$$\hat{R}_{28}=37.3059x_1+43.5914x_2+36.175x_3-64.4959x_1x_2-60.6559x_1x_3-0.0548x_2x_3-0.5239x_1^{-1}-0.2611x_2^{-1}+0.1251x_3^{-1} \tag{9—32}$$

$$\hat{SL}=9.4198x_1+14.9735x_2+16.645x_3+11.6655x_1x_2+19.2397x_1x_3+8.9949x_2x_3-0.0004x_1^{-1}+0.1181x_2^{-1}+0.1637x_3^{-1} \tag{9—33}$$

$$\hat{SE}=6.2393x_1+5.9776x_2+9.6759x_3+8.7499x_1x_2+17.367x_1x_3+20.2124x_2x_3-0.0206x_1^{-1}-0.1474x_2^{-1}+0.1659x_3^{-1} \tag{9—34}$$

3 个考核指标的实测值与回归值的误差见表 9—20 所列。从表中可以看出,所有考核指标的数学模型与实测试验结果拟合的精度非常高,抗压强度的最大相对误差为 3.3%,平均相对误差为 1.17%;坍落度的最大相对误差为 2.8%,平均相对误差为 1.12%;离析指数的最大相对误差为 4.3%,平均相对误差为 1.32%,表明三分量二次倒数项混料模型较好地反映了粗集料不同粒级和两个粒级的交互作用对流态混凝土性能影响的规律。

如图 9—13 所示反映了坍落度与离析指数之间的关系,坍落度越大,则离析指数也越大,但两者之间不存在良好的相关关系,它表明合理控制粗集料级配,可以得到坍落度较大,并且离析指数较小的最佳级配。

为了更加直观地描述流态混凝土粗集料级配与 3 个考核指标之间的内在规律,更好地寻找最佳级配,我们绘制了三元混料等值线图。

表 9—20　回归方程计算值与实测值的误差分析

R_{28}/MPa				SL/cm				SE/%			
实测值	计算值	绝对误差	相对误差	实测值	计算值	绝对误差	相对误差	实测值	计算值	绝对误差	相对误差
17.80	18.15	−0.35	1.93%	19.75	20.04	−0.29	1.43%	13.22	13.22	0.00	0.00%
31.70	31.58	0.12	0.38%	19.25	19.16	0.09	0.47%	10.01	10.08	−0.07	0.69%
28.50	28.63	−0.13	0.45%	17.00	17.11	−0.11	0.64%	2.74	2.66	0.08	3.01%

续表

R_{28}/MPa				SL/cm				SE/%			
实测值	计算值	绝对误差	相对误差	实测值	计算值	绝对误差	相对误差	实测值	计算值	绝对误差	相对误差
26.20	26.01	0.19	0.73%	19.00	18.87	0.16	0.85%	12.51	12.62	−0.11	0.87%
15.60	15.80	−0.20	1.27%	20.50	20.67	−0.17	0.82%	9.85	9.84	0.01	0.10%
15.20	25.09	0.01	0.04%	19.25	19.24	0.01	0.05%	6.88	6.90	−0.02	0.29%
24.20	24.55	−0.35	1.43%	19.25	18.54	−0.29	1.48%	12.12	11.95	0.17	1.42%
30.50	30.77	−0.27	0.88%	18.00	18.22	−0.22	1.21%	9.38	9.22	0.16	1.74%
24.00	23.71	0.29	1.22%	16.75	16.51	0.24	1.45%	2.89	3.02	−0.13	4.30%
21.40	20.71	0.69	3.33%	21.25	20.68	0.57	2.76%	12.98	13.08	−0.10	0.76%

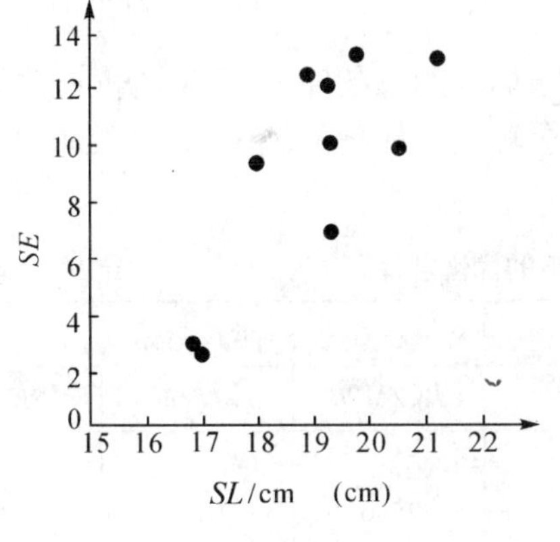

图 9—13　SE ~ SL 散点图

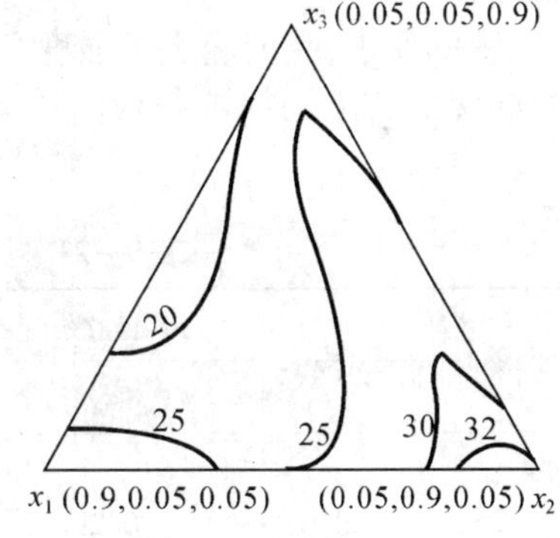

图 9—14　等抗压强度图

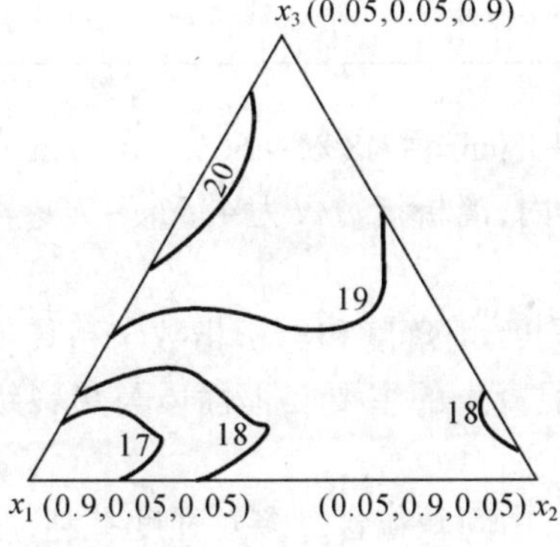

图 9—15　等坍落度曲线

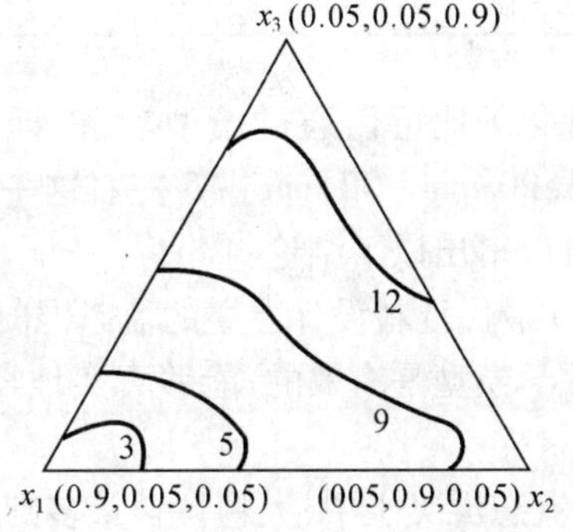

图 9—16　等离析指数曲线

图 9—14 是根据方程(9—28)绘制的等抗压强度曲线图,图中等强度的单位为 MPa,由该

图可知，x_2 较大时抗压强度较高，强度最高值也向这一区域逼近，这表明在生产中控制中间颗粒的含量对控制流态混凝土的强度是十分有益的。

图 9—15 是根据方程(9—29)绘制的等坍落度曲线图，由该图可知，大颗粒的量将显著影响混凝土的流动性，当 x_3 一定时，增加 x_2 的量。最初可使坍落度增加，但过多增大反而使坍落度降低，这一现象很好地体现了维莫斯的“颗粒干扰”学说。较大颗粒含量高时，整个集料的比表面积较小，客观上起到了增大水泥浆含量的作用，因而，具有较大的坍落度。当较大颗粒含量达到一定程度时，细小颗粒较多将干扰较大颗粒之间的距离，使集料颗粒之间的稳定性降低，使坍落度增大，若细小颗粒较少，则干扰较小，将使坍落度不致过大，这些现象使得坍落度曲线比较复杂。

图 9—16 反映了方程(9—30)的等离析指数时，不同混料配比的情况。由该图可知，当 x_3 较大时，离析指数增长迅速；当 x_1 增大时，离析指数迅速下降，这与普通混凝土的情况是一致的，较大颗粒由于其密度与水泥砂浆差异大，质量大造成在流态混凝土中沉降的几率增大，因而，使得流态混凝土总体离析增大，影响其均质性。若要降低离析，应尽量采用较小颗粒的集料。

可见，要使流态混凝土的 3 个主要性质达到较优状态，应全面控制粗集料的级配。

(3)优化求解

为满足工程的要求，我们确定了强度和坍落度指标的约束条件下，求解离析指数最小的级配组合，以及确定坍落度和离析指数约束条件下，求解强度最高的级配组合，结果见表 9—21 所列。

表 9—21　约束条件下的优化求解

工程要求	最佳级配			考核指标		
	x_1	x_2	x_3	R_{28}/MPa	SL/cm	SE/%
minSE s. t$\begin{cases}R_{28}>25\\SL>18\end{cases}$	0.66	0.29	0.05	25.6	18.1	4.57
maxR_{28} s. t$\begin{cases}SE<10\\SL>18\end{cases}$	0.09	0.86	0.05	33.8	19.4	9.92

其他优化配比可以通过模型求解，即 5 mm ~ 10 mm 占 48% ~66%，10 mm ~ 20 mm 占 29% ~47%，20 mm ~ 30 mm 占 5 左右这一较好区间内，离析指数仅为 4.5% ~7%。

由此可以得出以下结论：

(1) Dn 最优混料设计建立的流态混凝土 28d 强度、坍落度和离析指数与粗集料级配的二次倒数项数学模型是有效的，能够真实地反映流态混凝土的主要工程性质与集料级配之间的内在规律；

(2)在流态混凝土中，大颗粒含量多则流动性好，中间颗粒含量多对强度有利，小颗粒含量多则离析小，中间粒径能在一定程度上满足 3 种主要指标的要求，应重视这一级粒径颗粒含量；

(3)工程中可以根据不同要求，科学合理地设计粗集料级配，通过优化求解，选出强度、坍落度满足要求的离析最小的级配范围，以提高流态混凝土的均质性；

(4)流态混凝土的坍落度越大，离析的趋势越严重，但坍落度与离析指数之间相关关系不太好，因而无法定量描述其规律；

(5)当粗集料级配趋于间断级配时，对流态混凝土技术指标影响较大。

9.4.3 土壤固化剂三元混料系统的优化设计

【例 9.7】 本研究的土壤的固化剂主要应用于公路的路面基层、底基层，CJ/T 3073—1998 标准中对道路基层、底基层的强度做出规定见表 9—22 所列。

表 9—22 固化类混合料的强度标准

层位	固化剂类别	道路等级	
		城市快速路和城市主干路	城市次干路和支路
基层	水泥类	3 ~ 4	2 ~ 3
	石灰类	— —	≥0. 8
	水泥石灰类	3 ~ 4	2 ~ 3
	石灰粉煤灰类	≥0. 8	≥0. 6
	粉状固化剂	3 ~ 4	2 ~ 3
底基层	水泥类	≥1. 5	≥1. 5
	石灰类	≥0. 8	0. 5 ~ 0. 7
	水石灰类	≥1. 5	≥1. 5
	石灰粉煤灰类	≥0. 5	≥0. 5
	粉状固化剂	≥1. 5	≥1. 5

在研究粉状土壤固化剂作用机理的基础上，用混料设计模型对以磨细水泥熟料、高钙粉煤灰、石灰三元混料系统的固化剂进行配料优化设计。以固化剂：水泥胶砂为 30 ：70 的配比，50 kN 压力下成型，7d 抗压强度为考核指标，用三元混料试验设计建立混料优化模型，优选最佳混料组合，确认最优配比。

本研究对水泥、粉煤灰、石灰类固化剂三元混料系统，采用附加上、下界约束条件的三分量混料设计，三分量二次回归方程为：

$$\hat{y} = \sum_{i=1}^{3} b_i x_i + \sum_{i<j} b_{ij} x_i x_j \tag{9—35}$$

(1)混料试验设计与测试结果

根据公路工程固化剂技术要求，考虑到用工程土质材料与固化剂作为成型材料建立模型固化性能波动较大，用固化剂：水泥胶砂为 30 ：70 的配比，50kN 压力下成型圆柱体胶砂试件 7d 抗压强度为考核指标，水泥(C)、粉煤灰(F)、石灰(L)三元体系的材料控制范围为：

水 泥：0. 12 ~ 0. 25；

粉煤灰：0. 55 ~ 0. 78；

消石灰：0. 10 ~ 0. 30。

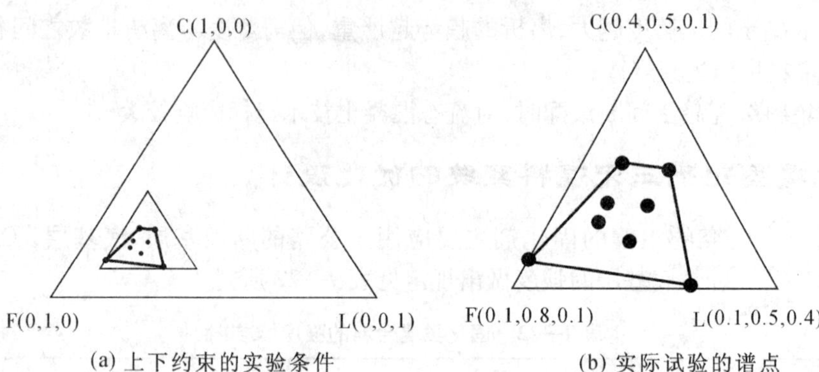

(a) 上下约束的实验条件　　(b) 实际试验的谱点

图 9—17　混料实验设计的谱点

图 9—17 为混料实验设计的谱点,实验方案和实测数据见表 9—23 所列。

表 9—23　实验方案及测试结果

No.	C (x_1)	F (x_2)	L (x_3)	7d 抗压强度/MPa
1	0.25	0.55	0.20	12.7
2	0.25	0.60	0.15	11.1
3	0.20	0.60	0.20	10.1
4	0.15	0.65	0.20	9.4
5	0.25	0.55	0.20	12.4
6	0.25	0.60	0.15	11.6
7	0.20	0.60	0.20	10.6
8	0.15	0.65	0.20	8.8
9	0.10	0.60	0.30	8.2
10	0.10	0.60	0.30	8.3
11	0.10	0.60	0.30	8.5
12	0.20	0.65	0.15	11.9
13	0.20	0.65	0.15	12.1
14	0.17	0.68	0.15	10.6
15	0.17	0.68	0.15	10.9
16	0.12	0.78	0.10	7.7
17	0.12	0.78	0.10	7.3

(2)试验结果的分析与评价

由多元回归建立的混料数学模型如下:

$$\hat{y} = -185.74x_1 - 3.54x_2 + 129.54x_3 + 358.24x_1x_2 + 135.73x_1x_3 - 196.73x_2x_3 \qquad (9—36)$$

该回归方程的方差分析见表 9—24 所列。由表 9—24 可知，回归方程是非常显著的，建立的混料优化模型是有效的。

表 9—24　回归方程的方差分析表

方差来源	平方和	自由度	均方	F 值	临界值
回　归	$S_r = 1729.56$	5	345.91	1035.16**	$F_{0.01}(5,11) = 5.32$
剩　余	$S_e = 4.93$	11	0.448		
总　计	$S_t = 1734.49$	16			

三角坐标的 7d 胶砂强度等高线如图 9—18 所示。由图 9—18 可知，三元混料的等高线越靠近水泥组分，其强度越高，在同一条等高线上，可根据水泥、石灰、粉煤灰的掺量和相应价格，计算出混料的造价总和，以此确定其最佳配比。

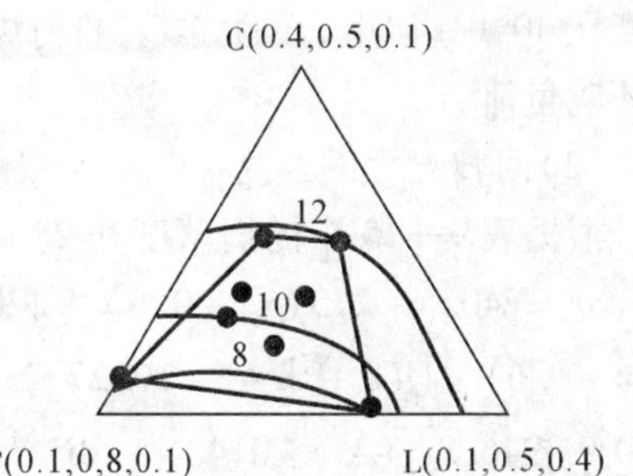

图 9—18　三元混料 7d 强度等高线

9.4.4　利用粉煤灰级配提高混凝土力学性能

【例 9.8】　粉煤灰是典型的煤系固体废料，也是一种活性矿物质资源，目前混凝土工程中大量使用的粉煤灰为Ⅰ级和Ⅱ级，占排放的粉煤灰总量的 30% 左右。本研究利用火电厂低品位热能高效低廉的对Ⅲ级粉煤灰磨细和化学活化。针对不同掺量对混凝土力学性能的影响以及不同粒度的粉煤灰间的级配问题进行了相关研究。

（1）低等级粉煤灰三分量四阶混料设计

对原状Ⅲ级粉煤灰（FY）、10μm 粉煤灰（F1）、1μm 粉煤灰（F3）进行混料设计。控制水泥用量 50%，原状Ⅲ级粉煤灰掺量不小于粉煤灰总量的 20%，10μm 粉煤灰不小于 30%，相关的试验方案和测试结果见表 9—25 所列。

表 9—25　混料设计及测试结果

No.	水泥用量 /%	F3 用量 /%	F1 用量 /%	FY 用量 /%	坍落度 /mm	抗压强度/MPa 3d	7d	28d
1	50	25.00	15.00	10.00	60	22.7	28.3	36.9
2	50	0	40.00	10.00	215	14.3	19.2	34.4
3	50	0	15.00	35.00	220	14.0	17.2	31.8
4	50	12.50	27.50	10.00	190	18.8	26.3	39.5
5	50	12.50	15.00	22.50	200	18.3	25.8	38.9
6	50	0	27.50	22.50	235	16.6	23.9	36.0
7	50	18.75	21.25	10.00	220	16.1	25.4	43.0
8	50	6.25	33.75	10.00	180	15.4	23.0	37.3
9	50	18.75	15.00	16.25	195	19.6	27.0	42.1
10	50	6.25	15.00	28.75	200	20.1	26.4	43.7

续表

No.	水泥用量/%	F3 用量/%	F1 用量/%	FY 用量/%	坍落度/mm	抗压强度/MPa		
						3d	7d	28d
11	50	0	33.75	16.25	250	18.5	22.2	33.4
12	50	0	21.25	28.75	225	16.8	20.5	31.4
13	50	12.50	21.25	16.25	240	17.0	23.9	35.0
14	50	6.25	27.50	16.25	225	16.1	20.0	36.2
15	50	6.25	21.25	22.50	205	18.0	22.3	38.2

通过表 9—25 可以看出,在混凝土配合比相同的情况下,通过不同粒度粉煤灰的级配,混凝土的工作性得到改善,力学性能有一定程度的提高,28d 抗压强度都在 30MPa 以上,有些组强度在 40MPa 以上,而且,掺入的粉煤灰中有大量的原状Ⅲ级粉煤灰,节约了混凝土成本,降低了环境负荷。

(2)回归方程的建立

根据表 9—25 中的坍落度和 28d 抗压强度的数据建立回归方程如下

$$SL=240x_1+215(x_2-0.6)+220(4x_3-0.4)+840x_1(4x_2-0.6)+960(4x_3-0.4)+70(4x_2-0.6)\times(4x_3-0.4)+10027.2x_1^2(4x_2-0.6)-2506.8x_1(4x_2-0.6)^2+15787.2x_1^2(4x_3-0.4)-3946.8x_1(4x_3-0.4)^2+146.7(4x_2-0.6)^2(4x_3-0.4)-146.7(4x_2-0.6)(4x_3-0.4)^2+1973.2x_1(4x_2-0.6)(4x_1-4x_2+0.6)^2+1066.8x_1(4x_3-0.4)(4x_1-4x_3+0.4)^2+146.7(4x_2-0.6)(4x_3-0.4)(4x_2-4x_3-0.2)^2+7040x_1^2(4x_2-0.6)(4x_3-0.4)-5120x_1(4x_2-0.6)^2(4x_3-0.4)-5813.2x_1(4x_2-0.6)(4x_3-0.4)^2 \quad (9—37)$$

$$R_{28}=147.6x_1+34.4(x_2-0.6)+31.8(4x_3-0.4)+61.6x_1(4x_2-0.6)+72.8(4x_3-0.4)+11.6\times(4x_2-0.6)(4x_3-0.4)+94.92x_1(4x_2-0.6)(4x_1-4x_2-0.6)-88.52x_1(4x_3-0.4)-(4x_1-4x_3-0.4)+3.73(4x_2-0.6)(4x_3-0.4)(4x_2-4x_3-0.2)+137.6x_1(4x_2-0.6)(4x_1-4x_2+0.6)^2+438.4x_1(4x_3-0.4)(4x_1-4x_3+0.4)^2-61.33(4x_2-0.6)(4x_3-0.4)(4x_2-4x_3-0.2)^2-7824.94x_1^2(4x_2-0.6)^2(4x_3-0.4)+218.68x_1(4x_2-0.6)^2(4x_3-0.4)+570.68x_1(4x_2-0.6)(4x_3-0.4)^2 \quad (9—38)$$

利用回归方程可以对不同配比的 F3,F1,FY 的混凝土(粉煤灰总掺量为 50%)的力学性能和流动性进行估算,找出最适合工程需要的配比。例如,在粉煤灰取代率为 50% 的情况下,配制出 28d 抗压强度超过 40 MPa、坍落度大于 200 mm 的混凝土。

9.4.5 复合胶凝材料组成与混凝土抗压强度定量关系研究

【例 9.9】 为了定量描述水泥 - 磨细矿渣微粉 - 粉煤灰复合胶凝材料组成与混凝土抗压强度的关系,确定采用单纯形重心混料试验设计方法对此问题进行研究。

(1)约束条件与数学模型

三分量有下界约束的混料设计条件如下:

$$\begin{cases} x_i \geqslant a_i \geqslant 0\,(i=1,2,3,a_i\ \text{是常数}) \\ x_1+x_2+x_3=1 \end{cases}$$

相应的数学模型为

$$\hat{y} = \sum_{i=1}^{3} b_i x_i' + \sum_{i<j} b_{ij} x_i' x_j' + b_{123} x_1' x_2' x_3'$$

所选用的胶凝材料有3种，及水泥加上两种工业废渣。设水泥用量为 x_1，磨细矿渣微粉为x_2，粉煤灰用量为 x_3，该问题的约束边界为 $x_1 \geqslant 0.25$，$x_2 \geqslant 0$，$x_3 \geqslant 0$。实际配料点是在如图9—19所示的原等边三角形的上部区域，相应单纯形重心设计配料点如图9—19所示。

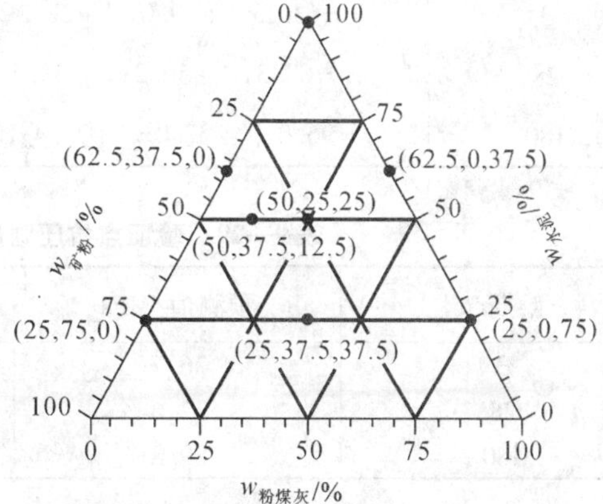

图9—19　单纯性重心设计格子中的分布

为了检验回归方程的精确性。另选一个配料点，其座标为(0.40,0.45,0.15)，对应的编码坐标为(0.2,0.6,0.2)。

(2)试验原材料和方法

水泥采用42.5R硅酸盐水泥，水泥、矿粉和粉煤灰的物理性能见表9—26所列。

表9—26　原材料的物理性能指标

类别	密度/ g/cm³	比表面积/ m²/kg	细度/ %	需水量质量比/ %
水泥	3.18	416.8	0.4	—
矿粉	2.91	462.0	1.4	100
粉煤灰	2.55	691.0	0.05	84.8

选用“迈地－100”早强高效减水剂，砂细度模数位2.72，玄武岩碎石，5 mm～19 mm连续级配。基准混凝土的水泥用量为550 kg/m³，用水量为138 kg/m³，砂为670 kg/m³，石为1142 kg/m³，水胶比为0.25，砂率为0.37，通过高效减水剂使新拌混凝土的坍落度在30 mm～50 mm范围内，基准混凝土的减水剂掺量为胶凝材料用量的0.9%～1.0%(质量比)。

(3)试验结果与分析

表9—27为复合胶凝材料混凝土各配料点的抗压强度实测值。得到的回归方程见表9—28所列。验证点抗压强度实测值和回归值间的相对误差见表9—29所列。其绝对值在5%以内。

表9—27　不同龄期抗压强度实测值

No.	配料点编码坐标			抗压强度/MPa		
	x_1'	x_2'	x_3'	3d	28d	180d
1	1	0	0	63.1	88.3	96.0
2	0	1	0	29.0	56.2	77.0
3	0	0	1	22.2	53.5	75.4
4	0.5	0.5	0	50.6	84.5	90.1
5	0.5	0	0.5	44.5	92.3	102.0
6	0	0.5	0.5	26.5	62.8	86.0
7	0.33	0.33	0.33	40.3	80.5	96.5

表 9—28　复合胶凝材料抗压强度与组成的回归方程

龄期/d	回归方程表达式
3	$y=63.1x_1'+29.0x_2'+22.2x_3'+18.2x_1'x_2'+7.4x_1'x_3'+3.6x_2'x_3'-28.2x_1'x_2'x_3'$
28	$y=88.3x_1'+56.2x_2'+53.5x_3'+49x_1'x_2+85.6x_1'x_3'+31.8x_2'x_3-107.7x_1'x_2'x_3$
180	$y=96.0x_1'+77.0x_2'+75.4x_3'+14.4x_1'x_2'+65.2x_1'x_3'+39.2x_2'x_3'-13.5x_1'x_2'x_3'$

表 9—29　验证点抗压强度实测值与回归值的相对误差

龄期/d	预测值/MPa	实测值/MPa	相对误差/%
3	36.7	35.1	4.6
28	72.6	75.5	3.8
180	89.8	92.8	3.2

根据抗压强度回归方程,可在三角坐标下绘制等强度曲线,通过等强度曲线的变化可以清晰地看出各种水泥及不同性质废渣对抗压强度的贡献,图 9—20 ~ 图 9—22 分别表示复合胶凝材料混凝土养护 3d,28d 和 180d 时的强度曲线变化规律。

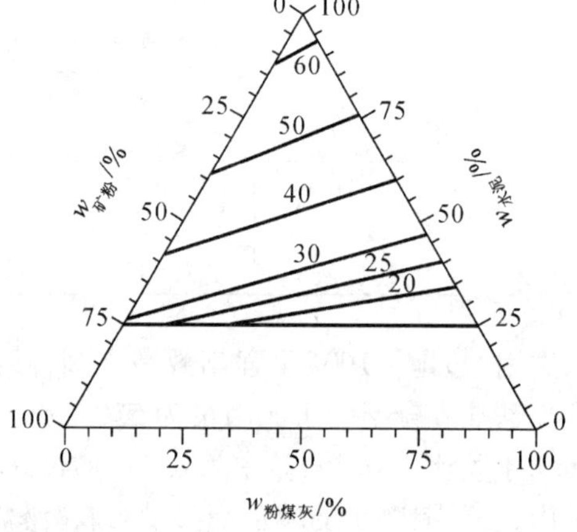

图 9—20　3d 混凝土等强度变化图

由图 9—20 可以看出,养护 3d,混凝土强度随水泥用量的增加而增大,混凝土的等强线呈左斜线,说明达到相同强度时,靠左边各点比右边各点的水泥用量要少,即 3d 时左边组分的活性比右边组分的活性高,矿粉早期活性比粉煤灰活性高,早期活性高的组分与早期活性低的组分复合使用,可以弥补低活性组分单独取代水泥时造成的低早强缺陷,在强度相同时,则可以起到减少水泥用量的作用。3d 时复合胶凝材料各组分对强度的贡献大小依次为水泥、矿粉、粉煤灰。

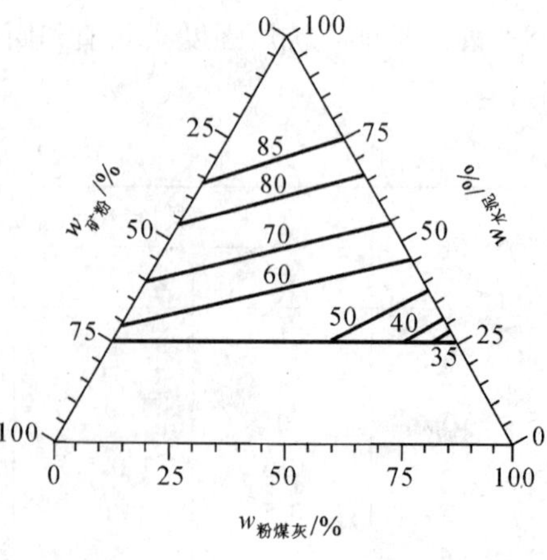

图 9—21　28d 混凝土等强度变化图

从图 9—21 中可以看出,随着养护龄期的延长,28d 时水泥对混凝土强度的影响明显降低,混凝土强度达到 85MPa 时,水泥在复合胶凝材料中所占的比例(质量分数)范围为 63.7% ~74.95%,而 3d 时,混凝土达到 50MPa 时,水泥(质量分数)也需要在 85% 以上。28d 等强线仍是左斜线,说明 28d 时复合胶凝材料各组分对强度的贡献大小仍为水泥、矿粉、粉煤灰。

从图 9—22 可以看出,养护到 180d 时,复合胶凝材料中水泥(质量分数)在25%～30.62%时,强度就可以达到80MPa,但复合胶凝材料中磨细矿渣微粉所占的比例仍高于粉煤灰所占的比例,但当水泥用量相对较大时,混凝土强度也能达到95MPa,而且粉煤灰单独取代46.12水泥(质量分数)时就能达到,说明180d时粉煤灰对强度的贡献已接近水泥,并远超过矿粉对强度的贡献,等强线成为右斜线。因此,180d时,复合胶凝材料各组分对强度的贡献大小为水泥、粉煤灰、矿粉。

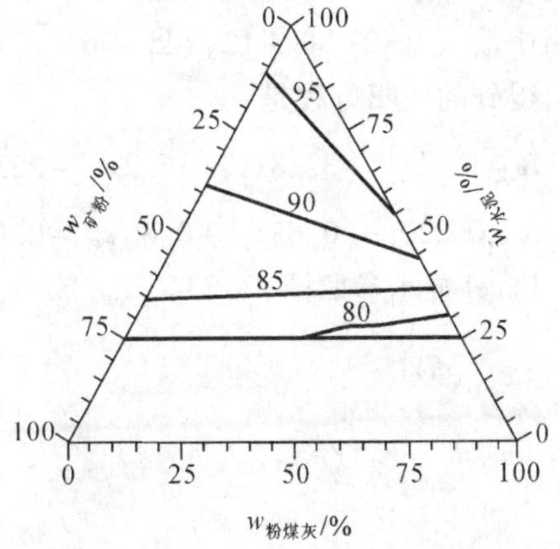

图9—22 180d混凝土等强度变化图

由此可得出以下结论:

(1)单纯形重心设计法是研究多元复合胶凝材料组成与混凝土强度定量关系的一种有效方法,其对混凝土强度的预测精度基本可控制在5%的相对误差范围内。

(2)矿粉与粉煤灰复合时,可以弥补粉煤灰单独取代水泥时造成的低早强的缺陷,反之,因粉煤灰后期强度增幅大,可以弥补矿粉单独取代水泥时后期强度不高的缺陷。

9.5 用Excel计算单元形重心设计的回归方程

用Excel直接计算单元形重心设计回归方程比较方便,以9.4.1"洮南砂质粘土免烧砖的混料优化设计"中的数据计算为例,说明整个计算过程。

(1)输入原始数据:启动Excel文件,出现Excel界面后,按表9—18所列,依次键入"A1:K1"及"A2:I8"单元格各项内容。并为"A1:K8"加上边框。

(2)计算抗压强度回归方程的回归系数b_j。在J2单元格中输入"=H2";在J3单元格中输入"=H3";在J4单元格中输入"=H4";在J5单元格中输入"=4*H5-2*(H2+H3)";在J6单元格中输入"=4*H6-2*(H2+H4)";在J7单元格中输入"=4*H7-2*(H3+H4)";在J8单元格中输入"=27*H8-12*(H5+H6+H7)+3*(H2+H3+H4)"。

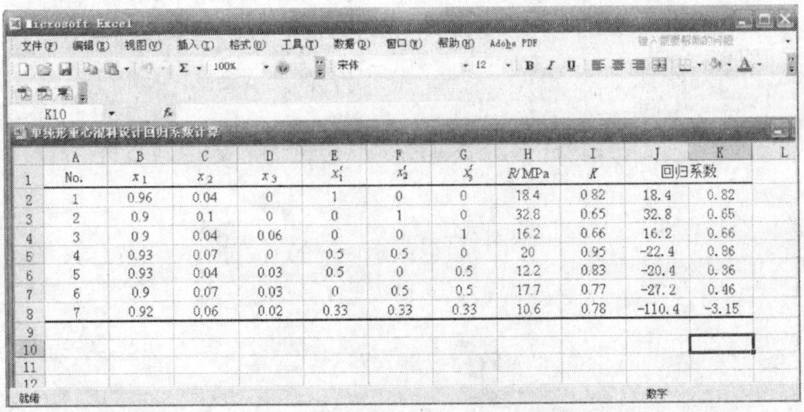

	A	B	C	D	E	F	G	H	I	J	K
1	No.	x_1	x_2	x_3	x_1'	x_2'	x_3'	R/MPa	K	回归系数	
2	1	0.96	0.04	0	1	0	0	18.4	0.82	18.4	0.82
3	2	0.9	0.1	0	0	1	0	32.8	0.65	32.8	0.65
4	3	0.9	0.04	0.06	0	0	1	16.2	0.66	16.2	0.66
5	4	0.93	0.07	0	0.5	0.5	0	20	0.95	-22.4	0.86
6	5	0.93	0.04	0.03	0.5	0	0.5	12.2	0.83	-20.4	0.36
7	6	0.9	0.07	0.03	0	0.5	0.5	17.7	0.77	-27.2	0.46
8	7	0.92	0.06	0.02	0.33	0.33	0.33	10.6	0.78	-110.4	-3.15

图9—23 混料设计回归系数计算示例图

(3)计算软化系数回归方程的回归系数 b_j。在 K2 单元格中输入“=I2”;在 K3 单元格中输入“=I3”;在 K4 单元格中输入“=I4”;在 K5 单元格中输入“=4*I5-2*(I2+I3)”;在 K6 单元格中输入“=4*I6-2*(I2+I4)”;在 K7 单元格中输入“=4*I7-2*(I3+I4)”;在 K8 单元格中输入“=27*I8-12*(I5+I6+I7)+3*(I2+I3+I4)”。

得到的回归方程是

$$\hat{R}=18.4x_1'+32.8x_2'+16.2x_3'-22.4x_1'x_2'-20.4x_1'x_3'-27.2x_2'x_3'-110.4x_1'x_2'x_3'$$

$$\hat{K}=0.82x_1'+0.65x_2'+0.66x_3'+0.83x_1'x_2'+0.36x_1'x_3'+0.46x_2'x_3'-3.15x_1'x_2'x_3$$

Excel 显示参照图 9—23。

第十章　均匀设计

10.1　均匀设计简介

均匀设计源于20世纪70年代，为研制中国自己的飞航式导弹，在最短的时间内赶超世界先进水平，需要多因素、多水平的试验设计方法。而用正交设计方法，当水平数增加时，试验次数是水平数平方的整数倍。通常，在实际工程中当因素的水平数大于5时，则因试验次数太多而无法进行试验，尤其是试验周期长、费用高的试验更是如此。人们需要一种满足多因素多水平而且试验次数更少的试验设计方法。

均匀设计（Uniform Design）自1978年由王元和方开泰提出，是将数论和多元统计相结合创造的一种新的试验设计方法。与其他许多设计方法，如正交设计、最优设计、旋转设计、稳健设计和贝叶斯设计相辅相成。方开泰在分析正交设计特点时指出："正交试验是将试验点在试验范围内安排得'均匀分散、整齐可比'。'均匀分散'性使试验点均衡地分布在试验范围内，让每个试验点有充分的代表性。'整齐可比'性使试验结果分析十分方便，易于估计各因素的主效应和部分交互效应，从而可以分析各因素对指标的影响大小和变化规律。为了照顾'整齐可比'，它的试验点并没有能做到充分地'均匀分散'；为了达到'整齐可比'，试验点就必须比较多。这启示我们不考虑'整齐可比'，而让点在试验范围内充分'均匀分散'，这种从均匀性出发的设计我们称之为均匀设计"。多年来，均匀设计在航天、化工、医药、造船等诸多领域得到了广泛的应用，取得了一些优秀的成果，产生了显著的经济效益和社会效益。

均匀设计与正交设计相似，也是通过一套精心设计的表来进行试验设计的，对于每一个均匀设计表，也同时给出一个使用表，它可以指导我们如何从均匀设计表中选用适当的列来安排试验。均匀设计本质上是在试验的范围内挑选出代表性的点来进行试验设计的方法。它着重在试验范围内考虑试验点的均匀散布，以求通过最少的试验数来获得最多系统信息的较新的试验设计方法，对于因素具有较多水平的试验和系统模型完全未知的情况尤为有用，因此，在化工、医药、建材试验设计中有着广泛应用的前景。

均匀设计具有以下特点：

（1）均匀散布、代表性强、具有相当的稳健性

均匀设计实质上是在试验域内挑选出系列均匀分布的代表点来进行试验。早在20世纪70年代初，Doehlert就指出，如果系统模型不清楚时，试验者应该去寻求一种设计，那种设计应具有充满试验域的均匀性（uniformity of space filling）。直到20世纪70年代末，由方开泰和王元先生基于偏差（discrepancy）的概念采用数论方法系统地提出了均匀设计的思想和方法。由于均匀设计强调试验点的均匀散布，代表性强，所以它具有相当的稳健性，这是因为通过这样的设计可以较准确地估计系统的平均趋势，而不管系统模型具有什么样的函数形式。对于给定的系统，其平均趋势的估计主要只与试验域内系列均匀分布的代表点集的偏差有关，即

$$\bar{f}(X) = \frac{1}{n}\sum_{i=1}^{n} f_i(X); \quad |E(f) - \bar{f}| \leq D(n)V(f) \qquad (10\text{—}1)$$

式中:n——试验域中的点数;

$D(n)$——试验域中的点数;

$V(f)$——系统模型的变化程度。

从这一角度说来,均匀设计具有模型的稳健性,因为由均匀设计所得点集的偏差最小。而这已由点对于化学化工系统的试验(它们中的绝大部分是很复杂且数量关系不清楚的非线性系统)则是至关重要的。

(2)不受试验次数约束、机动灵活

均匀设计产生的原动力是来自实际科研与生产的需要。因为在实际的科研实践中,经常有些试验要求是因子水平数多于10,而且试验还十分复杂,系统模型很不清楚,此时,如采用试验次数要求较少的正交设计,试验总数也得不少于100次,而这些在实践中是很难做到的。均匀设计无此限制,它的试验次数可以与因子的水平数相同,如因子水平数为10,也可为之找到只进行10次试验的均匀设计表,从而使试验设计变得十分灵活,完全符合试验设计的目标,做到用最少的试验获得关于系统的尽可能充分的信息。在材料生产和工程实践中,很多变量是连续变量,如温度、压力、浓度等,水平数取太少很难反映实际情况,因此,均匀设计的出现为之带来了新的机遇。由于均匀设计不受试验次数约束,使之在序贯试验中也很有用,直接通过序贯试验来寻优对一些难于用回归方法建模的体系是很有意义的。

10.2 均匀设计的构造与均匀设计表

10.2.1 均匀设计的构造

正交设计和均匀设计都可以用一个 $n\times s$ 的矩阵来表示,其中,n 表示试验的次数,s 表示最多可安排 s 个因素。矩阵第 j 列的元素取 $1,2,\cdots,q_j$,表示该列的水平。

定义 10.1 若 $U=(u_{ij})$ 为一个 $n\times s$ 的矩阵,其第 j 列的元素取值为 $1,2,\cdots$,或 q_j,表示 q_j 个水平。如果 U 每列的所有水平的重复次数一样多,矩阵 U 称为 U-设计。

定义10.1定义的 U-设计记为 $U(n;q_1\times\cdots\times q_s)$,若有些列水平数相同时,记为 $U(n;q_1^{t_1}\times\cdots\times q_m^{t_m})$,这时 $t_1+\cdots+t_m=s$。当所有列水平数相同时,记为 $U(n;q^s)$。U-设计只强调了每列水平间的"均衡性",如果不加其他考虑,U-设计不一定有好的性质。方开泰、王元先生(1981)考虑加上整体的均匀性,从而获得均匀设计。由于绝大多数均匀性测度是定义在 $C^d=[0,1]^s$ 上的,所以要用一个线性变换将设计矩阵 $U=(u_{ij})$ 的元素变到[0,1]中。若 U 为 $U(n;q_1\times\cdots\times q_s)$,则第 j 列的变换为

$$x_{kj}=\frac{u_{kj}-0.5}{q_j},k=1,2,\cdots,n \tag{10—2}$$

所得矩阵 $X_U=(x_{kj})$ 称为 U 的导出阵。X_U 的所有元素均落在(0,1),它的每一行为 C^s 中的一个点,故 X_U 给出了 C^s 中的一个具有 n 个点的点集,在数学上记为 $X_U\in C^{n\times s}$。

令 M 为 $C^{n\times s}$ 上定义的一个均匀性测度,M 的值越小,表示 n 个点在 C^s 中越均匀,于是均匀设计可以定义为:

定义 10.2 设 U 为 U-设计 $U(n;q_1\times\cdots\times q_s)$,$X_U$ 为其导出矩阵,若 $M(X_U)$ 在一切可能的 U-设计 $U(n;q_1\times\cdots\times q_s)$ 中达到最小,则 U 称为在均匀测度 M 下的均匀设计,并记作 $U_n(q_1\times\cdots\times q_s)$。

由上述定义，我们需要指出如下几点：

(1) 定义10.2定义的均匀设计强调了各因素水平间的“均衡性”和 n 个试验点在试验区域的均匀性。如果去掉水平间“均衡性”，只要 n 个点的整体均匀性，其相应的均匀设计不易求得。

(2) 均匀设计强烈地依赖于均匀测度 M 的选取。

10.2.2　均匀设计表

均匀设计和正交设计相似，可通过已有的均匀设计表进行试验设计。所不同的是均匀设计表必须与配套的使用表结合起来，才能正确的应用。表10—1和表10—2是配套组成的。

表10—1　均匀设计表 $U_5(5^4)$

行	列			
	1	2	3	4
1	1	2	3	4
2	2	4	1	3
3	3	1	4	2
4	4	3	2	1
5	5	5	5	5

表10—2　$U_5(5^4)$ 的使用表

因素数	列　号		
2	1	2	
3	1	2	4

$U_5(5^4)$

→均匀设计表有4列，每一列可排一个因素，最多可排3个因素。

→每个因素有5个水平。

→均匀设计表有5行，每一行即为一组试验，共5组试验。

→均匀设计表的开头字母。

下面多列一些均匀设计表。详见表10—3～表10—10。

表10—3　均匀设计表 $U_6(6^6)$

行	列					
	1	2	3	4	5	6
1	1	2	3	4	5	6
2	2	4	6	1	3	5
3	3	6	2	5	1	4
4	4	1	5	2	6	3
5	5	3	1	6	4	2
6	6	5	4	3	2	1

表10—4　均匀设计表 $U_7(7^6)$

行	列					
	1	2	3	4	5	6
1	1	2	3	4	5	6
2	2	4	6	1	3	5
3	3	6	2	5	1	4
4	4	1	5	2	6	3
5	5	3	1	6	4	2
6	6	5	4	3	2	1
7	7	7	7	7	7	7

表10—5　$U_6(6^6)$ 的使用表

因素数	列　号			
2	1	3		
3	1	2	3	
4	1	2	3	6

表10—6　$U_7(7^6)$ 的使用表

因素数	列　号			
2	1	3		
3	1	2	3	
4	1	2	3	6

表 10—7 均匀设计表 $U_9(9^6)$

行	列					
	1	2	3	4	5	6
1	1	2	4	5	7	8
2	2	4	8	1	5	7
3	3	6	3	6	3	6
4	4	8	7	2	1	5
5	5	1	2	7	8	4
6	6	3	6	3	6	3
7	7	5	1	8	4	2
8	8	7	5	4	2	1
9	9	9	9	9	9	9

表 10—8 均匀设计表 $U_{11}(11^{10})$

行	列									
	1	2	3	4	5	6	7	8	9	10
1	1	2	3	4	5	6	7	8	9	10
2	2	4	6	8	10	1	3	5	7	9
3	3	6	9	1	4	7	10	2	5	8
4	4	8	1	5	9	2	6	10	3	7
5	5	10	4	9	3	8	2	7	1	6
6	6	1	7	2	8	3	9	4	10	5
7	7	3	10	6	2	9	5	1	8	4
8	8	5	2	10	7	4	1	9	6	3
9	9	7	5	3	1	10	8	6	4	2
10	10	9	8	7	6	5	4	3	2	1
11	11	11	11	11	11	11	11	11	11	11

表 10—9 $U_9(9^6)$的使用表

因素数	列 号			
2	1	3		
3	1	3	5	
4	1	2	3	5

表 10—10 $U_9(9^6)$的使用表

因素数	列 号					
2	1	7				
3	1	5	7			
4	1	2	5	7		
5	1	2	3	5	7	
6	1	2	3	5	7	10

均匀设计表具备以下特点：

(1)每个因素每个水平只做一次试验(拟水平处理除外)，见以上均匀设计表；

(2)任意两个因素的试验画在平面的格子点上，每行每列恰好只有一个试验点，如图 10—1 所示；

(3)均匀设计表的任意两列之间不一定是平等的。例如，用均匀设计表 $U_9(9^6)$的 1,3 列，1,2 列和 1,6 列分别点图得到图 10—1 的(a)，(b)，(c)。从图 10—1 中可以直观地看出(a)最均匀，(b)次之，(c)最不均匀。

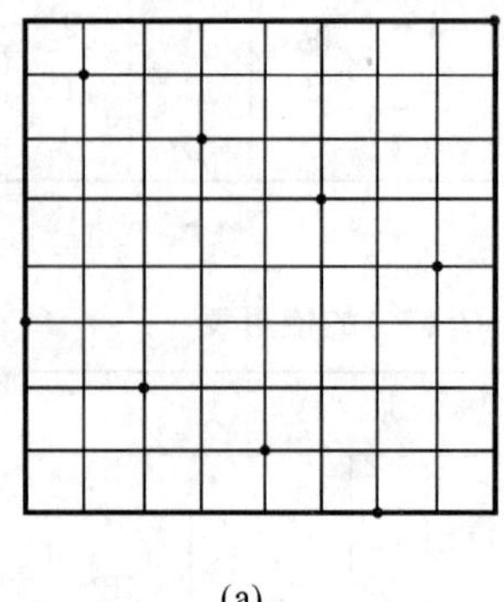

(a)

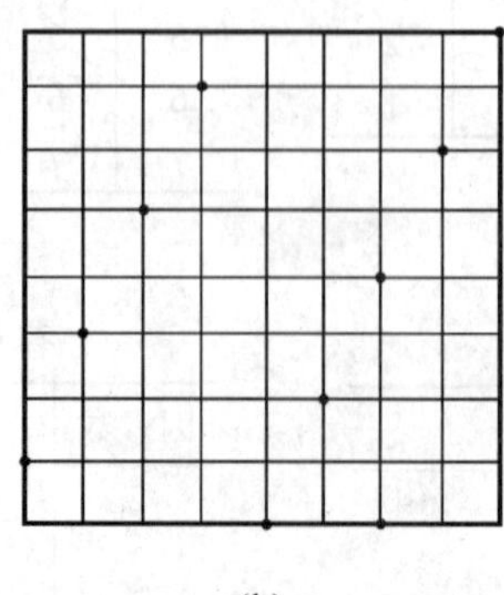

(b)

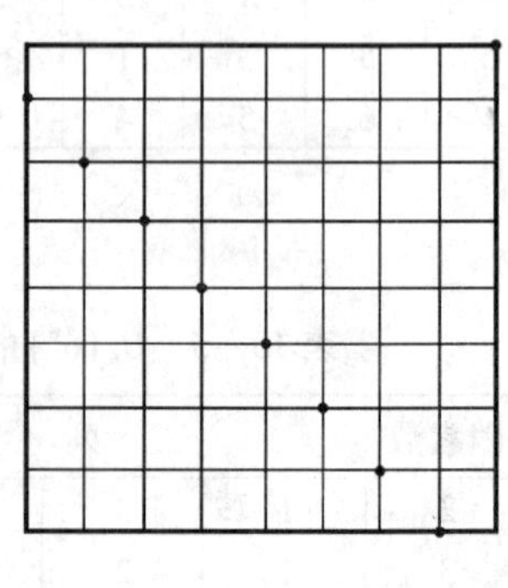

(c)

图 10—1 均匀设计的点的分布

10.2.3　一般均匀设计表的构造原理

从图 10—1 可以看出，均匀设计表中的试验点是有规律的。观察 $U_5(5^4)$ 和 $U_9(9^6)$ 均匀设计表，我们可以直观地看到以下规律：

(1) $U_5(5^4)$ 是五行四列表，$U_9(9^6)$ 是九行六列表。由均匀设计的特点所决定，每个因素的每个水平各做一次试验，表中的行数体现了水平数，即试验次数；表中的列数是最多可供选择的列数。

(2) 若令 n 表示水平数和试验次数，表中第一列的数字有明显的规律；按照自然数的顺序由 1 排到 $n-1$（注意：$n=5$ 为素数）；但 $U_9(9^6)$ 表有些不同，没有 3 和 6 两个数字（此时 $n=9$ 为一般奇数）。

(3) 无论是 $U_5(5^4)$ 表还是 $U_9(9^6)$ 表，表中任一列的 n 个数字没有重复。

对试验次数为 n 的均匀设计表，其列数如何确定，表中的数字是遵循什么规则产生的？下面介绍同余运算规则。

为了使均匀设计表中任一列的 n 个数字没有重复，且和因素的水平数 n 一致起来，在此定义如下的同余运算规则：

$$ba \equiv c \pmod n \qquad (10\text{—}3)$$

式中
$$c=\begin{cases} ba & \text{当 } ba<n \\ ba-kn & \text{当 } ba \geqslant n \end{cases}$$

其中，k 为正整数，使得 $0<ba-kn\leqslant n$。

$(a,n)=1$ 表示 a 与 n 的最大公约数是 1。

【例 10.1】　当 $n=5, a=2, b$ 取 1,2,3,4,5 时，按同余规则有：

$1\cdot a\equiv 1\times 2=2, 2\cdot a\equiv 2\times 2=4, 3\cdot a\equiv 3\times 2-5=1, 4\cdot a\equiv 4\times 2-5=3, 5\cdot a\equiv 5\times 2-5=5, \pmod 5$。由此得到 1 ~5 之间不同的 5 个自然数。

【例 10.2】　当 $n=9, a=2, b$ 取 1,2,3,4,5,6,7,8,9 时，按同余规则有：

$1\cdot a\equiv 1\times 2=2, 2\cdot a\equiv 2\times 2=4, 3\cdot a\equiv 3\times 2=6, 4\cdot a\equiv 4\times 2=8, 5\cdot a\equiv 5\times 2-9=1, 6\cdot a\equiv 6\times 2-9=3, 7\cdot a\equiv 7\times 2-9=5, 8\cdot a\equiv 8\times 2-9=7, 9\cdot a\equiv 9\times 2-9=9, \pmod 9$。由此得到 1 ~9 之间不同的 9 个自然数。

【例 10.3】　当 $n=9, a=3, b$ 取 1 ~9 的自然数时，按同余规则有：

$1\cdot a\equiv 1\times 3=3, 2\cdot a\equiv 2\times 3=6, 3\cdot a\equiv 3\times 3=9, 4\cdot a\equiv 4\times 3-9=3, 5\cdot a\equiv 5\times 3-9=6, 6\cdot a\equiv 6\times 3-9=9, 7\cdot a\equiv 7\times 3-2\times 9=3, 8\cdot a\equiv 8\times 3-2\times 9=6, 9\cdot a\equiv 9\times 3-2\times 9=9, \pmod n$。只得到 3,6,9 三个不同的自然数。

对于例 10.1 和例 10.2 因满足 $(2,5)=1, (2,9)=1$，按同余规则产生了 1 ~ n 之间不同的 n 个自然数。例 10.3 中，因 $(3,9)=3\neq 1$，所以只得到 3,6,9 三个自然数，得不出其余 6 个数字。同样，数 6 也是如此。故 $U_9(9^6)$ 表中只有 6 列，而 $U_5(5^4)$ 表中只有 4 列。

一般情况下，若水平数为 n，a 为小于 n 的某一自然数，且满足 $(a,n)=1$ 时，可以保证：

$$1\cdot a, 2\cdot a, 3\cdot a, \cdots, n\cdot a \quad \pmod n$$

是 n 个不同的自然数。因此，为了保证均匀设计表中任一列是 n 个不同的自然数，对第一行的某一数，应满足条件 $(a,n)=1$，再按同余运算规则即可得出该列上 n 个不同的自然数。

综上所述，构造均匀设计表应遵循如下规则（在此只讨论水平数 n 为奇数时的情况，n 为偶数时的均匀设计表一般可以由奇数表获得）：

（1）均匀设计表的第一列是 $1,2,3,\cdots,n$，均匀设计表的第一行是由一切小于 n 的自然数 a_i 组成，且满足 $(a_i,n)=1$。$i=1,2,\cdots,m(<n)$。

（2）均匀设计表的第 i 列第 j 个元素 U_{ij} 为：

$$U_{ij}=j\cdot a_i \quad (\mathrm{mod}\ n) \tag{10—4}$$

其中，a_i 为第 i 列的第一个元素，$j=1,2,3,\cdots,n$。

【例 10.4】 按上述规则构造均匀设计表 $U_5(5^4)$。

$n=5$，第一行满足 $(a_i,5)=1$，小于 5 的自然数有 1，2，3，4 四个数，故此表有四列，按规则（2）可分别产生各列数值如下：

第一列 $a_1=1$，有 $1\times1\equiv1,2\times1\equiv2,3\times1\equiv3,4\times1\equiv4,5\times1\equiv5,(\mathrm{mod}\ 5)$

第二列 $a_2=2$，有 $1\times2\equiv2,2\times2\equiv4,3\times2\equiv6-5=1,4\times2\equiv8-5=3,5\times2\equiv10-5=5,(\mathrm{mod}\ 5)$

第三列 $a_3=3$，有 $1\times3\equiv3,2\times3\equiv6-5=1,3\times3\equiv9-5=4,4\times3\equiv12-2\times5=2,5\times3\equiv10-2\times5=5,(\mathrm{mod}\ 5)$

第四列 $a_4=4$，有 $1\times4\equiv4,2\times4\equiv8-5=3,3\times4\equiv12-2\times5=2,4\times4\equiv16-3\times5=1,5\times4\equiv20-3\times5=5,(\mathrm{mod}\ 5)$

于是得到了与表 10—1 一致的均匀设计表 $U_5(5^4)$。

【例 10.5】 按上述规则构造均匀设计表 $U_7(7^6)$。

$n=7$，第一行满足 $(a_i,7)=1$，小于 7 的自然数有 1，2，3，4，5，6 六个数，故此表有六列，按规则（2）可分别产生各列数值如下：

第一列 $a_1=1$，有 $1\times1\equiv1,2\times1\equiv2,3\times1\equiv3,4\times1\equiv4,5\times1\equiv5,6\times1\equiv6,7\times1\equiv7,(\mathrm{mod}\ 7)$

第二列 $a_2=2$，有 $1\times2\equiv2,2\times2\equiv4,3\times2\equiv6,4\times2\equiv8-7=1,5\times2\equiv10-7=3,6\times2\equiv12-7=5,7\times2\equiv14-7=7,(\mathrm{mod}\ 7)$

第三列 $a_3=3$，有 $1\times3\equiv3,2\times3\equiv6,3\times3\equiv9-7=2,4\times3\equiv12-7=5,5\times3\equiv15-2\times7=1,6\times3\equiv18-2\times7=4,7\times3\equiv21-2\times7=7,(\mathrm{mod}\ 7)$

第四列 $a_4=4$，有 $1\times4\equiv4,2\times4\equiv8-7=1,3\times4\equiv12-7=5,4\times4\equiv16-2\times7=2,5\times4\equiv20-2\times7=6,6\times4\equiv24-3\times7=3,7\times4\equiv28-3\times7=7,(\mathrm{mod}\ 7)$

第五列 $a_5=5$，有 $1\times5\equiv5,2\times5\equiv10-7=3,3\times5\equiv15-2\times7=1,4\times5\equiv20-2\times7=6,5\times5\equiv25-3\times7=4,6\times5\equiv30-4\times7=2,7\times5\equiv35-4\times7=7,(\mathrm{mod}\ 7)$

第六列 $a_6=6$，有 $1\times6\equiv6,2\times6\equiv12-7=5,3\times6\equiv18-2\times7=4,4\times6\equiv24-3\times7=3,5\times6\equiv30-4\times7=2,6\times6\equiv36-5\times7=1,7\times7\equiv49-6\times7=7,(\mathrm{mod}\ 7)$

于是得到了与表 10—4 一致的均匀设计表 $U_7(7^6)$。

【例 10.6】 按上述规则构造均匀设计表 $U_9(9^6)$。

$n=9$，第一行满足 $(a_i,9)=1$，$U_9(9^6)$ 只有六列，源于满足要求的自然数只有 1，2，4，5，7，8 六个数，按规则（2）可分别产生各列数值如下：

第一列 $a_1=1$，有 $1\times1\equiv1,2\times1\equiv2,3\times1\equiv3,4\times1\equiv4,5\times1\equiv5,6\times1\equiv6,7\times1\equiv7,8\times1\equiv8,9\times1\equiv9,(\mathrm{mod}\ 9)$

第二列 $a_2=2$，有 $1\times2\equiv2, 2\times2\equiv4, 3\times2\equiv6, 4\times2\equiv8, 5\times2\equiv10-9=1, 6\times2\equiv12-9=3, 7\times2\equiv14-9=5, 8\times2\equiv16-9=7, 9\times2\equiv18-9=9$，(mod 9)

第三列 $a_3=4$，有 $1\times4\equiv4, 2\times4\equiv8, 3\times4\equiv12-9=3, 4\times4\equiv16-9=7, 5\times4\equiv20-2\times9=2, 6\times4\equiv24-2\times9=6, 7\times4\equiv28-3\times9=1, 8\times4\equiv32-3\times9=5, 9\times4\equiv36-3\times9=9$，(mod 9)

第四列 $a_4=5$，有 $1\times5\equiv5, 2\times5\equiv10-9=1, 3\times5\equiv15-9=6, 4\times5\equiv20-2\times9=2, 5\times5\equiv25-2\times9=7, 6\times5\equiv30-3\times9=3, 7\times5\equiv35-3\times9=8, 8\times5\equiv40-4\times9=4, 9\times5\equiv45-4\times9=9$，(mod 9)

第五列 $a_5=7$，有 $1\times7\equiv7, 2\times7\equiv14-9=5, 3\times7\equiv21-2\times9=3, 4\times7\equiv28-3\times9=1, 5\times7\equiv35-3\times9=8, 6\times7\equiv42-4\times9=6, 7\times7\equiv49-5\times9=4, 8\times7\equiv56-6\times9=2, 9\times7\equiv63-6\times9=9$，(mod 9)

第六列 $a_6=8$，有 $1\times8\equiv8, 2\times8\equiv16-9=7, 3\times8\equiv24-2\times9=6, 4\times8\equiv32-3\times9=5, 5\times8\equiv40-4\times9=4, 6\times8\equiv48-5\times9=3, 7\times8\equiv56-6\times9=2, 8\times8\equiv64-7\times9=1, 9\times8\equiv72-7\times9=9$，(mod 9)

于是得到了与表10—7一致的均匀设计表 $U_9(9^6)$。

有几个规律请注意：

(1)若令 $a_1=1$，则 U_n 表的第一列也符合规则(2)的构造规律。

(2)如果 n 为素数，则符合 $(a_i,n)=1$ 的不大于 n 的自然数为 $1,2,\cdots,n-1$。这表明 n 为素数时，相应的 U_n 表有 $n-1$ 列，这是素数的优点。

(3)当 $n=p^l$ 时，其中 p 为素数，l 为正整数，则相应的 U_n 表的列数为

$$p^l\cdot(1-1/p)=n\cdot(1-1/p) \qquad (10—5)$$

例如在 $U_9(9^6)$ 表中，$p=3, l=2, n=3^2=9$，因此，$U_9(9^6)$ 表有 $9\times(1-1/3)=6$ 列。

(4)因为任一正整数均可分解为素因子的连乘积，当 $n={p_1}^{l_1}\cdot{p_2}^{l_2}\cdot\cdots\cdot{p_m}^{l_m}$ 时。其中 $p_1, p_2,\cdots,p_m$ 为不相同的素数。$l_1,l_2,\cdots,l_m$ 为正整数，则相应的 U_n 表有 $n\cdot(1-1/p_1)\cdot(1-1/p_2)\cdots\cdot(1-1/p_m)$ 列。例如，当 $n=6=2^1\times3^1$，即 $p_1=2, p_2=3, l_1=l_2=1$，则 U_6 表有 $6\times(1-1/2)\cdot(1-1/3)=2$ 列。

这表明当 n 为偶数时，采用奇数的方法构造均匀设计表，得到的列数较少。在均匀设计表中，U_6 表是将 $U_7(7^6)$ 表的最后一行划去而形成的，因此，它有六列。由此可见，偶数的均匀设计表一般要从奇数的表划去最后一行来获得。

10.2.4　均匀设计使用表

当给出均匀设计表后，表中所给出的列数实际上不能全部安排因素，因此，必须根据要求给出相应的使用表。对任意一张均匀设计表 $U_n(n^m)$，若采用通常的回归分析处理试验数据，至多只能安排 $m/2+1$ 个因素。

$U_n(n^m)$ 使用表的布点原则如下：

设 n 为试验次数，m 为 U_n 表中的列数，现有 S 个因素（$S\leqslant m$），各有 n 个水平，应该选择 U_n 表中的哪 S 列安排试验呢？或者说如何产生 S 因素的使用表呢？

令 $a_1,a_2,\cdots,a_s;b_1,b_2,\cdots,b_s$ 为两组正整数，且 $a_i\neq a_j;b_i\neq b_j;i\neq j$

$(a_i,n)=(b_i,n)=1 \qquad i,j=1,2,\cdots,S$

按照均匀设计表构成规则可以分别产生 U_n 表的两个 S 列。哪一个均匀性更好一些。通过理论推导证明，就是要比较

$$f(a_1,a_2,\cdots,a_s)=\frac{1}{n}\sum_{k=1}^{n}\prod_{v=1}^{s}\left[1-\frac{2}{\pi}\ln\left(2\sin\pi\frac{a_{vk}}{n+1}\right)\right]$$

与

$$f(b_1,b_2,\cdots,b_s)=\frac{1}{n}\sum_{k=1}^{n}\prod_{v=1}^{s}\left[1-\frac{2}{\pi}\ln\left(2\sin\pi\frac{b_{vk}}{n+1}\right)\right]$$

其中 $a_{vk}\equiv ka_v;b_{vk}\equiv kb_v(\bmod n)\quad(v=1,2,\cdots,S)$

如果$f(a_1,a_2,\cdots,a_s)<f(b_1,b_2,\cdots,b_s)$，就是说由 $a_1,a_2,\cdots,a_s$ 组成的 S 列，比由 $b_1,b_2,\cdots,b_s$ 组成的 S 列更均匀。

设满足条件$(a_i,n)=1$ 的自然数 a_i 有 m 个，则在 m 个中任取 S 个的可能有$\begin{bmatrix}m\\S\end{bmatrix}$个。所谓均匀性原则，就是由这$\begin{bmatrix}m\\S\end{bmatrix}$个 S 列中选择其中使$f(a_1,a_2,\cdots,a_s)$达到极小的组合，用它来安排试验方案，不失一般性，总可令 $a_i=1$，否则可以改变试验次序使 $a_i=1$，即一定要包含 u_n 表中的第一列。这时只需比较$\begin{bmatrix}m-1\\S-1\end{bmatrix}$种情况，可以节省许多计算量。就是说为了得到 S 个因素的使用表，在 m 个满足$(a_i,n)=1(i=1,2,3,\cdots,m)$的自然数 a_i 中，按均匀性原则挑选出 S 个，其中 $a_1=1$。按下式布点即得到使用表：

$$P_n(K)=(Ka_1,Ka_2,\cdots,Ka_s)\quad(\bmod n)\tag{10—6}$$

其中，$K=1,2,\cdots,n$

例如，当 $n=5,S=3$ 时，按上述均匀性原则，选择 $a_1=1,a_2=2,a_3=4$，由式(10—6)可得

$$P_\xi(1)=(1,2,4)\qquad(\bmod 5)$$
$$P_\xi(2)=(2,4,3)\qquad(\bmod 5)$$
$$P_\xi(3)=(3,1,2)\qquad(\bmod 5)$$
$$P_\xi(4)=(4,3,1)\qquad(\bmod 5)$$
$$P_\xi(5)=(5,5,5)\qquad(\bmod 5)$$

这正是 $U_5(5^4)$表的1,2,4列。因此，在 $U_5(5^4)$的使用表中，当因素为3时，列号取1,2,4。见表10—2所列。

当水平数 n 为素数时，使用表的构造方法如下：

当 n 较大时，可以放在 U_n 表中第一行的数字往往很多，特别是当 n 为素数时，U_n 表中有 $n-1$ 列。如果 $n=31$，可放在 U_{31} 表中第一行的数字有1,2,…,30共计30个。为了得到因素为15的使用表，按上述方法计算将有77 558 760种可能，计算量太大。因此，当 n 为素数时，采用另外一种布点的原则。

给出 n 为素数时，U_n 的使用表的布点原则是，若因素数 S 已经确定，可选出所有这样的正整数 $b_i(0<b_i<n,i=1,2,\cdots,q)$，使每一个 b_i 对 n 的次数$\geqslant S$，就保证了 $b_i^{\,0},b_i^{\,1},\cdots b_i^{\,S-1}$,$(\bmod n)$为 S 个不同的数。此时令 $a=b_i(i=1,2,\cdots,q<n)$，可按下式布点：

$$P_n(K)=(Ka^0,Ka^1,Ka^2,\cdots,Ka^{S-1},)\qquad(\bmod n)\tag{10—7}$$

其中，$K=1,2,\cdots,n$

这样可以得到 q 个 S 列的均匀设计表。

如果用 b_1 来构造表时，令 $a_1=1,a_2=b_1,a_3=b_1^2,\cdots\cdots,a_S=b_1^{S-1}(\mathrm{mod}\ n)$，显然 $a_1,a_2,\cdots,a_s$ 是互不相同的，用它们做表 U_S 的第一行，按（10—7）式可得到相应的 S 列。同理，用 $b_2,\cdots,b_q$ 按同样的方法构造，可以得到 q 张 $U_n(n^S)$。根据均匀性原则，用函数 f 来比较它们的优劣，从中选择一个 a 使布点原则（10—7）达到最均匀，得到最终的 S 个因素的使用表。

10.3 均匀设计的试验方案

10.3.1 均匀设计表的选择

众所周知，科学合理地选择试验设计表是做好试验设计的关键，均匀设计表格的选择主要由试验中所考察的因素个数决定。例如，所选择的因素个数为6，同时，尽量减少试验次数。根据均匀设计的响应关系式可知，$\frac{m}{2}+1$ 为 $U_n(n^m)$ 的使用表中最多能安排的因素个数。

令 $\frac{m}{2}+1=6$，解得 $m=10$，因为对素数来讲 $n=m+1$，所以 $n=11$。选择 $U_{11}(11^{10})$ 表就可以使试验次数最少。根据使用表的规定，选择其中1，2，3，5，7，10列组成 $U_{11}(11^6)$ 表。将各因素均分成11个水平，填入 $U_{11}(11^6)$ 表即可。

若因素有3个，$\frac{m}{2}+1=3$，解得 $m=4,n=m+1,n=5$，故选择 $U_5(5^4)$ 表可以使试验次数最少。再根据 $U_5(5^4)$ 使用表的规定，选择其中的1，2，4列组成 $U_5(5^3)$ 表，然后，将 A,B,C3个因素的考察范围平均分成5个水平；把 A,B,C3个因素分别排放在 $U_5(5^3)$ 表的各列上，同时把各因素对应的各水平也填入 $U_5(5^3)$ 表中，试验方案就确定了。下面举例说明。

【例10.7】 优化高强混凝土配合比。所考虑混凝土的3个因素为水胶比（A）:0.24～0.32、高效减水剂掺量（B）: 0.60%～1.4%、优质复合掺合料的掺量（C）:10%～20%，如前所述，$U_5(5^4)$ 表可以使试验次数最少。再根据 $U_5(5^4)$ 使用表的规定，选择其中的1，2，4列组成 $U_5(5^3)$ 表，把 A,B,C 3个因素和相应的水平排放在 $U_5(5^3)$ 表中。详见表10—12所列。

表10—11 均匀设计表 $U_5(5^4)$

行	列			
	1	2	3	4
1	1	2	3	4
2	2	4	1	3
3	3	1	4	2
4	4	3	2	1
5	5	5	5	5

表10—12 均匀设计表 $U_5(5^3)$

行	列		
	A（水胶比）	B（减水剂）	C（掺合料）
1	1(0.24)	2(0.8%)	4(17.5%)
2	2(0.26)	4(1.2%)	3(15%)
3	3(0.28)	1(0.6%)	2(12.5%)
4	4(0.30)	3(1.0%)	1(10%)
5	5(0.32)	5(1.4%)	5(20%)

若因素有5个，则 $\frac{m}{2}+1=5$，解得 $m=8,n=m+1=9$，因9不是素数，没有 $U_9(9^8)$ 表，只有 $U_9(9^6)$ 表，由 $U_9(9^6)$ 表的使用表可知，最多只能选4个因素，不符合要求，因此，本

例只有选择 $U_{11}(11^{10})$ 表（见表 10—8 所列），或者由该表衍生出来的 $U_{10}(10^{10})$ 表（见表 10—13 所列），然后根据该表使用表的规定，选择其中的 1，2，3，5，7 列组成 $U_{11}(11^{5})$ 或 $U_{10}(10^{5})$ 表（见表 10—14 所列），再把各因素的考察范围平均分成 11 个水平或 10 个水平，分别对应地排放在表中即可。

表 10—13　均匀设计表 $U_{10}(10^{10})$

行	列									
	1	2	3	4	5	6	7	8	9	10
1	1	2	3	4	5	6	7	8	9	10
2	2	4	6	8	10	1	3	5	7	9
3	3	6	9	1	4	7	10	2	5	8
4	4	8	1	5	9	2	6	10	3	7
5	5	10	4	9	3	8	2	7	1	6
6	6	1	7	2	8	3	9	4	10	5
7	7	3	10	6	2	9	5	1	8	4
8	8	5	2	10	7	4	1	9	6	3
9	9	7	5	3	1	10	8	6	4	2
10	10	9	8	7	6	5	4	3	2	1

表 10—14　均匀设计表 $U_{10}(10^{5})$

行	列				
	1	2	3	5	7
1	1	2	3	5	7
2	2	4	6	10	3
3	3	6	9	4	10
4	4	8	1	9	6
5	5	10	4	3	2
6	6	1	7	8	9
7	7	3	10	2	5
8	8	5	2	7	1
9	9	7	5	1	8
10	10	9	8	6	4

10.3.2　均匀设计优化实验的过程

为理解均匀设计在工程中应用的全过程，用实例介绍均匀设计试验的方案设计和相应的数据分析。同时介绍应用均匀设计优化试验条件的一般程序。

【例 10.8】　异戊胶的配方实验，通过配比优化以进一步提高其拉伸强度、扯断伸长率、撕裂强度和扯断永久变形。考察 3 个因素即半补强炭黑、硫磺、促进剂 TMTD。因素的水平根据选择的均匀设计表最后确定。采用均匀设计确定的试验方案如下：

（1）明确试验目的

试验目的：通过试验考察 3 个因素半补强炭黑、硫磺、促进剂 TMTD 对异戊胶主要指标的影响规律，从而选择各因素的最佳组合。

（2）确定考核指标

拉伸强度 y_1（MPa）、扯断伸长率 y_2（%）、撕裂强度 y_3（kN/m）和扯断永久变形 y_4（%）。

（3）确定因素及其试验范围

所定 3 个因素的范围如下：

半补强炭黑 x_1：变化范围为 20 ~ 40；

硫磺 x_2：　　变化范围为 0.8 ~ 2.0；

促进剂 TMTDx_3：变化范围为 0.8 ~ 2.2。

（4）选择合适的均匀设计表

根据对应的使用表的规定，组成实际应用的均匀设计表。选择了 $U_9(9^6)$ 均匀设计表（见表 10—7 所列）。根据 $U_9(9^6)$ 均匀设计表的使用表（见表 10—9 所列），三因素选择其中 1，3，5 的 3 列组成 $U_9(9^3)$ 表。

表 10—15　试验方案及试验结果

No.	列号(因子)			试验结果			
	1(x_1)	3(x_2)	5(x_3)	y_1	y_2	y_3	y_4
1	1(20)	4(1.25)	7(1.85)	13.920	690.64	42.91	32.72
2	2(22)	8(1.85)	5(1.50)	13.704	703.29	45.36	32.96
3	3(25)	3(1.10)	3(1.15)	14.921	751.36	54.60	31.30
4	4(27)	7(1.70)	1(0.80)	15.193	763.43	57.80	34.10
5	5(30)	2(0.95)	8(2.025)	14.242	729.44	47.85	35.51
6	6(32)	6(1.55)	6(1.675)	13.531	700.58	47.78	35.93
7	7(35)	1(0.80)	4(1.325)	13.504	746.66	50.02	33.85
8	8(37)	5(1.40)	2(0.975)	13.281	726.30	50.71	36.83
9	9(40)	9(2.00)	9(2.20)	12.431	606.54	39.96	43.70

(5)将各因素的相应水平填入均匀设计表,组成试验方案。试验方案见表 10—16 所列。

(6)严格按试验方案进行试验。试验结果填入试验方案后面的试验结果栏目,见表 10—16 所列。

(7)利用计算机及相关软件进行试验结果的统计分析,经多元回归分析,得到回归方程式。

(8)根据专业知识对实验结果进行分析评价,通过最优化方法寻求最佳工艺条件,并预测最优结果及其区间估计。

例 10.8 采用三元线性回归模型($y = b_0 + b_1x_1 + b_2x_2 + b_3x_3$)得到以下回归方程:

拉伸强度 y_1(MPa):

$$y_1 = 17.771 - 0.069\,45x_1 - 0.452x_2 - 0.808x_3 \tag{10—8}$$

$\delta = 0.6034, F = 3.5413, f_r = 3, f_e = 5$。

扯断伸长率 y_2(%):

$$y_2 = 938.45 - 1.47x_1 - 57.40x_2 - 67.38x_3 \tag{10—9}$$

$\delta = 19.616, F = 13.6472, f_r = 3, f_e = 5$。

撕裂强度 y_3(kN/m):

$$y_3 = 67.67 - 0.0134x_1 - 2.89x_2 - 9.78x_3 \tag{10—10}$$

$\delta = 3.123, F = 6.7319, f_r = 3, f_e = 5$。

扯断永久变形 y_4(%):

$$y_4 = 14.68 + 0.38x_1 + 3.68x_2 + 2.79x_3 \tag{10—11}$$

$\delta = 0.943, F = 37.6931, f_r = 3, f_e = 5$。

查 F 分布表可得到 F 临界值如下:

$$F_{0.25}(3,5) = 1.88,\quad F_{0.10}(3,5) = 3.62,\quad F_{0.05}(3,5) = 5.41,\quad F_{0.01}(3,5) = 12.06,$$

由此可知,回归方程(10—9)和回归方程(10—11)是非常显著的。回归方程(10—10)是显著的,而回归方程(10—8)在水平 0.25 时是显著的。

用线性逐步回归分析如下:

拉伸强度 y_1(MPa):

$$y_1 = 17.247 - 0.071\,32x_1 - 0.843x_3 \tag{10—12}$$

$\delta = 0.5906, F = 5.1560, f_r = 2, f_e = 65$。

扯断伸长率 y_2(%):

$$y_2 = 900.49 - 59.09x_2 - 69.76x_3 \tag{10—13}$$

$\delta = 21.31, F = 16.4669, f_r = 2, f_e = 6$。

撕裂强度 y_3(kN/m)：

$$y_3 = 63.63 - 10.05x_3 \qquad (10—14)$$

$\delta = 2.931, F = 21.6189, f_r = 1, f_e = 7$。

扯断永久变形 y_4(%)：

$$y_4 = 14.68 + 0.38x_1 + 3.68x_2 + 2.79x_3 \qquad (10—15)$$

$\delta = 0.943, F = 37.6931, f_r = 3, f_e = 5$。

查 F 分布表可得到 F 临界值如下：

$F_{0.25}(2,6) = 1.76$，　$F_{0.10}(2,6) = 3.46$，　$F_{0.05}(2,6) = 5.14$，　$F_{0.01}(2,6) = 10.9$，

$F_{0.25}(1,7) = 1.57$，　$F_{0.10}(1,7) = 3.59$，　$F_{0.05}(1,7) = 5.59$，　$F_{0.01}(1,7) = 12.2$，

$F_{0.25}(3,5) = 1.88$，　$F_{0.10}(3,5) = 3.62$，　$F_{0.05}(3,5) = 5.41$，　$F_{0.01}(3,5) = 12.06$，

由方差分析可知，回归方程(10—13)、(10—14)和(10—15)是非常显著的。回归方程(10—12)是显著的。

10.4 均匀设计的应用

10.4.1 耐火材料镁碳砖的工艺优化

耐火材料镁碳砖的工艺优化，以进一步提高其抗压强度，在工艺优化过程中，选择的因素有5个，即干燥时间、细粉(颗粒直径≤0.088mm)配比量、中颗粒(颗粒直径在0.088mm～1mm)配比量、石墨(196#)填充量、大颗粒(颗粒直径在1mm～5mm)配比量，因素的水平根据选择的均匀设计表最后确定。采用均匀设计确定的试验方案如下：

(1)明确试验目的

试验目的：通过试验考察耐火材料镁碳砖5个生产因素干燥时间、细粉配比量、中颗粒配比量、石墨填充量、大颗粒配比量对镁碳砖强度的影响规律，从而选择各因素的最佳组合。

(2)确定考核指标

考核指标：镁碳砖抗压强度。

(3)确定因素及其试验范围。

所定5个因素的范围如下：

干燥时间 x_1：变化范围为12h～28h；

细粉配比量 x_2：变化范围为0.12～0.40；

中颗粒配比量 x_3：变化范围为0.05～0.12；

石墨填充量 x_4：变化范围为0.07～0.16；

大颗粒配比量 x_5：变化范围为0.48～0.62。

(4) 改进的配方均匀设计

考虑因素 $X_1, X_2, \cdots, X_S$, $0 \leqslant a_i \leqslant x_i \leqslant b_i$, $i = 1,2,\cdots,S$，其中 $x_2 + x_3 + \cdots + x_S = 1$，$x_1$ 独立。显然该实验用传统的均匀设计方案无法实施。

下面给出的改进配方均匀设计，其思想是让试验点尽可能均匀地分布在试验范围内。

①先确定试验次数 n，一般情况下，$n \geqslant 3S$，从文献[63]中查到均匀设计表 $U_n(n^{S-1})$ 用 q_{kj} 记

$U_n(n^{S-1})$中的元素。

②对 $i=2,3,\cdots,S-1$，计算

$$c_{ki}=\frac{2q_{ki}-1}{2n},k=1,2,\cdots,n$$

③计算

$$\begin{cases}x_{ki}=(1-c_{ki}{}^{*\frac{1}{S-i}})\prod_{j=1}^{i-1}c_{ki}{}^{*\frac{1}{S-i}},a_i\leqslant x_{ki}\leqslant b_i\\ x_{kS}=\prod_{j=2}^{s-1}c_{ki}{}^{*\frac{1}{S-j}},a_S\leqslant x_S\leqslant b_S,i=2,\cdots,(S-1),k=1,2,\cdots,n。\end{cases}$$

式中 $c_{ki}{}^*$ 由 C_{ki} 做变换得到。这样就得到了改进的配方均匀设计（见表 10—16 所列）。

表 10—16　改进的配方均匀设计

No.	x_1	x_2	…	x_S
1	q_{11}	x_{12}	…	x_{1S}
2	q_{21}	x_{22}	…	x_{2S}
⋮	⋮	⋮	⋮	⋮
n	q_{n1}	x_{n2}	…	x_{nS}

(5)采用合适的均匀设计表 $U_{17}(17^5)$，将各因素的相应水平填入均匀设计表，组成试验方案。试验方案见表 10—17 所列。

(6)严格按试验方案进行试验。试验结果填入表 10—17。

表 10—17　试验方案及试验结果

No.	x_1	x_2	x_3	x_4	x_5	抗压强度 y/MPa
1	1(12)	3(0.1345)	15(0.1004)	13(0.1509)	12(0.6142)	25.92
2	2(13)	6(0.1542)	12(0.0834)	16(0.1523)	11(0.6101)	26.57
3	3(14)	9(0.1778)	8(0.0726)	8(0.1399)	10(0.6097)	22.85
4	4(15)	12(0.2078)	2(0.0563)	4(0.1211)	14(0.6148)	23.30
5	5(16)	15(0.2522)	6(0.0635)	5(0.1248)	2(0.5595)	22.68
6	6(17)	1(0.1228)	17(0.1132)	10(0.1449)	16(0.6191)	23.06
7	7(18)	4(0.1407)	14(0.0921)	14(0.1513)	13(0.6159)	25.82
8	8(19)	7(0.1615)	9(0.0764)	11(0.1454)	15(0.61672)	23.03
9	9(20)	10(0.1868)	11(0.0824)	9(0.1417)	5(0.5891)	26.11
10	10(21)	13(0.2202)	5(0.0626)	6(0.1333)	4(0.5839)	23.80
11	11(22)	16(0.2753)	4(0.0594)	2(0.1020)	3(0.5633)	27.98
12	12(23)	2(0.1285)	16(0.1046)	12(0.1478)	17(0.6191)	26.72
13	13(24)	5(0.1473)	13(0.0909)	17(0.1551)	9(0.6067)	25.35
14	14(25)	8(0.1694)	10(0.0777)	15(0.1516)	8(0.6013)	22.78
15	15(26)	11(0.1968)	7(0.0667)	7(0.1379)	7(0.5985)	29.97
16	16(27)	14(0.2347)	3(0.0581)	3(0.1097)	6(0.5875)	28.00
17	17(28)	17(0.3136)	1(0.0501)	1(0.0774)	1(0.5589)	32.54

(7)数据分析

试验结果用逐步回归分析，经计算机统计分析，得到考核指标的数学模型：

$$y = 28.7086 + 1.3342x_1x_2 - 336.3239x_2x_4 \quad (10—16)$$

回归方程的方差分析见表 10—18 所列。

表 10—18　方差分析表

方差来源	平方和	自由度	均　方	F　值	临界值
回　归	75.3076	2	37.6538	10.2206**	$F_{0.01}(2, 14) = 6.51$
误　差	51.5774	14	3.6841		
总　和	126.8850	16			

由方差分析可知，回归方程非常显著。

优化得最优解：

$$x^* = (28, 0.4, 0.05, 0.07, 0.48) \qquad y^* = 34.2347$$

考虑到工厂实际，在原有的工艺基础上，干燥时间控制在 28h，将细粉的配比调整到 31% ~ 40%，投产后平均抗压强度达到 32MPa ~ 33MPa，平均抗压强度增加了 7MPa，而且大大降低了成本。

10.4.2　水泥基超细粉煤灰灌浆材料的研究

(1)引言

自 1802 年法国工程师首次用灌浆法修补了 Dipper 水坝后，灌浆法逐渐受到重视，并且成为地基修补和大坝防渗固结处理的一种重要方法，在工程中得到了广泛的应用。水泥基灌浆材料是一种应用最多的材料，它具有耐久性好、强度高、无毒、无污染、价格便宜等优点。但普通的水泥基灌浆材料的稳定性和可灌性较差。当水灰比较大时，浆体保水性差，易离析泌水，使该材料在许多工程中受到限制。为了解决这些问题，必须对其进行改性。我们采用无机增粘材料硅灰、有机增粘材料羧甲基纤维素，以及能改善可灌性又降低成本的超细粉煤灰进行试验研究，粉煤灰是电厂的废弃物，它的开发利用具有显著的社会效益和经济效益。

(2)试验概要

试验用的水泥为 32.5 级普通硅酸盐水泥，超细粉煤灰为沈阳市沈海热电厂的粉煤灰，经超细加工而成，其化学和成分和性能指标见表 10—19 所列。

表 10—19　粉煤灰的化学成分及性能(%)

SiO_2	Al_2O_3	Fe_2O_3	CaO	MgO	SO_3	Na_2O	K_2O	烧失量	需水量比	比表面积/(m^2/kg)
57.2	24.3	6.68	2.2	3.3	0.73	1.3	2.8	0.88	90	1105

由表 10—19 可知，该粉煤灰经超细加工处理后，性能远远优于一级粉煤灰，硅灰为硅铁合金的废料，其二氧化硅的含量大于 95%，比表面积为 23 000 m^2/kg，有机增粘保水材料羧甲基纤维素 CMC 为工业品。

试验研究的考核指标有水灰比 0.8 时的泌水率 BL，水灰比 0.6 时的硬化水泥浆体 28d 抗压强度。其中，泌水率指标集中反映了灌浆材料的低离析性能，因此，水灰比选择的比较大，强度反映了关键力学性能。泌水率的测定见公式(10—17)。

$$BL = \frac{Vw}{(W/G)G_W} \times 100\% \quad (10—17)$$

式中：BL——水泥浆泌水率；

V_w——泌水总量；

W——浆体用水总量；

G——固体材料总量；

G_w——试样总量。

(3)试验设计及测试结果

试验采用三因子多水平的均匀设计，其中，因素 A 粉煤灰掺量选了 16 个水平，因素 B 硅灰掺量和因素 C 羧甲基纤维素掺量均选了 8 个水平，各因素及水平见表 10—20 所列。

表 10—20　因素水平表

项　目	1	2	3	4	5	6	7	8	9	10	11	12	13	14	15	16
粉煤灰掺量	5	6	7	8	9	10	11	12	13	14	15	16	17	18	19	20
硅灰掺量	1.0	1.2	1.4	1.6	1.8	2.0	2.2	2.4								
CMC 掺量	0.3	0.4	0.5	0.6	0.7	0.8	0.9	1.0								

选用混合水平的均匀设计表 $U_{16}(16^1 \times 8^2)$，试验方案及测试结果见表 10—21 所列。

表 10—21　试验方案及试验结果

No.	$x_1(A)$	$x_2(B)$	$x_3(C)$	泌水率 $BL/(\%)$	抗压强度 R_{28}/MPa
1	1(5)	7(2.2)	7(0.9)	7.92	27.65
2	2(6)	5(1.8)	6(0.8)	9.26	26.58
3	3(7)	3(1.4)	4(0.6)	12.40	24.82
4	4(8)	1(1.0)	3(0.5)	14.03	23.15
5	5(9)	7(2.2)	1(0.3)	10.46	22.49
6	6(10)	5(1.8)	8(1.0)	2.85	26.06
7	7(11)	3(1.4)	7(0.9)	4.80	25.19
8	8(12)	1(1.0)	5(0.7)	7.95	28.02
9	9(13)	8(2.4)	4(0.6)	4.90	28.43
10	10(14)	6(2.0)	2(0.4)	8.34	22.08
11	11(15)	4(1.6)	1(0.3)	10.40	17.15
12	12(16)	2(1.2)	8(1.0)	1.03	24.18
13	13(17)	8(2.4)	6(0.8)	1.51	30.56
14	14(18)	6(2.0)	5(0.7)	3.78	26.44
15	15(19)	4(1.6)	3(0.5)	7.73	20.35
16	16(20)	2(1.2)	2(0.4)	10.83	15.63

(4)试验结果的分析与评价

试验结果的统计分析由自编的专用计算机软件完成，经逐步回归分析，得出两个考核指标的数学模型如下：

$$BL = 35.9125 - 1.9638x_1 - 6.0598x_2 - 7.6887x_3 + 0.2408x_1x_2 - 0.4562x_1x_3 + 0.0553x_1^2 \quad (10—18)$$

$$R_{28} = 8.2451 + 1.5499x_1 + 17.8645x_3 - 0.5267x_1x_2 + 1.8802x_1x_3 + 15.75x_2x_3 - 0.0825x_1^2 - 43.47x_3^2 \quad (10—19)$$

回归方程及系数的显著性检验结果见表 10—22 和表 10—23 所列。

表 10—22　泌水率的方差分析表

方差来源	平方和	自由度	均　方	F　值	临界值
x_1	11.06	1	11.06	245.78**	$F_{0.01}(1,9)=10.56$
x_2	8.91	1	8.91	198.06**	$F_{0.01}(6,9)=5.80$
x_3	2.93	1	2.93	65.24**	
x_1x_2	2.37	1	2.37	52.67**	
x_1x_3	1.72	1	1.72	38.22**	
x_1^2	11.97	1	11.97	266.86**	
回　归	225.79	6	37.63	836.22**	
误　差	0.40	9	0.045		
总　和	226.19	15			

由表 10—22 和表 10—23 可知，用均匀设计建立的回归方程都是非常显著的，较好地反映了泌水特性、强度与复合改性材料组合之间的内在规律，超细粉煤灰、硅灰、CMC 的掺量对泌水特性的影响都是非常显著的，超细粉煤灰与硅灰和 CMC 的交互作用对两个考核指标的影响也是非常显著的，超细粉煤灰的平方项对两个指标均有显著的影响。

均匀设计建立的数学模型的复演试验结果见表 10—24 所列。由表 10—24 可知，由均匀设计建立的两个回归方程的预测精度能够满足工程中精度的要求。28d 抗压强度的最大相对误差仅为 5.54%，泌水率的最大相对误差仅为 6.61%。

表 10—23　抗压强度的方差分析表

方差来源	平方和	自由度	均　方	F　值	临界值
x_1	3.21	1	3.21	2.43	$F_{0.01}(1,8)=11.26$
x_2	1.80	1	1.80	1.36	$F_{0.01}(7,8)=6.18$
x_3	4.64	1	4.64	3.52(*)	$F_{0.05}(1,8)=5.32$
x_1x_2	12.63	1	12.63	9.56*	$F_{0.10}(1,8)=3.46$
x_1x_3	7.81	1	7.81	5.91*	
x_1^2	11.22	1	11.22	8.49*	
x_3^2	41.31	1	41.31	31.27**	
回　归	236.11	7	33.73	25.53**	
误　差	10.57	8	1.321		
总　和	246.68	15			

表 10—24　复演试验结果

No.	$x_1(A)$	$x_2(B)$	$x_3(C)$	28d 抗压强度/MPa			泌水率/%		
				实测	计算	相对误差	实测	计算	相对误差
1	5	1.0	0.4	20.6	21.72	-5.24%	17.62	18.64	-5.78%
2	10	1.6	0.5	28.1	27.09	3.59%	9.23	9.84	-6.61%
3	15	1.8	0.8	28.7	30.29	-5.54%	2.91	2.88	1.03%
4	15	2.0	0.6	28.4	27.96	1.55%	5.63	5.30	5.86%
5	20	1.8	0.7	24.6	24.57	0.12%	4.61	4.76	-3.25%

数学模型的优化求解如下：

对于泌水率为零的最优求解，由计算机优化求出：超细粉煤灰掺量为11%～17%；硅灰掺量为2.4%（上限）；CMC的掺量为1.0%（上限）。

对于28d抗压强度最高值的优化求解，由计算机计算得出：超细粉煤灰掺量为12%；硅灰掺量为2.4%（上限）；CMC的掺量为0.9%。28d抗压强度为34.99MPa。

为进一步优化找出工程中满足性能要求成本较低的组合，我们建立了一个经济函数如下：

$$P = 5x_1 + 40x_2 + 50x_3 - 3.2(x_1 + x_2 + x_3) \quad (10—20)$$

超细粉煤灰成本为500元/t，硅灰4000元/t，CMC为5000元/t，水泥为320元/t，根据不同约束条件，最优解见表10—25所列。

表10—25 约束条件下的最优解

约束条件		优化组合			优化解		
BL	R_{28}	$x_1(A)$	$x_2(B)$	$x_3(C)$	BL/%	R_{28}/MPa	min$P$/元
<2.0	≥30	14	1.8	0.9	1.76	30.57	133.56
<1.0	≥30	15	1.8	0.95	0.70	30.17	137.70
=0.0	≥30	15	1.9	1.00	0.00	30.44	143.72
<2.0	≥25	16	1.1	0.95	1.99	25.43	113.74
<1.0	≥25	17	1.2	1.00	0.72	25.26	121.56
=0.0	≥25	18	1.5	1.00	0.00	27.06	134.40
<2.0	≥20	15	1.0	1.00	1.93	23.38	110.60
<1.0	≥20	18	1.0	1.00	0.86	23.92	116.00
=0.0	≥20	18	1.5	1.00	0.00	27.06	134.40

表中最后一列为最经济成本，与同性能的原配比组合可差一倍之多，即每吨灌浆料成本差100元以上，可见，建立的模型具有重要的价值。

（5）结论

①粉煤灰超细加工后与硅灰和CMC复合，可配制优质的水泥基高性能灌浆材料；

②用均匀设计建立的泌水率和强度指标的回归方程很好地反映了复合改性材料与性能指标之间的内在规律，方差分析表明回归方程均非常显著，复演试验的精度也很高，可以作为工程优化的依据；

③单因素影响的分析表明，增加超细粉煤灰、硅灰和CMC的掺量均可改善灌浆材料的保水性，适当增大3种材料的用量对发展强度有利，尤其是硅灰和CMC的掺量；

④各种约束条件下的优化求解对更好地解决工程技术问题具有很高的应用价值。

10.4.3 超细粉煤灰高功能PRC材料的研究

（1）PRC材料及成型

随着混凝土材料科学和工艺技术的不断发展，高性能化和高功能化的混凝土材料愈来愈引起人们的高度重视，尤其是利用工业灰渣制作高性能、高功能水泥混凝土材料代表了21世纪混凝土研究的重要方向。PRC（少孔水泥）材料是一系列具有普通水灰比的水泥浆体，经挤压排水工艺而形成的高强、高密度材料。通常人们很熟悉水泥浆体的孔隙率与其力学性能之间的关系。通过改善这一关系，制作了多种低孔隙率的超高强材料，如MDF和DSP等。PRC材料没有MDF那种滞后硬化水对填充在水泥浆内部孔隙中的聚合物的侵蚀作用而引起的耐久性问题；也不像 DSP 那样需要大量超细硅灰和高效减水剂。

该材料由英国 Aberdeen 大学化学系的 D. E. Macphee 教授首先研制出来，并在 1994 年 2 月维也纳召开的 RILEM 高性能混凝土专题讨论会上发表。这种超高强、高性能水泥基材料立刻引起国际同行的高度重视。

PRC 材料的制作程序大致如下：先将水泥净浆体系用较大的水胶比配制，如水泥净浆原始水胶比甚至大于 0.5。待初凝后开始成型加工。压制成型过程如图 10—2 所示。成型压力达到设计压力后，保压 3min，试件的直径为 50mm，高径比控制在 1.1 左右。图 10—3 为成型压力与剩余水胶比之间的关系。由图 10—3 可知，成型压力越大，剩余水胶比越小，当成型压力达到 200MPa 时，剩余水胶比可以达到 0.12。这是一般工艺难以实现的。

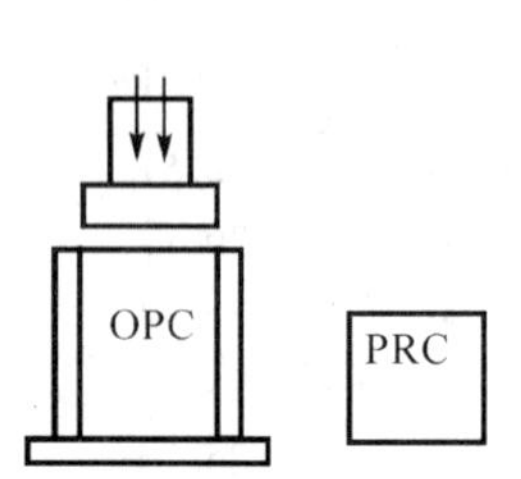

图 10—2　PRC 材料制备原理图

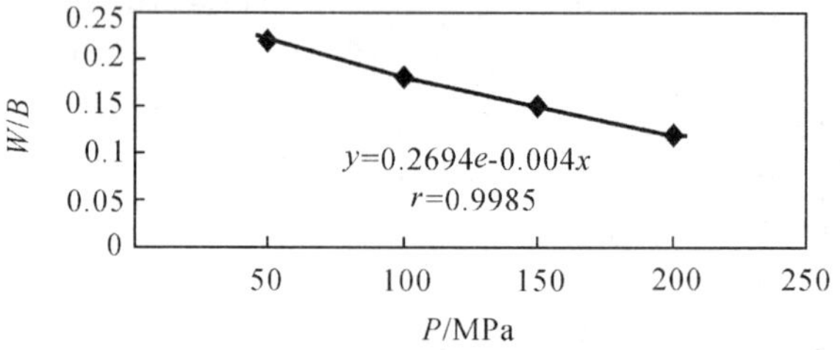

W/B
0.25
0.2
0.15
0.1
0.05
0
y=0.2694e-0.004x
r=0.9985
50　100　150　200　250
P/MPa

图 10—3　成型压力与水胶比的关系

(2)试验方案及测试结果

试验中水泥选用本溪工源水泥厂生产的 525# 普通硅酸盐水泥(现行标准的 42.5 级)，实测 28d 强度为 58.6MPa。粉煤灰选用沈海热电厂的二级粉煤灰，其化学成分和物理性能指标见表 10—26 所列。为进一步提高其活性，采用振动磨超细加工，超细加工后的粉煤灰性能远远优于一级粉煤灰。为考查细度对粉煤灰活性的影响，分别加工了 4 个细度等级：No. 1 为 $495m^2 \cdot kg^{-1}$，No. 2 为 $518m^2 \cdot kg^{-1}$，No. 3 为 $650m^2 \cdot kg^{-1}$，No. 4 为 $795m^2 \cdot kg^{-1}$。粉煤灰的颗粒分布用日本岛津 CA－CP2 型粒度分析仪测试，其颗粒分布曲线及相应的分形维数分别为 2.103，2.230，2.292，2.395。

表 10—26　粉煤灰的化学成分及物理性能　(%)

SiO_2	Al_2O_3	Fe_2O_3	CaO	MgO	SO_3	R_2O	需水量	烧失量	比表面积 $m^2.kg^{-1}$
57.21	24.30	6.68	2.19	3.31	0.73	4.11	94	0.88	295

PRC 材料仅由水泥、粉煤灰和水组成。采用普通净浆搅拌方式搅拌出水灰比为 0.45 的水泥净浆，待初凝以后，浇筑到圆柱形的模具中压力成型，及时排出挤压的孔隙水，压力撤出后，将试件顶出，在标养室中养护 1d 后，放入水中养护至 28d 测试其强度。

试验设计采用三因子多水平的均匀设计，其中，因素 A 选了 6 个水平，因素 B 选了 4 个水平，因素 C 选了 4 个水平，各因素及水平如下：

A(成型压力 P/MPa)：20，60，100，140，180，220；

B(粉煤灰掺量 F/%)：10，20，30，40；

C(分形维数 D)：2.103，2.230，2.292，2.392。

选用混合水平的均匀设计表 $U_{12}(6\times4^2)$，试验方案及测试结果见表10—27所列。

表10—27　试验方案及测试结果 $U_{12}(6\times4^2)$

No.	A(成型压力 P/MPa)	B(粉煤灰掺量 F/%)	C(分形维数 D)	R(抗压强度/MPa)
1	1(20)	1(10)	2(2.230)	58.9
2	1(20)	2(20)	3(2.292)	57.5
3	2(60)	3(30)	4(2.392)	73.2
4	2(60)	4(40)	1(2.103)	60.1
5	3(100)	1(10)	3(2.292)	93.4
6	3(100)	2(20)	4(2.392)	96.7
7	4(140)	3(30)	1(2.103)	107.2
8	4(140)	4(40)	2(2.230)	110.7
9	5(180)	1(10)	4(2.392)	137.4
10	5(180)	2(20)	1(2.103)	131.8
11	6(220)	3(30)	2(2.230)	152.3
12	6(220)	4(40)	3(2.292)	146.6

(3)试验结果的分析与评价

试验结果的统计分析由自编软件完成，经回归分析计算得出考核指标的回归方程如下：

$$R=-60.4145+1.0024P-0.2953F+49.944D+0.0002587P^2-0.2515PD \qquad (10—21)$$

回归方程及系数的显著性检验结果见表10—28所列。由表10—28可知，用均匀设计建立的回归方程是非常显著的，各回归系数也是非常显著的，较好地反映了强度与成型压力、粉煤灰掺量和粉煤灰粉体分形维数之间的内在规律。拟合结果的误差分析见表10—29所列。该表反映出数学模型的拟合精度比较高。

表10—28　方差分析表

方差来源	平方和	自由度	均　方	F值	临界值
P	1619.12	1	1619.12	43 595.0**	$F_{0.01}(5,6)=8.75$
F	2475.48	1	2475.48	66 652.7**	$F_{0.01}(1,6)=13.75$
D	1139.28	1	1139.28	30 675.3**	
P^2	290.13	1	290.13	7811.79**	
$P\times D$	513.27	1	513.27	13 819.9**	
回　归	13 287.63	5	2657.53	71 554.38**	
剩　余	0.26	6	0.037 14		
总　和	13 287.89	11			

表10—29　拟合误差分析表

实测值	计算值	绝对误差	相对误差(%)
58.9	56.94	1.96	3.33
57.5	56.77	0.73	1.27
73.2	75.17	-1.97	-2.69
60.1	62.15	-2.05	-3.41
93.4	96.29	-2.89	-3.09

续表

实测值	计算值	绝对误差	相对误差(%)
96.7	95.81	0.89	0.92
107.2	107.18	0.02	0.02
110.7	106.04	4.66	4.21
137.4	136.63	0.77	0.56
131.8	132.32	-0.52	-0.39
152.3	151.76	0.54	0.35
146.6	148.48	-1.88	-1.28

将数学模型中的部分因素的水平确定之后,可以得出单因素与考核指标的关系曲线,如图10—4和图10—5所示。图10—4为超细粉煤灰分形维数为2.392时的成型压力与PRC抗压强度之间的关系曲线。由该曲线可知,无论粉煤灰掺量为10%,还是粉煤灰掺量为40%,PRC的抗压强度都随着成型压力的增大明显增高。虽然粉煤灰的掺量对其强度有着显著的影响,但只要成型压力因素选择得当,仍然可以配制出超高强的PRC材料。从图10—5可知,虽然随着粉煤灰颗粒群分形维数的增大,PRC的抗压强度有所增加,但调整好成型压力可以解决,这样可以避免因过高磨细粉煤灰带来能耗增大的问题。

优化求解的结果见表10—30所列。其中,No.1为原试验范围内的最高强度值;No.2为适当增加成型压力到250MPa,将粉煤灰进一步磨细到分形维数为2.63,比表面积为989.2m^2/kg时的测试结果;No.3为考虑成本的最佳条件下的最优组合,粉煤灰掺量达到50%,粉煤灰的分形维数仅为2.23,也制造出抗压强度为164.1MPa的超高强PRC材料。

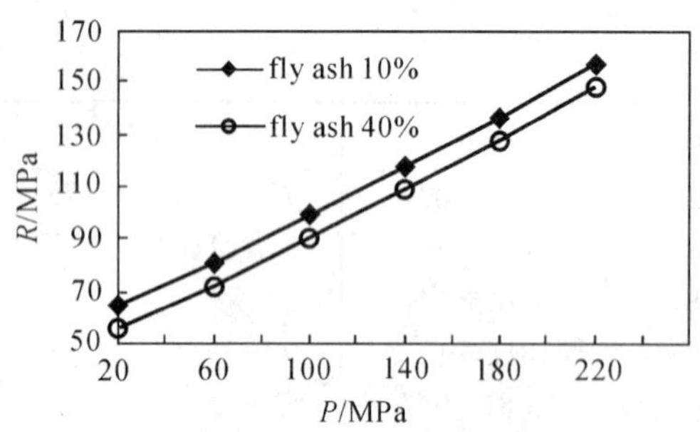

图10—4 成型压力对28d强度的影响

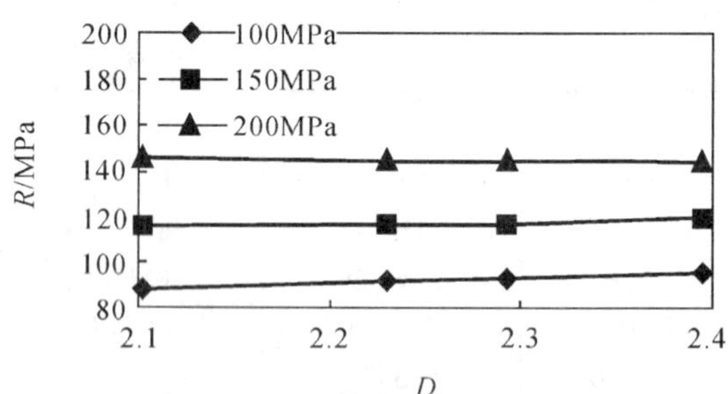

图10—5 分形维数对28d强度的影响

表10—30 优化解与实测值的误差分析

No.	P(MPa)	F(%)	D	计算值(MPa)	实测值(MPa)	相对误差(%)
1	220	10	2.40	156.75	155.9	-0.54
2	250	10	2.63	169.40	173.8	2.53
3	250	50	2.23	162.75	164.1	0.82

(4)结论

①选择较好的成型压力、粉煤灰掺量和粉煤灰细度，均可以配制不同水泥品种、性能优异的 PRC 材料。

②采用均匀设计可以更多地安排每个因素的水平，大大减少试验次数，建立的强度与成型压力、粉煤灰掺量和粉煤灰分形维数之间的关系回归公式非常显著，首次将分形维数作为因素，该因素是非常显著的。模型较好地反映了因素对考核指标影响的内在规律，可用于指导工艺优化。

③优化求解表明，公式的推算结果比较精确，通过工艺参数优化，配制出实测强度为 173.6MPa 的超高强 PRC 材料。同时，当粉煤灰掺量达到 50% 时，也能制作出实测强度为 164.1MPa 的高强 PRC 材料，对指导工程应用具有很高的价值。

10.4.4　道路沥青改性的研究

(1)概述

聚合物改性沥青是道路交通量增大、车辆载重提高后而问世的一种新产品，通常用作高等级公路的面层。抚顺石油化工研究院对某石油化工厂提供的沥青进行改性，以聚合物 A,B 作改性剂，开发符合标准要求的 AH1－1，AH1－2，AH1－3，AH2－1，AH2－2 五个牌号的改性沥青。其标准是参照美国 SHRP 计划结合我国具体情况制定的。其主要特点是根据使用地区的气候条件来确定沥青的指标。该标准将全国划分为 9 个气候区，表 10—31 列举的 5 个牌号是其中要求较高的 5 个。其主要指标也列在其中。

表 10—31　重交通沥青主要指标(按气候分)

指　标	沥青结合料等级 AH				
	1－1	1－2	1－3	2－1	2－2
七月平均最高气温,℃	>30	>30	>30	20/30	20/30
年极端最低温度,℃	<－37.0	－21.5/－37.0	－9.0/－21.5	－37.0	－21.5/－37.0
针入度，1/10mm	100/120	80/100	60/80	120/140	100/120
延度，cm	30	20	15	30	20
T_{800}，不大于，℃	44.4/42.7	46.4/44.4	49.1/46.4	42.1/40.7	43.7/42.1
$T_{1.2}$，不小于，℃	－16.2/－17.9	－12.9/－14.9	－9.1/－11.6	－17.9/－19.3	－14.9/－16.5

(2)试验安排

初步试验表明，聚合物 A,B 对特定的基础沥青具有显著的改性效果，通过 2 因子 10 水平的试验，以考察这两种聚合物对沥青主要物性的影响程度。选择的均匀设计表见表 10—32 所列，采用表中的第 1,6 列安排试验。试验方案及结果见表 10—33 所列。

(3)数学模型的建立

用自己开发的软件对表 10—33 中的考察因素和考核指标的试验结果进行统计分析，建立的数学模型和方差分析结果见表 10—34 所列。从该表可以看出，各模型的 F 值均较大，表明回归方程是显著的。

表 10—32 均匀设计表 $U_{10}^*(10^8)$

No.	1	2	3	4	5	6	7	8
1	1	2	3	4	5	7	9	10
2	2	4	6	8	10	3	7	9
3	3	6	9	1	4	10	5	8
4	4	8	1	5	9	6	3	7
5	5	10	4	9	3	2	1	6
6	6	1	7	2	8	9	10	5
7	7	3	10	6	2	5	8	4
8	8	5	2	10	7	1	6	3
9	9	7	5	3	1	8	4	2
10	10	9	8	7	6	4	2	1

表 10—33 试验方案及结果

No.	考察因素		试验结果			
	A/w% x_1	B/w% x_2	针入度 1/10 y_1	延度/cm y_2	T_{800}/℃ y_3	$T_{1.2}$/℃ y_4
2-0	基础沥青		139	>140	40.9	-17.5
2-1	0.0	3.5*	81	15	50.1	-21.0
2-2	0.5	1.0	115	25	44.0	-19.8
2-3	1.0	4.5	70	9	55.2	-25.6
2-4	1.5	2.5	110	13	45.2	-20.1
2-5	2.0	0.5	136	17	46.9	-31.7
2-6	2.5	4.0	78	10	52.1	-28.6
2-7	3.0	2.0	105	18	46.9	-22.2
2-8	3.5	0.0	126	33	47.6	-31.2
2-9	4.0	3.5	59	21	53.7	-21.9
2-10	4.5	1.5	98	51	47.5	-21.8

*此值应为3.0,改为3.5是便于与2-8号试验结果直接对比。

表 10—34 数学模型及方差分析结果

数学模型	方差分析结果				显著性
	S	F	$F_{0.01}$	$F_{0.05}$	
$y_1 = 109.81 + 21.53x_1 - 4.55x_1^2 - 2.27x_2^2 - 2.38x_1x_2$	4.43	71.29	11.39		**
$y_2 = 32.87 - 1341x_1 - 4.02x_2 + 3.89x_1^2$	4.54	21.43	9.78		**
$y_3 = 45.83 - 2.56x_2 + 0.19x_1^2 + 1.02x_2^2$	1.08	33.18	9.78		**
$y_4 = -32.06 + 10.42x_2 - 2.03x_2^2 + 0.26x_1x_2$	3.01	4.88		4.76	*

(4)数学模型对配方的预报

为制得表10—32中符合标准要求的AH1-1, AH1-2, AH1-3, AH2-1, AH2-2五个牌号的改性沥青产品,用建立的4个数学模型对改性沥青配方进行预报,从初步分析来看,只要针入度(y_1)、延度(y_2)符合牌号要求,则 T_{800}(y_3)和 $T_{1.2}$(y_4)全部符合要求。因此,用数学模型预报时,只要用针入度(y_1)、延度(y_2)作约束条件。指标值的确定需考虑如下两个因素,即牌号对该指标的要求范围和数学模型中该指标的标准差,以保证留有充分的余地。预报的产品配方多达几组到几十组。不仅为验证试验提供了多种选择,为进一步试验奠定了基础,更主要的是大大地增加了工业化时的灵活性和把握性。

(5)数学模型预报值的检验

数学模型提供的配方预报值是否可信,需用试验进行检验,我们从各牌号预报值中分别选取一组进行验证试验,选取是按延度(y_2)比标准要求大 10 cm,针入度(y_1)是该牌号中值偏上考虑的。这样减除其数学模型标准差外,仍留有一定余量,以求产品能符合标准要求。预报值及检验情况见表 10—35 所列。

表 10—35　预报值及检验结果

No.	因素		项目	试验结果			
	$A/W\%$ x_1	$B/W\%$ x_2		针入度 1/10 y_1	延度/cm y_2	T_{800}/℃ y_3	$T_{1.2}$/℃ y_4
AH1 - 1	4.2	0.7	预报值	112	42	47.9	-26.4
			检验值	107	37	46.9	-23.8
AH1 - 2	3.9	2.3	预报值	92	31	48.2	-21.1
			检验值	87	28	49.3	-21.9
AH1 - 3	3.9	3.2	预报值	73	27	50.9	-22.5
			检验值	64	15	55.3	-22.4
AH2 - 1	3.7	0.0	预报值	127	36	48.4	-32.1
			检验值	116	35	49.9	-32.6
AH2 - 2	3.8	1.2	预报值	112	33	47.0	-23.5
			检验值	112	33	48.6	-29.1

由表 10—35 可知,预报值与检验结果基本吻合,只有 AH1 - 3 的针入度(y_1)和延度(y_2)、AH2 - 1 的针入度(y_1)吻合程度略差一些,其余均在误差范围之内。用表 10—32 所列相应的牌号的指标来衡量,AH1 - 1, AH1 - 2, AH1 - 3 及 AH2 - 2 均完全符合要求,AH2 - 1 除针入度(y_1)略低一些,其余指标也都符合要求。表明试验建立的数学模型具有较高的可靠性。

10.4.5　基于均匀设计的方钢管混凝土偏压柱的试验研究

(1)引言

钢管混凝土就是由混凝土填入薄壁钢管内而形成的组合材料,主要用于建筑物竖向承重构件。在结构的受压杆件中,采用钢管混凝土代替钢筋混凝土和结构钢,可大幅度地节省钢、木、水泥和减轻结构自重,缩小杆件截面尺寸,使传统杆系结构的性能大为改善,尤其是在高层、大跨、重载和抗震抗爆的建筑结构中,能更好地满足设计和施工的一系列要求。钢管混凝土还可与预应力技术相结合,提高结构的刚度和耐疲劳性能。

(2)试验方案设计

圆钢管混凝土柱的承载力设计公式为:

$$N_u = \Phi_l \Phi_e N_0 \tag{10—22}$$

式中：N_0——钢管混凝土短柱的承载力设计公式；

Φ_l, Φ_e——分别为考虑柱的长细比和荷载偏心率影响的承载力折减系数。

当 $e_0/r_c \leq 1.55$ 时，取 $\Phi_e = 1/(1+1.85e_0/r_c)$；

当 $e_0/r_c > 1.55$ 时，取 $\Phi_e = 0.4(e_0/r_c)$。

r_c——核心混凝土横截面的半径；

e_0——偏心距。

按照上述公式，同一偏心距对不同长细比的柱子来说，Φ_e 是相同的，从理论上讲，这未免有些欠妥，Φ_e 本是 e_0 的函数。所以，为了考察长细比与偏心距对方钢管混凝土偏心受压柱承载力的交互影响，采用两因素多水平的试验设计，经比较用均匀设计可以使时间的数量减少很多。所定长细比因素有 16 个水平，而偏心距只有 7 个水平，采用拟水平的方式，将偏心距的水平数循环一次（或几次），达到与长细比相同的水平数。因素水平表见表 10—36 所列。

表 10—36　因素水平表

因　素	1	2	3	4	5	6	7	8	9	10	11	12	13	14	15	16
长细比 λ	5	10	15	20	25	30	35	40	45	50	55	60	65	70	75	80
偏心距 e_0	0	10	25	50	75	105	130	0	10	25	50	75	105	130	0	10

（3）试验设计及测试结果

将 $U_{17}(17^{16})$ 表划去最后一行，形成 $U_{16}(16^{16})$ 表，选取 1，10 列组成 $U_{16}(16^2)$ 表。把长细比 λ 和偏心距 e_0 两因子分别排列在表 10—37 中。试验在 5000kN 长柱试验机上进行，测定在极限状态下各试件的承载力值见表 10—37 所列。

表 10—37　试验方案及试验结果

No.	$x_1(\lambda)$	$x_2(e_0)$	试验结果
1	1(5)	10(25)	873.2
2	2(10)	3(25)	871.5
3	3(15)	13(105)	418.2
4	4(20)	6(105)	410.0
5	5(25)	16(10)	994.8
6	6(30)	9(10)	970.3
7	7(35)	2(10)	943.7
8	8(40)	12(75)	476.2
9	9(45)	5(75)	460.8
10	10(50)	15(0)	1108.0
11	11(55)	8(0)	1104.9
12	12(60)	1(0)	1101.0
13	13(65)	11(50)	487.2
14	14(70)	4(50)	469.0
15	15(75)	14(130)	253.5
16	16(80)	7(130)	246.1

（4）试验结果的分析

前面已提到关于圆钢管混凝土用经验系数法计算偏压构件承载力的不足之处，利用均匀设计方法得出如下关于方钢管混凝土偏压构件的承载力计算公式

$$N_u = \Phi N_S$$

$$\Phi = 1.1007 - 0.0058\lambda - 0.0002{e_0}^2 \qquad (10—23)$$

用上述公式计算方钢管混凝土偏心受压构件承载力，计算值与实测值相差均在 ±5% 以内。证明用均匀设计的试验方案是切实可行的。

10.4.6 超细粉煤灰配制高强泵送混凝土的试验研究

(1)引言

超细粉末的加工与应用是材料科学与工程技术研究中的重要领域，粉煤灰的超细加工除具有材料科学与工程应用方面的意义之外，在环境保护、再生资源高技术开发方面具有显著的环境效益和技术经济效益。

1991 年日本三菱重工在世界上首次采用气流磨对粉煤灰进行了超细化加工，加工后的超细粉煤灰的细度及活性与硅灰十分接近，在 1992 年度日本高强混凝土专业委员会的研究报告中，报道了用该种超细粉煤灰配制 110MPa 超高强混凝土的实验结果。本课题组用小型气流磨进行了同样加工处理，也实验室配制了 100MPa 以上的超高强混凝土。在我国中小型气流磨较多，加工超细材料速度慢、产量低，无法满足大型材料高强混凝土的工程需要，大型气流磨一次性投资高，用于工程难于实施。因此，我们采用振动磨对粉煤灰进行了超细加工，不仅细度可以满足配制高强混凝土的质量要求，而且需水量远远小于掺硅灰和掺气流磨超磨细的粉煤灰。此外，一次性投资小，产量可以满足工程的需要，成本低于硅灰配制的高强混凝土。由于粉煤灰流态混凝土的泵送性好，因此，用超细粉煤灰配制高强泵送混凝土更具有工程价值。

(2)试验概要

超细粉煤灰为沈阳市沈海热电厂的 2# 干排粉煤灰，经超细加工而成，加工前粉煤灰的化学和成分和性能指标见表 10—38 所列。

表 10—38 粉煤灰的化学成分及性能(%)

SiO_2	Al_2O_3	Fe_2O_3	CaO	MgO	SO_3	Na_2O	K_2O	烧失量	需水量比	比表面积/(m^2/kg)
57.2	24.3	6.68	2.2	3.3	0.73	1.3	2.8	0.88	90	332

超细加工后的细度及需水量比见表 10—39 所列，有该表可知，粉煤灰的性能指标远远高于一级粉煤灰。

表 10—39 超细加工后的细度及需水量比(%)

细度(0.45μm 筛)	需水量比	比表面积/(m^2/kg)
1.3	93	1105

试验用的水泥为 32.5 级普通硅酸盐水泥，粗集料选用沈阳辉山采石场的 10mm ~ 25mm 碎石，细集料为沈阳浑河砂场细度模数为 2.87 的中砂。外加剂为优质高效减水剂为主剂配制的具有高效减水效果的高性能混凝土泵送剂。

(3)试验与分析

①坍落度损失的控制

掺超细粉煤灰的高强泵送混凝土的坍落度损失情况见表10—40所列。由表10—40可知,在同种泵送剂的条件下,掺优质超细粉煤灰的高强泵送混凝土的坍落度损失比常规高强泵送混凝土小。

表10—40　坍落度损失试验结果

No.	W/B	S/A	C/ kg/m³	F/ kg/m³	Ad/ (C×%)	坍落度/mm			
						0 h	0.5 h	1.0 h	1.5 h
0	0.35	0.42	500	0	1.0	205	150	125	105
1	0.30	0.40	500	50	1.8	220	205	185	170
2	0.27	0.40	500	50	2.0	195	190	180	170
3	0.35	0.40	500	50	1.0	230	220	205	180

②掺超细粉煤灰混凝土的强度

为优化配制高强超高强泵送混凝土,考虑到多选因素的水平,采用了均匀设计方法,仅利用其均匀分散性,多安排水平,避免采用正交试验设计因整齐可比性增加试验次数。因素有3个,即超细粉煤灰的水泥取代率$\Delta C/C_0$,因超细粉煤灰的活性好,超量系数取1.0。高强泵送混凝土的水胶比作为一个重要因素,此外,泵送剂的掺量Ad也作为一个因素。考核指标确定为混凝土3d,28d抗压强度。用均匀设计表$U_8(8^1\times4^2)$安排试验。各因素及水平见表10—41所列。试验方案及测试结果见表10—42所列。

表10—41　因素水平表

项　目	1	2	3	4	5	6	7	8
$\Delta C/C_0$(%)	6	8	10	12	14	16	18	20
W/B	0.25	0.28	0.31	0.34				
Ad	1.4	1.6	1.8	2.0				

表10—42　试验方案及试验结果

No.	$x_1(\Delta C/C_0)$	$x_2(W/B)$	$x_3(Ad)$	抗压强度R_3/MPa	抗压强度R_{28}/MPa
1	1(6)	3(0.31)	4(2.0)	47.1	83.7
2	2(8)	1(0.25)	3(1.8)	56.3	93.0
3	3(10)	3(0.31)	2(1.6)	40.7	79.6
4	4(12)	1(0.25)	1(1.4)	53.6	89.9
5	5(14)	4(0.34)	4(2.0)	39.2	74.2
6	6(16)	2(0.28)	3(1.8)	46.5	83.5
7	7(18)	4(0.34)	2(1.6)	34.2	67.8
8	8(20)	2(0.28)	1(1.4)	39.1	72.4

(4)试验结果的分析与评价

试验结果的统计分析由自编的专用计算机软件完成,经逐步回归分析,得出两个考核指标的数学模型如下:

$$R_3 = -19.92 - 48.39(\Delta C/C_0) + 16.28(B/W) + 8.76Ad$$

$$（相关系数\ \gamma = 0.988） \qquad (10—24)$$

$$R_{28} = 21.39 - 77.98(\Delta C/C_0) + 16.37(B/W) + 7.6Ad$$

$$（相关系数\ \gamma = 0.980） \qquad (10—25)$$

回归方程及系数的显著性检验结果见表10—43和表10—44所列。

表10—43　3d抗压强度回归方程的方差分析

方差来源	平方和	自由度	均　方	F　值	临界值
$\Delta C/C_0$	22.72	1	22.72	9.20**	$F_{0.01}(3,4)=16.7$
B/W	211.56	1	211.56	85.65**	$F_{0.01}(1,4)=21.2$
Ad	15.56	1	15.56	6.30(*)	$F_{0.05}(1,4)=7.71$
回　归	400.64	3	133.55	54.01**	$F_{0.10}(1,4)=4.54$
误　差	9.89	4	2.47		
总　和	410.53	7			

表10—44　28d抗压强度回归方程的方差分析

方差来源	平方和	自由度	均　方	F　值	临界值
$\Delta C/C_0$	59.05	1	59.05	11.40**	$F_{0.01}(3,4)=16.7$
B/W	214.24	1	214.24	41.36**	$F_{0.01}(1,4)=21.2$
Ad	11.91	1	11.91	2.30	$F_{0.05}(1,4)=7.71$
回　归	510.54	3	170.18	32.87**	$F_{0.10}(1,4)=4.54$
误　差	20.71	4	5.18		
总 和	531.25	7			

由方差分析可知，两个回归方程都是非常显著的，胶水比对3d，28d抗压强度的影响是非常显著的，超细粉煤灰的水泥取代率对3d，28d抗压强度的影响是显著的。经计算机优选配比，较好的早强和后期强度的水泥取代率应小于10%，配制C80高强泵送混凝土的水胶比为0.26，较好的几组配比不同龄期的抗压强度试验结果见表10—45所列。

表10—45　不同配比抗压强度试验结果

No.	C/ kg/m³	F/ kg/m³	S/A	W/B	Ad/ (C×%)	抗压强度/ mm	抗压强度/MPa			
							3 d	7 d	28 d	90 d
0	500	0	0.42	0.35	1.0	200	39.2	56.7	69.3	82.6
1	510	50	0.40	0.30	1.8	220	47.9	68.4	83.6	90.2
2	550	50	0.40	0.26	2.0	190	53.5	78.7	90.1	98.9
3	450	50	0.40	0.35	1.0	230	36.3	55.8	72.7	85.1

由表10—45可知，第1组和第2组掺超细粉煤灰的泵送混凝土各龄期抗压强度已远远优于空白混凝土。第3组掺超细粉煤灰的泵送混凝土虽然在胶结材和水胶比均与空白混凝土相同，虽3d强度略低于空白混凝土，但7d抗压强度已接近，28d及90d抗压强度已高于未掺超细粉煤灰的空白混凝土，可见，经配比优化，超细粉煤灰完全可以用超量系数1.0取代水泥，并配制高强泵送混凝土。

在工作性测试中,我们发现掺超细粉煤灰的泵送混凝土工作性明显优于普通高强泵送混凝土。普通高强泵送混凝土在水泥用量少、低水胶比时,工作性差,水泥用量多时,粘滞性过大,尤其是当水泥用量达到600 kg/m^3 时,这一现象更为明显。而水灰比为0.27时的掺超细粉煤灰的高强泵送混凝土,水泥用量选用550 kg/m^3,超细粉煤灰掺量为50 kg/m^3 时,新拌混凝土的工作性最佳,尤其是抗离析能力最强。

为保证C80级泵送混凝土生产过程中的稳定性,在商品混凝土公司进行了配比稳定性试验,测试结果见表10—46所列。由表10—46可知,该配比的生产稳定性试验结果是良好的,变异系数仅为4.55%,极差只有8.3MPa。

表10—46　C80超细粉煤灰泵送混凝土稳定性试验

C/ kg/m^3	F/ kg/m^3	W/B	S/A	批数（次）	试件组数	极差/ MPa	$\overline{R}_{28}$/ MPa	σ/ MPa	C_v/ %
550	50	0.27	0.40	8	9	8.3	89.7	4.08	4.55

附表

1. 正态分布表

$$\phi(u)=\frac{1}{\sqrt{2\pi}}\int_{-\infty}^{n} e^{-\frac{x^2}{2}}\mathrm{d}x \quad (u\leqslant 0)$$

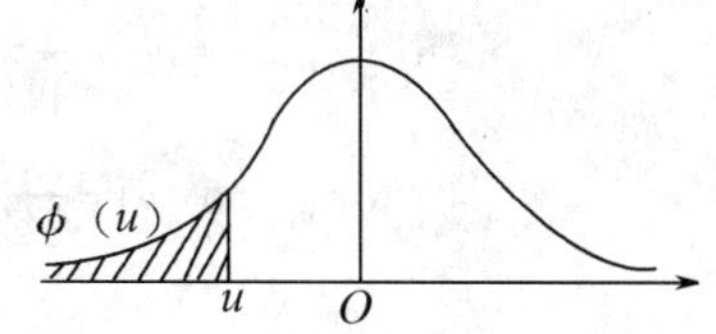

u	0.00	0.01	0.02	0.03	0.04	0.05	0.06	0.07	0.08	0.09	u
-0.0	0.5000	0.4960	0.4920	0.4880	0.4840	0.4801	0.4761	0.4721	0.4681	0.4641	-0.0
-0.1	0.4602	0.4562	0.4522	0.4483	0.4443	0.4404	0.4364	0.4325	0.4286	0.4247	-0.1
-0.2	0.4207	0.4168	0.4129	0.4090	0.4052	0.4013	0.3974	0.3936	0.3897	0.3859	-0.2
-0.3	0.3821	0.3783	0.3745	0.3707	0.3669	0.3632	0.3594	0.3557	0.3520	0.3483	-0.3
-0.4	0.3446	0.3409	0.3372	0.3336	0.3300	0.3264	0.3228	0.3192	0.3156	0.3121	-0.4
-0.5	0.3085	0.3050	0.3015	0.2981	0.2946	0.2912	0.2877	0.2843	0.2810	0.2776	-0.5
-0.6	0.2743	0.2709	0.2676	0.2643	0.2611	0.2578	0.2546	0.2514	0.2483	0.2451	-0.6
-0.7	0.2420	0.2389	0.2358	0.2327	0.2297	0.2266	0.2236	0.2206	0.2177	0.2148	-0.7
-0.8	0.2119	0.2090	0.2061	0.2033	0.2005	0.1977	0.1949	0.1922	0.1894	0.1867	-0.8
-0.9	0.1841	0.1814	0.1788	0.1762	0.1736	0.1711	0.1685	0.1660	0.1635	0.1611	-0.9
-1.0	0.1587	0.1562	0.1539	0.1515	0.1492	0.1469	0.1446	0.1423	0.1401	0.1379	-1.0
-1.1	0.1357	0.1335	0.1314	0.1292	0.1271	0.1251	0.1230	0.1210	0.1190	0.1170	-1.1
-1.2	0.1151	0.1131	0.1112	0.1093	0.1075	0.1056	0.1038	0.1020	0.1003	0.09853	-1.2
-1.3	0.09680	0.09510	0.09342	0.09176	0.09012	0.08851	0.08691	0.08534	0.08379	0.08226	-1.3
-1.4	0.08076	0.07927	0.07780	0.07636	0.07493	0.07353	0.07215	0.07078	0.06944	0.06811	-1.4
-1.5	0.06681	0.06552	0.06426	0.06301	0.06178	0.06057	0.05938	0.05821	0.05705	0.05592	-1.5
-1.6	0.05480	0.05370	0.05262	0.05155	0.05050	0.04947	0.04846	0.04746	0.04648	0.04551	-1.6
-1.7	0.04457	0.04363	0.04272	0.04182	0.04093	0.04006	0.03920	0.03836	0.03754	0.03673	-1.7
-1.8	0.03593	0.03515	0.03438	0.03362	0.03288	0.03216	0.03144	0.03074	0.03005	0.02938	-1.8
-1.9	0.02872	0.02807	0.02743	0.02680	0.02619	0.02559	0.02500	0.02442	0.02385	0.02330	-1.9
-2.0	0.02275	0.02222	0.02169	0.02118	0.02068	0.02018	0.01970	0.01923	0.01876	0.01831	-2.0
-2.1	0.01786	0.01743	0.01700	0.01659	0.01618	0.01578	0.01539	0.01500	0.01463	0.01426	-2.1
-2.2	0.01390	0.01355	0.01321	0.01287	0.01255	0.01222	0.01191	0.01160	0.01130	0.01101	-2.2
-2.3	0.01072	0.01044	0.01017	$0.0^{2}9903$	$0.0^{2}9642$	$0.0^{2}9387$	$0.0^{2}9137$	$0.0^{2}8894$	$0.0^{2}8656$	$0.0^{2}8424$	-2.3
-2.4	$0.0^{2}8198$	$0.0^{2}7976$	$0.0^{2}7760$	$0.0^{2}7549$	$0.0^{2}7344$	$0.0^{2}7143$	$0.0^{2}6947$	$0.0^{2}6756$	$0.0^{2}6569$	$0.0^{2}6387$	-2.4
-2.5	$0.0^{2}6210$	$0.0^{2}6037$	$0.0^{2}5868$	$0.0^{2}5703$	$0.0^{2}5543$	$0.0^{2}5386$	$0.0^{2}5234$	$0.0^{2}5085$	$0.0^{2}4940$	$0.0^{2}4799$	-2.5
-2.6	$0.0^{2}4661$	$0.0^{2}4527$	$0.0^{2}4396$	$0.0^{2}4269$	$0.0^{2}4145$	$0.0^{2}4025$	$0.0^{2}3907$	$0.0^{2}3793$	$0.0^{2}3681$	$0.0^{2}3573$	-2.6
-2.7	$0.0^{2}3467$	$0.0^{2}3364$	$0.0^{2}3264$	$0.0^{2}3167$	$0.0^{2}3072$	$0.0^{2}2980$	$0.0^{2}2890$	$0.0^{2}2803$	$0.0^{2}2718$	$0.0^{2}2635$	-2.7
-2.8	$0.0^{2}2555$	$0.0^{2}2477$	$0.0^{2}2401$	$0.0^{2}2327$	$0.0^{2}2256$	$0.0^{2}2186$	$0.0^{2}2118$	$0.0^{2}2052$	$0.0^{2}1988$	$0.0^{2}1926$	-2.8
-2.9	$0.0^{2}1866$	$0.0^{2}1807$	$0.0^{2}1750$	$0.0^{2}1695$	$0.0^{2}1641$	$0.0^{2}1589$	$0.0^{2}1538$	$0.0^{2}1489$	$0.0^{2}1441$	$0.0^{2}1395$	-2.9
-3.0	$0.0^{2}1350$	$0.0^{2}1306$	$0.0^{2}1264$	$0.0^{2}1223$	$0.0^{2}1183$	$0.0^{2}1144$	$0.0^{2}1107$	$0.0^{2}1070$	$0.0^{2}1035$	$0.0^{2}1001$	-3.0
-3.1	$0.0^{3}9676$	$0.0^{3}9354$	$0.0^{3}9043$	$0.0^{3}8740$	$0.0^{3}8447$	$0.0^{3}8164$	$0.0^{3}7888$	$0.0^{3}7622$	$0.0^{3}7364$	$0.0^{3}7114$	-3.1
-3.2	$0.0^{3}6871$	$0.0^{3}6637$	$0.0^{3}6410$	$0.0^{3}6190$	$0.0^{3}5976$	$0.0^{3}5770$	$0.0^{3}5571$	$0.0^{3}5377$	$0.0^{3}5190$	$0.0^{3}5009$	-3.2
-3.3	$0.0^{3}4834$	$0.0^{3}4665$	$0.0^{3}4501$	$0.0^{3}4342$	$0.0^{3}4189$	$0.0^{3}4041$	$0.0^{3}3897$	$0.0^{3}3758$	$0.0^{3}3624$	$0.0^{3}3495$	-3.3
-3.4	$0.0^{3}3369$	$0.0^{3}3248$	$0.0^{3}3131$	$0.0^{3}3018$	$0.0^{3}2909$	$0.0^{3}2803$	$0.0^{3}2701$	$0.0^{3}2602$	$0.0^{3}2507$	$0.0^{3}2415$	-3.4
-3.5	$0.0^{3}2326$	$0.0^{3}2241$	$0.0^{3}2158$	$0.0^{3}2078$	$0.0^{3}2001$	$0.0^{3}1926$	$0.0^{3}1854$	$0.0^{3}1785$	$0.0^{3}1718$	$0.0^{3}1653$	-3.5
-3.6	$0.0^{3}1591$	$0.0^{3}1531$	$0.0^{3}1473$	$0.0^{3}1417$	$0.0^{3}1363$	$0.0^{3}1311$	$0.0^{3}1261$	$0.0^{3}1213$	$0.0^{3}1166$	$0.0^{3}1121$	-3.6
-3.7	$0.0^{3}1078$	$0.0^{3}1036$	$0.0^{4}9961$	$0.0^{4}9574$	$0.0^{4}9201$	$0.0^{4}8842$	$0.0^{4}8496$	$0.0^{4}8162$	$0.0^{4}7841$	$0.0^{4}7532$	-3.7
-3.8	$0.0^{4}7235$	$0.0^{4}6948$	$0.0^{4}6673$	$0.0^{4}6407$	$0.0^{4}6152$	$0.0^{4}5906$	$0.0^{4}5669$	$0.0^{4}5442$	$0.0^{4}5223$	$0.0^{4}5012$	-3.8
-3.9	$0.0^{4}4810$	$0.0^{4}4615$	$0.0^{4}4427$	$0.0^{4}4247$	$0.0^{4}4074$	$0.0^{4}3908$	$0.0^{4}3747$	$0.0^{4}3594$	$0.0^{4}3446$	$0.0^{4}3304$	-3.9
-4.0	$0.0^{4}3167$	$0.0^{4}3036$	$0.0^{4}2910$	$0.0^{4}2789$	$0.0^{4}2673$	$0.0^{4}2561$	$0.0^{4}2454$	$0.0^{4}2351$	$0.0^{4}2252$	$0.0^{4}2157$	-4.0
-4.1	$0.0^{4}2066$	$0.0^{4}1978$	$0.0^{4}1894$	$0.0^{4}1814$	$0.0^{4}1737$	$0.0^{4}1662$	$0.0^{4}1591$	$0.0^{4}1523$	$0.0^{4}1458$	$0.0^{4}1395$	-4.1
-4.2	$0.0^{4}1335$	$0.0^{4}1277$	$0.0^{4}1222$	$0.0^{4}1168$	$0.0^{4}1118$	$0.0^{4}1069$	$0.0^{4}1022$	$0.0^{5}9774$	$0.0^{5}9345$	$0.0^{5}8934$	-4.2
-4.3	$0.0^{5}8540$	$0.0^{5}8163$	$0.0^{5}7801$	$0.0^{5}7455$	$0.0^{5}7124$	$0.0^{5}6807$	$0.0^{5}6503$	$0.0^{5}6212$	$0.0^{5}5934$	$0.0^{5}5668$	-4.3
-4.4	$0.0^{5}5413$	$0.0^{5}5169$	$0.0^{5}4935$	$0.0^{5}4712$	$0.0^{5}4498$	$0.0^{5}4294$	$0.0^{5}4098$	$0.0^{5}3911$	$0.0^{5}3732$	$0.0^{5}3561$	-4.4
-4.5	$0.0^{5}3398$	$0.0^{5}3241$	$0.0^{5}3092$	$0.0^{5}2949$	$0.0^{5}2813$	$0.0^{5}2682$	$0.0^{5}2558$	$0.0^{5}2439$	$0.0^{5}2325$	$0.0^{5}2216$	-4.5
-4.6	$0.0^{5}2112$	$0.0^{5}2013$	$0.0^{5}1919$	$0.0^{5}1828$	$0.0^{5}1742$	$0.0^{5}1660$	$0.0^{5}1581$	$0.0^{5}1506$	$0.0^{5}1434$	$0.0^{5}1366$	-4.6
-4.7	$0.0^{5}1301$	$0.0^{5}1239$	$0.0^{5}1179$	$0.0^{5}1123$	$0.0^{5}1069$	$0.0^{5}1017$	$0.0^{6}9680$	$0.0^{6}9211$	$0.0^{6}8765$	$0.0^{6}8339$	-4.7
-4.8	$0.0^{5}7933$	$0.0^{6}7547$	$0.0^{6}7178$	$0.0^{6}6827$	$0.0^{6}6492$	$0.0^{6}6173$	$0.0^{6}5869$	$0.0^{6}5580$	$0.0^{6}5304$	$0.0^{6}5042$	-4.8
-4.9	$0.0^{6}4792$	$0.0^{6}4554$	$0.0^{6}4327$	$0.0^{6}4111$	$0.0^{6}3906$	$0.0^{6}3711$	$0.0^{6}3525$	$0.0^{6}3348$	$0.0^{6}3179$	$0.0^{6}3019$	-4.9
u	0.00	0.01	0.02	0.03	0.04	0.05	0.06	0.07	0.08	0.09	u

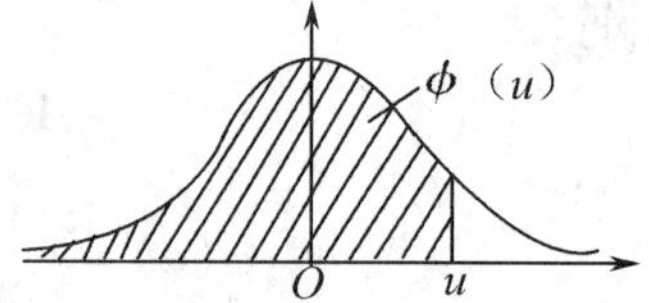

$$\phi(u)=\frac{1}{\sqrt{2\pi}}\int_{-\infty}^{n} e^{-\frac{x^2}{2}}\mathrm{d}x \quad (u\leqslant 0)$$

u	0.00	0.01	0.02	0.03	0.04	0.05	0.06	0.07	0.08	0.09	u
0.0	0.5000	0.5040	0.5080	0.5120	0.5160	0.5199	0.5239	0.5279	0.5319	0.5359	0.0
0.1	0.5398	0.5438	0.5478	0.5517	0.5557	0.5596	0.5636	0.5675	0.5714	0.5753	0.1
0.2	0.5793	0.5832	0.5871	0.5910	0.5948	0.5987	0.6026	0.6064	0.6103	0.6141	0.2
0.3	0.6179	0.6217	0.6255	0.6293	0.6331	0.6368	0.6406	0.6443	0.6480	0.6517	0.3
0.4	0.6554	0.6591	0.6628	0.6664	0.6700	0.6736	0.6772	0.6808	0.6844	0.6879	0.4
0.5	0.6915	0.6950	0.6985	0.7019	0.7054	0.7088	0.7123	0.7157	0.7190	0.7224	0.5
0.6	0.7257	0.7291	0.7324	0.7357	0.7389	0.7422	0.7454	0.7486	0.7517	0.7549	0.6
0.7	0.7580	0.7611	0.7642	0.7673	0.7703	0.7734	0.7764	0.7794	0.7823	0.7852	0.7
0.8	0.7881	0.7910	0.7939	0.7967	0.7995	0.8023	0.8051	0.8078	0.8106	0.8133	0.8
0.9	0.8159	0.8186	0.8212	0.8238	0.8264	0.8289	0.8315	0.8340	0.8365	0.8389	0.9
1.0	0.8413	0.8438	0.8461	0.8485	0.8508	0.8531	0.8554	0.8577	0.8599	0.8621	1.0
1.1	0.8643	0.8665	0.8686	0.8708	0.8729	0.8749	0.8770	0.8790	0.8810	0.8830	1.1
1.2	0.8849	0.8869	0.8888	0.8907	0.8925	0.8944	0.8962	0.8980	0.8997	0.90147	1.2
1.3	0.90320	0.90490	0.90658	0.90824	0.90988	0.91149	0.91309	0.91466	0.91621	0.91774	1.3
1.4	0.91924	0.92073	0.92220	0.92364	0.92507	0.92647	0.92785	0.92922	0.93056	0.93189	1.4
1.5	0.93319	0.93448	0.93574	0.93699	0.93822	0.93943	0.94062	0.94179	0.94295	0.94408	1.5
1.6	0.94520	0.94630	0.94738	0.94845	0.94950	0.95053	0.95154	0.95254	0.95352	0.95449	1.6
1.7	0.95543	0.95637	0.95728	0.95818	0.95907	0.95994	0.96080	0.96164	0.96246	0.96327	1.7
1.8	0.96407	0.96485	0.96562	0.96638	0.96712	0.96784	0.96856	0.96926	0.96995	0.97062	1.8
1.9	0.97128	0.97193	0.97257	0.97320	0.97381	0.97441	0.97500	0.97558	0.97615	0.97670	1.9
2.0	0.97725	0.97778	0.97831	0.97882	0.97932	0.97982	0.98030	0.98077	0.98124	0.98169	2.0
2.1	0.98214	0.98257	0.98300	0.98341	0.98382	0.98422	0.98461	0.98500	0.98537	0.98574	2.1
2.2	0.98610	0.98645	0.98679	0.98713	0.98745	0.98778	0.98809	0.98840	0.98870	0.98899	2.2
2.3	0.98928	0.98956	0.98983	$0.9^{2}0097$	$0.9^{2}0358$	$0.9^{2}0613$	$0.9^{2}0863$	$0.9^{2}1106$	$0.9^{2}1344$	$0.9^{2}1576$	2.3
2.4	$0.9^{2}1802$	$0.9^{2}2024$	$0.9^{2}2240$	$0.9^{2}2451$	$0.9^{2}2656$	$0.9^{2}2857$	$0.9^{3}3053$	$0.9^{2}3244$	$0.9^{2}3431$	$0.9^{2}3613$	2.4
2.5	$0.9^{2}3790$	$0.9^{2}3963$	$0.9^{2}4132$	$0.9^{2}4297$	$0.9^{2}4457$	$0.9^{2}4614$	$0.9^{2}4766$	$0.9^{2}4915$	$0.9^{2}5060$	$0.9^{2}5201$	2.5
2.6	$0.9^{2}5339$	$0.9^{2}5473$	$0.9^{2}5604$	$0.9^{2}5731$	$0.9^{2}5855$	$0.9^{2}5975$	$0.9^{2}6093$	$0.9^{2}6207$	$0.9^{2}6319$	$0.9^{2}6427$	2.6
2.7	$0.9^{2}6533$	$0.9^{2}6636$	$0.9^{2}6736$	$0.9^{2}6833$	$0.9^{2}6928$	$0.9^{2}7020$	$0.9^{2}7110$	$0.9^{2}7197$	$0.9^{2}7282$	$0.9^{2}7365$	2.7
2.8	$0.9^{2}7445$	$0.9^{2}7523$	$0.9^{2}7599$	$0.9^{2}7673$	$0.9^{2}7744$	$0.9^{2}7814$	$0.9^{2}7882$	$0.9^{2}7948$	$0.9^{2}8012$	$0.9^{2}8074$	2.8
2.9	$0.9^{2}8134$	$0.9^{2}8193$	$0.9^{2}8250$	$0.9^{2}8305$	$0.9^{2}8359$	$0.9^{2}8411$	$0.9^{2}8462$	$0.9^{2}8511$	$0.9^{2}8559$	$0.9^{2}8605$	2.9
3.0	$0.9^{2}8650$	$0.9^{2}8694$	$0.9^{2}8736$	$0.9^{2}8777$	$0.9^{2}8817$	$0.9^{2}8856$	$0.9^{2}8893$	$0.9^{2}8930$	$0.9^{2}8965$	$0.9^{2}8999$	3.0
3.1	$0.9^{3}0324$	$0.9^{3}0646$	$0.9^{3}0957$	$0.9^{3}1260$	$0.9^{3}1553$	$0.9^{3}1836$	$0.9^{3}2112$	$0.9^{3}2378$	$0.9^{2}2636$	$0.9^{3}2886$	3.1
3.2	$0.9^{3}3129$	$0.9^{3}3363$	$0.9^{3}3590$	$0.9^{3}3810$	$0.9^{3}4024$	$0.9^{3}4230$	$0.9^{3}4429$	$0.9^{3}4623$	$0.9^{3}4810$	$0.9^{3}4991$	3.2
3.3	$0.9^{3}5166$	$0.9^{3}5335$	$0.9^{3}5499$	$0.9^{3}5658$	$0.9^{3}5811$	$0.9^{3}5959$	$0.9^{3}6103$	$0.9^{3}6242$	$0.9^{3}6376$	$0.9^{3}6505$	3.3
3.4	$0.9^{3}6631$	$0.9^{3}6752$	$0.9^{3}6869$	$0.9^{3}6982$	$0.9^{3}7091$	$0.9^{3}7197$	$0.9^{3}7299$	$0.9^{3}7398$	$0.9^{3}7493$	$0.9^{3}7585$	3.4
3.5	$0.9^{3}7674$	$0.9^{3}7759$	$0.9^{3}7842$	$0.9^{3}7922$	$0.9^{3}7999$	$0.9^{3}8074$	$0.9^{3}8146$	$0.9^{3}8215$	$0.9^{3}8282$	$0.9^{3}8347$	3.5
3.6	$0.9^{3}8409$	$0.9^{3}8469$	$0.9^{3}8527$	$0.9^{3}8583$	$0.9^{3}8637$	$0.9^{3}8689$	$0.9^{3}8739$	$0.9^{3}8787$	$0.9^{3}8834$	$0.9^{3}8879$	3.6
3.7	$0.9^{3}8922$	$0.9^{3}8964$	$0.9^{4}0039$	$0.9^{4}0426$	$0.9^{4}0799$	$0.9^{4}1158$	$0.9^{4}1504$	$0.9^{4}1838$	$0.9^{4}2159$	$0.9^{4}2468$	3.7
3.8	$0.9^{4}2765$	$0.9^{4}3052$	$0.9^{4}3327$	$0.9^{4}3593$	$0.9^{4}3848$	$0.9^{4}4094$	$0.9^{4}4331$	$0.9^{4}4558$	$0.9^{4}4777$	$0.9^{4}4988$	3.8
3.9	$0.9^{4}5190$	$0.9^{4}5385$	$0.9^{4}5573$	$0.9^{4}5753$	$0.9^{4}5926$	$0.9^{4}6092$	$0.9^{4}6253$	$0.9^{4}6406$	$0.9^{4}6554$	$0.9^{4}6696$	3.9
4.0	$0.9^{4}6833$	$0.9^{4}6964$	$0.9^{4}7090$	$0.9^{4}7211$	$0.9^{4}7327$	$0.9^{4}7439$	$0.9^{4}7546$	$0.9^{4}7649$	$0.9^{4}7748$	$0.9^{4}7843$	4.0
4.1	$0.9^{4}7934$	$0.9^{4}8022$	$0.9^{4}8106$	$0.9^{4}8186$	$0.9^{4}8263$	$0.9^{4}8338$	$0.9^{4}8409$	$0.9^{4}8477$	$0.9^{4}8542$	$0.9^{4}8605$	4.1
4.2	$0.9^{4}8665$	$0.9^{4}8723$	$0.9^{4}8778$	$0.9^{4}8832$	$0.9^{4}8882$	$0.9^{4}8931$	$0.9^{4}8978$	$0.9^{5}0226$	$0.9^{5}0655$	$0.9^{5}1066$	4.2
4.3	$0.9^{5}1460$	$0.9^{5}1837$	$0.9^{5}2199$	$0.9^{5}2545$	$0.9^{5}2876$	$0.9^{5}3193$	$0.9^{5}3497$	$0.9^{5}3788$	$0.9^{5}4066$	$0.9^{5}4332$	4.3
4.4	$0.9^{5}4587$	$0.9^{5}4831$	$0.9^{5}5065$	$0.9^{5}5288$	$0.9^{5}5502$	$0.9^{5}5706$	$0.9^{5}5902$	$0.9^{5}6089$	$0.9^{5}6268$	$0.9^{5}6439$	4.4
4.5	$0.9^{5}6602$	$0.9^{5}6759$	$0.9^{5}6908$	$0.9^{5}7051$	$0.9^{5}7187$	$0.9^{5}7318$	$0.9^{5}7442$	$0.9^{5}7561$	$0.9^{5}7675$	$0.9^{5}7784$	4.5
4.6	$0.9^{5}7888$	$0.9^{5}7987$	$0.9^{5}8081$	$0.9^{5}8117$	$0.9^{5}8258$	$0.9^{5}8340$	$0.9^{5}8419$	$0.9^{5}8494$	$0.9^{5}8566$	$0.9^{5}8634$	4.6
4.7	$0.9^{5}8699$	$0.9^{5}8761$	$0.9^{5}8821$	$0.9^{5}8173$	$0.9^{5}8931$	$0.9^{5}8983$	$0.9^{6}0320$	$0.9^{6}0789$	$0.9^{6}1235$	$0.9^{6}1661$	4.7
4.8	$0.9^{6}2067$	$0.9^{6}2453$	$0.9^{6}2822$	$0.9^{6}3113$	$0.9^{6}3508$	$0.9^{6}3827$	$0.9^{6}4131$	$0.9^{6}4420$	$0.9^{6}4696$	$0.9^{6}4958$	4.8
4.9	$0.9^{6}5208$	$0.9^{6}5446$	$0.9^{6}5673$	$0.9^{6}5889$	$0.9^{6}6094$	$0.9^{6}6289$	$0.9^{6}6475$	$0.9^{6}6652$	$0.9^{6}6821$	$0.9^{6}6981$	4.9
u	0.00	0.01	0.02	0.03	0.04	0.05	0.06	0.07	0.08	0.09	u

2. χ^2 分布的上侧分位数(χ_α^2)表

$$P(\chi_f^2 > \chi_\alpha^2) = \alpha$$

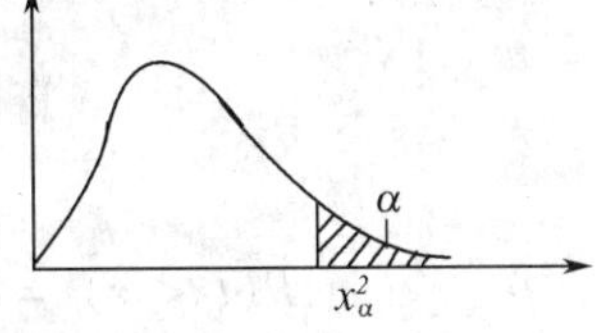

f \ α	0.99	0.98	0.95	0.90	0.80	0.70	0.50	0.30	0.20	0.10	0.05	0.02	0.01	0.001
1	0.0^3157	0.0^3628	0.0^2393	0.0158	0.0642	0.148	0.455	1.074	1.642	2.706	3.841	5.412	6.635	10.828
2	0.0201	0.0404	0.103	0.211	0.446	0.713	1.386	2.408	3.219	4.605	5.991	.7.824	9.210	13.816
3	0.115	0.185	0.352	0.584	1.005	1.424	2.366	3.665	4.642	6.251	7.815	9.837	11.345	16.266
4	0.297	0.429	0.711	1.064	1.649	2.195	3.357	4.878	5.989	7.779	9.488	11.668	12.277	18.467
5	0.554	0.752	1.145	1.610	2.343	3.000	4.351	6.064	7.289	9.236	11.070	12.388	15.068	20.515
6	0.872	1.134	1.635	2.204	3.070	3.828	5.348	7.231	8.558	10.645	12.592	15.033	16.812	22.458
7	1.239	1.564	2.167	2.833	3.822	4.671	6.346	3.383	9.803	12.017	14.067	16.622	18.475	24.322
8	1.646	2.032	2.733	3.490	4.594	5.527	7.344	9.524	11.030	13.362	15.507	18.168	20.090	26.125
9	2.088	2.532	3.325	4.168	5.380	6.393	8.343	10.656	12.242	14.684	16.919	19.679	21.666	27.877
10	2.558	3.059	3.940	4.865	6.179	7.267	9.342	11.781	13.442	15.987	18.307	21.161	23..209	29.588
11	3.053	3.609	4.575	5.578	6.989	8.148	10.341	12.899	14.631	17.275	19.675	22.618	24.725	31.264
12	3.571	4.178	5.226	6.304	7.807	9.034	11.340	14.011	15.812	18.549	21.026	24.054	26.217	32.909
13	4.107	4.765	5.892	7.042	8.634	9.926	12.340	15.119	16.985	19.812	22.362	25.472	27.688	34.528
14	4.660	5.368	6.571	7.790	9.467	10.821	13.339	16.222	18.151	21.064	23.685	26.873	29.141	36.123
15	5.229	5.985	7.261	8.547	10.307	11.721	14.339	17.322	19.311	22.307	24.996	28.259	30.578	37.697
16	5.812	6.614	7.962	9.312	11.152	12.624	15.338	18.418	20.465	23.542	26.296	29.633	32.000	39.252
17	6.408	7.255	8.672	10.085	12.002	13.531	16.338	19.511	21.615	24.769	27.587	30.995	33.409	40.790
18	7.015	7.906	9.390	10.865	12.857	14.440	17.338	20.601	22.760	25.989	28.869	32.346	34.805	42.312
19	7.633	8.567	10.117	11.651	13.716	15.352	18.338	21.689	23.900	27.204	30.144	33.687	36.191	43.820
20	8.260	9.237	10.851	12.443	14.578	16.266	19.337	22.775	25.038	28.412	31.410	35.020	37.566	45.315
21	8.897	9.915	11.591	13.240	15.445	17.182	20.337	23.858	26.171	29.615	32.671	36.343	38.932	46.797
22	9.542	10.600	12.338	14.041	16.314	18.101	21.337	24.939	27.301	30.813	33.924	37.659	40.289	48.268
23	10.196	11.293	13.091	14.848	17.187	19.021	22.337	26.018	28.429	32.007	35.172	38.968	41.638	49.728
24	10.856	11.992	13.848	15.659	18.062	19.943	23.337	27.096	29.553	33.196	36.415	40.270	42.980	51.179
25	11.524	12.697	14.611	16.473	18.940	20.867	24.337	28.172	30.675	34.382	37.652	41.566	44.314	52.620
26	12.198	13.409	15.379	17.292	19.820	21.792	25.336	29.246	31.795	35.563	38.885	42.856	45.642	54.052
27	12.879	14.125	16.151	18.114	20.703	22.719	26.336	30.319	32.912	36.741	40.113	44.140	46.963	55.476
28	13.565	14.847	16.928	18.939	21.588	23.647	27.336	31.391	34.027	37.916	41.337	45.419	48.278	56.892
29	14.256	15.574	17.708	19.768	22.475	24.577	28.336	32.461	35.139	39.087	42.557	46.693	49.588	58.301
30	14.953	16.306	18.493	20.599	23.364	25.508	29.336	33.530	36.250	40.256	43.773	47.962	50.892	59.703
f / α	0.99	0.98	0.95	0.90	0.80	0.70	0.50	0.30	0.20	0.10	0.05	0.02	0.01	0.001

3. t 分布表

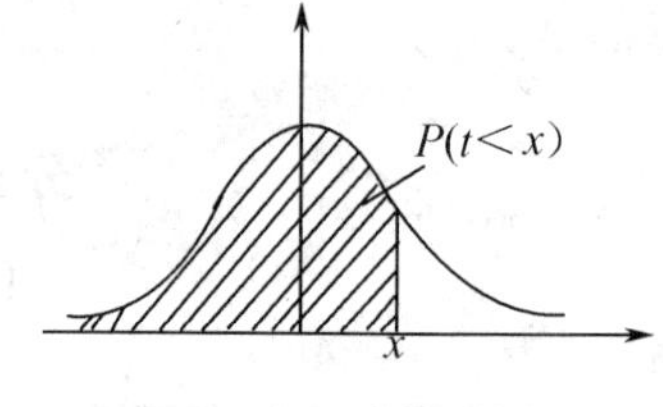

$$P(t<x)=\frac{1}{\sqrt{f}\,\mathrm{B}\left(\frac{1}{2},\frac{f}{2}\right)}\int_{-\infty}^{x}\frac{1}{\left(1+\frac{t^2}{f}\right)^{\frac{f+1}{2}}}\mathrm{d}t$$

x \ f	1	2	3	4	5	6	7	8	9	10	11	12	13	14	15	16	17	18	19	∞
0.0	0.500	0.500	0.500	0.500	0.500	0.500	0.500	0.500	0.500	0.500	0.500	0.500	0.500	0.500	0.500	0.500	0.500	0.500	0.500	0.500
0.1	0.532	0.535	0.537	0.537	0.538	0.538	0.538	0.539	0.539	0.539	0.539	0.539	0.539	0.539	0.539	0.539	0.539	0.539	0.539	0.540
0.2	0.563	0.570	0.573	0.574	0.575	0.576	0.576	0.577	0.577	0.577	0.577	0.578	0.578	0.578	0.578	0.578	0.578	0.578	0.578	0.579
0.3	0.593	0.604	0.608	0.610	0.612	0.613	0.614	0.614	0.615	0.615	0.615	0.615	0.616	0.616	0.616	0.616	0.616	0.616	0.616	0.618
0.4	0.621	0.636	0.642	0.645	0.647	0.648	0.649	0.650	0.651	0.651	0.652	0.652	0.652	0.652	0.653	0.653	0.653	0.653	0.653	0.655
0.5	0.648	0.667	0.674	0.678	0.681	0.683	0.684	0.685	0.685	0.686	0.687	0.687	0.687	0.688	0.688	0.688	0.688	0.688	0.689	0.691
0.6	0.672	0.695	0.705	0.710	0.713	0.715	0.716	0.717	0.718	0.719	0.720	0.720	0.721	0.721	0.721	0.722	0.722	0.722	0.722	0.726
0.7	0.694	0.722	0.733	0.739	0.742	0.745	0.747	0.748	0.749	0.750	0.751	0.751	0.752	0.752	0.753	0.753	0.753	0.754	0.754	0.758
0.8	0.715	0.746	0.759	0.766	0.770	0.773	0.775	0.777	0.778	0.779	0.780	0.780	0.781	0.781	0.782	0.782	0.783	0.783	0.783	0.788
0.9	0.733	0.768	0.783	0.790	0.795	0.799	0.801	0.803	0.804	0.805	0.806	0.807	0.808	0.808	0.809	0.809	0.810	0.810	0.810	0.816
1.0	0.750	0.789	0.804	0.813	0.818	0.822	0.825	0.827	0.828	0.830	0.831	0.831	0.832	0.833	0.833	0.834	0.834	0.835	0.835	0.841
1.1	0.765	0.807	0.824	0.833	0.839	0.843	0.846	0.848	0.850	0.851	0.853	0.854	0.854	0.855	0.856	0.856	0.857	0.857	0.857	0.864
1.2	0.779	0.823	0.842	0.852	0.858	0.862	0.865	0.868	0.870	0.871	0.872	0.873	0.874	0.875	0.876	0.876	0.877	0.877	0.878	0.885
1.3	0.791	0.838	0.858	0.868	0.875	0.879	0.883	0.885	0.887	0.889	0.890	0.891	0.892	0.893	0.893	0.894	0.895	0.895	0.895	0.903
1.4	0.803	0.852	0.872	0.883	0.890	0.894	0.898	0.900	0.902	0.904	0.905	0.907	0.908	0.908	0.909	0.910	0.910	0.911	0.911	0.919
1.5	0.813	0.864	0.885	0.896	0.903	0.908	0.911	0.914	0.916	0.918	0.919	0.920	0.921	0.922	0.923	0.923	0.924	0.925	0.925	0.933
1.6	0.822	0.875	0.896	0.908	0.915	0.920	0.923	0.926	0.928	0.930	0.931	0.932	0.933	0.934	0.935	0.935	0.936	0.936	0.937	0.945
1.7	0.831	0.884	0.906	0.918	0.925	0.930	0.934	0.936	0.938	0.940	0.941	0.943	0.944	0.944	0.945	0.946	0.946	0.947	0.947	0.955
1.8	0.839	0.893	0.915	0.927	0.934	0.939	0.943	0.945	0.947	0.949	0.950	0.951	0.952	0.953	0.954	0.955	0.955	0.956	0.956	0.964
1.9	0.846	0.901	0.923	0.935	0.942	0.947	0.950	0.953	0.955	0.957	0.958	0.959	0.960	0.961	0.962	0.962	0.963	0.963	0.964	0.971
2.0	0.852	0.908	0.930	0.942	0.949	0.954	0.957	0.960	0.962	0.963	0.965	0.966	0.967	0.967	0.968	0.969	0.969	0.970	0.970	0.977
2.2	0.864	0.921	0.942	0.954	0.960	0.965	0.968	0.971	0.972	0.974	0.975	0.976	0.977	0.977	0.978	0.979	0.979	0.979	0.980	0.986
2.4	0.874	0.931	0.952	0.963	0.969	0.973	0.976	0.978	0.980	0.981	0.982	0.983	0.984	0.985	0.985	0.986	0.986	0.986	0.987	0.992
2.6	0.883	0.939	0.960	0.970	0.976	0.980	0.982	0.984	0.986	0.987	0.988	0.988	0.989	0.990	0.990	0.990	0.991	0.991	0.991	0.995
2.8	0.891	0.946	0.966	0.976	0.981	0.984	0.987	0.988	0.990	0.991	0.991	0.992	0.992	0.993	0.993	0.994	0.994	0.994	0.994	0.997
3.0	0.898	0.952	0.971	0.980	0.985	0.988	0.990	0.991	0.993	0.993	0.994	0.994	0.995	0.995	0.996	0.996	0.996	0.996	0.996	0.999
3.2	0.904	0.957	0.975	0.984	0.988	0.991	0.992	0.994	0.995	0.995	0.996	0.996	0.997	0.997	0.997	0.997	0.997	0.998	0.998	0.999
3.4	0.909	0.962	0.979	0.986	0.990	0.993	0.994	0.995	0.996	0.997	0.997	0.997	0.998	0.998	0.998	0.998	0.998	0.998	0.998	1.000
3.6	0.914	0.965	0.982	0.989	0.992	0.994	0.996	0.996	0.997	0.998	0.998	0.998	0.998	0.999	0.999	0.999	0.999	0.999	0.999	
3.8	0.918	0.969	0.984	0.990	0.994	0.996	0.997	0.997	0.998	0.998	0.999	0.999	0.999	0.999	0.999	0.999	0.999	0.999	0.999	
4.0	0.922	0.971	0.986	0.992	0.995	0.996	0.997	0.998	0.998	0.999	0.999	0.999	0.999	0.999	0.999	0.999	1.000	1.000	1.000	
4.2	0.926	0.974	0.988	0.993	0.996	0.997	0.998	0.998	0.999	0.999	0.999	0.999	0.999	1.000	1.000	1.000				
4.4	0.929	0.976	0.989	0.994	0.996	0.998	0.998	0.999	0.999	0.999	0.999	1.000	1.000							
4.6	0.932	0.978	0.990	0.995	0.997	0.998	0.999	0.999	0.999	1.000	1.000									
4.8	0.935	0.980	0.991	0.996	0.998	0.998	0.999	0.999	1.000											
5.0	0.937	0.981	0.992	0.996	0.998	0.999	0.999	0.999												
5.2	0.940	0.982	0.993	0.997	0.998	0.999	0.999	1.000												
5.4	0.942	0.984	0.994	0.997	0.998	0.999	0.999													
5.6	0.944	0.985	0.994	0.998	0.999	0.999	1.000													
5.8	0.946	0.986	0.995	0.998	0.999	0.999														
6.0	0.947	0.987	0.995	0.998	0.999	1.000														
x / f	1	2	3	4	5	6	7	8	9	10	11	12	13	14	15	16	17	18	19	∞

4. t 分布的双侧分位数(t_α)表

$$P(|t| > t_\alpha) = \alpha$$

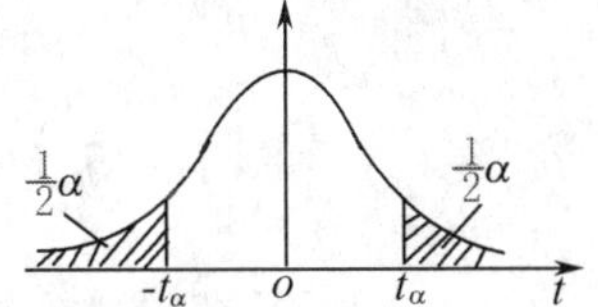

f \ α	0.9	0.8	0.7	0.6	0.5	0.4	0.3	0.2	0.1	0.05	0.02	0.01	0.001	α / f
1	0.158	0.325	0.510	0.727	1.000	1.376	1.963	3.078	6.314	12.706	31.821	63.657	636.619	1
2	0.142	0.289	0.445	0.617	0.816	1.016	1.386	1.886	2.920	4.303	6.965	9.925	31.599	2
3	0.137	0.277	0.424	0.584	0.765	0.978	1.250	1.638	2.353	3.182	4.541	5.841	12.924	3
4	0.134	0.271	0.414	0.569	0.741	0.941	1.190	1.533	2.132	2.776	3.747	4.604	8.610	4
5	0.132	0.267	0.408	0.559	0.727	0.920	1.156	1.476	2.015	2.571	3.365	4.032	6.869	5
6	0.131	0.265	0.404	0.553	0.718	0.906	1.134	1.440	1.943	2.447	3.134	3.707	5.959	6
7	0.130	0.263	0.402	0.549	0.711	0.896	1.119	1.415	1.895	2.365	2.993	3.499	5.408	7
8	0.130	0.262	0.399	0.546	0.706	0.889	1.108	1.397	1.860	2.306	2.896	3.355	5.041	8
9	0.129	0.261	0.398	0.543	0.703	0.883	1.100	1.383	1.833	2.262	2.821	3.250	4.781	9
10	0.129	0.260	0.397	0.542	0.700	0.879	1.093	1.372	1.812	2.228	2.764	3.169	4.587	10
11	0.129	0.260	0.396	0.540	0.697	0.876	1.088	1.363	1.796	2.201	2.718	3.106	4.437	11
12	0.128	0.259	0.395	0.539	0.695	0.873	1.083	1.356	1.782	2.179	2.681	3.055	4.318	12
13	0.128	0.259	0.394	0.538	0.694	0.870	1.079	1.350	1.771	2.160	2.650	3.012	4.221	13
14	0.128	0.258	0.393	0.537	0.692	0.868	1.076	1.345	1.761	2.145	2.624	2.977	4.140	14
15	0.128	0.258	0.393	0.536	0.691	0.866	1.074	1.341	1.753	2.131	2.602	2.947	4.073	15
16	0.128	0.258	0.392	0.535	0.690	0.865	1.071	1.337	1.746	2.120	2.583	2.921	4.015	16
17	0.128	0.257	0.392	0.534	0.689	0.863	1.069	1.333	1.740	2.110	2.567	2.898	3.965	17
18	0.127	0.257	0.392	0.544	0.688	0.862	1.067	1.330	1.734	2.101	2.552	2.878	3.922	18
19	0.127	0.257	0.391	0.533	0.688	0.861	1.066	1.328	1.729	2.093	2.539	2.861	3.883	19
20	0.127	0.257	0.391	0.533	0.687	0.860	1.064	1.325	1.725	2.086	2.528	2.845	3.850	20
21	0.127	0.257	0.391	0.532	0.686	0.859	1.063	1.323	1.721	2.080	2.518	2.831	3.819	21
22	0.127	0.256	0.390	0.532	0.686	0.858	1.061	1.321	1.717	2.074	2.508	2.819	3.792	22
23	0.127	0.256	0.390	0.532	0.685	0.858	1.060	1.319	1.714	2.069	2.500	2.807	3.768	23
24	0.127	0.256	0.390	0.531	0.685	0.857	1.059	1.318	1.711	2.064	2.492	2.797	3.745	24
25	0.127	0.256	0.390	0.531	0.684	0.856	1.058	1.316	1.708	2.060	2.485	2.787	3.725	25
26	0.127	0.256	0.390	0.531	0.684	0.856	1.058	1.315	1.706	2.056	2.479	2.779	3.707	26
27	0.127	0.256	0.389	0.531	0.684	0.855	1.057	1.314	1.703	2.052	2.473	2.771	3.690	27
28	0.127	0.256	0.389	0.530	0.683	0.855	1.056	1.313	1.701	2.048	2.467	2.763	3.674	28
29	0.127	0.256	0.389	0.530	0.683	0.854	1.055	1.311	1.699	2.045	2.462	2.756	3.659	29
30	0.127	0.256	0.389	0.530	0.683	0.854	1.055	1.310	1.697	2.042	2.457	2.750	3.646	30
40	0.126	0.255	0.388	0.529	0.681	0.851	1.050	1.303	1.684	2.021	2.423	2.704	3.551	40
60	0.126	0.254	0.387	0.527	0.679	0.848	1.045	1.296	1.671	2.000	2.390	2.660	3.460	60
120	0.126	0.254	0.386	0.526	0.677	0.845	1.041	1.289	1.658	1.980	2.358	2.617	3.373	120
∞	0.126	0.253	0.385	0.524	0.674	0.842	1.036	1.282	1.645	1.960	2.326	2.576	3.291	∞
f / α	0.9	0.8	0.7	0.6	0.5	0.4	0.3	0.2	0.1	0.05	0.02	0.01	0.001	f \ α

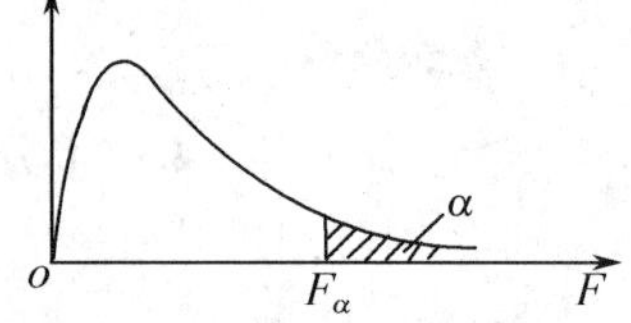

5. F 检验的临界值(F_α)表

$$P(F > F_\alpha) = \alpha$$

$\alpha = 0.10$

f_2 \ f_1	1	2	3	4	5	6	7	8	9	10	15	20	30	50	100	200	500	∞
1	39.9	49.5	53.6	55.8	57.2	58.2	58.9	59.4	59.9	60.2	61.2	61.7	62.3	62.7	63.0	63.2	63.3	63.3
2	8.53	9.00	9.16	9.24	9.29	9.33	9.35	9.37	9.38	9.39	9.42	9.44	9.46	9.47	9.48	9.49	9.49	9.49
3	5.54	5.46	5.39	5.34	5.31	5.28	5.27	5.25	5.24	5.23	5.20	5.18	5.17	5.15	5.14	5.14	5.14	5.13
4	4.54	4.32	4.19	4.11	4.05	4.01	3.98	3.95	3.94	3.92	3.87	3.84	3.82	3.80	3.78	3.77	3.76	3.76
5	4.06	3.78	3.62	3.52	3.45	3.40	3.37	3.34	3.32	3.30	3.24	3.21	3.17	3.15	3.13	3.12	3.11	3.10
6	3.78	3.46	3.29	3.18	3.11	3.05	3.01	2.98	2.96	2.94	2.87	2.84	2.80	2.77	2.75	2.73	2.73	2.72
7	3.59	3.26	3.07	2.96	2.88	2.83	2.78	2.75	2.72	2.70	2.63	2.59	2.56	2.52	2.50	2.48	2.48	2.47
8	3.46	3.11	2.92	2.81	2.73	2.67	2.62	2.59	2.56	2.54	2.46	2.42	2.38	2.35	2.32	2.31	2.30	2.29
9	3.36	3.01	2.81	2.69	2.61	2.55	2.51	2.47	2.44	2.42	2.34	2.30	2.25	2.22	2.19	2.17	2.17	2.16
10	3.29	2.92	2.73	2.61	2.52	2.46	2.41	2.38	2.35	2.32	2.24	2.20	2.16	2.12	2.09	2.07	2.06	2.06
11	3.23	2.86	2.66	2.54	2.45	2.39	2.34	2.30	2.27	2.25	2.17	2.12	2.08	2.04	2.01	1.99	1.98	1.97
12	3.18	2.81	2.61	2.48	2.39	2.33	2.28	2.24	2.21	2.19	2.10	2.06	2.01	1.97	1.94	1.92	1.91	1.90
13	3.14	2.76	2.56	2.43	2.35	2.28	2.23	2.20	2.16	2.14	2.05	2.01	1.96	1.92	1.88	1.86	1.85	1.85
14	3.10	2.73	2.52	2.39	2.31	2.24	2.19	2.15	2.12	2.10	2.01	1.96	1.91	1.87	1.83	1.82	1.80	1.80
15	3.07	2.70	2.49	2.36	2.27	2.21	2.16	2.12	2.09	2.06	1.97	1.92	1.87	1.83	1.79	1.77	1.76	1.76
16	3.05	2.67	2.46	2.33	2.24	2.18	2.13	2.09	2.06	2.03	1.94	1.89	1.84	1.79	1.76	1.74	1.73	1.72
17	3.03	2.64	2.44	2.31	2.22	2.15	2.10	2.06	2.03	2.00	1.91	1.86	1.81	1.76	1.73	1.71	1.69	1.69
18	3.01	2.62	2.42	2.29	2.20	2.13	2.08	2.04	2.00	1.98	1.89	1.84	1.78	1.74	1.70	1.68	1.67	1.66
19	2.99	2.61	2.40	2.27	2.18	2.11	2.06	2.02	1.98	1.96	1.86	1.81	1.76	1.71	1.67	1.65	1.64	1.63
20	2.97	2.59	2.38	2.25	2.16	2.09	2.04	2.00	1.96	1.94	1.84	1.79	1.74	1.69	1.65	1.63	1.62	1.61
22	2.95	2.56	2.35	2.22	2.13	2.06	2.01	1.97	1.93	1.90	1.81	1.76	1.70	1.65	1.61	1.59	1.58	1.57
24	2.93	2.54	2.33	2.19	2.10	2.04	1.98	1.94	1.91	1.88	1.78	1.73	1.67	1.62	1.58	1.56	1.54	1.53
26	2.91	2.52	2.31	2.17	2.08	2.01	1.96	1.92	1.88	1.86	1.76	1.71	1.65	1.59	1.55	1.53	1.51	1.50
28	2.89	2.50	2.29	2.16	2.06	2.00	1.94	1.90	1.87	1.84	1.74	1.69	1.63	1.57	1.53	1.50	1.49	1.48
30	2.88	2.49	2.28	2.14	2.05	1.98	1.93	1.88	1.85	1.82	1.72	1.67	1.61	1.55	1.51	1.48	1.47	1.46
40	2.84	2.44	2.23	2.09	2.00	1.93	1.87	1.83	1.79	1.76	1.66	1.61	1.54	1.48	1.43	1.41	1.39	1.38
50	2.81	2.41	2.20	2.06	1.97	1.90	1.84	1.80	1.76	1.73	1.63	1.57	1.50	1.44	1.39	1.36	1.34	1.33
60	2.79	2.39	2.18	2.04	1.95	1.87	1.82	1.77	1.74	1.71	1.60	1.54	1.48	1.41	1.36	1.33	1.31	1.29
80	2.77	2.37	2.15	2.02	1.92	1.85	1.79	1.75	7.71	1.68	1.57	1.51	1.44	1.38	1.32	1.28	1.26	1.24
100	2.76	2.36	2.14	2.00	1.91	1.83	1.78	1.73	1.69	1.66	1.56	1.49	1.42	1.35	1.29	1.26	1.23	1.21
200	2.73	2.33	2.11	1.97	1.88	1.80	1.75	1.70	1.66	1.63	1.52	1.46	1.38	1.31	1.24	1.20	1.17	1.14
500	2.72	2.31	2.10	1.96	1.86	1.79	1.73	1.68	1.64	1.61	1.50	1.44	1.36	1.28	1.21	1.16	1.12	1.09
∞	2.71	2.30	2.08	1.94	1.85	1.77	1.72	1.67	1.63	1.60	1.49	1.42	1.34	1.26	1.18	1.13	1.08	1.00
f_2 / f_1	1	2	3	4	5	6	7	8	9	10	15	20	30	50	100	200	500	∞

$\alpha=0.05$

f_2 \ f_1	1	2	3	4	5	6	7	8	9	10	12	14	16	18	20	f_1 / f_2
1	161	200	216	225	230	234	237	239	241	242	244	245	246	247	248	1
2	18.5	19.0	19.2	19.2	19.3	19.3	19.4	19.4	19.4	19.4	19.4	19.4	19.4	19.4	19.4	2
3	10.1	9.55	9.28	9.12	9.01	8.94	8.89	8.85	8.81	8.79	8.74	8.71	8.69	8.67	8.66	3
4	7.71	6.94	6.59	6.39	6.26	6.16	6.09	6.04	6.00	5.96	5.91	5.87	5.84	5.82	5.80	4
5	6.61	5.79	5.41	5.19	5.05	4.95	4.88	4.82	4.77	4.74	4.68	4.64	4.60	4.58	4.56	5
6	5.99	5.14	4.76	4.53	4.39	4.28	4.21	4.15	4.10	4.06	4.00	3.96	3.92	3.90	3.87	6
7	5.59	4.74	4.35	4.12	3.97	3.87	3.79	3.73	3.68	3.64	3.57	3.53	3.49	3.47	3.44	7
8	5.32	4.46	4.07	3.84	3.69	3.58	3.50	3.44	3.39	3.35	3.28	3.24	3.20	3.17	3.15	8
9	5.12	4.26	3.86	3.63	3.48	3.37	3.29	3.23	3.18	3.14	3.07	3.03	2.99	2.96	2.94	9
10	4.96	4.10	3.71	3.48	3.33	3.22	3.14	3.07	3.02	2.98	2.91	2.86	2.83	2.80	2.77	10
11	4.84	3.98	3.59	3.36	3.20	3.09	3.01	2.95	2.90	2.85	2.79	2.74	2.70	2.67	2.65	11
12	4.75	3.89	3.49	3.26	3.11	3.00	2.91	2.85	2.80	2.75	2.69	2.64	2.60	2.57	2.54	12
13	4.67	3.81	3.41	3.18	3.03	2.92	2.83	2.77	2.71	2.67	2.60	2.55	2.51	2.48	2.46	13
14	4.60	3.74	3.34	3.11	2.96	2.85	2.76	2.70	2.65	2.60	2.53	2.48	2.44	2.41	2.39	14
15	4.54	3.68	3.29	3.06	2.90	2.79	2.71	2.64	2.59	2.54	2.48	2.42	2.38	2.35	2.33	15
16	4.49	3.63	3.24	3.01	2.85	2.74	2.66	2.59	2.54	2.49	2.42	2.37	2.33	2.30	2.28	16
17	4.45	3.59	3.20	2.96	2.81	2.70	2.61	2.55	2.49	2.45	2.38	2.33	2.29	2.26	2.23	17
18	4.41	3.55	3.16	2.93	2.77	2.66	2.58	2.51	2.46	2.41	2.34	2.29	2.25	2.22	2.19	18
19	4.38	3.52	3.13	2.90	2.74	2.63	2.54	2.48	2.42	2.38	2.31	2.26	2.21	2.18	2.16	19
20	4.35	3.49	3.10	2.87	2.71	2.60	2.51	2.45	2.39	2.35	2.28	2.22	2.18	2.15	2.12	20
21	4.32	3.47	3.07	2.84	2.68	2.57	2.49	2.42	2.37	2.32	2.25	2.20	2.16	2.12	2.10	21
22	4.30	3.44	3.05	2.82	2.66	2.55	2.46	2.40	2.34	2.30	2.23	2.17	2.13	2.10	2.07	22
23	4.28	3.42	3.03	2.80	2.64	2.53	2.44	2.37	2.32	2.27	2.20	2.15	2.11	2.07	2.05	23
24	4.26	3.40	3.01	2.78	2.62	2.51	2.42	2.36	2.30	2.25	2.18	2.13	2.09	2.05	2.03	24
25	4.24	3.39	2.99	2.76	2.60	2.49	2.40	2.34	2.28	2.24	2.16	2.11	2.07	2.04	2.01	25
26	4.23	3.37	2.98	2.74	2.59	2.47	2.39	2.32	2.27	2.22	2.15	2.09	2.05	2.02	1.99	26
27	4.21	3.35	2.96	2.73	2.57	2.46	2.37	2.31	2.25	2.20	2.13	2.08	2.04	2.00	1.97	27
28	4.20	3.34	2.95	2.71	2.56	2.45	2.36	2.29	2.24	2.19	2.12	2.06	2.02	1.99	1.96	28
29	4.18	3.33	2.93	2.70	2.55	2.43	2.35	2.28	2.22	2.18	2.10	2.05	2.01	1.97	1.94	29
30	4.17	3.32	2.92	2.69	2.53	2.42	2.33	2.27	2.21	2.16	2.09	2.04	1.99	1.96	1.93	30
32	4.15	3.29	2.90	2.67	2.51	2.40	2.31	2.24	2.19	2.14	2.07	2.01	1.97	1.94	1.91	32
34	4.13	3.28	2.88	2.65	2.49	2.38	2.29	2.23	2.17	2.12	2.05	1.99	1.95	1.92	1.89	34
36	4.11	3.26	2.87	2.63	2.48	2.36	2.28	2.21	2.15	2.11	2.03	1.98	1.93	1.90	1.87	36
38	4.10	3.24	2.85	2.62	2.46	2.35	2.26	2.19	2.14	2.09	2.02	1.96	1.92	1.88	1.85	38
40	4.08	3.23	2.84	2.61	2.45	2.34	2.25	2.18	2.12	2.08	2.00	1.95	1.90	1.87	1.84	40
42	4.07	3.22	2.83	2.59	2.44	2.32	2.24	2.17	2.11	2.06	1.99	1.93	1.89	1.86	1.83	42
44	4.06	3.21	2.82	2.58	2.43	2.31	2.23	2.16	2.10	2.05	1.98	1.92	1.88	1.84	1.81	44
46	4.05	3.20	2.81	2.57	2.42	2.30	2.22	2.15	2.09	2.04	1.97	1.91	1.87	1.83	1.80	46
48	4.04	3.19	2.80	2.57	2.41	2.29	2.21	2.14	2.08	2.03	1.96	1.90	1.86	1.82	1.79	48
50	4.03	3.18	2.79	2.56	2.40	2.29	2.20	2.13	2.07	2.03	1.95	1.89	1.85	1.81	1.78	50
60	4.00	3.15	2.76	2.53	2.37	2.25	2.17	2.10	2.04	1.99	1.92	1.86	1.82	1.78	1.75	60
80	3.96	3.11	2.72	2.49	2.33	2.21	2.13	2.06	2.00	1.95	1.88	1.82	1.77	1.73	1.70	80
100	3.94	3.09	2.70	2.46	2.31	2.19	2.10	2.03	1.97	1.93	1.85	1.79	1.75	1.71	1.68	100
125	3.92	3.07	2.68	2.44	2.29	2.17	2.08	2.01	1.96	1.91	1.83	1.77	1.72	1.69	1.65	125
150	3.90	3.06	2.66	2.43	2.27	2.16	2.07	2.00	1.94	1.89	1.82	1.76	1.71	1.67	1.64	150
200	3.89	3.04	2.65	2.42	2.26	2.14	2.06	1.98	1.93	1.88	1.80	1.74	1.69	1.66	1.62	200
300	3.87	3.03	2.63	2.40	2.24	2.13	2.04	1.97	1.91	1.86	1.78	1.72	1.68	1.64	1.61	300
500	3.86	3.01	2.62	2.39	2.23	2.12	2.03	1.96	1.90	1.85	1.77	1.71	1.66	1.62	1.59	500
1000	3.85	3.00	2.61	2.38	2.22	2.11	2.02	1.95	1.89	1.84	1.76	1.70	1.65	1.61	1.58	1000
∞	3.84	3.00	2.60	2.37	2.21	2.10	2.01	1.94	1.88	1.83	1.75	1.69	1.64	1.60	1.57	∞
f_2 / f_1	1	2	3	4	5	6	7	8	9	10	12	14	16	18	20	f_2 \ f_1

$\alpha = 0.05$

f_2 \ f_1	22	24	26	28	30	35	40	45	50	60	80	100	200	500	∞	f_1 / f_2
1	249	249	249	250	250	251	251	251	252	252	253	253	254	254	254	1
2	19.5	19.5	19.5	19.5	19.5	19.5	19.5	19.5	19.5	19.5	19.5	19.5	19.5	19.5	19.5	2
3	8.65	8.64	8.63	8.62	8.62	8.60	8.59	8.59	8.58	8.57	8.56	8.55	8.54	8.53	8.53	3
4	5.79	5.77	5.76	5.75	5.75	5.73	5.72	5.71	5.70	5.69	5.67	5.66	5.65	5.64	5.63	4
5	4.54	4.53	4.52	4.50	4.50	4.48	4.46	4.45	4.44	4.43	4.41	4.41	4.39	4.37	4.37	5
6	3.86	3.84	3.83	3.82	3.81	3.79	3.77	3.76	3.75	3.74	3.72	3.71	3.69	3.68	3.67	6
7	3.43	3.41	3.40	3.39	3.38	3.36	3.34	3.33	3.32	3.30	3.29	3.27	3.25	3.24	3.23	7
8	3.13	3.12	3.10	3.09	3.08	3.06	3.04	3.03	3.02	3.01	2.99	2.97	2.95	2.94	2.93	8
9	2.92	2.90	2.89	2.87	2.86	2.84	2.83	2.81	2.80	2.79	2.77	2.76	2.73	2.72	2.71	9
10	2.75	2.74	2.72	2.71	2.70	2.68	2.66	2.65	2.64	2.62	2.60	2.59	2.56	2.55	2.54	10
11	2.63	2.61	2.59	2.58	2.57	2.55	2.53	2.52	2.51	2.49	2.47	2.46	2.43	2.42	2.40	11
12	2.52	2.51	2.49	2.48	2.47	2.44	2.43	2.41	2.40	2.38	2.36	2.35	2.32	2.31	2.30	12
13	2.44	2.42	2.41	2.39	2.38	2.36	2.34	2.33	2.31	2.30	2.27	2.26	2.23	2.22	2.21	13
14	2.37	2.35	2.33	2.32	2.31	2.28	2.27	2.25	2.24	2.22	2.20	2.19	2.16	2.14	2.13	14
15	2.31	2.29	2.27	2.26	2.25	2.22	2.20	2.19	2.18	2.16	2.14	2.12	2.10	2.08	2.07	15
16	2.25	2.24	2.22	2.21	2.19	2.17	2.15	2.14	2.12	2.11	2.08	2.07	2.04	2.02	2.01	16
17	2.21	2.19	2.17	2.16	2.15	2.12	2.10	2.09	2.08	2.06	2.03	2.02	1.99	1.97	1.96	17
18	2.17	2.15	2.13	2.12	2.11	2.08	2.06	2.05	2.04	2.02	1.99	1.98	1.95	1.93	1.92	18
19	2.13	2.11	2.10	2.08	2.07	2.05	2.03	2.01	2.00	1.98	1.96	1.94	1.91	1.89	1.88	19
20	2.10	2.08	2.07	2.05	2.04	2.01	1.99	1.98	1.97	1.95	1.92	1.91	1.88	1.86	1.84	20
21	2.07	2.05	2.04	2.02	2.01	1.98	1.96	1.95	1.94	1.92	1.89	1.88	1.84	1.82	1.81	21
22	2.05	2.03	2.01	2.00	1.98	1.96	1.94	1.92	1.91	1.89	1.86	1.85	1.82	1.80	1.78	22
23	2.02	2.00	1.99	1.97	1.96	1.93	1.91	1.90	1.88	1.86	1.84	1.82	1.79	1.77	1.76	23
24	2.00	1.98	1.97	1.95	1.94	1.91	1.89	1.88	1.86	1.84	1.82	1.80	1.77	1.75	1.73	24
25	1.98	1.96	1.95	1.93	1.92	1.89	1.87	1.86	1.34	1.82	1.80	1.78	1.75	1.73	1.71	25
26	1.97	1.95	1.93	1.91	1.90	1.87	1.85	1.84	1.82	1.80	1.78	1.76	1.73	1.71	1.69	26
27	1.95	1.93	1.91	1.90	1.88	1.86	1.84	1.82	1.81	1.79	1.76	1.74	1.71	1.69	1.67	27
28	1.93	1.91	1.90	1.88	1.87	1.84	1.82	1.80	1.79	1.77	1.74	1.73	1.69	1.67	1.65	28
29	1.92	1.90	1.88	1.87	1.85	1.83	1.81	1.79	1.77	1.75	1.73	1.71	1.67	1.65	1.64	29
30	1.91	1.89	1.87	1.85	1.84	1.81	1.79	1.77	1.76	1.74	1.71	1.70	1.66	1.64	1.62	30
32	1.88	1.86	1.85	1.83	1.82	1.79	1.77	1.75	1.74	1.71	1.69	1.67	1.63	1.61	1.59	32
34	1.86	1.84	1.82	1.81	1.80	1.77	1.75	1.73	1.71	1.69	1.66	1.65	1.61	1.59	1.57	34
36	1.85	1.82	1.81	1.79	1.78	1.75	1.73	1.71	1.69	1.67	1.64	1.62	1.59	1.56	1.55	36
38	1.83	1.81	1.79	1.77	1.76	1.73	1.71	1.69	1.68	1.65	1.62	1.61	1.57	1.54	1.53	38
40	1.81	1.79	1.77	1.76	1.74	1.72	1.69	1.67	1.66	1.64	1.61	1.59	1.55	1.53	1.51	40
42	1.80	1.78	1.76	1.74	1.73	1.70	1.68	1.66	1.65	1.62	1.59	1.57	1.53	1.51	1.49	42
44	1.79	1.77	1.75	1.73	1.72	1.69	1.67	1.65	1.63	1.61	1.58	1.56	1.52	1.49	1.48	44
46	1.78	1.76	1.74	1.72	1.71	1.68	1.65	1.64	1.62	1.60	1.57	1.55	1.51	1.48	1.46	46
48	1.77	1.75	1.73	1.71	1.70	1.67	1.64	1.62	1.61	1.59	1.56	1.54	1.49	1.47	1.45	48
50	1.76	1.74	1.72	1.70	1.69	1.66	1.63	1.61	1.60	1.58	1.54	1.52	1.48	1.46	1.44	50
60	1.72	1.70	1.68	1.66	1.65	1.62	1.59	1.57	1.56	1.53	1.50	1.48	1.44	1.41	1.39	60
80	1.68	1.65	1.63	1.62	1.60	1.57	1.54	1.52	1.51	1.48	1.45	1.43	1.38	1.35	1.32	80
100	1.65	1.63	1.61	1.59	1.57	1.54	1.52	1.49	1.48	1.45	1.41	1.39	1.34	1.31	1.28	100
125	1.63	1.60	1.58	1.57	1.55	1.52	1.49	1.47	1.45	1.42	1.39	1.36	1.31	1.27	1.25	125
150	1.61	1.59	1.57	1.55	1.54	1.50	1.48	1.45	1.44	1.41	1.37	1.34	1.29	1.25	1.22	150
200	1.60	1.57	1.55	1.53	1.52	1.48	1.46	1.43	1.41	1.39	1.35	1.32	1.26	1.22	1.19	200
300	1.58	1.55	1.53	1.51	1.50	1.46	1.43	1.41	1.39	1.36	1.32	1.30	1.23	1.19	1.15	300
500	1.56	1.54	1.52	1.50	1.48	1.45	1.42	1.40	1.38	1.34	1.30	1.28	1.21	1.16	1.11	500
1000	1.55	1.53	1.51	1.49	1.47	1.44	1.41	1.38	1.36	1.33	1.29	1.26	1.19	1.13	1.08	1000
∞	1.54	1.52	1.50	1.48	1.46	1.42	1.39	1.37	1.35	1.32	1.27	1.24	1.17	1.11	1.00	∞
f_2 / f_1	22	2	26	28	30	35	40	45	50	60	80	100	200	500	∞	f_2 / f_1

$\alpha=0.01$

f_2 \ f_1	1	2	3	4	5	6	7	8	9	10	12	14	16	18	20	f_1 / f_2
1	4052	4999	5403	5625	5764	5859	5928	5981	6022	6056	6106	6142	6170	6192	6209	1
2	98.5	99.0	99.2	99.2	99.3	99.3	99.4	99.4	99.4	99.4	99.4	99.4	99.4	99.4	99.4	2
3	34.1	30.8	29.5	28.7	28.2	27.9	27.7	27.5	27.3	27.2	27.1	26.9	26.8	26.8	26.7	3
4	21.2	18.0	16.7	16.0	15.5	15.2	15.0	14.8	14.7	14.5	14.4	14.2	14.2	14.1	14.0	4
5	16.3	13.3	12.1	11.4	11.0	10.7	10.5	10.3	10.2	10.1	9.89	9.77	9.68	9.61	9.55	5
6	13.7	10.9	9.78	9.15	8.75	8.47	8.26	8.10	7.98	7.87	7.72	7.60	7.52	7.45	7.40	6
7	12.2	9.55	8.45	7.85	7.46	7.19	6.99	6.84	6.72	6.62	6.47	6.36	6.27	6.21	6.16	7
8	11.3	8.65	7.59	7.01	6.63	6.37	6.18	6.03	5.91	5.81	5.67	5.56	5.48	5.41	5.36	8
9	10.6	8.02	6.99	6.42	6.06	5.80	5.61	5.47	5.35	5.26	5.11	5.00	4.92	4.86	4.81	9
10	10.0	7.56	6.55	5.99	5.64	5.39	5.20	5.06	4.94	4.85	4.71	4.60	4.52	4.46	4.41	10
11	9.65	7.21	6.22	5.67	5.32	5.07	4.89	4.74	4.63	4.54	4.40	4.29	4.21	4.15	4.10	11
12	9.33	6.93	5.95	5.41	5.06	4.82	4.64	4.50	4.39	4.30	4.16	4.05	3.97	3.91	3.86	12
13	9.07	6.70	5.74	5.21	4.86	4.62	4.44	4.30	4.19	4.10	3.96	3.86	3.78	3.72	3.66	13
14	8.86	6.51	5.56	5.04	4.70	4.46	4.28	4.14	4.03	3.94	3.80	3.70	3.62	3.56	3.51	14
15	8.68	6.36	5.42	4.89	4.56	4.32	4.14	4.00	3.89	3.80	3.67	3.56	3.49	3.42	3.37	15
16	8.53	6.23	5.29	4.77	4.44	4.20	4.03	3.89	3.78	3.69	3.55	3.45	3.37	3.31	3.26	16
17	8.40	6.11	5.18	4.67	4.34	4.10	3.93	3.79	3.68	3.59	3.46	3.35	3.27	3.21	3.16	17
18	8.29	6.01	5.09	4.58	4.25	4.01	3.84	3.71	3.60	3.51	3.37	3.27	3.19	3.13	3.08	18
19	8.18	5.93	5.01	4.50	4.17	3.94	3.77	3.63	3.52	3.43	3.30	3.19	3.12	3.06	3.00	19
20	8.10	5.85	4.94	4.43	4.10	3.87	3.70	3.56	3.46	3.37	3.23	3.13	3.05	2.99	2.94	20
21	8.02	5.78	4.87	4.37	4.04	3.81	3.64	3.51	3.40	3.31	3.17	3.07	2.99	2.93	2.88	21
22	7.95	5.72	4.82	4.31	3.99	3.76	3.59	3.45	3.35	3.26	3.12	3.02	2.94	2.88	2.83	22
23	7.88	5.66	4.76	4.26	3.94	3.71	3.54	3.41	3.30	3.21	3.07	2.97	2.89	2.83	2.78	23
24	7.82	5.61	4.72	4.22	3.90	3.67	3.50	3.36	3.26	3.17	3.03	2.93	2.85	2.79	2.74	24
25	7.77	5.57	4.68	4.18	3.86	3.63	3.46	3.32	3.22	3.13	2.99	2.89	2.81	2.75	2.70	25
26	7.72	5.53	4.64	4.14	3.82	3.59	3.42	3.29	3.18	3.09	2.96	2.86	2.78	2.72	2.66	26
27	7.68	5.49	4.60	4.11	3.78	3.56	3.39	3.26	3.15	3.06	2.93	2.82	2.75	2.68	2.63	27
28	7.64	5.45	4.57	4.07	3.75	3.53	3.36	3.23	3.12	3.03	2.90	2.79	2.72	2.65	2.60	28
29	7.60	5.42	4.54	4.04	3.73	3.50	3.33	3.20	3.09	3.00	2.87	2.77	2.69	2.62	2.57	29
30	7.56	5.39	5.51	4.02	3.70	3.47	3.30	3.17	3.07	2.98	2.84	2.74	2.66	2.60	2.55	30
32	7.50	5.34	4.46	3.97	3.65	3.43	3.26	3.13	3.20	2.93	2.80	2.70	2.62	2.55	2.50	32
34	7.44	5.29	4.42	3.93	3.61	3.39	3.22	3.09	2.98	2.89	2.76	2.66	2.58	2.51	2.46	34
36	7.40	5.25	4.38	3.89	3.57	3.35	3.18	3.05	2.95	2.86	2.72	2.62	2.54	2.48	2.43	36
38	7.35	5.21	4.34	3.86	3.54	3.32	3.15	3.02	2.92	2.83	2.69	2.59	2.51	2.45	2.40	38
40	7.31	5.18	4.31	3.83	3.51	3.29	3.12	2.99	2.89	2.80	2.66	2.56	2.48	2.42	2.37	40
42	7.28	5.15	4.29	3.80	3.49	3.27	3.10	2.97	2.86	2.78	2.64	2.54	2.46	2.40	2.34	42
44	7.25	5.12	4.26	3.78	3.47	3.24	3.08	2.95	2.84	2.75	2.62	2.52	2.44	2.37	2.32	44
46	7.22	5.10	4.24	3.76	3.44	3.22	3.06	2.93	2.82	2.73	2.60	2.50	2.42	2.35	2.30	46
48	7.20	5.08	4.22	3.74	3.43	3.20	3.04	2.91	2.80	2.72	2.58	2.48	2.40	2.33	2.28	48
50	7.17	5.06	4.20	3.72	3.41	3.19	3.02	2.89	2.79	2.70	2.56	2.46	2.38	2.32	2.27	50
60	7.08	4.98	4.13	3.65	3.34	3.12	2.95	2.82	2.72	2.63	2.50	2.39	2.31	2.25	2.20	60
80	6.96	4.88	4.04	3.56	3.26	3.04	2.87	2.74	2.64	2.55	2.42	2.31	2.23	2.17	2.12	80
100	6.90	4.82	3.98	3.51	3.21	2.99	2.82	2.69	2.59	2.50	2.37	2.26	2.19	2.12	2.07	100
125	6.84	4.78	3.94	3.47	3.17	2.95	2.79	2.66	2.55	2.47	2.33	2.23	2.15	2.08	2.03	125
150	6.81	4.75	3.91	3.45	3.14	2.92	2.76	2.63	2.53	2.44	2.31	2.20	2.12	2.06	2.00	150
200	6.76	4.71	3.88	3.41	3.11	2.89	2.73	2.60	2.50	2.41	2.27	2.17	2.09	2.02	1.97	200
300	6.72	4.68	3.85	3.38	3.08	2.86	2.70	2.57	2.47	2.38	2.24	2.14	2.06	1.99	1.94	300
500	6.69	4.65	3.82	3.36	3.05	2.84	2.68	2.55	2.44	2.36	2.22	2.12	2.04	1.97	1.92	500
1000	6.66	4.63	3.80	3.34	3.04	2.28	2.66	2.53	2.43	2.34	2.20	2.10	2.02	1.95	1.90	1000
∞	6.63	4.61	3.78	3.32	3.02	2.80	2.64	2.51	2.41	2.32	2.18	2.08	2.00	1.93	1.88	∞
f_2 / f_1	1	2	3	4	5	6	7	8	9	10	12	14	16	18	20	f_2 \ f_1

$\alpha = 0.01$

f_2 \ f_1	22	24	26	28	30	35	40	45	50	60	80	100	200	500	∞	f_1 / f_2
1	6223	6235	6245	6253	6261	6276	6287	6296	6303	6313	6326	6334	6350	6360	6366	1
2	99.5	99.5	99.5	99.5	99.5	99.5	99.5	99.5	99.5	99.5	99.5	99.5	99.5	99.5	99.5	2
3	26.6	26.6	26.6	26.5	26.5	26.5	26.4	26.4	26.4	26.3	26.3	26.2	26.2	26.1	26.1	3
4	14.0	13.9	13.9	13.9	13.8	13.8	13.7	13.7	13.7	13.7	13.6	13.6	13.5	13.5	13.5	4
5	9.51	9.47	9.43	9.40	9.38	9.33	9.29	9.26	9.24	9.20	9.16	9.13	9.08	9.04	9.02	5
6	7.35	7.31	7.28	7.25	7.23	7.18	7.14	7.11	7.09	7.06	7.01	6.99	6.93	6.90	6.88	6
7	6.11	6.07	6.04	6.02	5.99	5.94	5.91	5.88	5.86	5.82	5.78	5.75	5.70	5.67	5.65	7
8	5.32	5.28	5.25	5.22	5.20	5.15	5.12	5.09	5.07	5.03	4.99	4.96	4.91	4.88	4.86	8
9	4.77	4.73	4.70	4.67	4.65	4.60	4.57	4.54	4.52	4.48	4.44	4.42	4.36	4.33	4.31	9
10	4.36	4.33	4.30	4.27	4.25	4.20	4.17	4.14	4.12	4.08	4.04	4.01	3.96	3.93	3.91	10
11	4.06	4.02	3.99	3.96	3.94	3.89	3.86	3.83	3.81	3.78	3.73	3.71	3.66	3.62	3.60	11
12	3.82	3.78	3.75	3.72	3.70	3.65	3.62	3.59	3.57	3.54	3.49	3.47	3.41	3.38	3.36	12
13	3.62	3.59	3.56	3.53	3.51	3.46	3.43	3.40	3.38	3.34	3.30	3.27	3.22	3.19	3.17	13
14	3.46	3.43	3.40	3.37	3.35	3.30	3.27	3.24	3.22	3.18	3.14	3.11	3.06	3.03	3.00	14
15	3.33	3.29	3.26	3.24	3.21	3.17	3.13	3.10	3.08	3.05	3.00	2.98	2.92	2.89	2.87	15
16	3.22	3.18	3.15	3.12	3.10	3.05	3.02	2.99	2.97	2.93	2.89	2.86	2.81	2.78	2.75	16
17	3.12	3.08	3.05	3.03	3.00	2.96	2.92	2.89	2.87	2.83	2.79	2.76	2.71	2.68	2.65	17
18	3.03	3.00	2.97	2.94	2.92	2.87	2.84	2.81	2.78	2.75	2.70	2.68	2.62	2.59	2.57	18
19	2.96	2.92	2.89	2.87	2.84	2.80	2.76	2.73	2.71	2.67	2.63	2.60	2.55	2.51	2.49	19
20	2.90	2.86	2.83	2.80	2.78	2.73	2.69	2.67	2.64	2.61	2.56	2.54	2.48	2.44	2.42	20
21	2.84	2.80	2.77	2.74	2.72	2.67	2.64	2.61	2.58	2.55	2.50	2.48	2.42	2.38	2.36	21
22	2.78	2.75	2.72	2.69	2.67	2.62	2.58	2.55	2.53	2.50	2.45	2.42	2.36	2.33	2.31	22
23	2.74	2.70	2.67	2.64	2.62	2.57	2.54	2.51	2.48	2.45	2.40	2.37	2.32	2.28	2.26	23
24	2.70	2.66	2.63	2.60	2.58	2.53	2.49	2.46	2.44	2.40	2.36	2.33	2.27	2.24	2.21	24
25	2.66	2.62	2.59	2.56	2.54	2.49	2.45	2.42	2.40	2.36	2.32	2.29	2.23	2.19	2.17	25
26	2.62	2.58	2.55	2.53	2.50	2.45	2.42	2.39	2.36	2.33	2.28	2.25	2.19	2.16	2.13	26
27	2.59	2.55	2.52	2.49	2.47	2.42	2.38	2.35	2.33	2.29	2.25	2.22	2.16	2.12	2.10	27
28	2.56	2.52	2.49	2.46	2.44	2.39	2.35	2.32	2.30	2.26	2.22	2.19	2.13	2.09	2.06	28
29	2.53	2.49	2.46	2.44	2.41	2.36	2.33	2.30	2.27	2.23	2.19	2.16	2.10	2.06	2.03	29
30	2.51	2.47	2.44	2.41	2.39	2.34	2.30	2.27	2.25	2.21	2.16	2.13	2.07	2.03	2.01	30
32	2.46	2.42	2.39	2.36	2.34	2.29	2.25	2.22	2.20	2.16	2.11	2.08	2.02	1.98	1.96	32
34	2.42	2.38	2.35	2.32	2.30	2.25	2.21	2.18	2.16	2.12	2.07	2.04	1.98	1.94	1.91	34
36	2.38	2.35	2.32	2.29	2.26	2.21	2.18	2.14	2.12	2.08	2.03	2.00	1.94	1.90	1.87	36
38	2.35	2.32	2.28	2.26	2.23	2.18	2.14	2.11	2.09	2.05	2.00	1.97	1.90	1.86	1.84	38
40	2.33	2.29	2.26	2.23	2.20	2.15	2.11	2.08	2.06	2.02	1.97	1.94	1.87	1.83	1.80	40
42	2.30	2.26	2.23	2.20	2.18	2.13	2.09	2.06	2.03	1.99	1.94	1.91	1.85	1.80	1.78	42
44	2.28	2.24	2.21	2.18	2.15	2.10	2.06	2.03	2.01	1.97	1.92	1.89	1.82	1.78	1.75	44
46	2.26	2.22	2.19	2.16	2.13	2.08	2.04	2.01	1.99	1.95	1.90	1.86	1.80	1.75	1.73	46
48	2.24	2.20	2.17	2.14	2.12	2.06	2.02	1.99	1.97	1.93	1.88	1.84	1.78	1.73	1.70	48
50	2.22	2.18	2.15	2.12	2.10	2.05	2.01	1.97	1.95	1.91	1.86	1.82	1.76	1.71	1.68	50
60	2.15	2.12	2.08	2.05	2.03	1.98	1.94	1.90	1.88	1.84	1.78	1.75	1.68	1.63	1.60	60
80	2.07	2.03	2.00	1.97	1.94	1.89	1.85	1.82	1.79	1.75	1.69	1.65	1.58	1.53	1.49	80
100	2.02	1.98	1.95	1.92	1.89	1.84	1.80	1.76	1.74	1.69	1.63	1.60	1.52	1.47	1.43	100
125	1.98	1.94	1.91	1.88	1.85	1.80	1.76	1.72	1.69	1.65	1.59	1.55	1.47	1.41	1.37	125
150	1.96	1.92	1.88	1.85	1.83	1.77	1.73	1.69	1.66	1.62	1.56	1.52	1.43	1.38	1.33	150
200	1.93	1.89	1.85	1.82	1.79	1.74	1.69	1.66	1.69	1.58	1.52	1.48	1.39	1.33	1.28	200
300	1.89	1.85	1.82	1.79	1.76	1.71	1.66	1.62	1.59	1.55	1.48	1.44	1.35	1.28	1.22	300
500	1.87	1.83	1.79	1.76	1.74	1.68	1.63	1.60	1.56	1.52	1.45	1.41	1.31	1.23	1.16	500
1000	1.85	1.81	1.77	1.74	1.72	1.66	1.61	1.57	1.54	1.50	1.43	1.38	1.28	1.19	1.11	1000
∞	1.83	1.79	1.76	1.72	1.70	1.64	1.59	1.55	1.52	1.47	1.40	1.36	1.25	1.15	1.00	∞
f_2 / f_1	22	24	26	28	30	35	40	45	50	60	80	100	200	500	∞	f_2 \ f_1

6. 常用正交表

（1）$m=2$ 的情形

$L_4(2^3)$ 正交表

No.	1	2	3
1	1	1	1
2	1	2	2
3	2	1	2
4	2	2	1

$L_8(2^7)$ 正交表

No.	1	2	3	4	5	6	7
1	1	1	1	1	1	1	1
2	1	1	1	2	2	2	2
3	1	2	2	1	1	2	2
4	1	2	2	2	2	1	1
5	2	1	2	1	2	1	2
6	2	1	2	2	1	2	1
7	2	2	1	1	2	2	1
8	2	2	1	2	1	1	2

$L_8(2^7)$ 的交互作用列表

列号＼列号	1	3	4	5	6	7	
1	(1)	3	2	5	4	7	6
2		(2)	1	6	7	4	5
3			(3)	7	6	5	4
4(4)				1	2	3	
5					(5)	3	2
6						(6)	1

$L_{16}(2^{15})$ 正交表

No.	1	2	3	4	5	6	7	8	9	10	11	12	13	14	15
1	1	1	1	1	1	1	1	1	1	1	1	1	1	1	1
2	1	1	1	1	1	1	1	2	2	2	2	2	2	2	2
3	1	1	1	2	2	2	2	1	1	1	1	2	2	2	2
4	1	1	1	2	2	2	2	2	2	2	2	1	1	1	1
5	1	2	2	1	1	2	2	1	1	2	2	1	1	2	2
6	1	2	2	1	1	2	2	2	2	1	1	2	2	1	1
7	1	2	2	2	2	1	1	1	1	2	2	2	2	1	1
8	1	2	2	2	2	1	1	2	2	1	1	1	1	2	2
9	2	1	2	1	2	1	2	1	2	1	2	1	2	1	2
10	2	1	2	1	2	1	2	2	1	2	1	2	1	2	1

续表

No.	1	2	3	4	5	6	7	8	9	10	11	12	13	14	15
11	2	1	2	2	1	2	1	1	2	1	2	2	1	2	1
12	2	1	2	2	1	2	1	2	1	2	1	1	2	1	2
13	2	2	1	1	2	2	1	1	2	2	1	1	2	2	1
14	2	2	1	1	2	2	1	2	1	1	2	2	1	1	2
15	2	2	1	2	1	1	2	1	2	2	1	2	1	1	2
16	2	2	1	2	1	1	2	2	1	1	2	1	2	2	1

(2) $m=3$ 的情形

$L_9(3^4)$ 正交表

No.	1	2	3	4
1	1	1	1	1
2	1	2	2	2
3	1	3	3	3
4	2	1	2	3
5	2	2	3	1
6	2	3	1	2
7	3	1	3	2
8	3	2	1	3
9	3	3	2	1

$L_{18}(3^7)$ 正交表

No.	1	2	3	4	5	6	7
1	1	1	1	1	1	1	1
2	1	2	2	2	2	2	2
3	1	3	3	3	3	3	3
4	2	1	1	2	2	3	3
5	2	2	2	3	3	1	1
6	2	3	3	1	1	2	2
7	3	1	2	1	3	2	3
8	3	2	3	2	1	3	1
9	3	3	1	3	2	1	2
10	1	1	3	3	2	2	1
11	1	2	1	1	3	3	2
12	1	3	2	2	1	1	3
13	2	1	2	3	1	3	2
14	2	2	3	1	2	1	3
15	2	3	1	2	3	2	1
16	3	1	3	2	3	1	2
17	3	2	1	3	1	2	3
18	3	3	2	1	2	3	1

$L_{27}(3^{13})$ 正交表

No.	1	2	3	4	5	6	7	8	9	10	11	12	13
1	1	1	1	1	1	1	1	1	1	1	1	1	1
2	1	1	1	1	2	2	2	2	2	2	2	2	2
3	1	1	1	1	3	3	3	3	3	3	3	3	3
4	1	2	2	2	1	1	1	2	2	2	3	3	3
5	1	2	2	2	2	2	2	3	3	3	1	1	1
6	1	2	2	2	3	3	3	1	1	1	2	2	2
7	1	3	3	3	1	1	1	3	3	3	2	2	2
8	1	3	3	3	2	2	2	1	1	1	3	3	3
9	1	3	3	3	3	3	3	2	2	2	1	1	1
10	2	1	2	3	1	2	3	1	2	3	1	2	3
11	2	1	2	3	2	3	1	2	3	1	2	3	1
12	2	1	2	3	3	1	2	3	1	2	3	1	2
13	2	2	3	1	1	2	3	2	3	1	3	1	2
14	2	2	3	1	2	3	1	3	1	2	1	2	3
15	2	2	3	1	3	1	2	1	2	3	2	3	1
16	2	3	1	2	1	2	3	3	1	2	2	3	1
17	2	3	1	2	2	3	1	1	2	3	3	1	2
18	2	3	1	2	3	1	2	2	3	1	1	2	3
19	3	1	3	2	1	3	2	1	3	2	1	3	2
20	3	1	3	2	2	1	3	2	1	3	2	1	3
21	3	1	3	2	3	2	1	3	2	1	3	2	1
22	3	2	1	3	1	3	2	2	1	3	3	2	1
23	3	2	1	3	2	1	3	3	2	1	1	3	2
24	3	2	1	3	3	2	1	1	3	2	2	1	3
25	3	3	2	1	1	3	2	3	2	1	2	1	3
26	3	3	2	1	2	1	3	1	3	2	3	2	1
27	3	3	2	1	3	2	1	2	1	3	1	3	2

（3）$m=4$ 的情形

$L_{16}(4^5)$ 正交表

No.	1	2	3	4	5
1	1	1	1	1	1
2	1	2	2	2	2
3	1	3	3	3	3
4	1	4	4	4	4
5	2	1	2	3	4
6	2	2	1	4	3
7	2	3	4	1	2
8	2	4	3	2	1
9	3	1	3	4	2
10	3	2	4	3	1

续表

No.	1	2	3	4	5
11	3	3	1	2	4
12	3	4	2	1	3
13	4	1	4	2	3
14	4	2	3	1	4
15	4	3	2	4	1
16	4	4	1	3	2

(4) $m=5$ 的情形

$L_{25}(5^6)$ 正交表

No.	1	2	3	4	5	6
1	1	1	1	1	1	1
2	1	2	2	2	2	2
3	1	3	3	3	3	3
4	1	4	4	4	4	4
5	1	5	5	5	5	5
6	2	1	2	3	4	5
7	2	2	3	4	5	1
8	2	3	4	5	1	2
9	2	4	5	1	2	3
10	2	5	1	2	3	4
11	3	1	3	5	2	4
12	3	2	4	1	3	5
13	3	3	5	2	4	1
14	3	4	1	3	5	2
15	3	5	2	4	1	3
16	4	1	4	2	5	3
17	4	2	5	3	1	4
18	4	3	1	4	2	5
19	4	4	2	5	3	1
20	4	5	3	1	4	2
21	5	1	5	4	3	2
22	5	2	1	5	4	3
23	5	3	2	1	5	4
24	5	4	3	2	1	5
25	5	5	4	3	2	1

(5)混合水平表

$L_8(4\times2^4)$ 正交表

No.	1	2	3	4	5
1	1	1	1	1	1
2	1	2	2	2	2

续表

No.	1	2	3	4	5
3	2	1	1	2	2
4	2	2	2	1	1
5	3	1	2	1	2
6	3	2	1	2	1
7	4	1	2	2	1
8	4	2	1	1	2

$L_{12}(3 \times 2^4)$正交表

No.	1	2	3	4	5
1	1	1	1	1	1
2	1	1	1	2	2
3	1	2	2	1	2
4	1	2	2	2	1
5	2	1	2	1	1
6	2	1	2	2	2
7	2	2	1	1	1
8	2	2	1	2	2
9	3	1	2	1	2
10	3	1	1	2	1
11	3	2	1	1	2
12	3	2	2	2	1

$L_{16}(4 \times 2^{12})$正交表

No.	1	2	3	4	5	6	7	8	9	10	11	12	13
1	1	1	1	1	1	1	1	1	1	1	1	1	1
2	1	1	1	1	1	2	2	2	2	2	2	2	2
3	1	2	2	2	2	1	1	1	1	2	2	2	2
4	1	2	2	2	2	2	2	2	2	1	1	1	1
5	2	1	1	2	2	1	1	2	2	1	1	2	2
6	2	1	1	2	2	2	2	1	1	2	2	1	1
7	2	2	2	1	1	1	1	2	2	2	2	1	1
8	2	2	2	1	1	2	2	1	1	1	1	2	2
9	3	1	2	1	2	1	2	1	2	1	2	1	2
10	3	1	2	1	2	2	1	2	1	2	1	2	1
11	3	2	1	2	1	1	2	1	2	2	1	2	1
12	3	2	1	2	1	2	1	2	1	1	2	1	2
13	4	1	2	2	1	1	2	2	1	1	2	2	1
14	4	1	2	2	1	2	1	1	2	2	1	1	2
15	4	2	1	1	2	1	2	2	1	2	1	1	2
16	4	2	1	1	2	2	1	1	2	1	2	2	1

$L_{16}(4^2\times 2^9)$正交表

No.	1	2	3	4	5	6	7	8	9	10	11
1	1	1	1	1	1	1	1	1	1	1	1
2	1	2	1	1	1	2	2	2	2	2	2
3	1	3	2	2	2	1	1	1	2	2	2
4	1	4	2	2	2	2	2	2	1	1	1
5	2	1	1	2	2	1	2	2	1	2	2
6	2	2	1	2	2	2	1	1	2	1	1
7	2	3	2	1	1	1	2	2	2	1	1
8	2	4	2	1	1	2	1	1	1	2	2
9	3	1	2	1	2	2	1	2	2	1	2
10	3	2	2	1	2	1	2	1	1	2	1
11	3	3	1	2	1	2	1	2	1	2	1
12	3	4	1	2	1	1	2	1	2	1	2
13	4	1	2	2	1	2	2	1	2	2	1
14	4	2	2	2	1	1	1	2	1	1	2
15	4	3	1	1	2	2	2	1	1	1	2
16	4	4	1	1	2	1	1	2	2	2	1

$L_{16}(4^3\times 2^6)$正交表

No.	1	2	3	4	5	6	7	8	9
1	1	1	1	1	1	1	1	1	1
2	1	2	2	1	1	2	2	2	2
3	1	3	3	2	2	1	1	2	2
4	1	4	4	2	2	2	2	1	1
5	2	1	2	2	2	1	2	1	2
6	2	2	1	2	2	2	1	2	1
7	2	3	4	1	1	1	2	2	1
8	2	4	3	1	1	2	1	1	2
9	3	1	3	1	2	2	2	2	1
10	3	2	4	1	2	1	1	1	2
11	3	3	1	2	1	2	2	1	2
12	3	4	2	2	1	1	1	2	1
13	4	1	4	2	1	2	1	2	2
14	4	2	3	2	1	1	2	1	1
15	4	3	2	1	2	2	1	1	1
16	4	4	1	1	2	1	2	2	2

$L_{16}(4^4\times 2^3)$正交表

No.	1	2	3	4	5	6	7
1	1	1	1	1	1	1	1
2	1	2	2	2	1	2	2
3	1	3	3	3	2	1	2

续表

No.	1	2	3	4	5	6	7
4	1	4	4	4	2	2	1
5	2	1	2	4	2	1	2
6	2	2	1	3	2	2	1
7	2	3	4	2	1	1	1
8	2	4	3	1	1	2	2
9	3	1	3	2	2	2	1
10	3	2	4	1	2	1	2
11	3	3	1	4	1	2	2
12	3	4	2	3	1	1	1
13	4	1	4	3	1	2	2
14	4	2	3	4	1	1	1
15	4	3	2	1	2	2	1
16	4	4	1	2	2	1	2

参考文献

[1] 朱伟勇,段晓东,唐明,傅连魁著．最优设计在工业中的应用[M]．沈阳:辽宁科学技术出版社, 1993

[2] 现代工程数学手册编委会．现代工程数学手册 第Ⅳ卷[M]．武汉:华中工学院出版社, 1987

[3] 方开泰．均匀设计与均匀设计表[M]．北京:科学出版社, 1994

[4] 蔡正咏,王足献,李秀英,李云秀．数理统计在混凝土试验中的应用[M]．北京:中国铁道出版社, 1988

[5] Tang Ming, Li xiao. Study on Long Term Performance of Concrete of Slag – Alkali Higher Calcium Fly Ash. Key Engineering Materials. 2006 Volume 302 until 303:98 – 104.

[6] Tang Ming. Application of uniform design in the formation of cement mixture. Quality Engineering,2004(3):461 – 474.

[7] S. P. Shah, K. Wang, and J. Weiss. Mixture Proportioning for Durable Concrete. [J] Concrete International. 2000,(9):73 – 78.

[8] 佐佐木,工藤,谷津,直井．实践实验计画法[M]．东京:日刊工业新闻社, 1985

[9] 刘卫江．概率论与数理统计[M]．北京:清华大学出版社,2004

[10] 王永奎, 陆吉祥．材料试验和质量分析的数学方法[M]．北京:中国铁道出版社, 1990

[11] 项可风, 吴启光．试验设计与数据分析[M]．北京:科学出版社, 1989

[12] 陈魁．试验设计与分析[M]．北京:清华大学出版社, 1996

[13] 白新桂．数据分析与试验优化设计[M]．北京:清华大学出版社, 1986

[14] 蔡正咏,王足献．正交设计在混凝土中的应用[M]．北京:中国建筑工业出版社, 1985

[15] 项可风, 吴启光．试验设计与数据分析．上海:上海科学技术出版社, 1989

[16] 王万中, 茆诗松．试验的设计与分析[M]．上海:华东师范大学出版社, 1997

[17] 路来军．C100 高性能混凝土的研究与应用[J]．混凝土．2003(7):3 – 9

[18] 陈立军,张心亚,黄洪．预乳化半连续种子乳液聚合制备聚合物水泥防水涂料用丙烯酸酯乳液[J]．新型建筑材料．2005(8):1 – 5

[19] 孙长令,杨瑛．BX 混凝土减水剂[J]．混凝土与加筋混凝土．1987(6):3 – 9

[20] 朱平华,陈华建,郭佳赤,蒋沧如．大体积混凝土优化设计的四功能准则[J]．混凝土．2004 (1):41 – 45

[21] 杨东宁,韩冰．PVA 纤维混凝土弯折性能试验研究浅析[J]．混凝土．2004 (4):59 – 62

[22] 李晓．高铝煤矸石—矿渣—水玻璃合成地聚合物类材料的研究[D]．沈阳:沈阳建筑大学,2006:53 – 59

[23] 张戚．可再分散胶粉在景观混凝土中的应用[D]．沈阳:沈阳建筑大学,2009:31－37

[24] 唐明,杨耀辉．SYP 商品混凝土防冻剂试验优化设计[J]．沈阳建筑工程学院学报．1993(4):373－379

[25] 陈宁,唐明．三次设计在热管换热器优化设计中的应用[J]．沈阳建筑工程学院学报．1990(4):45－48

[26] 陈宁．热管换热器的计算机优化设计[D]．沈阳:东北工学院．1987

[27] 孙小巍．偏高岭土在硫铝酸盐及彩色水泥混凝土中的效应[D]．沈阳:沈阳建筑大学,2008:17－28

[28] 王涛．铁质渣球超高强、高耐磨混凝土材料的研究[D]．沈阳:沈阳建筑大学,2004:39－43

[29] 唐明,佟钰,王博．低回弹喷射混凝土复合外加剂的研究与应用[J]．沈阳建筑工程学院学报．1998(3):209－214

[30] 朱伟勇．最优设计理论与应用[M]．沈阳:辽宁人民出版社,1981

[31] 陈希孺, 王松桂．近代实用回归分析[M]．南宁:广西人民出版社,1984

[32] 张尧庭, 方开泰．多元统计分析引论[M]．北京:科学出版社,1982

[33] 罗积玉, 邢瑛, 苏显康, 罗昌荣．微机用多元统计分析软件[M]．成都:四川科学技术出版社,1986

[34] 唐明．多元线性回归分析评价粉煤灰混凝土的研究[J]．辽宁省现场统计研究会第一届年会论文,1988

[35] 唐明,戴民．超细硅灰石粉体细度与活性的数学模型[J]．沈阳建筑工程学院学报 2002(1):28－35

[36] 唐明,阮兵．早期推测混凝土强度的新数学模型研究[J]．沈阳建筑工程学院学报 1990(3):12－17

[37] 陈宁．蒸汽管道保温经济厚度的分析与评价[J]．沈阳建筑工程学院学报 1993(4):341－346

[38] 朱伟勇．最优设计的计算机证明与构造[M]．沈阳:东北工学院出版社,1987

[39] 陈宁,唐明．热力管道保温厚度优化设计[J],东北工学院学报,1995(增刊·应用数学专辑):58－62

[40] 陈宁, 郎逵．热管换热器的回归正交优化设计[J]．东北工学院学报,1989(1):86－90

[41] 唐明,韩建文．新拌混凝土水灰比快速测试的研究[J],沈阳建筑工程学院学报,1993(2):105－110

[42] 唐明, 朱伟勇．新型高强水泥基复合材料的研究[J],东北工学院学报,1995(增刊·应用数学专辑):17－21

[43] Zhu Weiyong, Tang Ming. Optimal design of mixs fly ash concrete[J], The Third Japan-China Symposium on Statistics. Tokyo, Japan. November 1989:186－189

[44] 丛晓红．超高强水泥基结构加固胶的研究[D]．沈阳:沈阳建筑大学,2007:17－21

[45] 唐明,刘肃．旋转设计在复合增粘材料研究中的应用[J],辽宁省第四届现场统计研

究会论文集,1993

[46] 丛建民．二次回归通用旋转组合设计酶解法制备大豆肽的研究[J]．食品科学．2008(5),310～322

[47] 孙清，张峰龙．酒精发酵优化的数学模拟[J]．农机化研究．2008(3),153～156

[48] 孙广东，刘云．非均相固体碱催化剂制备生物柴油的工艺研究[J]．农业工程学报．2008(5),191～195

[49] 张春江,陶海腾等．超临界 CO_2 流体萃取槟榔中的槟榔碱[J]．农业工程学报．2008(6),250～253

[50] 武占会,高志奎等．应用 Excel 计算正交旋转组合设计回归方程[J]．计算机与农业．2000(12),17～21

[51] 唐明,朱伟勇．D－最优设计在低标号砌筑水泥研制中的应用,数理统计与管理,1989(4)

[52] 朱伟勇,段晓东．D 最优设计的对称性及其对称构造法[J]．应用数学学报,1991(3)

[53] 唐明,张延屏,梁丽敏．细砂、卵石高强混凝土的最优设计[J]．沈阳建筑大学学报,2004(10):304－307

[54] 陈令由．混料设计中的最优设计[J]．均匀设计理论及其应用研讨会论文集,41－59,香港,1999

[55] 关颖男．多重混料系统及其 D－最优设计[J]．数理统计与应用概率．1990,5(1):35－42.

[56] 关颖男．混料试验中的确界约束与多余的约束[J]．应用概率统计,1989,5(1):26－32.

[57] 朱伟勇,胡晨江,陈惠森．对数项混料模型及其 D 最优性[J]．应用概率统计,1986(2):322－332.

[58] 唐明,毛又新,宋笑．洮南砂质粘土免烧砖的混料优化设计[J]．硅酸盐建筑制品．1991(3):25－37.

[59] 唐明,朱伟勇．流态混凝土粗集料最佳级配的研究[J]．高效应用数学学报．1990(3):397－402.

[60] 唐明,尹国英．低熟料掺量土壤固化剂三元混料系统的优化设计[J]．沈阳建筑大学学报,2006,22(3):419－42.

[61] 舒朗,卢忠远,严云,乔欢欢,安金鹏．利用粉煤灰级配提高混凝土力学性能[J]．煤炭学报,2008,33(8):941－945.

[62] 孙伟,严捍东．复合胶凝材料组成与混凝土抗压强度定量关系研究[J]．东南大学学报,2003,33(4):450－453.

[63] 方开泰．均匀设计——数论方法在试验设计中的应用[J]．概率统计通讯,1978(1):56－97

[64] D. H. Doehlert. Uniform shell design[J]. Appl. Statis., 19(1970):231－239

[65] 曾昭钧．均匀设计及其应用[M]．沈阳:辽宁人民出版社, 1994

[66] 梁逸曾，方开泰．均匀设计及其在化学化工中的应用[J]．均匀设计理论及其应用研讨会论文集:60－65,香港,1999

[67] 唐明,王继相. 均匀设计在配制水泥基超细粉煤灰灌浆材料的研究[J]. 数理统计与管理,1998(4). 10 - 15

[68] 唐明. 均匀设计在高性能 PRC 材料研究中的应用[J]. 均匀设计理论及其应用研讨会论文集,327 - 331,香港,1999

[69] 李帼昌,冯国会. 基于均匀设计的方钢管混凝土偏压柱的试验研究[J]. 均匀设计理论及其应用研讨会论文集,227 - 231,香港,1999

[70] 唐明,李志坚. 超细粉煤灰配制高强泵送混凝土的试验研究[J]. 混凝土,1997(3):15 - 18

[71] 李海燕,李久坤,孙洪波,邱明金. 配方均匀设计在耐火材料工艺中的应用[J]. 均匀设计理论及其应用研讨会论文集,136 - 139,香港,1999

[72]冯敏智,陈保莲. 均匀设计软件系统在沥青产品开发中的应用[J]. 均匀设计理论及其应用研讨会论文集,264 - 331,香港,1999